银川平原典型湖泊水生态环境研究

邱小琮　赵红雪　赵睿智　著

中国水利水电出版社
www.waterpub.com.cn
·北京·

内 容 提 要

本书在水环境因子和水生生物全面调查的基础上，系统分析研究了银川平原典型湖泊水环境因子的时空分布特征及水质的主要影响因子并进行了数值模拟，分析研究了水生生物种群结构、密度、生物量以及多样性，分析计算了水环境容量、生态环境需水量和水生态承载力，评价了水生生态系统健康状况，提出了水生态环境保护对策和建议，对银川平原湖泊保护与利用具有重要意义，也可为同类型湖泊研究提供借鉴。

本书可为地方政府制定发展和保护规划提供决策参考依据，也可供高等院校相关专业师生以及科研院所水域生态学、环境科学、水文水资源、水利工程等专业的研究人员参考。

图书在版编目（CIP）数据

银川平原典型湖泊水生态环境研究 / 邱小琮等著. -- 北京 : 中国水利水电出版社, 2020.5
ISBN 978-7-5170-8577-5

Ⅰ. ①银… Ⅱ. ①邱… Ⅲ. ①湖泊－水环境－生态环境－研究－银川 Ⅳ. ①X524

中国版本图书馆CIP数据核字(2020)第081828号

书　　名	**银川平原典型湖泊水生态环境研究** YINCHUAN PINGYUAN DIANXING HUPO SHUISHENGTAI HUANJING YANJIU
作　　者	邱小琮　赵红雪　赵睿智　著
出版发行	中国水利水电出版社 （北京市海淀区玉渊潭南路 1 号 D 座　100038） 网址：www. waterpub. com. cn E-mail：sales@waterpub. com. cn 电话：(010) 68367658（营销中心）
经　　售	北京科水图书销售中心（零售） 电话：(010) 88383994、63202643、68545874 全国各地新华书店和相关出版物销售网点
排　　版	中国水利水电出版社微机排版中心
印　　刷	清淞永业（天津）印刷有限公司
规　　格	184mm×260mm　16 开本　19.75 印张　481 千字
版　　次	2020 年 5 月第 1 版　2020 年 5 月第 1 次印刷
印　　数	001—800 册
定　　价	**85.00** 元

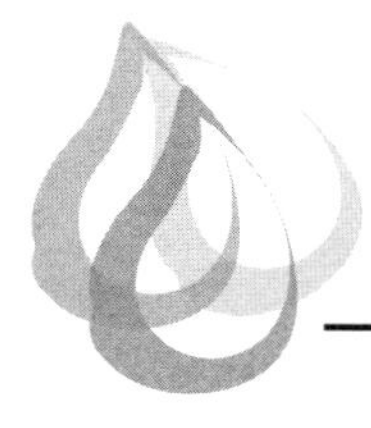

前言

湖泊湿地是极其重要而又特殊的生态系统，具有涵养水源、净化水质、调节气候、调蓄洪水、美化环境等多种功能。银川平原土地肥沃，物产丰富，自然条件得天独厚，湖泊棋布，沟渠纵横，历来就有“塞上江南”“鱼米之乡”的美誉。银川平原湖泊湿地数量众多，主要分布在黄河冲积平原和洪积平原，密度大，范围广，比较有名的有沙湖、星海湖、阅海湖、鸣翠湖、鹤泉湖、宝湖等。银川平原湖泊湿地具有重要的生态系统服务功能，对区域水资源、生态、环境、农业、旅游等社会经济活动具有重要的现实意义。

银川平原地势低洼，坡度平缓，沟渠纵横，土壤沼泽化、盐渍化现象普遍，湖泊补给水源主要来自引黄渠道补水和少量农业灌溉退水。随着社会经济的快速发展，农业灌溉退水及各种人为水污染物的大量排放，以及对湖泊资源的过度利用等，湖泊湿地的各种生物资源被严重破坏，湖泊的生态和社会功能不断削弱，生物多样性减小，生态系统结构脆弱，水环境容量减小，富营养化程度加重，环境压力增大。

针对银川平原湖泊水生态环境恶化的现状，作者团队选取银川平原典型湖泊沙湖、阅海湖、星海湖作为研究对象，于 2015 年至 2017 年 1 月（冬）、4 月（春）、7 月（夏）、10 月（秋）对水环境因子和水生生物进行了采样调查，分析研究了 2015—2017 年沙湖、阅海湖、星海湖水环境因子的时空分布特征及水质的主要影响因子，并对水质作了综合评价，运用 MIKE21 软件对沙湖水环境进行了数值模拟；分析研究了这三个湖泊浮游生物、水生植物、底栖动物、鱼类的种类组成、群落结构、密度、生物量以及生物多样性；分析计算了这三个湖泊不同水质目标下的水环境容量；分析研究了这三个湖泊的生态环境需水量及水生态承载力，对水生生态系统健康进行了评价。根据研究评价结果，对银川平原典型湖泊鱼产力进行了评估和分析，构建了湖泊生态渔业模式并进行了效果评价，提出了银川平原湖泊生态渔业发展对策和水生态环境保护与综合利用的对策和建议，为银川平原湖泊生态环境保护提供了科学支撑。

本书得到了宁夏高等学校一流学科建设（水利工程）资助项目（NXYLXK2017A03）资助。本书第1章、第8章由赵红雪主笔，第2章、第4～7章由邱小琮主笔，第3章由赵睿智主笔，李延林、杨子超、郑灿、郭琦、吴岳玲、李世龙、雷兴碧等参与了研究与编写，在此一并致谢。

由于作者水平有限，书中不足之处在所难免，望专家和同仁不吝指正。

作者

2020年3月

目　录

第1章 银川平原湖泊概述

银川平原位于宁夏中部黄河两岸，北起石嘴山，南止黄土高原，东到鄂尔多斯高原，西接贺兰山，沿黄两岸地势平坦，湖泊棋布，沟渠纵横，土地肥沃，物产丰富，自然条件得天独厚，历来就有“塞上江南”“鱼米之乡”的美誉。银川平原湿地类型多样，主要包括河流湿地、湖泊湿地、沼泽湿地、人工湿地4大类别，其中河流湿地面积占银川平原湿地面积的34.43%，湖泊湿地、沼泽湿地、人工湿地各占30.30%、19.46%和15.82%，面积占比较为均衡。银川平原湖泊湿地数量众多，分布广，呈湖群特征，主要分布在黄河冲积平原和洪积平原，分布密度大，范围广，比较出名的湖泊有沙湖、星海湖、阅海湖、鸣翠湖、鹤泉湖、宝湖等。

1.1 自然地理气候概况

1.1.1 地形地貌

该地区由西向东分布着高山地貌（贺兰山）、贺兰山冲洪积扇、丘陵、黄河河谷等4个地貌单元。

（1）高山地貌（贺兰山）。贺兰山南北长220km，东西宽20～60km。贺兰山南段山势较缓，三关口以北的北段山势陡峻，有大量露出地表的断层；地势东西不对称，西侧坡度略缓，东侧地形陡峻，东侧与银川平原垂直落差可达2000m。贺兰山北部以花岗岩为主，接近乌兰布和沙漠，干旱少雨，物理风化强烈。贺兰山主体在贺兰山中部，山势陡峭，山体庞大，海拔较高，一般在2000～3000m，主峰敖包疙瘩就在贺兰山中部，海拔3555m，贺兰山中部东西宽度可达50km，有汝淇沟、大水沟、小水沟、贺兰沟、插旗沟、苏峪口沟、三关口沟等50多条沟谷，沟道呈V形，下部较为宽阔，沟底砾石遍布，沟口一般是碎石遍布的洪积扇。

（2）贺兰山冲洪积扇。贺兰山前冲洪积扇大致位于西干渠以西，在干旱、半干旱的气候条件下，暂时水流在贺兰山前堆积了大量的洪积物，这些洪积物和山坡面流所携带下来的坡积物汇合起来，形成了宽广平坦的山前倾斜平原。山前倾斜平原是由无数个大小不一的洪积扇组成，因而地形高低起伏，地势西高东低，由西向东倾斜，地面高程1130～1300m。

（3）丘陵。丘陵一般以白垩系灰岩、新近系红色砂质泥岩、泥质砂岩为基底，上覆中上更新洪积、残积及坡积物，多为砾砂、角砾等。地势开阔，起伏较小，相对高差一般在50m以内，残丘一般宽5～10km，沟谷宽缓，切割较浅。

（4）黄河河谷。青铜峡至石嘴山黄河走向大致为西南—东北。黄河Ⅰ级阶地只在沿河道凹岸处分布，不连续，黄河Ⅱ级阶地则较发育，阶地宽度大于卫宁平原，形成了广阔的银川平原。黄河左岸Ⅱ级阶地宽约 50km，右岸最宽 6km，由南向北阶面高程 1092～1158m。

1.1.2　地质

该地区大地构造横跨阿拉善微陆块和华北陆块两个二级构造单元。

南西部为阿拉善微陆块腾格里早古生代增生楔牛首山—罗山冲断带，展布于牛首山—罗山区域内，呈北北西向，夹持于牛首山—罗山断裂与烟筒山北麓断裂之间。加里东运动表现突出，遭受强烈构造变形，北北西向褶皱断裂极为发育；北东部为华北陆块鄂尔多斯地块鄂尔多斯西缘中元古代—早古生代裂陷带银川断陷盆地，由喜马拉雅期盆地东、西两侧北北东向断裂右行走滑拉分形成断陷盆地，可能萌生于始新世，在中新世末断陷沉降活动加剧，形成巨厚的古近系—新近系沉积，第四纪仍有活动。影响较大的活动断层为牛首山—罗山断裂和贺兰山东麓断裂。

该区域主要地层自老至新有：白垩系下统庙山湖组；古近系始新统寺口子组砂岩；古近系渐新统清水营组泥岩；新近系中新统红柳沟组砾岩、砂岩、泥岩；第四系上更新统冲洪积层；第四系全新统冲洪积层；第四系全新统风积层。

（1）白垩系下统庙山湖组。该套地层主要分布于青铜峡的鸽子山、庙山湖附近，形成低山丘陵地貌，岩性主要以砂岩，灰岩为主。

（2）古近系始新统寺口子组砂岩。该套地层分布广泛，主要为山麓河流相红色砾岩、棕红色、灰褐色砂岩及粉砂岩组成，长石质或泥质，偶含石英小砾石；巨厚层状或块状。

（3）古近系渐新统清水营组泥岩。该套地层广泛分布，由红色泥岩构成，局部夹薄层砂岩，厚层状，含石膏。

（4）新近系中新统红柳沟组砾岩、砂岩、泥岩。该层主要出露在山前丘陵段，颜色呈红色、浅灰等，成分复杂，砾岩粒径为 5～15mm，为泥质或长石质，一般为中厚层至厚层状。

（5）第四系上更新统冲洪积层。该套地层分布在大部分地区，构成山前洪积扇的主体，岩性以角砾、中粗砂、细砂、粉砂为主，局部夹有黄褐色砂壤土、壤土，局部有棕红色黏土。

（6）第四系全新统冲洪积层。该层广泛分布于黄河Ⅰ、Ⅱ级阶地上，岩性为壤土、砂壤土及粉细砂土，局部存在湖相沉积的淤泥类土。

（7）第四系全新统风积层。该层岩性以粉砂、细砂为主，主要分布于贺兰山洪积扇的局部，浅土黄色，形成风积地貌的小型沙丘、沙地等特征，岩性以粉砂、细砂为主。

1.1.3　气候

银川平原地处西北内陆，位于我国季风区的西缘，属内陆北温带干旱-半干旱季风气候，冬季受蒙古高压控制，夏季处在东南季风西行的末梢，形成较典型的大陆性气候。四季气温变化大，具有典型的大陆性气候特点：日照充足、干旱少雨，降雨集中，蒸发强烈、无霜期短、盛行西北风，冬寒长而无奇冷、夏热短而无酷暑、春暖快而多风、秋凉早而晴爽，降水量少。

该地区南北跨越 140km 左右，气温相差不大，多年平均气温 8.8～9.9℃，极端最高气温 37.7～39.5℃，极端最低气温－25.0～－29.3℃。一般 11 月下旬开始结冻，第二年 3 月下旬开始解冻，结解冻时间 105～124 天。多年平均降水量 174～192mm，降水量年内分布极不均衡，7—9 月降水量约占全年总降水量的 60%～70%，并多以暴雨、冰雹等灾害形式出现。多年平均水面蒸发量 970～1260mm，最大冻土深度 94～110cm。

本地区内风沙天气较多，大风天气年平均在 8～46 天，多出现在冬春季节，大风出现时往往伴有沙尘暴。

本地区日照时间长，太阳辐射量大，年日照时数大都在 3000 小时左右，无霜期平均 150～182 天。主要灾害性天气有干旱、冰雹、大风、沙尘暴、霜冻、局地暴雨洪涝、热干风和水稻冷害等。

1.1.4 水文

该地区内黄河年过境水量 148.6 亿～452.6 亿 m^3，每年 6—10 月为洪水季节，1—5 月、11—12 月为枯水季节；历史上最大洪峰流量 $7450m^3/s$，最小流量 90.6 m^3/s，多年平均径流量 260.8 亿 m^3，多年平均含沙量 $6.54kg/m^3$，矿化度 0.4g/L。黄河为该地区内仅有的常年性河流。

该地区内农田灌溉水源主要依靠引黄灌渠，南部青铜峡市范围得黄河水利枢纽之利，沟渠纵横，基本形成了较为完善的排灌体系，引黄入境的主要干渠有 10 条，每年 4 月下旬至 9 月中旬和 10 月中旬至 11 月中旬引水，总引水量 11.9525 亿 m^3；有主要排水沟 12 条，主要排泄工业及城市污水、灌溉余水、洪水及地下水，总排水量 4.312 亿 m^3。境内季节性沟谷主要分布在贺兰山山区。青铜峡水库总库容 6 亿余 m^3，灌溉面积 25 万 hm^2。该地区北部银川市至惠农区范围主要有西干渠、第二农场渠、唐徕渠、惠农渠等干支渠纵横交错。灌溉渠系每年 4 月下旬至 9 月、10 月中旬引水灌溉。正常行水期渠系有渗漏，田间灌溉对地下水有一定补给。引黄水除带来灌溉之便外，部分用于工业用水。

该地区西部为贺兰山东麓基岩山区，沟谷发育，大部分属季节性水流。其中流域面积大于 $10km^2$ 的季节性沟谷有 64 条，主要有汝箕沟、小风沟、大风沟、大水沟、小水沟、归德沟等。区域内山势陡峭，植被稀疏，暴雨洪水频繁，突发性强，极易对下游平原区造成洪水和泥石流灾害。永宁县境内贺兰山东麓诸沟主要包括榆树沟、三七沟等 7 条，各沟道汇水面积均小于 $50km^2$，境内无常年性流水沟道。西夏区境内贺兰山东麓诸沟主要有黄渠口沟、甘沟等 17 条，各沟道汇水面积均小于 $50km^2$；小口子沟、黄渠口沟有常流水，水质较好，可饮用。贺兰县境内贺兰山东麓诸沟主要有苏峪口沟、贺兰口沟等 6 条，其中苏峪口沟汇水面积 $51km^2$，其余各沟均小于 $50km^2$；贺兰口沟、苏峪口沟有常流水，其余沟道无常流水，为季节性沟道，水质较好。大武口区境内贺兰山东麓诸沟主要有大武口沟、大风沟等 8 条，其中大武口沟是区内最大的沟谷，长 30～35km，注入星海湖中，汇水面积 $574km^2$；大风沟汇水面积 $154km^2$，沟道下游建有导洪工程，将汝箕沟—大风沟之间沟道洪水导入大风沟，并最终汇入星海湖南域，水质尚可；归德沟支沟韭菜沟上游有泉水出露，水质较好。

1.1.5 河流水系

银川平原河流水系主要包括黄河干支流、引黄灌溉渠道与排水沟等。

1. 河流

黄河干流自宁夏中卫市南长滩入境，横贯宁夏北部，流经沙坡头灌区入青铜峡水库，出库入青铜峡灌区至石嘴山头道坎麻黄沟出宁夏境、进入内蒙古自治区。宁夏境内河长 397km，占黄河全长的 7.3%，黄河干流下河沿水文站多年平均实测入境水量 307.70 亿 m^3，石嘴山站实测出境水量 281.40 亿 m^3；中部有清水河、苦水河、红柳沟等黄河一级支流。流域面积 10000km^2 及以上的仅有黄河与清水河，流域面积 1000km^2 及以上的河流 15 条，流域面积 100km^2 及以上的河流 200 余条，除清水河、苦水河等少数河流常年有水外，绝大多数均为季节性河流。

清水河是黄河上游宁夏境内注入黄河最大的一级支流。发源于宁夏固原市原州区开城镇黑刺沟脑，由南向北流经原州区、西吉、海原、同心、沙坡头区、中宁 6 县（区），在中宁县泉眼山汇入黄河。

苦水河是直接入黄的一级支流，发源于甘肃省环县沙坡子沟脑，由甘肃环县进入宁夏境内，经盐池、同心、灵武、利通区 4 县（市），于灵武市新华桥汇入黄河。

红柳沟为直接入黄支流，发源于同心县小罗山西南部的黑山，流经红寺堡、同心、中宁 3 县，于中宁县鸣沙洲汇入黄河。

2. 沟渠

宁夏灌溉历史悠久，有西干渠、唐徕渠、汉延渠、惠农渠、秦渠、汉渠等引黄干渠 17 条，引水能力达 732m^3/s；有罗家河沟、永二干沟、银新干沟、第一排水沟、第五排水沟等排水干沟 32 条，总长 936.53km，控制排水面积 4720km^2；配套排灌干支斗渠千余条，沟渠纵横，成为宁夏河流水系的一部分。

1.1.6　土壤

土壤类型分为 9 大类、28 个亚类、48 个土属及 500 多个土种或变种。贺兰山至西干渠之间主要为山地灰钙土、草甸土和灰褐土，东部冲积平原主要为长期引黄灌溉淤积和耕作交替而形成的灌淤土，局部低洼地区有湖土和盐土分布。灌淤土土质适中，理化性好，有机质含量高，保水保肥适种性广。土壤类型的多样性非常适合发展农业生产和多种经济作物生长。

虽然土壤类型繁多，但其分布仍有规律可循。西部为贺兰山山地，山体高，相对高差大，土壤具有明显的垂直地带性分布特点，并且因坡向不同，土壤类型和分布高度也常有差异。洪积、冲积平原地区的土壤，其分布除与地形有关外，还和耕种影响有密切关系。土壤分布的特点是：从西向东随着海拔高度的下降，土壤类型也随之由地带性土壤向区域性土壤在分布上有规律地变化。贺兰山山地在海拔 3100m 以上为山地草甸土，海拔 2000～3000m 为山地灰褐土，2000m 以下为山地灰钙土。贺兰山至西干渠之间山前洪积扇和洪积冲积平原，地面坡度大，平均比降达 32‰，地下水位深，主要分布地带性土壤——淡灰钙土，其次是风沙土和白僵土。西干渠往东至新开渠，在地貌上属Ⅲ级阶地，原为淡灰钙土区，开垦后受灌水影响，地下水位大幅度上升，土壤向草甸化和盐化方向发展，目前主要分布钙型草甸土和钙型盐土。唐徕渠、汉延渠灌区，农业历史悠久，土壤类型由地带性分布转向区域性分布，主要为长期引黄灌溉淤积和耕作交替进行而形成的灌淤土，局部低洼地区有湖土和盐土分布。惠农渠以东至黄河滩地，沉积时间短，主要是薄层灌淤土和草甸土，也有湖土和盐土分布。

1.2 银川平原湖泊的形成及变化

1.2.1 湖泊的形成及演化

银川平原为沉积平原，顺黄河流向自西南向东北略倾斜，平原上沟渠纵横、湖沼棋布，银川到平罗一带是平原沉降中心，地势低洼，湖泊众多。

根据宁夏地质研究资料，银川平原曾是一个由断陷盆地造成的封闭型大湖，直到黄河原始河道形成，变为外流盆地，才出现以河湖相为主的沉积，黄河河道的运动变化，泥沙的不断淤积，湖沼面积缩小，逐渐形成冲积平原。银川平原湖泊的形成和发展，黄河迁移、改道与演化起到主要作用，湖泊多处于原黄河古道。

银川平原有着悠久的引黄灌溉历史，自汉代到明清，兴修引黄灌溉渠道，平原灌溉面积大规模扩展，而排水设施并未得到相应建设，造成大量的渠间洼地积水成湖。银川平原的湖泊和引黄灌溉渠系之间形成的水系，构成了西北干旱地区独特的湿地生态系统。

1949年后，随着比较完整的排水沟系的建设，许多浅水湖泊与积水洼地疏干，城镇区域湖泊面积迅速缩小。改革开放后，大规模开发农业、渔业，湖泊面积进一步减少。2000年后，银川市、石嘴山市开始实施大规模的湖泊湿地恢复与保护建设，湖泊面积在保持稳定的基础上有一定的增加，但湖泊总的变化趋势是自然湖泊退化和减少，人工湖泊增加。

银川平原历史上曾经湖沼密布，与东部平原湖泊区或青藏高原湖泊区比较，其演化特点与生态效应具有自己的独特性，与地面沉降、泥沙淤积、黄河泛滥、干旱气候等因素影响有关，更重要的是与不同历史阶段的水利开发活动紧密相关。

1.2.2 湖泊面积变化的主要原因

近几十年来，银川平原湖泊面积发生了很大变化，导致湖泊面积变化主要原因有自然退化、农业开发、城市建设、湖泊恢复等。

（1）自然退化。受气候影响，银川平原降水量不足200mm，地表水资源量极低，湖泊水位水量受引黄灌溉的明显影响。由于黄河上游来水变化及水利部门的调度和调控影响，黄河过境水量变化较大。湖泊受水资源量影响而退化的情况比较突出，部分湖泊矿化度升高，一些湖泊呈现沼泽化，如七子连湖、清水湖、犀牛湖、鹤泉湖、于祥湖（于祥湿地），1998年湖泊面积分别是301hm^2、330hm^2、333hm^2、303hm^2、2200hm^2，由于湖泊退化造成面积萎缩，2010年时湖泊面积分别是189hm^2、171hm^2、112hm^2、190hm^2、645hm^2。

（2）农业开发。20世纪50年代，银川地区进行了较大规模的农业开发，兴修水利和进行农田基本建设，扩大水稻种植面积，一些湖泊被改造为稻田。1949—1956年，水稻种植面积由12.3万亩增加到39万亩。20世纪80年代，宁夏渔业由天然捕捞转变为人工养殖，渔业大发展促进了精养鱼塘的建设，许多湖泊被改造为人工养殖池塘，如鸣翠湖北湖泊区域改造建设渔业养殖基地400hm^2、于祥湖泊湿地改造建设667hm^2、三丁湖改造建设池塘200hm^2。

（3）城市建设。20世纪50年代，银川市区及市域湖泊分布密度较大，湖泊数量较多。

70 年代后，陆续开始对城市进行开发建设，处于城市中和城市边的湖泊大都被填，如银川老城区的许多湖泊已不存在。银川市城区面积由 1949 年的 3km² 发展到 2005 年的 95km²。

（4）湖泊恢复。2000 年后，银川市、石嘴山市重点实施了以恢复和保护湖泊湿地为主的生态建设，其中，鸣翠湖、阅海湖、海宝湖、星海湖和典农河及其连通湖泊等，经过人工整治和自然恢复，湖泊面积扩大了，湖泊恢复效果显著，银川平原湖泊湿地的生态功能得到有效发挥。

1.3 银川平原湖泊的分布

1.3.1 湖泊分布名录

银川平原湖泊分布涉及银川市、石嘴山市、吴忠市的 5 区、3 县、1 市，由南向北分别为青铜峡市、永宁县、金凤区、兴庆区、西夏区、贺兰县、平罗县、大武口区、惠农区，按县（区、市）分布的名录见表 1-1。

表 1-1　银川平原湖泊的县（区、市）分布名录

市	县（区、市）	湖　库　名　称
银川市	兴庆区	鸣翠湖、赵家湖、黄河渔村人工湖、高尔夫湖、惠东湖、清水湖、祁家湖、闫家湖、大浪湖、典农湖、春林湖、碱湖、章子湖、孔雀湖、东燕鸽湖、通西湖、陈家湖、周家大湖、西燕鸽湖、阁第湖、官湖、徕龙湖、附院小园湖、丽景湖、南塘湖、中山公园银湖、北塔湖
	金凤区	七子连湖、疙瘩湖、华雁湖、宝湖、万家湖、阅海湖、绿博园湖、元宝湖、小西湖、罗家湖、渠庙湖、丰登湖、王家湖、孙家湖、大碱湖、新联湖、新丰湖、东湖、金冠湖、周家湖、盐湖、芦草洼滞洪库
	西夏区	犀牛湖、鹭岛湖、宁夏解放纪念广场湖、流芳园湖、文昌湖、西夏公园湖、明湖、金波湖、兴庆湖、西夏广场湖、第二拦洪库、第三拦洪库、园林场拦洪库、第四拦洪库、第五拦洪库、镇北堡拦洪库（滚钟口水库）、芦花水库
	永宁县	鹤泉湖、银子湖、王家广湖、海子湖、叶家湖、珍珠湖、金星三队湖、三环湖、新华东湖、马大湖、校场湖、西长湖、小营湖、苏家湖、大庙湖、下碱湖、立强湖、孙家大湖、王高家湖、杨家湖、新华湖、泪沽湖、滨河大道路边湖、东苇湖、二旗沟拦洪库、横沟拦洪库、北五沟拦洪库、新桥滞洪库、三沙源调蓄水库
	贺兰县	如意湖、清水湖、吉祥湖、塔湖、东湖、三道湖、北大湖、寇家湖、舒家岗子湖、三丁湖、胡家湖、马家大湖、赵家小湖、侯家湖、罗家湖、北湖（通义）、庆家湖、大蒲草湖、邢家湖、马家湖、解家湖、丁家湖、福家湖、北湖、锦绣湖
石嘴山市	大武口区	星海湖（东域、新月海、北域、中域、西域、南域）
	惠农区	简泉湖、高庙湖、雁窝池、惠泽湖、盐湖、尾闸调蓄库、高庙湖拦洪库、雁窝池拦洪库、西河桥拦洪库
	平罗县	沙湖、镇朔湖、饮马湖、翰苑湖、威镇湖、明月湖、郑家洼湖、西大湖、翰泉海、平原水库
吴忠市	青铜峡市	滨河大道 4 号湖、滨河大道 6 号湖、滨河大道 1 号湖、滨河大道 11 号湖、青柳湖（九号湖）、青韵湖、青翠湖

1.3.2 湖泊的分布及面积等级

根据现状调查、影像图分析及宁夏湿地资源调查结果、宁夏河湖管理规划、宁夏河长制工作河湖档案，初步统计了各类湖库123个，其中湖泊110个，人工湖库13个（见表1-2）。

表1-2 银川平原湖泊水库分布及面积等级

序号	名　称	类型	所属行政区	位置	湖泊面积	备　注
1	西燕鸽湖	湖泊	兴庆区	掌政镇	小于 $1km^2$	银川市永久性保护湿地
2	小园湖	湖泊	兴庆区		小于 $1km^2$	银川市永久性保护湿地
3	徕龙湖	湖泊	兴庆区		小于 $1km^2$	
4	银湖	湖泊	兴庆区		小于 $1km^2$	
5	鸣翠湖	湖泊	兴庆区	掌政镇	小于 $1km^2$	国家湿地公园 银川市永久性保护湿地
6	北塔湖	湖泊	兴庆区		小于 $1km^2$	银川市永久性保护湿地
7	孔雀湖	湖泊	兴庆区	掌政镇	小于 $1km^2$	银川市永久性保护湿地
8	章子湖	湖泊	兴庆区	大新镇	小于 $1km^2$	银川市永久性保护湿地
9	通西湖	湖泊	兴庆区	通贵乡	小于 $1km^2$	
10	丽景湖	湖泊	兴庆区		小于 $1km^2$	银川市永久性保护湿地
11	清水湖	湖泊	兴庆区	掌政镇	小于 $1km^2$	银川市永久性保护湿地
12	碱湖	湖泊	兴庆区	掌政镇	小于 $1km^2$	
13	春林湖	湖泊	兴庆区	掌政镇	小于 $1km^2$	
14	大浪湖	湖泊	兴庆区	掌政镇	小于 $1km^2$	
15	闫家湖	湖泊	兴庆区	掌政镇	小于 $1km^2$	
16	祁家湖	湖泊	兴庆区		小于 $1km^2$	
17	典农湖	湖泊	兴庆区	掌政镇	小于 $1km^2$	
18	赵家湖	湖泊	兴庆区	掌政镇	小于 $1km^2$	
19	周家大湖	湖泊	兴庆区	掌政镇	小于 $1km^2$	
20	黄河渔村人工湖	湖泊	兴庆区	掌政镇	小于 $1km^2$	
21	高尔夫湖	湖泊	兴庆区	掌政镇	小于 $1km^2$	
22	惠东湖	湖泊	兴庆区	掌政镇	小于 $1km^2$	
23	阁第湖	湖泊	兴庆区	大新镇	小于 $1km^2$	
24	东燕鸽湖	湖泊	兴庆区	大新镇	小于 $1km^2$	
25	官湖	湖泊	兴庆区	掌政镇	小于 $1km^2$	
26	万家湖	湖泊	金凤区		小于 $1km^2$	
27	阅海湖	湖泊	金凤区		大于 $9km^2$	国家湿地公园
28	绿博园湖	湖泊	金凤区		小于 $1km^2$	
29	宝湖	湖泊	金凤区		小于 $1km^2$	国家湿地公园 银川市永久性保护湿地

续表

序号	名　称	类型	所属行政区	位置	湖泊面积	备　注
30	华雁湖	湖泊	金凤区		小于 $1km^2$	银川市永久性保护湿地
31	七子连湖	湖泊	金凤区		大于 $1km^2$	银川市永久性保护湿地
32	元宝湖	湖泊	金凤区	丰登镇	小于 $1km^2$	银川市永久性保护湿地
33	大碱湖	湖泊	金凤区	丰登镇	小于 $1km^2$	银川市永久性保护湿地
34	芦草洼滞洪库	水库	金凤区	良田镇	大于 $1km^2$	
35	犀牛湖	湖泊	西夏区	镇北堡镇	大于 $1km^2$	银川市永久性保护湿地
36	鹭岛湖	湖泊	西夏区	镇北堡镇	小于 $1km^2$	银川市永久性保护湿地
37	宁夏解放纪念广场湖	湖泊	西夏区		小于 $1km^2$	
38	流芳园湖	湖泊	西夏区		小于 $1km^2$	
39	文昌湖	湖泊	西夏区		小于 $1km^2$	银川市永久性保护湿地
40	西夏公园湖	湖泊	西夏区		小于 $1km^2$	
41	明湖	湖泊	西夏区		小于 $1km^2$	
42	金波湖	湖泊	西夏区		小于 $1km^2$	银川市永久性保护湿地
43	兴庆湖	湖泊	西夏区		小于 $1km^2$	
44	西夏广场湖	湖泊	西夏区		小于 $1km^2$	
45	第二拦洪库	水库	西夏区		大于 $1km^2$	
46	第三拦洪库	水库	西夏区		大于 $1km^2$	
47	园林场拦洪库	水库	西夏区		大于 $1km^2$	
48	第四拦洪库	水库	西夏区		大于 $1km^2$	
49	第五拦洪库	水库	西夏区		大于 $1km^2$	
50	镇北堡拦洪库	水库	西夏区	镇北堡镇	大于 $1km^2$	
51	芦花水库	水库	西夏区	镇北堡镇	大于 $1km^2$	
52	鹤泉湖	湖泊	永宁县	杨和镇	大于 $1km^2$	国家湿地公园 银川市永久性保护湿地
53	银子湖	湖泊	永宁县	望远镇	大于 $1km^2$	银川市永久性保护湿地
54	王家广湖	湖泊	永宁县	望远镇	小于 $1km^2$	
55	海子湖	湖泊	永宁县	望洪镇	小于 $1km^2$	银川市永久性保护湿地
56	叶家湖	湖泊	永宁县	望远镇	大于 $1km^2$	
57	珍珠湖	湖泊	永宁县	杨和镇	小于 $1km^2$	区级湿地公园 银川市永久性保护湿地
58	金星三队湖	湖泊	永宁县	胜利乡	小于 $1km^2$	
59	三环湖	湖泊	永宁县	胜利乡	小于 $1km^2$	
60	新华东湖	湖泊	永宁县	望洪镇	小于 $1km^2$	
61	马大湖	湖泊	永宁县	望洪镇	小于 $1km^2$	
62	校场湖	湖泊	永宁县	望洪镇	小于 $1km^2$	

续表

序号	名称	类型	所属行政区	位置	湖泊面积	备注
63	西长湖	湖泊	永宁县	李俊镇	小于 $1km^2$	
64	小营湖	湖泊	永宁县	李俊镇	小于 $1km^2$	
65	苏家湖	湖泊	永宁县	李俊镇	小于 $1km^2$	
66	大庙湖	湖泊	永宁县	李俊镇	小于 $1km^2$	
67	下碱湖	湖泊	永宁县	李俊镇	小于 $1km^2$	
68	立强湖	湖泊	永宁县	望远镇	小于 $1km^2$	
69	孙家大湖	湖泊	永宁县	望远镇	小于 $1km^2$	
70	王高家湖	湖泊	永宁县	望远镇	小于 $1km^2$	
71	杨家湖	湖泊	永宁县	望远镇	小于 $1km^2$	
72	新华湖	湖泊	永宁县	望洪镇	小于 $1km^2$	
73	泪沽湖	湖泊	永宁县	望洪镇	小于 $1km^2$	
74	如意湖	湖泊	贺兰县	习岗镇	小于 $1km^2$	银川市永久性保护湿地
75	清水湖	湖泊	贺兰县	金贵镇	小于 $1km^2$	区级湿地公园 银川市永久性保护湿地
76	吉祥湖	湖泊	贺兰县	金贵镇	小于 $1km^2$	
77	塔湖	湖泊	贺兰县	金贵镇	小于 $1km^2$	
78	东湖	湖泊	贺兰县	金贵镇	小于 $1km^2$	
79	三道湖	湖泊	贺兰县	立岗镇	小于 $1km^2$	
80	北大湖	湖泊	贺兰县	立岗镇	大于 $1km^2$	银川市永久性保护湿地
81	寇家湖	湖泊	贺兰县	常信乡	大于 $1km^2$	
82	舒家岗子湖	湖泊	贺兰县	常信乡	小于 $1km^2$	
83	三丁湖	湖泊	贺兰县	立岗镇、 常信乡	大于 $1km^2$	银川市永久性保护湿地
84	胡家湖	湖泊	贺兰县	常信乡	小于 $1km^2$	
85	马家大湖	湖泊	贺兰县	常信乡	小于 $1km^2$	
86	赵家小湖	湖泊	贺兰县	常信乡	小于 $1km^2$	
87	侯家湖	湖泊	贺兰县	常信乡	小于 $1km^2$	
88	罗家湖	湖泊	贺兰县	常信乡	小于 $1km^2$	
89	北湖	湖泊	贺兰县	立岗镇	小于 $1km^2$	
90	庆家湖	湖泊	贺兰县	习岗镇	小于 $1km^2$	
91	大蒲草湖	湖泊	贺兰县	金贵镇	小于 $1km^2$	
92	邢家湖	湖泊	贺兰县	常信乡	小于 $1km^2$	
93	马家湖	湖泊	贺兰县	常信乡	小于 $1km^2$	
94	解家湖	湖泊	贺兰县	常信乡	小于 $1km^2$	
95	丁家湖	湖泊	贺兰县	金贵镇	小于 $1km^2$	

续表

序号	名　称	类型	所属行政区	位置	湖泊面积	备　注
96	福家湖	湖泊	贺兰县	金贵镇	小于 $1km^2$	
97	北湖	湖泊	贺兰县	金贵镇	小于 $1km^2$	
98	锦绣湖	湖泊	贺兰县	金贵镇	小于 $1km^2$	
99	星海湖	湖泊	大武口区		大于 $20km^2$	国家湿地公园
	东域	湖泊	大武口区		大于 $1km^2$	
	新月海	湖泊	大武口区		小于 $1km^2$	
	北域	湖泊	大武口区		大于 $1km^2$	
	西域	湖泊	大武口区		小于 $1km^2$	
	中域	湖泊	大武口区		大于 $1km^2$	
	南域	湖泊	大武口区		大于 $1km^2$	
100	简泉湖	湖泊	惠农区		大于 $1km^2$	国家湿地公园
101	高庙湖	湖泊	惠农区	燕子墩乡	大于 $1km^2$	
102	惠泽湖	湖泊	惠农区	燕子墩乡	小于 $1km^2$	
103	盐湖	湖泊	惠农区	红果子镇	小于 $1km^2$	
104	尾闸调蓄库	水库	惠农区	尾闸镇	小于 $1km^2$	
105	雁窝池拦洪库	水库	惠农区	燕子墩乡	大于 $1km^2$	
106	西河桥拦洪库	水库	惠农区	红果子镇	大于 $1km^2$	
107	沙湖	湖泊	平罗县		大于 $20km^2$	区级自然保护区
108	镇朔湖	湖泊	平罗县		大于 $1km^2$	国家湿地公园
109	饮马湖	湖泊	平罗县	城关镇	小于 $1km^2$	
110	翰苑湖	湖泊	平罗县	城关镇	小于 $1km^2$	
111	威镇湖	湖泊	平罗县	高庄乡	大于 $1km^2$	
112	明月湖	湖泊	平罗县	城关镇	大于 $1km^2$	
113	郑家洼湖	湖泊	平罗县	姚伏镇	小于 $1km^2$	
114	西大湖	湖泊	平罗县	姚伏镇	大于 $1km^2$	
115	翰泉海	水库	平罗县	城关镇	大于 $1km^2$	
116	平原水库	水库	平罗县	城关镇	大于 $1km^2$	
117	一号湖	湖泊	青铜峡市	大坝镇	小于 $1km^2$	
118	四号湖	湖泊	青铜峡市	大坝镇	小于 $1km^2$	
119	六号湖	湖泊	青铜峡市	大坝镇	小于 $1km^2$	
120	十一号湖	湖泊	青铜峡市	大坝镇	小于 $1km^2$	
121	青柳湖	湖泊	青铜峡市	陈袁滩镇	小于 $1km^2$	
122	青韵湖	湖泊	青铜峡市	陈袁滩镇	小于 $1km^2$	
123	青翠湖	湖泊	青铜峡市	陈袁滩镇	小于 $1km^2$	

依据宁夏湖泊现状及管理需求，将湖泊划分为三个等级，即一级湖泊、二级湖泊、三级湖泊。湖泊分级以常年水面面积为控制指标：大于 20km^2 的为一级，大于 9km^2 的为二级，小于 9km^2 的为三级。所统计湖泊中有一级湖泊 2 个（星海湖与沙湖），二级湖泊 1 个（阅海湖），三级湖泊 120 个。兴庆区、金凤区、西夏区、永宁县、贺兰县、大武口区、惠农区、平罗县、青铜峡市湖库数量分别为 25 个、9 个、17 个、22 个、25 个、1 个、7 个、10 个、7 个。

1.3.3 湖泊分布特点

扩整、恢复的湖泊，一般水域面积较大。银川平原的湖泊水来源有地表径流与降水，其中降水量低，影响较小，主要依靠农业灌排水系的地表径流补给。大量自然湖泊水域面积较小，湖水水深一般为 0.8～2.0m，水生植物覆盖度高，多为芦苇、香蒲等挺水植物。有些湖泊水深可以达到 2.5m，湖泊中水生植物的覆盖度较低。

银川平原的湖泊分布具有“点分散、线集中”“地域差别明显”“分布不平衡”等特点。

银川平原湖泊星罗棋布，由于自然和人为因素，湖泊面积一般不大，一级湖泊仅有沙湖、星海湖，二级湖泊有阅海湖，其余均为三级湖泊。阅海湖由于湖泊连通，扩大了湖泊面积，成为银川市最大的、也是唯一的湖泊分级达到二级的湖泊。由于银川平原灌排渠系沟系及防洪体系建设原因，依湖泊水系的分布，湖泊水库主要集中分布在西干渠-第二农场渠西、典农河、唐徕渠、汉延渠-惠农渠等南北方向水系上。

由于城市开发建设和人类活动影响，城市湖泊面积萎缩，生态退化，生态环境较差；城市周边湖泊受旅游活动、农业面源污染影响，存在水量、水质型缺水问题；远郊湖泊由于受人类活动影响较少，多保持自然面貌。银川平原地区湿地保护与合理利用，采取“城内湖泊以保护、治理为主，城郊湖泊以恢复、保护为主，远郊湖泊以自然保护为主”的原则，使银川平原湖泊在地域上显示出比较明显的差别。

银川平原西侧为山地，地势西南高、东北低，自然湖泊较集中分布在地质构造为冲积平原的永宁县北部、兴庆区东部、金凤区南北、贺兰县大部及大武口区东部、平罗县西南部，位于冲积平原的西夏区自然湖泊较少。银川平原湖泊呈现分布不均衡的特点。

1.4 银川平原湖泊水系

针对南高北低、西高东低的地势实情，银川平原湖泊水系分别自西向东布局“南北纵向”水系，自北向南布局“东西横向”水系，充分利用现有水系和排水沟道的基础上，以线带点实现湖泊连通，逐步完善“纵横”水系网络体系，实现水资源共享、增加湖泊的滞蓄调控能力，达到水资源、水生态和水环境共赢发展。

根据银川平原湖泊水源主要补给途径，基本上形成了典农河水系及湖泊群、干渠干沟灌排水系湖泊群、西干渠-第二农场渠西蓄洪区湖库群。南北纵向水系自西向东平行排列为：西干渠西蓄洪区、典农河、唐徕渠、汉延渠、惠农渠、滨河水系。

1.4.1　西干渠-第二农场渠西蓄洪区湖库

20 世纪 60 年代起，在西干渠及第二农场渠西侧、东侧分别建设了多座拦洪库、滞洪区，引导、拦蓄贺兰山各主要山洪沟道下泄洪水。自永宁县至惠农区，主要有二旗沟拦洪库、横沟拦洪库、北五沟拦洪库、新桥滞洪库、芦草洼滞洪区、第二拦洪库、第三拦洪库、园林场拦洪库、第四拦洪库、第五拦洪库、镇北堡拦洪库、芦花水库、金山拦洪库、高庙湖拦洪库、雁窝池拦洪库、西河桥拦洪库。

1.4.2　典农河水系及湖泊

典农河是集防洪、排水、生态、景观等多功能的水资源利用工程，是连通银川平原湖泊湿地，恢复湿地水生态系统和发挥湖泊湿地生态功能的重要水系。

典农河南起永宁县李俊镇西邵村新桥滞洪库，北至石嘴山市惠农区三排沟桥入黄河口，总长 158km，流域包括永宁县、西夏区、金凤区、兴庆区、贺兰县、平罗县、大武口区、惠农区等县（区）。典农河连通了贺兰山东麓 8 个拦洪库和 2 个滞洪区，接引了永清沟、永二干沟、第二排水沟、四二干沟、第三排水沟等 10 条沟道，接引了重要湖泊湿地并为两侧湖泊湿地有效补水。

典农河分为三段。上段从永宁县内的新桥滞洪区至金凤区的典农河阅海船闸，长 59km，主要功能是生态恢复、城市景观和城市防洪，连通、连接、接引了海子湖、三沙源拦蓄水库、宝湖、华雁湖、七子连湖、万家湖、北塔湖、绿博园湖、阅海湖等湖泊湿地。中段从阅海船闸至贺兰县洪广镇的典农河洪广船闸，长 27km，主要功能是排洪和灌区排水，连通、连接、接引了犀牛湖、鹭岛湖、寇家湖、舒家岗子湖、邢家湖、马家湖、解家湖等湖泊。下段从洪广船闸至惠农区三排入黄河口，长 72km，主要功能是灌区排水，连通、连接、接引了沙湖、星海湖、简泉湖、高庙湖、盐湖、镇朔湖、威镇湖、明月湖、西大湖、平原水库、翰泉海等重要湖泊湿地。

1.4.3　唐徕渠水系及湖泊

唐徕渠是宁夏引黄灌区最大的引水干渠，从河西总干唐正闸引水，南北流向，流经青铜峡市、永宁县、兴庆区、金凤区、贺兰县、平罗县、大武口区。唐徕渠中部流域宽广，大支渠分布多，干渠为“脊”型，两侧曾是“七十二连湖”主要区域。

唐徕渠穿越银川市区、平罗县城等，干渠及主要支渠水系内分布的湖泊有较多的市区湖泊，也有许多城市近郊、远郊湖泊，主要湖泊湿地有银子湖、王家广湖、宝湖、西燕鸽湖、附院小园湖、孔雀湖、章子湖、丽景湖、清水湖、碱湖、春林湖、阁第湖、东燕鸽湖、官湖、新华东湖、马大湖、如意湖、三丁湖、北大湖、寇家湖、郑家洼湖、饮马湖、翰苑湖、明月湖、威镇湖等。

1.4.4　汉延渠-惠农渠水系及湖泊

汉延渠流经青铜峡市、永宁县、兴庆区、贺兰县，在贺兰县立岗镇尾水流入第四排水

沟。汉延渠两侧地势平坦，形成“鱼脊”型渠道，干渠高出地面 2m 左右，方便了分水灌溉，也形成了大量的湖泊。

惠农渠是银川市、石嘴山市灌区最东部的一条引水干渠，流经青铜峡市、永宁县、贺兰县、平罗县、惠农区。惠农渠在银川、石嘴山境内沿黄河西岸的河滩穿过，地势低洼，西岸湖泊南北延续。

湖泊分布的范围包括永宁县杨和镇、望远镇，兴庆区掌政镇、通贵乡，贺兰县金贵镇、立岗镇。永宁境内湖泊主要有鹤泉湖、叶家湖、珍珠湖、立强湖、孙家大湖，贺兰县境内主要有清水湖（江南湖）、吉祥湖、塔湖、东湖、三道湖、福家湖、北湖、锦绣湖等。兴庆区境内主要有鸣翠湖、裴家湖、闫家湖、祁家湖、典农湖、赵家湖、周家大湖、黄河渔村人工湖、清水湖、丁家湖等湖泊。

1.4.5 滨河水系

沿滨河大道东西两侧，自南向北跨青铜峡市大坝镇、陈袁滩镇、叶盛镇，永宁县望洪镇、杨和镇、望远镇，兴庆区掌政镇、通贵乡，贺兰县金贵镇、立岗镇，平罗县通伏乡、渠口乡、头闸镇、灵沙乡，惠农区礼和乡、尾闸镇、园艺镇，主要湖泊湿地有滨河大道 4 号湖、滨河大道 6 号湖、滨河大道 1 号湖、滨河大道 11 号湖、青柳湖（九号湖）、青韵湖、青翠湖、惠东湖、滨河大道路边湖、东苇湖、大蒲草湖、滨河大道东侧水系、滨河大道西侧水系等。

1.4.6 城市景观湖泊

银川市内湖泊主要有宝湖、附院小园湖、徕龙湖、中山公园银湖、丽景湖、宁夏解放纪念广场湖、流芳园湖、文昌湖、西夏公园湖、明湖、金波湖、兴庆湖、西夏广场湖。贺兰县有如意湖，平罗县有饮马湖、翰苑湖等。

1.5 银川平原典型湖泊概况

1.5.1 鸣翠湖

鸣翠湖位于银川市东部，东经 106.3765°～106.3567°，北纬 38.3704°～38.4003°，湖区涉及兴庆区掌政镇、永宁县望远镇共 2 个乡镇级行政区，属惠农渠-汉延渠水系，东侧与四三支沟水系连通。

鸣翠湖为国家湿地公园。

鸣翠湖为银川市永久性保护湿地（根据湖泊湿地的面积大小，在湖泊湿地湖岸线外划定保护区域，对 10～50hm^2、51～100hm^2、101hm^2 以上的湿地，分别划定 50m、80m、100m 为保护区域；列入保护的湖泊湿地及划定的保护区域为公共区域）。

鸣翠湖总面积 597.57hm^2，其中湖泊面积 472.2hm^2，沼泽湿地面积 58.1hm^2，人工湿地面积 67.27hm^2；分为南湖、北湖：南湖为鸟类保护区，北湖开展了湿地生态旅游。湖水主要依赖地表径流和湖面降水补给，地表径流主要来自汉延渠。

1.5.2 赵家湖

赵家湖位于银川市东部，东经106.3682°～106.3790°，北纬38.4034°～38.4111°，湖区涉及兴庆区掌政镇1个乡镇级行政区，属惠农渠-汉延渠水系，北为永二干沟水系、东为四三支沟水系。

赵家湖面积49.1hm^2，由4个独立的小湖组成，湖水主要依赖地表径流和湖面降水补给，地表径流主要来自汉延渠。

1.5.3 闫家湖

闫家湖位于银川市东部，东经106.3979°～106.4078°，北纬38.4171°～38.4266°，湖区涉及兴庆区掌政镇1个乡镇级行政区，属惠农渠-汉延渠水系，西侧与四三沟水系连通，南邻永二干沟。

闫家湖面积30.8hm^2，湖水主要依赖地表径流和湖面降水补给，地表径流主要来自汉延渠。

1.5.4 周家大湖

周家大湖位于银川市东部，东经106.3744°～106.3800°，北纬38.4180°～38.4245°，湖区涉及兴庆区掌政镇1个乡镇级行政区，属惠农渠-汉延渠水系，南侧与永二干沟水系相邻。

周家大湖面积23.8hm^2，水浅，水生植物茂盛，芦苇茂密，全湖覆盖。湖水主要依赖地表径流和湖面降水补给，地表径流主要来自汉延渠。

1.5.5 清水湖

清水湖位于银川市东部，东经106.3998°～106.4189°，北纬38.4486°～38.4538°，湖区涉及兴庆区掌政镇1个乡镇级行政区，属惠农渠-汉延渠水系，东邻四三支沟，北侧与银东干沟水系连通。

清水湖为银川市永久性保护湿地（在湖泊湿地湖岸线外划定保护区域，划定100m为保护区域，湖泊湿地及划定的保护区域为公共区域）。

清水湖面积141.4hm^2，由于人类活动较少，因此保持了良好的生境状况，芦苇生长茂密，苍鹭等野生鸟类种群数量较多，水质清澈，故得名清水湖。湖水主要依赖地表径流和湖面降水补给，地表径流主要来自汉延渠。

1.5.6 典农湖

典农湖位于银川市东部，东经106.3504°～106.3530°，北纬38.4073°～38.4098°，湖区涉及兴庆区掌政镇1个乡镇级行政区，属惠农渠-汉延渠水系，西侧与汉延渠相邻。

典农湖位于典农公园内，面积4.4hm^2，水深2.5m以上，湖水主要依赖地表径流和湖面降水补给，地表径流主要来自汉延渠。

1.5.7 章子湖

章子湖位于银川市东部，东经 106.3049°～106.3169°，北纬 38.4148°～38.4303°，湖区涉及兴庆区大新镇 1 个乡镇级行政区，属唐徕渠水系，西侧为唐徕渠支渠大新渠，东侧与永二干沟相邻。

章子湖为银川市永久性保护湿地（在湖泊湿地湖岸线外划定保护区域，划定 100m 为保护区域，湖泊湿地及划定的保护区域为公共区域）。

章子湖面积 92.73hm^2，湖水主要依赖地表径流和湖面降水补给，地表径流主要来自唐徕渠支渠大新渠。

1.5.8 孔雀湖

孔雀湖位于银川市兴庆区，东经 106.3132°～106.3237°，北纬 38.4292°～38.4364°，湖区涉及兴庆区掌政镇 1 个乡镇级行政区，属唐徕渠水系，位于唐徕渠支渠大新渠以东，北侧经石油城水道与二二支沟连通。

孔雀湖为银川市永久性保护湿地（在湖泊湿地湖岸线外划定保护区域，划定 50m 为保护区域，湖泊湿地及划定的保护区域为公共区域）。

孔雀湖面积 34.8hm^2，湖水主要依赖地表径流和湖面降水补给，地表径流主要来自唐徕渠支渠大新渠。

1.5.9 碱湖

碱湖位于银川市兴庆区，东经 106.3307°～106.3420°，北纬 38.4368°～38.4478°，湖区涉及兴庆区掌政镇 1 个乡镇级行政区，属汉延渠水系，位于孔司路以北、京藏高速公路以东，南与春林湖相通，经春林湖与永二干沟水系相接。

碱湖面积 59.67hm^2，湖水主要依赖地表径流和湖面降水补给，地表径流主要来自汉延渠。

1.5.10 西燕鸽湖

西燕鸽湖位于银川市兴庆区，东经 106.3258°～106.3340°，北纬 38.4496°～38.4543°，湖区涉及兴庆区大新镇 1 个乡镇级行政区，属唐徕渠水系，西侧为唐徕渠支渠大新渠，东侧经石油城水道、二二支沟与银东干沟水系相通。

西燕鸽湖为银川市永久性保护湿地（在湖泊湿地湖岸线外划定保护区域，划定 50m 为保护区域，湖泊湿地及划定的保护区域为公共区域）。

西燕鸽湖面积 21.67hm^2，湖水主要依赖地表径流和湖面降水补给，地表径流主要来自唐徕渠支渠大新渠。

1.5.11 阁第湖

阁第湖位于银川市兴庆区，东经 106.3774°～106.3222°，北纬 38.4549°～38.4584°，湖区涉及兴庆区大新镇 1 个乡镇级行政区，属唐徕渠水系湖泊群，东侧与唐徕渠支渠大新渠相邻。

阁第湖为城市湖泊，面积12.3hm²，湖水主要依赖地表径流和湖面降水补给，地表径流主要来自唐徕渠支渠大新渠。

1.5.12 小园湖

小园湖位于银川市兴庆区西南部，东经106.2741°～106.2807°，北纬38.4059°～38.4115°，属唐徕渠水系湖泊。

小园湖为银川市永久性保护湿地（在湖泊湿地湖岸线外划定保护区域，划定50m为保护区域，湖泊湿地及划定的保护区域为公共区域）。

小园湖面积26.67hm²，湖水主要依赖地表径流和湖面降水补给，地表径流主要来自唐徕渠。

1.5.13 丽景湖

丽景湖位于银川市兴庆区，东经106.2988°～106.3025°，北纬38.4620°～38.4691°，属城市景观湖泊。

丽景湖面积20.4hm²，为银川市永久性保护湿地（在湖泊湿地湖岸线外划定保护区域，划定50m为保护区域，湖泊湿地及划定的保护区域为公共区域）。

1.5.14 北塔湖

北塔湖位于银川市兴庆区西北部，东经106.2690°～106.2839°，北纬38.4840°～38.5013°，位于凤凰北街东侧、贺兰山路南、上海路北、民族北街西侧，属典农河水系湖泊，北侧典农河水系连通。

北塔湖为银川市永久性保护湿地（在湖泊湿地湖岸线外划定保护区域，划定80m为保护区域，湖泊湿地及划定的保护区域为公共区域）。

北塔湖面积81.33hm²，国家重点保护文物——海宝塔屹立在湖畔，具有重要的历史、文化价值，现成为市民休闲、健身的好场所。湖水主要依赖地表径流和湖面降水补给，地表径流主要来自典农河。

1.5.15 银湖

银湖位于银川市兴庆区中山公园，东经106.2624°～106.2681°，北纬38.4726°～38.4761°，属城市景观湖泊，属唐徕渠水系湖泊。

银湖面积7.53hm²，由银湖、中湖、莲湖三个小湖构成，湖水主要依赖地表径流和湖面降水补给，地表径流主要来自唐徕渠。

1.5.16 七子连湖

七子连湖位于银川市金凤区东南部，东经106.2334°～106.2596°，北纬38.4075°～38.4379°，湖区南邻银川南环高速、东邻唐徕渠，属典农河水系，南与银川东南水系相通，东与第二排水沟水系连通。

七子连湖为银川市永久性保护湿地（在湖泊湿地湖岸线外划定保护区域，划定 100m 为保护区域，湖泊湿地及划定的保护区域为公共区域）。

七子连湖面积 310.53hm^2，是“七十二连湖”的主要组成部分，由多个湖泊组成，芦苇生长茂密，植被较丰富，自然状况较好，环境幽静，是野生鸟类栖息、繁衍、觅食的理想之地。湖水主要依赖地表径流和湖面降水补给，地表径流主要来自唐徕渠宁城闸补水与典农河。

1.5.17 宝湖

宝湖位于银川市金凤区东南部，东经 106.2435°～106.2542°，北纬 38.4467°～38.4549°，属唐徕渠水系的城市湖泊。

宝湖为银川市永久性保护湿地（在湖泊湿地湖岸线外划定保护区域，划定 50m 为保护区域，湖泊湿地及划定的保护区域为公共区域）。

宝湖东靠唐徕渠，南临宝湖路，北到铁路线，西邻正源街。总面积 82.6hm^2，其中湖泊面积 39.2hm^2，绿地面积 36.5hm^2。宝湖是银川城内规模较大的、典型的城市湖泊，湖水最深处 2.2m 左右，平均水深 1.4m 左右。

宝湖为国家湿地公园，主要功能区包括四部分：①湿地生态区：保护湖泊湿地，植被恢复和人工造林，保护和丰富生物多样性；②文化公园区：依托唐徕古渠等历史文化遗迹，结合湿地文化，进行湿地生态宣传教育，开展科学文化活动；③休闲健身区：为群众提供攀岩、垂钓、弈棋等休闲、健身活动场所；④管理服务区。

宝湖面积 39.0hm^2，湖水主要依赖地表径流和湖面降水补给，地表径流主要来自唐徕渠。

1.5.18 华雁湖

华雁湖位于银川市金凤区南部，东经 106.2151°～106.2268°，北纬 38.4554°～38.4597°，西接典农河银川段南支，东南连接典农河银川段东南支、与七子连湖相通。

华雁湖为银川市永久性保护湿地（在湖泊湿地湖岸线外划定保护区域，划定 50m 为保护区域，湖泊湿地及划定的保护区域为公共区域）。

华雁湖面积 16.0hm^2，为银川市城市景观湖泊，湖水主要依赖地表径流和湖面降水补给，地表径流主要来自典农河银川东南支。

1.5.19 元宝湖

元宝湖位于银川市金凤区北部，东经 106.2408°～106.2550°，北纬 38.5642°～38.5724°，湖区涉及金凤区丰登镇 1 个乡镇级行政区，属唐徕渠水系，东侧与红旗沟相连，经红旗沟与第四排水沟水系连通。

元宝湖为银川市永久性保护湿地（在湖泊湿地湖岸线外划定保护区域，划定 100m 为保护区域，湖泊湿地及划定的保护区域为公共区域），占地面积 117.33hm^2，水面面积 82.67hm^2。

1.5.20　阅海湖

阅海湖位于银川市金凤区西北部，东经 106.1885°～106.2134°，北纬 38.5129°～38.5799°，南起贺兰山路、北至阅海船闸，东起花卉博览园、西至满城北街，属典农河连通湖泊。

阅海湖为银川市永久性保护湿地（在湖泊湿地湖岸线外划定保护区域，划定 100m 为保护区域，湖泊湿地及划定的保护区域为公共区域）。

阅海湖为国家湿地公园。阅海湖湿地水域广阔，自然风景秀丽，是银川市面积最大、原始地貌保存最完整的一块湿地。2002 年以来，在国家、自治区和银川市的重视和支持下，规划和实施了退田还湖、水道清淤、植被恢复、鸟类栖息地修复和基础设施等项目建设，阅海湖湿地生态环境显著改善，湿地资源得到了有效保护。2006 年 6 月被国家林业局批准为国家湿地公园，目前已建成湿地保护管理站、湿地生态监测站、宁夏暨银川首家鸟类环志站、瞭望塔等。阅海湖由艾依河连通并补水，从市区北京路码头乘船即可到达阅海湖。

阅海湖地处银川市金凤区偏北，由原天然大、小西湖经人工开挖、连通、疏浚而成的中型湖沼，是银川平原最具代表性的湖泊之一，阅海湖是银川市最大的湿地，享有“银川之肾”“城市绿肺”之美誉。

阅海湖面积 1190.0hm^2，湖水主要依赖地表径流和湖面降水补给，地表径流主要来自典农河。

1.5.21　文昌湖

文昌湖位于银川市西夏区，东经 106.1051°～106.1152°，北纬 38.4735°～38.4764°，属城市湖泊。

文昌湖面积 15.33hm^2，为银川市永久性保护湿地（在湖泊湿地湖岸线外划定保护区域，划定 50m 为保护区域，湖泊湿地及划定的保护区域为公共区域）。

1.5.22　金波湖

金波湖位于银川市西夏区，东经 106.1366°～106.1394°，北纬 38.4942°～38.4995°，属城市景观湖泊，水面面积 25.33hm^2。

金波湖为银川市永久性保护湿地（在湖泊湿地湖岸线外划定保护区域，划定 50m 为保护区域，湖泊湿地及划定的保护区域为公共区域）。

1.5.23　鹭岛湖

鹭岛湖位于银川市西夏区，东经 106.1867°～106.1894°，北纬 38.5679°～38.5742°。

鹭岛湖为银川市永久性保护湿地（在湖泊湿地湖岸线外划定保护区域，划定 100m 为保护区域，湖泊湿地及划定的保护区域为公共区域）。

鹭岛湖占地面积 57.20hm^2，水面面积 10.10hm^2，湖水主要依赖地表径流和湖面降水补给，地表径流主要来自唐徕渠支渠良田渠。

1.5.24 犀牛湖

犀牛湖位于银川市西夏区北部，东经 106.1713°～106.1876°，北纬 38.5870°～38.6089°，湖区涉及西夏区镇北堡镇 1 个乡镇级行政区，东南与西大沟相邻，北侧与良渠沟相连，通过良渠沟与典农河中段相通。

犀牛湖为银川市永久性保护湿地（在湖泊湿地湖岸线外划定保护区域，划定 100m 为保护区域，湖泊湿地及划定的保护区域为公共区域）。

犀牛湖占地 306.67hm^2，水面面积 180.33hm^2，自然湖泊和大面积鱼塘构成自然景观，地域开阔，环境优美，大量野生鸟类在此栖息、繁衍。

1.5.25 鹤泉湖

鹤泉湖位于银川市永宁县城东北部，东经 106.2672°～106.2909°，北纬 38.2917°～38.3081°，湖区涉及永宁县杨和镇 1 个乡镇级行政区，属惠农渠-汉延渠水系，北侧与红丰沟接引，东邻叶家湖。

鹤泉湖为国家湿地公园。

鹤泉湖为银川市永久性保护湿地（在湖泊湿地湖岸线外划定保护区域，划定 100m 为保护区域，湖泊湿地及划定的保护区域为公共区域）。

鹤泉湖占地面积 262.27hm^2，水面面积 262.27hm^2。鹤泉湖是历史上“七十二连湖”之一，芦苇茂密，湖面平静，环境幽静。

1.5.26 叶家湖

叶家湖位于银川市永宁县东北部，东经 106.3166°～106.3005°，北纬 38.3046°～38.3198°，湖区涉及永宁县望远镇 1 个乡镇级行政区，属惠农渠-汉延渠水系，东靠惠农渠，西侧与红丰沟接引，西南与鹤泉湖相邻。

叶家湖占地面积 86.4hm^2，水面面积 73.27hm^2。

1.5.27 珍珠湖

珍珠湖位于银川市永宁县城北部，东经 106.2528°～106.2683°，北纬 38.2995°～38.3060°，湖区涉及永宁县杨和镇 1 个乡镇级行政区，属惠农渠-汉延渠水系，东侧与红丰沟接引，东邻鹤泉湖。

珍珠湖为银川市永久性保护湿地（在湖泊湿地湖岸线外划定保护区域，划定 100m 为保护区域，湖泊湿地及划定的保护区域为公共区域）。

珍珠湖占地面积 90.13hm^2，水面面积 77.40hm^2。

1.5.28 海子湖

海子湖位于银川市永宁县西部，东经 106.1292°～106.1354°，北纬 38.2918°～38.2983°，湖区涉及永宁县望洪镇 1 个乡镇级行政区，西侧与典农河上段相邻，北侧与永清沟水系连通。

海子湖为银川市永久性保护湿地（在湖泊湿地湖岸线外划定保护区域，划定80m为保护区域，湖泊湿地及划定的保护区域为公共区域）。

海子湖占地面积86.4hm^2，水面面积73.27hm^2。湖水碧波映着蓝天，波光粼粼，湖区四季景色优美。

1.5.29 银子湖

银子湖位于银川市永宁县北部，东经106.2364°～106.3919°，北纬38.3696°～38.4047°，湖区涉及永宁县望远镇1个乡镇级行政区，属典农河水系，东至唐徕渠，西至良田渠，西南与典农河相接引，西北与第二排水沟水系相接引，东北侧与永二干沟水系连通。

银子湖为银川市永久性保护湿地（在湖泊湿地湖岸线外划定保护区域，划定100m为保护区域，湖泊湿地及划定的保护区域为公共区域）。

银子湖面积142.67hm^2，湖水主要依赖地表径流和湖面降水补给，地表径流主要来自典农河水系。

1.5.30 清水湖（江南湖）

清水湖（江南湖）位于银川市贺兰县东部，东经106.4256°～106.4395°，北纬38.5325°～38.5419°，湖区涉及贺兰县金贵镇1个乡镇级行政区，属惠农渠-汉延渠水系，四三支沟由湖中穿过，南与第二排水沟相邻。

清水湖（江南湖）为银川市永久性保护湿地（在湖泊湿地湖岸线外划定保护区域，划定100m为保护区域，湖泊湿地及划定的保护区域为公共区域）。

清水湖（江南湖）面积284.0hm^2，生境状况较好，芦苇生长茂密，人类活动影响小，苍鹭等野生鸟类迁徙停留和栖息繁衍，种群数量多、密度大，是典型的野生鸟类保护区。

1.5.31 如意湖

如意湖位于银川市贺兰县城北部，东经106.3437°～106.3623°，北纬38.5605°～38.5756°，湖区涉及贺兰县习岗镇1个乡镇级行政区，属唐徕渠水系城市湖泊。

如意湖为银川市永久性保护湿地（在湖泊湿地湖岸线外划定保护区域，划定80m为保护区域，湖泊湿地及划定的保护区域为公共区域）。

如意湖面积63.0hm^2。

1.5.32 北大湖

北大湖位于银川市贺兰县北部，东经106.4157°～106.4478°，北纬38.6689°～38.6941°，湖区涉及贺兰县立岗镇1个乡镇级行政区，属四二干沟水系，东邻第五排水沟，北侧与四二干沟水系连通。

北大湖为银川市永久性保护湿地（在湖泊湿地湖岸线外划定保护区域，划定100m为保护区域，湖泊湿地及划定的保护区域为公共区域）。

北大湖面积157hm^2，自然湖泊和大面积鱼塘构成自然景观，湖水主要依赖地表径流

和湖面降水补给，地表径流主要来自第五排水沟。

1.5.33　三丁湖

三丁湖位于银川市贺兰县北部，东经 106.3950°～106.4436°，北纬 38.6893°～38.7125°，湖区涉及贺兰县常信乡、立岗镇 2 个乡镇级行政区，属唐徕渠水系，东南与四二干沟水系连通。

三丁湖为银川市永久性保护湿地（在湖泊湿地湖岸线外划定保护区域，划定 100m 为保护区域，湖泊湿地及划定的保护区域为公共区域）。

三丁湖是现存规模较大的淡水湖泊，湿地面积 840hm^2，平均水深 1m。湖区春、夏、秋三季水面广阔，以芦苇为代表的禾本科植物、沉水植物和挺水植物生长茂盛，伴有狭叶香蒲、冰草、三棱草和慈姑等。湖内和周边滩地有多种野生动物和鸟类在此繁衍栖息，且种类多、种群数量大。2001 年建设生态区，修建了环湖林带和环湖路。2006 年被自治区人民政府列为自治区湿地保护小区。

湖水主要依赖地表径流和湖面降水补给，地表径流主要来自唐徕渠。

1.5.34　星海湖

星海湖地处石嘴山市，东经 105.9667°～106.9833°，北纬 38.3667°～39.3833°。星海湖属中温带干旱气候区，具有典型的大陆性气候特征：气候干燥、多风干旱、降水量小、蒸发强烈。全年日照时间长、温差大、春季升温快但不稳定，常有寒流袭击；夏季炎热，7 月、8 月雨量集中，而且多以阵雨暴雨形式出现；秋季短暂，降温快，早霜冻危害大；冬季干旱、严寒、寒流频繁。星海湖处于大武口滞、调洪区内，大、小风沟、鬼头沟、韭菜沟、大武口沟的山洪在此调蓄，总集水面积 753.2km^2，是湖泊的主要水源。星海湖地处内陆，干旱少雨，降水量不但年际变化大，而且季节分配不均匀，一般年份里，年平均降水量约 180mm，以 7 月、8 月、9 月三个月的降水量最多，占全年降水量的 66.6%，冬季降水量占全年降水量的 0.1%～1%。

星海湖为国家湿地公园。

星海湖面积 2453hm^2，由中域、南域、西域、北域、东域、新月海等水域构成，其中南域 424hm^2，东域和新月海 841hm^2，北域 417hm^2，中域和西域 337hm^2。

1.5.35　简泉湖

简泉湖位于石嘴山市简泉农场，东经 106.5161°～106.5423°，北纬 39.0568°～39.0724°，向北通过三三支沟与典农河下段连通（第三排水沟），属典农河水系湖泊。

简泉湖面积 680.0hm^2。

1.5.36　高庙湖

高庙湖位于石嘴山市惠农区西部，东经 106.5535°～106.5678°，北纬 39.0697°～39.0834°，向北通过三三支沟与典农河下段连通（第三排水沟），属典农河水系湖泊。

高庙湖面积 600.0hm^2。

1.5.37 威镇湖

威镇湖位于石嘴山市平罗县城西北部，东经106.5054°～106.5166°，北纬38.9423°～38.9524°，西侧通过威镇湖湿地系统与典农河下段连通（第三排水沟），属典农河水系湖泊。

威镇湖面积170.0hm²，湖水主要依赖地表径流和湖面降水补给，地表径流主要来自唐徕渠。

1.5.38 西大湖

西大湖位于石嘴山市平罗县姚伏镇，东经106.4286°～106.4447°，北纬38.7519°～38.7653°，向北通过北营子东风沟与典农河下段连通（第三排水沟），属典农河水系湖泊。

西大湖面积270.0hm²，由几个大小不等的水域组成。

1.5.39 镇朔湖

镇朔湖位于石嘴山市平罗县西南部，东经106.2411°～106.2988°，北纬38.8343°～38.8556°，通过三二支沟与典农河下段连通（第三排水沟），属典农河水系湖泊。

镇朔湖面积600.0hm²，是接引贺兰山东麓洪水的拦洪库。

镇朔湖为国家湿地公园。湖库水面广阔，以芦苇为代表的禾本科植物、沉水植物和挺水植物生长茂盛，湖内和周边滩地有多种野生动物和鸟类在此繁衍栖息，且种类多、种群数量大。

1.5.40 沙湖

沙湖位于石嘴山市平罗县西南部，东北距平罗县县城19km，东经106.3183°～106.4028°，北纬38.7547°～38.8283°，海拔1093～1102m，东西长约6km，南北宽约7km。沙湖处于贺兰山东麓洪积冲积平原区的碟形洼地，湖的南岸为流动沙丘，湖的东面主要为盐碱洼地，西面、北面主要为农田。

沙湖是宁夏最大的天然微咸水湖泊，平均水深2.2m，最大水深4～6m。沙湖水域空间分布不连续，被公路、乡间道路、堤岸、排水沟等分隔为1个大湖和7个独立湖沼，大湖（元宝湖）1348hm²，沙湖水域总面积34.98km²。

1.6 小结

银川平原湖泊分布，涉及银川市、石嘴山市、吴忠市的5区、3县、1市，由南向北分别为青铜峡市、永宁县、金凤区、兴庆区、西夏区、贺兰县、平罗县、大武口区、惠农区。根据现状调查、影像图分析及宁夏湿地资源调查结果、宁夏河湖管理规划、宁夏河长制工作河湖档案，初步统计了各类湖库123个，其中湖泊110个，人工湖库13个。依据宁夏湖泊现状及管理需求，将湖泊划分为三个等级，所统计湖泊中有常年水面面积大于20km² 的一级湖泊2个（星海湖与沙湖），大于9km² 的二级湖泊1个（阅海湖），小于

9km^2 的三级湖泊 120 个。兴庆区、金凤区、西夏区、永宁县、贺兰县、大武口区、惠农区、平罗县、青铜峡市湖库数量分别为 25 个、9 个、17 个、22 个、25 个、1 个、7 个、10 个、7 个。

根据银川平原湖泊水源主要补给途径，南北纵向水系自西向东平行排列，基本上形成了西干渠-第二农场渠西水系蓄洪区湖库、典农河水系及湖泊群、唐徕渠水系及湖泊群、汉延渠-惠农渠水系及湖泊、滨河大道水系湖泊、城市景观湖泊群，重点介绍了鸣翠湖、阅海湖、犀牛湖、鹤泉湖、三丁湖、星海湖、沙湖等 40 个湖泊的地理位置、水面面积、水系及水来源等。

第2章 水环境因子研究及数值模拟

水是生命之源、生产之要、生态之基。水环境作为公共资源，与工农业生产和我们的日常生活息息相关，影响着人类社会和国民经济的发展和进步。随着改革开放的不断深入和经济的迅速发展，流域自然资源被过度开发，人类生产、生活产生的大量污水排入河流和湖泊，造成水体污染和富营养化，水生态环境遭到严重破坏，水质状况呈不断下降趋势，严重影响流域生态安全和稳定。严重的水污染导致我国许多水体的使用功能部分或全部丧失，使得区域经济社会发展受到极大的影响，在许多地区由于水污染导致水质性缺水，同时加剧了水资源供需矛盾。

水体水质受诸多因素影响，如地貌、植被、气候和人类活动等多方面的因素。地表水水环境因子在时空分布上存在差异性，影响着水环境生态环境的安全和稳定，水质评价信息很大程度上来自于水环境因子的时空分布特征。水环境时空分布特征是监测和管理河流水质的基础依据，对流域水质进行时空特征变化研究，结合流域自然环境和社会环境特征，对污染物变化趋势进行预测，不仅能准确描述流域水质状况，同时能准确呈现出地域变异性和流域污染情况，为河流水环境质量评价提供准确信息，还可以为流域水资源长期保护与管理方案提供科学的依据，对优化水资源配置，协调区域生态建设、人民生活、工农业生产与水资源、水环境的关系，实现区域可持续发展，具有重要的意义。评估并且量化水环境质量，进行水体污染成因分析是水污染防治中一个不可缺少的基本工作之一。

20世纪50年代，在国际水文学会支持下实施了“全球性河流水质研究计划”，其中研究对象包括全球诸多河流。该计划的实施成果至今依旧在全球性地表水水质研究中有着重大影响和积极的指导意义。此后，地表水水环境质量研究分为两个方向。

第一个研究方向是各国学者对全世界具有代表性的河流水环境进行研究分析，如Gibbs对亚马孙河、Connel对尼罗河、Eisma对扎伊尔河的水环境进行研究；Gibbs对全世界100多条河流进行了水质研究，对河流主要离子成分及来源进行了研究分析，这项研究对后来学者研究水质有着重大的指导意义；20世纪70年代，水质研究迎来了一个黄金时期，很多国际级和国家性的水质项目开始启动，例如SCOPE全球河流水质研究计划等。

第二个研究方向是诸多国家启动了河流水质监测计划，同时诸多国家针对跨国河流开展了水环境质量监测计划。

国内水环境因子时空变化研究也取得一定成果，特别对大河和湖泊水质变化过程分析比较清晰，在水质研究中主要对离子浓度变化进行表征，对于水质时空变化和经济发展之间的关系研究也有一定成果。陈静生根据长江1940—1970年数据应用多元统计法进行研究，得出结论：长江中上游水环境有酸化趋势，这是严重酸沉降过程和农田氮肥施用过程造成的。陈静生根据1950年以后黄河40多个水质监测点监测的数据进行研究，对田间灌

溉回水、灌溉用水量与水质变化关系进行分析，指出研究区域水环境变化的原因。盖美就大连市海岸线水质状况及影响因素进行研究，指出社会发展和废水排放量是导致水环境质量状况下降的原因。李波研究了海河、淮河、珠江等各时间段水环境变化特征，得到淮河流域及洪泽湖水环境浮动性大、时空差异性强的结论。伴随着城市的快速发展，城内污染源和上游外污染源的增加，同时超出自然水体自净能力，致使水质每况愈下。董慧峪对南苕溪支流锦溪时空变化特征进行研究分析，认为导致锦溪水质下降的主要因素是农业面源污染。陈德超对上海市区河流进行水质研究，认为城市高速发展加重了城市河流污染。

宁夏水资源贫乏，干旱多风，植被稀少，决定了其环境容量较小，生态系统的稳定性差，水环境极易受到污染和破坏，抗御自然灾害和人为破坏的能力薄弱。水资源严重短缺制约了宁夏社会经济的发展，而水生态环境保护又通过对水的竞争作用对经济发展产生影响，从而造成社会经济发展、水生态环境保护、水资源开发利用三者之间的矛盾。解决好这个问题对宁夏的可持续发展至关重要。目前宁夏水环境形势严峻，区域水环境污染已成为最大的环境问题之一。黄河宁夏段水质受农田退水、工业废水和生活污水的影响较大，境内沿程断面水质污染逐渐加剧，出境断面较入境断面水质平均降低1个等级，主要污染物指标是挥发酚、NH_3-N、COD和BOD_5。宁夏引黄灌区各排水沟主要用于农田排水或降低浅层地下水位，但近些年许多排水沟同时变成了排污沟，接纳了大量城市、工厂废污水，在纳污量增长的同时，污染物的种类和浓度也呈增加趋势。根据宁夏环境质量报告书，宁夏引黄灌区主要排水沟水质多为Ⅴ类与劣Ⅴ类，主要污染物指标为NH_3-N、COD和BOD_5，严重威胁到黄河宁夏段水体质量。

水环境系统是一个由多因子构成的多层次复杂系统，水环境质量受诸多指标因子的影响，每一个因子都只从某一方面反映水质质量。正确分析影响水质的各因素特征信息以及各因素之间的相互作用，才能得到较为可靠的综合分析结果。水环境时空分布特征研究是河流湖泊水质监测和治理的重要依据，是获取水质信息、综合评价水质、查明污染源、保护和治理水体污染的基础。本书在银川平原典型湖泊水环境因子采样调查的基础上，分析研究银川平原典型湖泊水环境因子的时空分布特征，应用多元统计分析法确定影响水环境质量的主要影响因子，对水环境质量作出评价，运用MIKE21模型对湖泊水质进行模拟，旨在为银川平原典型湖泊水环境综合治理与保护提供基础数据和理论依据。

2.1 水环境因子调查与分析方法

2.1.1 水样采集与测定

水样采集按照《水质　采样方案设计技术规定》（HJ 495—2009）、《水质　采样技术指导》（HJ 494—2009）、《水质　样品的保存和管理技术规定》（HJ 493—2009）中的要求进行。检测项目为pH、透明度（SD）、溶解氧（DO）、化学需氧量（COD_{Cr}）、高锰酸盐指数（COD_{Mn}）、五日生化需氧量（BOD_5）、氨氮（NH_3-N）、总氮（TN）、总磷（TP）、叶绿素a（Chl. a）。

现场测定水体水温（WT）、pH和透明度（SD）。用5.0L采水器采集水样保存，带回实验室测定化学需氧量（COD_{Cr}）、高锰酸盐指数（COD_{Mn}）、五日生化需氧量（BOD_5）、总氮（TN）、氨氮（NH_3-N）、总磷（TP）、叶绿素 a（Chl. a）（见表 2-1）。

表 2-1　　**水环境因子测定方法**

监测项目	测　定　方　法	单位
WT	温度计法（GB 13195—1991）	℃
pH	玻璃电极法（GB 6920—1980）	无量纲
SD	塞氏盘法	m
DO	电化学探头法（HJ 506—2009）	mg/L
COD_{Mn}	酸性高锰酸钾法（GB/T 5750.7—2006）	mg/L
COD_{Cr}	重铬酸盐指数法（HJ 828—2017）	mg/L
BOD_5	稀释接种法（HJ 505—2009）	mg/L
TN	碱性过硫酸钾消解紫外分光光度法（HJ 636—2012）	mg/L
NH_3-N	纳氏试剂比色法（HJ 535—2009）	mg/L
TP	过硫酸钾氧化-磷钼蓝法（GB 11893—1989）	mg/L
Chl. a	紫外分光光度法	μg/L

2.1.2　水环境因子分析方法（主成分法）

主成分分析法是一种将多因子纳入同一系统进行分析，从而找出关键影响因子的一种统计分析方法。水环境系统是一个由多项水质指标组成的复杂系统，水质受诸多因子的影响。主成分分析法应用于水环境因子分析主要有两方面：一是建立综合评价指标，评价各采样点间的相对污染程度，并对各采样点的污染程度进行分级；二是评价各单项指标在综合指标中所起的作用，指导删除那些次要的指标，从而确定影响水质的主要因子。主成分分析的计算过程如下：

（1）设原始变量矩阵 X（由 n 个样本的 p 个因子构成）：

$$X=\begin{bmatrix} x_{11} & x_{12} & \cdots & x_{1p} \\ x_{21} & x_{22} & \cdots & x_{2p} \\ & & \vdots & \\ x_{n1} & x_{n2} & \cdots & x_{np} \end{bmatrix}$$

（2）对原始变量矩阵 X 进行标准化处理：

$$x_{ij}=\frac{x_{ij}-\overline{x}_j}{S_j} \quad (i=1,2,\cdots,n;j=1,2,\cdots,p)$$

其中

$$\overline{x}_{ij}=\frac{1}{n}\sum_{i=1}^{n}x_{ij} \quad S_j^2=\frac{1}{n-1}\sum_{i=1}^{n}(x_{ij}-\overline{x}_j)^2$$

（3）计算样本矩阵的相关系数矩阵 R：

$$R=\begin{bmatrix} r_{11} & r_{12} & \cdots & r_{1p} \\ r_{21} & r_{22} & \cdots & r_{2p} \\ & & \vdots & \\ r_{p1} & r_{p2} & \cdots & r_{np} \end{bmatrix}$$

(4) $\lambda_1 > \lambda_2 > \cdots > \lambda_p \geqslant 0$ 对应于相关系数矩阵 R，用雅可比方法求特征方程的 p 个非负的特征值 $|R-\lambda_i|=0$。对应于特征值 λ_i 的相应特征向量为

$$C^{(i)}=(C_1^{(i)},C_2^{(i)},\cdots,C_p^{(i)})$$

并且满足 $C^{(i)}C^{(j)}=\sum_{k=1}^{p}C_k^{(i)}C_k^{(j)}=\begin{cases}1, i=j\\0, i\neq j\end{cases}\quad(i=1,2,\cdots,p)$

(5) 选取 $m(m<p)$ 个主成分。当前面 m 个主成分 Z_1，Z_2，…，$Z_m(m<p)$ 的方差和占全部总方差的比例 $\alpha=\left(\sum_{i=1}^{m}\lambda_i\right)\Big/\left(\sum_{i=1}^{p}\lambda_i\right)$ 大于等于 85%时，选取前 m 个因子 Z_1，Z_2，…，Z_m 为第 1、2、…、m 个主成分。这 m 个主成分的方差和占全部总方差的 85%以上，基本上保留了原来因子 x_1，x_2，…，x_p 的信息，由此因子数目将由 p 个减少为 m 个，从而起到筛选因子的作用。

应用 DPS 数据处理系统对水质指标进行主成分分析，运用方差最大正交旋转法对因子载荷矩阵进行旋转，按照 85%的累积方差贡献率提取主成分，然后选择旋转后载荷值大于 0.6 的指标作为主要因子进行分析。各水环境因子主成分得分值与对应的方差贡献率乘积的总和即为各水环境因子的综合得分，计算各水环境因子的综合得分，按照分值大小排序，确定主要水环境因子及其影响程度。

2.1.3 水环境质量综合评价

水环境质量评价作为水环境管理的重要手段之一，它是通过一定的数理方法和其他手段，对水环境质量的优劣进行定量描述的过程。水环境质量评价必须以监测资料为基础，经过数理统计得出统计量及环境的各种代表值，然后依据质量评价方法及水环境质量分级分类标准进行环境质量评价。环境质量评价涉及的内容较为广泛，包括随时间和空间变化的江河湖库水体质量评价，水体底泥环境质量评价，水生生物质量评价，湖泊和水库水体富营养化评价，以及由它们形成的整体水环境系统的质量综合评价。通过水环境质量评价，可以真实有效地反映水体质量及变化，可以了解和掌握影响本地区环境质量的主要污染因子和制约的污染源，可以了解环境质量在过去、现在和将来的发展趋势及其变化规律，从而有针对性地制定改善环境质量的污染治理方案和综合防治规划措施。

水环境系统是一个由多因子构成的多层次的复杂系统，水环境质量受诸多指标因子的影响，每一个因子都只从某一方面反映水质质量。正确分析影响水质的各因素特征信息以及各因素之间的相互作用，才能得到较为可靠的综合分析结果。目前，常用的水环境质量评价的方法有综合污染指数法、模糊综合评价法、灰关联法、神经网络法、主成分法、富营养化评价方法等。

2.1.3.1 综合污染指数法

综合污染指数法是对各污染指标的相对污染指数进行统计，得出代表水体污染程度的数值，来确定研究水体的污染程度。求综合污染指数需要先对单项污染指数进行求解。

(1) 水质单项污染指数（p_{ij}）计算方法为

$$p_{ij}=C_{ij}/S_{ij}$$

例如对于 pH，p_{ij} 计算公式为

$$p_{ij}=\frac{C_{ij}-7.0}{8.5-7.0}\qquad pH\geqslant 7.0$$

或

$$p_{ij}=\frac{7.0-C_{ij}}{7.0-6.5}\qquad pH\leqslant 7.0$$

当 $p_{ij}<1$ 时，表示水体未污染；当 $p_{ij}>1$ 时，表示水体污染。具体数值直接反映污染物超标程度。

（2）综合污染指数的计算公式为

$$p=\frac{1}{m}\sum_{i}^{m}p_i$$

综合污染指标评价分级详见表 2-2。

表 2-2　　综合污染指标评价分级

综合污染指数 p	级　别	水质现状叙述
$p<0.8$	合格	多数项目未检出，个别检出也在标准内
$0.8\leqslant p\leqslant 1.0$	基本合格	个别项目检出值超标
$1.0<p\leqslant 2.0$	污染	相当一部分项目检出值超过标准
$p>2.0$	重污染	相当一部分项目检出值超过标准数倍或几十倍

2.1.3.2　灰关联法

以水质标准分级为比较数列，各年份水体实测值为参考数列，分别将水质分级标准值和实测值归一化处理，计算各年份与各水质级别的关联度，按关联度大小排序，得灰关联序。关联度越大，表明越接近某一级别，由此可判断某一年份水质的级别。评价步骤如下：

（1）将评价年份及评价标准的各个指标值进行归一化处理。

（2）计算归一化后指标值与 5 个评价等级相应评价标准的绝对差值 [$\Delta_{ik}(j)$]。

（3）求出所有指标与 5 个评价等级的最小绝对差值 [Δ_{min}] 和最大绝对差值 [Δ_{max}]。

（4）取分辨系数 $\rho=0.1$，计算各年份每个指标值与相应评价标准的关联系数 [$\varepsilon_{ik}(j)$]：

$$\varepsilon_{ik}(j)=\frac{\Delta_{min}+\rho\Delta_{max}}{\Delta_{ik}(j)+\rho\Delta_{max}}$$

（5）根据每个指标的权重值计算各年份与 5 个评价等级的灰色关联度值（γ_{ij}）：

$$\gamma_{ij}=W_i\varepsilon_{ik}(j)$$

（6）依据最大隶属度原则，评判各年份的水质级别。

2.1.3.3　富营养化评价方法

依据水环境因子监测结果及《湖泊（水库）富营养化评价方法及分级技术规定》的相关规定，采用综合营养状态指数对水质现状进行评价。

$$TLI_{(Chl.a)}=10\times(2.5+1.086\ln C_{Chl.a})$$

$$TLI_{(TP)}=10\times(9.436+1.624\ln C_{TP})$$

$$TLI_{(TN)}=10\times(5.453+1.694\ln C_{TN})$$

$$TLI_{(SD)}=10\times(5.118-1.940\ln C_{SD})$$

$$TLI_{(COD_{Mn})}=10\times(0.109+2.661\ln C_{COD_{Mn}})$$

$$TLI_{(\Sigma)}=\sum_{j=1}^{m}W_j\cdot TLI_j$$

$$W_j=\frac{r_{ij}^2}{\sum_{j=1}^{m}r_{ij}^2}$$

式中：$TLI_{(\Sigma)}$ 为综合营养状态指数；TLI_j 为第 j 种参数的营养状态指数；W_j 为第 j 种参数的营养状态指数的权重；r_{ij} 为第 j 种参数与基准参数的相关系数；m 为评价参数的个数；$C_{Chl.a}\sim C_{COD_{Mn}}$ 为各指标的监测浓度。

对照营养状态分级标准（表 2-3）所列的分级标准，确定营养状态。

表 2-3　　湖泊（水库）营养状态分级标准

综合营养状态指数	营养水平	综合营养状态指数	营养水平
$TLI_{(\Sigma)}<30$	贫营养	$50<TLI_{(\Sigma)}\leqslant60$	轻度富营养
$30\leqslant TLI_{(\Sigma)}\leqslant50$	中营养	$60<TLI_{(\Sigma)}\leqslant70$	中度富营养
$TLI_{(\Sigma)}>50$	富营养	$TLI_{(\Sigma)}>70$	重度富营养

注　在同一营养状态下，指数值越高，其营养程度越重。

2.1.4　水环境数值模拟

水质模型是利用数学模型对水体中各种形式的污染物在时间上和空间上的迁移、转化规律进行简单的定量化描述。宋国浩等将水质模型定义为水体中参加水循环的各水环境因子所发生的物理、化学、生物、生态各方面的变化形式和彼此之间的相互关系的数学方法。

2.1.4.1　水质模型分类

自第一个水质数学水质模型应用于环境问题以来，已经过了 80 多年，在这期间提出了许多用于水库、湖泊等水质预报和管理的水质模型，一般可以分为以下几类：

（1）按空间分布特征，可分为一维模型和多维模型。一维模型仅描述水环境因子沿一个方向的变化，如横向、垂向，当水质参数变化仅是一个方向起决定性作用时才用一维模型来概化处理；多维模型则是指水质参数变化与几个方向有关，比如二维和三维模型。

（2）按照湖泊的形状与性质，可分为完全混合型和非均匀混合型。当遇到封闭性较强、面积较小、四周污染源较多的小湖或湖湾，则一般选择完全混合型；水域较宽阔的大湖一般选用非均匀混合型。

（3）按照模型中变量的阶次，可分为线性模型和非线性模型。当变量的阶次为 1 时，模型为线性模型，否则模型为非线性模型。

（4）按照模型中变量与时间的关系，可分为静态模型和动态模型。当变量与时间有关，则为动态模型，如非稳定流模型；当变量与时间无关时，模型为静态模型，如稳定流模型。

（5）按照模型中变量的性质，可分为确定性模型和随机性模型。当变量是确定的且不含随机特性时，模型就是确定性模型；若变量中含随机特性，则为随机性模型。

此外可根据变量的数量分为单变量模型及多变量模型，例如溶解氧、温度、重金属、有毒有机物、放射性模型，对流、扩散模型以及迁移、反应、生态学模型等；根据描述水体、现象、物质迁移和反应动力学性质，分为河流、湖泊、河口、海湾地下水模型。

2.1.4.2　常用的湖泊水质模型

（1）WASP。WASP是由美国环境保护局开发并推荐使用的地表水水质模型。WASP分为水动力学模拟部分和水质模拟部分，他们可以单独运用，又可以耦合，灵活性强，在国内外应用广泛，素有“万能水质模型”之称。

（2）MIKE。MIKE是由DHI研发并推广的模拟软件，它包括MIKE11、MIKE21、MIKE3、MIKE SHE和MIKE BASIN等模型。MIKE11是一维水质模型，适用于河道等；MIKE21是二维水质模型，适用于湖泊和海岸等；MIKE3是三维模型。MIKE系列模型精度较高，通用性较强。

（3）EFDC。EFDC是三维模型，通过对USEPA模型进行升级而得到，并得到了美国环保局大力支持，它主要适用于点源和非点源的模拟，主要用于模拟总氮、总磷、生化需氧量和藻类等22种水环境因子的浓度变化过程。

（4）CE-QUAL-W2。CE-QUAL-W2是二维横向平均水动力学和水质模型，由美国陆军工程兵团水道实验站开发的模型，它可适用于模拟湖泊和水库的纵向或垂向演变过程，并且对于狭长的湖泊以及分层水库更适合。该模型可以预测水体表面的高度、温度、速度以及21种水质组，在不同条件下模拟和预测污染物的迁移转化规律，其水质的更新频率相对较小，以便减小计算要求；该模型还可以对冰层的开始及结束情况进行模拟。

此外，由荷兰、挪威等国开发的水质模型还有许多，在此不一一叙述。

2.1.4.3　水环境数值模拟研究现状

总体来看，对于数值模拟，欧美等发达国家起步较早，技术日趋成熟。早在20世纪20年代，美国的两位工程师Streeter和Phelps提出了氧平衡模型，即Streeter-Phelps模型，是最早的水环境数学模型，研究主要是针对水体水质本身的氧平衡，而其他因素如污染源、底泥等都作为外部输入，以一维稳态模型为主，代表模型有BOD-DO模型等。

20世纪70—80年代，水质模型发展迅速，这一阶段的模型主要考虑了底泥、面源污染等因素的影响，开始向多维模型、动态模型以及多介质模型发展，代表模型有动态水质模型WASP、一维动态模型DYRESM、MIKE系列模型等。20世纪80年代至今，考虑了大气污染沉降的输入，各种多介质模型也趋于完善，其中以QUAL2K、QUAL2E模型、QUASAR系列模型为代表，而且这一阶段WASP模型也得到了很好的研究与发展。随着计算机技术及数学方法的不断发展，多种新技术与方法，如3S技术、模糊数学、人工神经网络（ANN）等都被应用到水质模型中。目前，应用较广泛的水质模型有美国的QUAL模型、EFDC模型、BASIN、WASP模型等，英国的QUASAR模型、Info Works CS模型以及丹麦水动力研究所（DHI）的MIKE模型等。

2.1.4.4 湖泊水环境数值模拟应用

随着对水环境模拟模型研究的深入，现今的水环境模拟模型主要用于模拟和预测污染物在水体中的运动、水质管理规划与评价、水环境容量的计算等。

(1) 在污染物运动规律模拟预测中的应用。在污染物运动规律的模拟预测中，用模型模拟污染物在水体中的迁移过程可帮助人们更好地了解污染物在水体中的运动规律，而且更加省时、经济。目前一般通用的思路是：首先求解圣维南方程组，得到流速场；然后再求解水质方程，得到污染物浓度场。Salterain 等用四点隐格式差分法求解圣维南水流方程，采用最近的 IWA 水质模型，试验校正水流水质模型参数，模拟了西班牙 Ebro 河 75km 长的河段。赵棣华等根据长江江苏感潮河段水流水质及地形特点，应用有限体积法及黎曼近似解建立了平面二维水流-水质模型，且通过用浓度输移精确解验证模型算法的正确性，利用长江江苏感潮河段的水流、水质监测资料进行模型率定检验，并通过对卫星遥感资料的分析检验模型计算污染带的合理性。

(2) 在水质评价中的应用。在水质评价中，水质模型多用于温排水对水体富营养化的环境评价。温排水多为火、核电厂的冷却水。温排水进入河道后，会促使排水口附近局部区域的水温升高，加速有机物中氮、磷的分解，促使藻类繁殖生长，产生水体富营养化。万金保等根据模糊数学的原理，建立了地表水环境质量模糊综合评价模型，利用该模型对江西省乐安河进行了水质评价，介绍了模型应用于水质评价中的计算过程，证明该河流的主要污染物为有机物，为污染控制提供了科学依据。李平衡等利用二维守恒型浅水环流方程和能量方程求解陡河水库的流场和温度场，在此基础上利用生态动力学模型求解叶绿素 a 的分布，模拟了温排水对陡河水库的富营养化影响。

(3) 在水质管理规划和水环境容量计算中的应用。在水质管理规划中，根据河流所能承受的最大允许污染物排入总量，通过水质模型与系统工程相结合来削减各污染源的污染物排入量，用最低的费用在规划的时间内使河流水质达到预定目标。汪常青等通过在武汉东湖、长江等试点水体建立水质模型，科学准确地反映武汉市水环境质量实际变化情况和未来发展趋势，指导污水处理厂的建设及运营，从而提高水环境管理的技术水平。

在水环境容量的计算中，要求将动态水质模型与线性规划相结合进行计算。其大体思路为：根据水动力模型和动态水质模型，建立所有河段污染物排放量和控制断面水质标准浓度之间的动态响应关系，将河流总排放污染负荷最大作为目标函数。该函数的约束集为：①各河段都满足规定水质目标；②各河段都要有一个最小容量约束来限定进入河道的面污染源总量，再运用最优化方法，求解每一时刻河流水体在满足给定水质目标前提下的最大污染负荷。周刚等提出了动态水文条件下基于 WESC2D 模型水质模拟和粒子群算法中 RPSM 非线性优化的河流水环境容量计算方法。

从上述研究现状可以看出，目前解决水环境问题的一般思路为：首先以研究对象建立水环境数学模型，对研究对象进行水环境模拟分析，然后拟定适合改善研究对象水环境问题的策略。

2.1.4.5 MIKE21 模型

MIKE21 是由丹麦 DHI 研发的平面二维数值模拟软件。MIKE21 是一个专业的工程软件包，用于模拟河流、湖泊、河口、海湾、海岸及海洋的水流、波浪、泥沙及环境。目前，MIKE21 是世界领先且经过实际工程验证最多的、被水资源研究人员广泛认同的优秀软件。MIKE21 软件在国内的应用广泛，包括一些大型工程，如太湖流域水环境治理、滇池流域水环境治理、长江实时洪水预报系统、上海苏州河治理、淮河流域水质管理与应用、重庆市城市排污评价、香港新机场工程建设、上海市主要河流调水方案的水质影响分析等，取得了一定的使用经验和较好的效果。

MIKE21 模型的主要特点如下：

（1）用户对 Windows 集成界面，用户界面友好，操作简单；可以根据需要调整 CPU 时间，使计算速度更快。

（2）MIKE21 具有强大的数据处理功能。在前期操作中，可以根据地形情况对其进行网格划分，仍可对所需边界条件进行处理；在后期操作中，对水动力和水质结果进行率定，并制作流场和水质的变化过程动画演示。

（3）热启动设置功能。MIKE21 设置热启动，模型在计算过程中可以随时停止，当计算再次开始时只需将之前的文件调入模型就可以使计算继续进行，这为时间有限制的用户提供了方便。

（4）定义干湿边界，对于类似于滩地等干湿交替的边界区域，可以通过设置干湿节点或者干湿边界来进行模拟。

（5）水工建筑物通过亚网络技术进行处理，此模型包含 5 种建筑物的模拟，同时可以两者或三者相结合起来构造复杂建筑物进行模拟。

（6）MIKE21 可模拟流体场、波浪场、Boussinesq 波流动的变化、curvilinear 流体场的变化等，拥有较强的数值模拟特性。

（7）模块自主选择。除了必需的水动力模块外，用户可以自行选择 AD 模块、ECO Lab 模块等，并且可以自行添加闸、涵洞、桥墩等水工构筑物。

1. MIKE21 水动力模块

MIKE21 水动力模块（Hydrodynamic 模块）是整个 MIKE21 软件最基础最核心的模块。它可以模拟出水体在各种作用力下的动力变化，是泥沙传输以及水环境模拟的水动力学的计算基础。精简方程、离散和求解方程组、确定初始数据、建立输入方式、参数、检验结果等过程属于构建水动力学模型需要完成的工作。

MIKE21 水动力模型的计算主要需要两种参数：数值参数与物理参数。数值参数主要是方程组迭代求解需要的参数。物理参数主要包括底床摩擦力、风场、涡黏系数等。输入地形文件以及相关参数后，水动力模型能够精确模拟每个网格单元中的水位和流速的变化情况。

（1）模型控制方程。水动力模块控制方程以二维数值求解方法的浅水方程为基础，同时形成了不可压缩雷诺平均方程——纳维-斯托克斯方程，即流体低速运动中不考虑压强对密度的影响，仅考虑温度对密度的影响，并服从静水压力，公式为

$$\frac{\partial h}{\partial t}+\frac{\partial h\overline{u}}{\partial x}+\frac{\partial h\overline{v}}{\partial y}=hs$$

$$\frac{\partial h\overline{u}}{\partial t}+\frac{\partial h\overline{u}^2}{\partial x}+\frac{\partial h\overline{uv}}{\partial y}=f\overline{v}h-gh\frac{\partial \eta}{\partial x}-\frac{h}{\rho_0}\frac{\partial p_a}{\partial x}-\frac{gh^2}{2\rho_0}\frac{\partial \rho}{\partial x}+\frac{\tau_{sx}}{\rho_0}-\frac{\tau_{bx}}{\rho_0}$$

$$-\frac{1}{\rho_0}\left(\frac{\partial s_{xx}}{\partial x}+\frac{\partial s_{xy}}{\partial y}\right)+\frac{\partial}{\partial x}(h\tau_{xx})+\frac{\partial}{\partial y}(h\tau_{xy})+hu_s$$

$$\frac{\partial h\bar{v}}{\partial t}+\frac{\partial h\bar{v}^2}{\partial y}+\frac{\partial h\,\overline{uv}}{\partial x}=f\bar{v}h-gh\frac{\partial\eta}{\partial y}-\frac{h}{\rho_0}\frac{\partial p_a}{\partial y}-\frac{gh^2}{2\rho_0}\frac{\partial\rho}{\partial y}+\frac{\tau_{xy}}{\rho_0}-\frac{\tau_{by}}{\rho_0}$$

$$-\frac{1}{\rho_0}\left(\frac{\partial s_{yx}}{\partial x}+\frac{\partial s_{yy}}{\partial y}\right)+\frac{\partial}{\partial x}(h\tau_{xy})+\frac{\partial}{\partial y}(h\tau_{yy})+hv_s$$

$$h\bar{u}=\int_{-d}^{\eta}u\,\mathrm{d}z\qquad h\bar{v}=\int_{-d}^{\eta}v\,\mathrm{d}z$$

$$\tau_{xx}=2A\frac{\partial\bar{u}}{\partial x}\qquad\tau_{xy}=A\left(\frac{\partial\bar{u}}{\partial y}+\frac{\partial\bar{v}}{\partial x}\right)\qquad\tau_{yy}=2A\frac{\partial\bar{v}}{\partial y}$$

式中：x，y 为笛卡尔坐标系坐标；u、v 为 x、y 方向上的速度分量；p_a 为压力场中不同方向的液体静水压力；t 为时间；d 为静止水深；η 为水位；h 为总水深；f 为科氏力系数；g 为重力加速度；s_{xx}、s_{xy}、s_{yy} 为辐射应力分量；ρ_0 为参考密度项，在 Boussinesq 假设中，液体密度 ρ 为 ρ_0 与温度引起的密度变化项 $\Delta\rho$ 之和；ρ 为水的密度；s 为源项；u_s、v_s 为源项的流速；$\bar{u}$、$\bar{v}$ 为 x、y 方向上的速度分量的均值；τ_{xx} 为流体黏性应力；τ_{xy} 为紊流应力；τ_{yy} 为水平对流应力；τ_{bx} 为微元体在 x 反方向的切应力；τ_{by} 为微元体在 y 反方向的切应力。

（2）数值解法。MIKE21 模型的数值解法包括以下三部分。

1）时间积分。

a. 低阶方法计算较快，精度较差，其表达式为

$$U_{n+1}=U_n+\Delta tG(U_n)$$

b. 高阶方法计算较慢，精度较好，其表达式如下所示：

$$U_{n+1/2}=U_n+\frac{1}{2}\Delta tG(U_n)$$

$$U_{n+1}=U_n+\Delta tG(U_{n+1/2})$$

2）空间离散。水动力模型选用 FLOW MODEL FM 模块，数值求解运用有限体积法，基本求解方式是将待解区域划分成不重复的控制体积。模拟区域先划分成三角网格或四边形，然后再对每个网格进行求解，得出一系列的离散方程。在笛卡尔坐标系中，二维浅水方程组（上角 I、V 表示无黏性与黏性通量）为

$$\frac{\partial U}{\partial t}+\frac{\partial(F_x^I-F_x^V)}{\partial x}+\frac{\partial(F_y^I-F_x^V)}{\partial y}=S$$

$$U=\begin{bmatrix}h\\hu\\hv\end{bmatrix}、F_x^I=\begin{bmatrix}hu\\hu^2+\frac{1}{2}g(h^2-d^2)\\huv\end{bmatrix}、F_y^I=\begin{bmatrix}hv\\hv^2+\frac{1}{2}g(h^2-d^2)\\huv\end{bmatrix}$$

$$F_x^V=\begin{bmatrix}0\\hA\left(2\frac{\partial u}{\partial x}\right)\\hA\left(\frac{\partial u}{\partial y}+\frac{\partial v}{\partial x}\right)\end{bmatrix}、F_y^V=\begin{bmatrix}0\\hA\left(\frac{\partial u}{\partial y}+\frac{\partial v}{\partial x}\right)\\hA\left(2\frac{\partial v}{\partial x}\right)\end{bmatrix}$$

$$S=\begin{bmatrix}0\\ g\eta\dfrac{\partial d}{\partial x}+f\bar{v}h-\dfrac{h}{\rho_0}\dfrac{\partial p_a}{\partial x}-\dfrac{gh^2}{2\rho_0}\dfrac{\partial\rho}{\partial y}--\dfrac{1}{\rho_0}\left(\dfrac{\partial s_{xx}}{\partial x}+\dfrac{\partial s_{xy}}{\partial y}\right)+\dfrac{\tau_{sx}}{\rho_0}-\dfrac{\tau_{bx}}{\rho_0}+hu_s\\ g\eta\dfrac{\partial d}{\partial y}+f\bar{u}h-\dfrac{h}{\rho_0}\dfrac{\partial p_a}{\partial y}-\dfrac{gh^2}{2\rho_0}\dfrac{\partial\rho}{\partial y}-\dfrac{1}{\rho_0}\left(\dfrac{\partial s_{yx}}{\partial x}+\dfrac{\partial s_{yy}}{\partial y}\right)+\dfrac{\tau_{sy}}{\rho_0}-\dfrac{\tau_{by}}{\rho_0}+hu_s\end{bmatrix}$$

若对浅水方程式一般方程进行改写，第 i 个单元积分，并运用高斯原理重写可得

$$\int_{A_i}\frac{\partial U}{\partial t}\mathrm{d}\Omega+\int_{\Gamma_i}(F\cdot n)\mathrm{d}s=\int_{A_i}S(U)\mathrm{d}\Omega$$

式中：Γ_i 为第 i 个单元的边界；A_i 为模型中第 i 个单元 Q_i 的面积；n 为该单元的边界；$\mathrm{d}s$ 为该单元沿着边界方向的积分变量。

3）边界条件。MIKE 模型的边界条件有三种形式：

a. 闭合边界。闭合边界为研究区域的陆地边界，在模型中，陆地边界在模型中定义为 0。

b. 干湿边界。干湿边界也就是动边界，模型在计算动边界附近的网格时，会出现不稳定的情况，可能导致模型崩溃。为了避免模型不稳定的情况，要对干湿边界进行设定且 $h_{\text{dry}}<h_{\text{flood}}<h_{\text{wet}}$。干湿边界被设置以后，对应的单元也会被划分为干单元、湿单元和干湿单元。干单元会被忽略不计，干湿单元仅考虑其质量通量，湿单元既考虑质量通量也考虑其动量通量。

c. 开边界。开边界即模型研究区域的“门口”，水既可以进入模型区域，也可以出去，和闭合边界的特性正好相反，一般在模型中定义为大于或等于 1 的数。开边界一般设置在较宽阔的入水口和海峡等地方。

2. MIKE21 水质模块

目前，水质模块包括 AD 模块（Transport 模块）和 ECO Lab 模块（水质生态模块）。水质模块是在水动力模块搭建好的前提下进行运用。

AD 模块模拟物质在水体中的对流和扩散过程，可以设定不同类型的扩散系数来反映在不同水动力条件下不同类型物质的扩散现象，对于有降解过程发生的物质来说，可以设定衰减常数模拟这种非保守物质的降解过程，降解过程满足一级反应方程式$\dfrac{\mathrm{d}C}{\mathrm{d}t}=-KC$。

ECO Lab 模块是 DHI 在传统的水质模型概念基础上开发的水质和生态数值模拟软件，该软件开发的理念和方法非常先进，用户既可以使用预定的模板，也可以根据自己的需求自己编辑新的模板。ECO Lab 也可以与 MIKE hydro/11/21/3 的 AD、HD 进行集成计算，实现将各水生态系统转化为可靠的数值模拟并运用于预报，应用领域较广。AD 模块是较为简单的水质模型，其衰减系数仅是简单的一级衰减反应系数。真正的水质模型和水生态模型是 ECO Lab，因此本书研究选用 ECO Lab 模块。

（1）ECO Lab 的积分方法。ECO Lab 中可选用欧拉法、龙格库塔（四阶、五阶）质量控制法进行积分。

1）欧拉积分法：

$$y_{n+1}=y_n+h\cdot f(x_n,y_n)$$

式中：$f(x_n, y_n)$为动点（x_n, x_{n+1}）的平均速度。

2）龙格库塔法：

$$\begin{cases} y_{n+1} = y_n + h\sum_{i=1}^{n} c_i k_i \\ K_1 = F(X_n, Y_n) \\ K_i = F\left(X_n + \lambda_i h, Y_n + h\sum_{j=1}^{i-1} u_{ij} k_j\right) \\ \lambda_i = \sum_{j=1}^{i-1} u_{ij} \end{cases}$$

（2）ECO Lab 的数学描述。ECO Lab 可以描述物理沉降过程，也可以描述化学、生物、生态过程以及变量之间的相互作用。ECO Lab 模板是由生态系统的数学描述或者一系列通用的微分方程组成，数学描述分为 6 种类型，分别是状态变量、常量、作用力、辅助变量、过程、衍生结果。

1）状态变量。状态变量是模型运行结果的主要参数，它代表了生态系统的状态及预测变量的状态。例如，想要建立一个 BOD－DO－TN 模型，需要将 BOD、DO 和 TN 设置为状态变量。

2）常量。常量是作为自变量出现在数学表达式中的，它在时间上为常量，但可以随空间而改变。例如，模型中需要设定 BOD 的降解过程，可以利用一级降解表达式来描述，使用一个特定的降解速率。该降解速率就是一个常量。

3）作用力。作用力是在生态系统外部并对系统内部有影响的自然变量，其随时间和空间变化。典型的作用力有盐度、温度、太阳辐射、风、降水、蒸发等。

4）辅助变量。辅助变量就是一系列的数学表达式，包含变元和运算符。其表达式的变元可以是状态变量、常数、作用力、数字或者其他辅助变量。辅助变量将较长的方程分割成较短的表达式。

5）过程。过程用于描述影响状态变量的变换过程。

6）衍生结果。衍生结果是由其他模拟结果导出的。例如，总磷，总氮估算就是总和了含有磷、氮的状态变量。

2.2　沙湖水体理化特征及水环境质量综合评价

2.2.1　样点设置与采样时间

（1）样点设置。根据沙湖的形状，在沙湖设置了 5 个采样点（图 2－1），分别为 S01 老渔场、S02 进水口、S03 五号桥、S04 湖中心和 S05 鸟岛。

（2）采样时间。于 2015—2017 年 4 个季节中的 1 月（冬）、4 月（春）、7 月（夏）、10 月（秋）对沙湖水体水环境因子进行采样分析。

2.2.2　沙湖水环境因子时空分布特征

2015—2017 年沙湖水环境因子时空分布见图 2-2，由图可知：

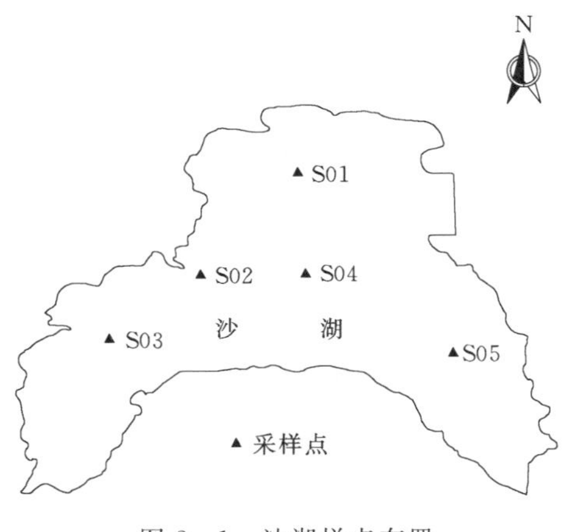

图 2-1　沙湖样点布置

（1）2015 年沙湖 pH 变化范围在 8.71～8.85 之间，各样点之间的 pH 差异较小，没有明显的空间分布趋势，季节变化幅度不明显。2016 年 pH 变化范围在 8.28～8.67 之间，各样点之间的 pH 差异较小，没有明显的空间分布趋势，季节变化幅度不明显，夏季较低。2017 年 pH 变化范围在 8.61～8.93 之间，各样点之间的 pH 差异较小。

（2）2015 年沙湖 SD 的季节变化明显，变化范围在 30～50cm 之间，最大值出现在冬季，春、夏季较低，样点间透明度差异不明显。2016 年变化范围在 25～51cm 之间，最大值出现在冬

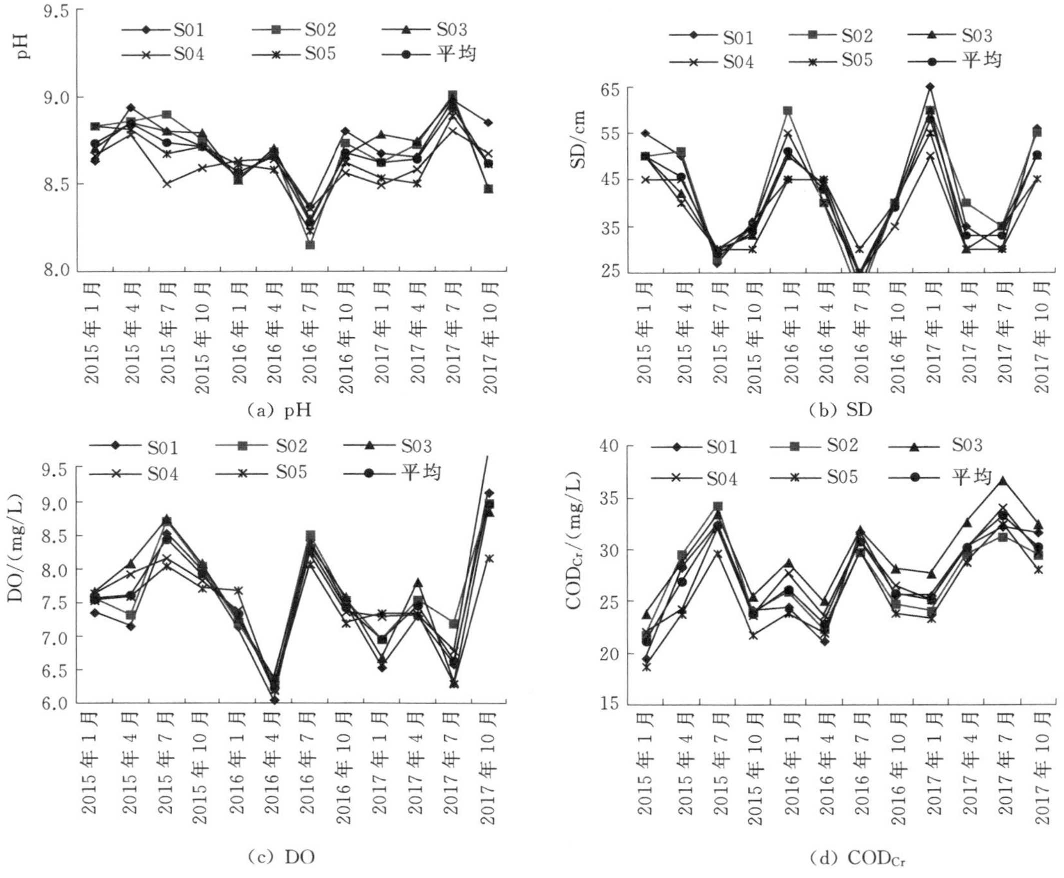

(a) pH

(b) SD

(c) DO

(d) COD_{Cr}

图 2-2（一）　2015—2017 年沙湖水体水环境因子时空分布

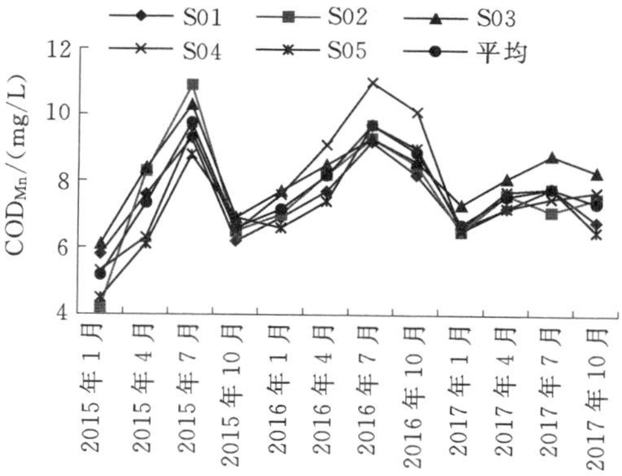

(e) COD_{Mn}

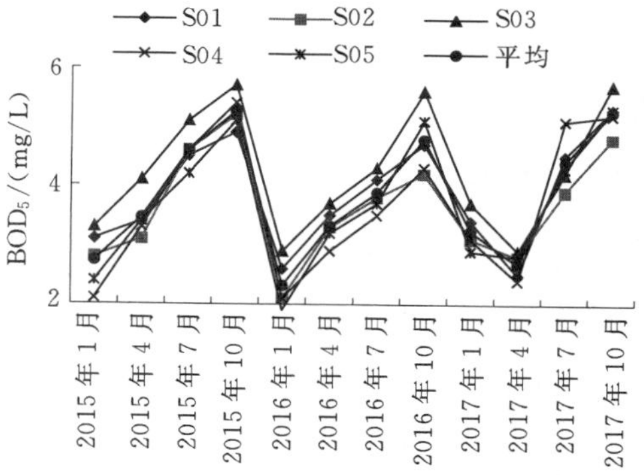

(f) BOD_5

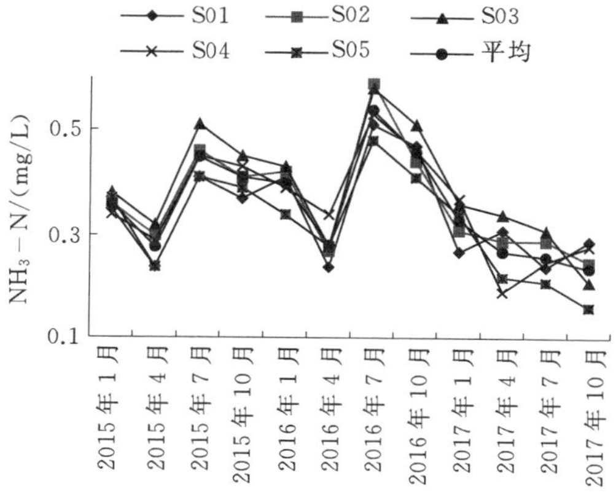

(g) NH_3-N

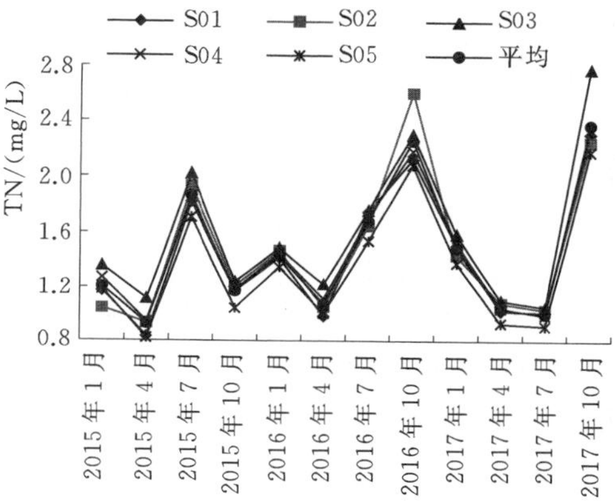

(h) TN

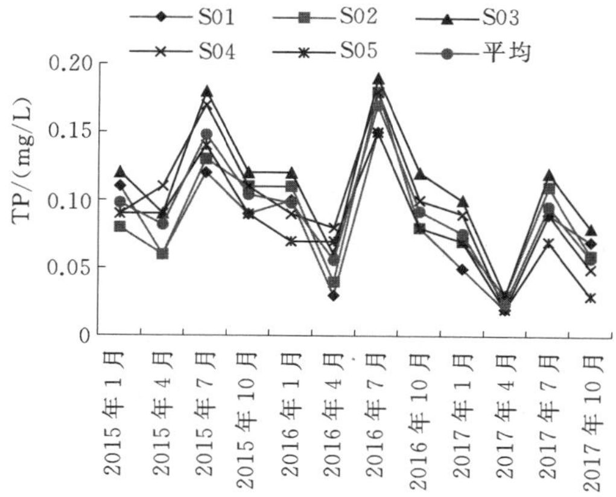

(i) TP

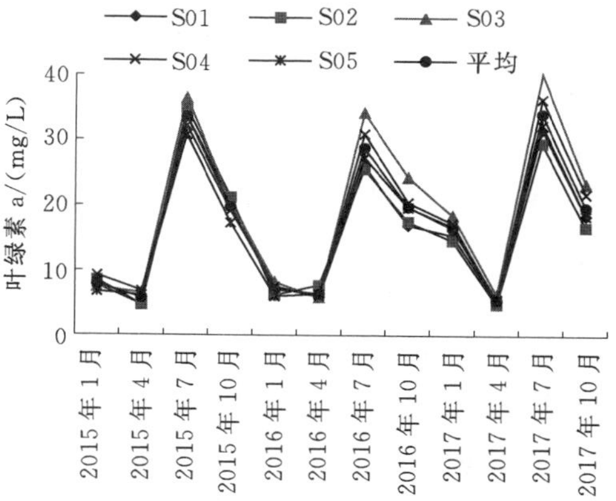

(j) 叶绿素 a

图 2-2（二） 2015—2017 年沙湖水体水环境因子时空分布

季，夏季较低，样点间差异不明显。2017 年变化范围在 33～58cm 之间，最大值出现在冬季，春、夏季较低，这主要是由于水温的变化引起了水体中浮游生物量的变化。夏季水温高，水体中浮游生物量大，透明度就低，冬、春季水温低，水体中浮游生物量下降，透明度随之升高。沙湖湖心的透明度较高，码头区的透明度较低。

(3) 2015 年沙湖 DO 时空分布差异不大，变化范围在 7.55～8.44mg/L 之间，春季较低，秋季较高；2016 年 DO 季节变化幅度较大，变化范围在 6.23～8.32mg/L 之间，春季较低，夏季较高，样点间差异不大；2017 年 DO 季节变化幅度较大，变化范围在 6.63～8.96mg/L 之间，夏季较低，秋季较高，样点间差异较小。

(4) 2015 年沙湖 COD_{Cr} 变化范围在 21.18～32.42mg/L 之间，夏季较高，冬季较低，样点间变化幅度差异较小；2016 年化学需氧量变化范围在 25.82～30.86mg/L 之间，差异较小，夏季较高，样点间差异不大；2017 年化学需氧量变化范围在 25.20～33.38mg/L 之间，夏季较高，冬季较低，样点间变化不明显。

(5) 2015 年沙湖 COD_{Mn} 变化范围在 5.18～9.76mg/L 之间，夏季较高，冬季较低，样点间变化幅度差异较小；2016 年高锰酸盐指数变化范围在 7.16～9.70mg/L 之间，差异较小，夏季较高，样点间差异不大；2017 年高锰酸盐指数变化范围在 6.70～7.80mg/L 之间，夏季较高，其他时间变化不明显。

(6) 2015 年沙湖 BOD_5 变化范围在 2.74～5.26mg/L 之间，秋季较高，冬季较低，样点间变化幅度差异较小；2016 年 BOD_5 变化范围在 2.32～4.78mg/L 之间，差异较小，秋季较高，样点间差异不大；2017 年 BOD_5 变化范围在 2.68～5.26mg/L 之间，秋季较高，其他时间变化不明显。

(7) 2015 年沙湖 NH_3-N 含量变化范围在 0.28～0.45mg/L 之间，夏季较高，春季较低；2016 年变化范围在 0.28～0.54mg/L 之间，夏季较高，春季较低，样点间差异不明显；2017 年变化范围在 0.24～0.33mg/L 之间，秋季较低，冬季较高，其他时间段变化幅度不大，样点间差异不明显。

(8) 2015 年沙湖 TN 含量变化范围在 0.93～1.87mg/L 之间，春季较低，秋季最高，鸟岛 TN 含量高于其他样点；2016 年变化范围在 1.07～2.26mg/L 之间，秋季最高，春季较低；2017 年变化范围在 1.00～2.37mg/L 之间，秋季最高，夏季较低，样点间差异不明显。

(9) 2015 年沙湖 TP 含量变化范围在 0.082～0.148mg/L 之间，夏季最高，春季最低，季节变化明显；2016 年变化范围在 0.056～0.170mg/L 之间，夏季最高，春季最低；2017 年变化范围在 0.024～0.096mg/L 之间，季节变化明显，夏季最高，春季最低，样点间差异不明显。

(10) 2015 年沙湖叶绿素 a 含量变化范围在 5.75～33.48μg/L 之间，夏季最高，冬春季节较低；2016 年沙湖叶绿素 a 含量变化范围在 6.40～28.74μg/L 之间，夏季最高，冬春季节较低；2017 年沙湖叶绿素 a 含量变化范围在 5.48～34.00μg/L 之间，夏季最高，冬春季节较低，鸟岛高于其他样点。沙湖叶绿素 a 含量夏、秋季节较高，原因是浮游植物的生长与水温关系密切，夏秋季节水温较高，浮游植物繁殖旺盛，生物量达到最大，因而叶绿素 a 含量也达到最高。

从时间上来分析：沙湖样点的 pH、溶解氧、化学耗氧量、氨氮、总氮和总磷的含量平均值逐年下降，表现出明显的季节性变化特征。透明度在 2014 年平均值最低，三年内都是夏季值最低。溶解氧平均值逐年增大，夏季值最大。叶绿素 a 平均值三年变化不大，夏季值最大。化学耗氧量、氨氮、总氮、总磷，总体趋势是逐年降低，夏季值最大。夏季总氮、总磷比较高，这两种元素有利于浮游植物生长繁殖，增强了植物光合作用，增加了水体中溶氧量，有利于浮游动物生长代谢，增加水体氨氮的含量，多方面原因降低了透明度。

从空间来分析：沙湖样点的pH、溶解氧、化学耗氧量、氨氮、总氮和总磷含量无明显差异。湖中心水深比较深，水底比较平静，泥沙很少搅动，湖上有大量的观光船，船在码头靠岸就会搅动湖底泥沙，使得透明度比较低。在夏季S02（进水口）透明度明显低于其他地方，在夏季属于丰水期，干渠水大量输入沙湖中，在进水口加上常年泥沙堆积，水深比较浅，水输入就带着大量杂质和有机物，大量鱼类汇集在进水口。鱼类游动和水流搅拌水底泥沙加上杂质综合作用，所以进水口透明度比较低。绿叶素a在鸟岛含量高于其他样点，鸟岛属于浅滩湿地，生长大量芦苇。芦苇起到挡风作用，相比其他样点水流动性小，有利于浮游植物生长，同时生长着大量鸟类，鸟类代谢物可以作为肥料，有利于生长，鱼类本来会吃浮游植物，鸟类会捕食鱼类，这个区域鱼的数量相对会少，有利于浮游植物生长，所以绿叶素a的含量比较高。

2.2.3 基于主成分的沙湖水环境因子分析

将沙湖5个样点的各水质指标年平均值进行主成分分析，运用方差最大正交旋转法对因子载荷矩阵进行旋转，按照85%的累积方差贡献率共提取出主成分，然后选择旋转后载荷值大于0.6的指标作为主要水环境因子进行分析。

2.2.3.1 2015年沙湖水环境因子分析

2015年沙湖水环境因子主成分特征值及贡献率见表2-4，旋转后因子载荷值见表2-5。主成分分析结果将沙湖的水环境因子区分为3类。主成分1的贡献率为58.54%，占总体贡献率的一半以上，对水质起主导作用，包含的水环境因子为叶绿素a、透明度、BOD_5、DO、COD_{Mn}、COD_{Cr}、NH_3-N、TN。主成分2的贡献率为14.85%，包含因子为pH。主成分3的贡献率为11.34%，包含的水环境因子为TP。

表2-4　2015年沙湖水环境因子主成分特征值及贡献率

指标	F1	F2	F3	指标	F1	F2	F3
pH	−0.1686	0.7954	0.3386	TN	0.8805	−0.0836	0.1998
透明度	−0.8936	0.0896	0.1484	TP	−0.1135	−0.2966	0.9010
DO	0.9142	0.0386	0.1386	叶绿素a	0.9661	−0.1298	0.0659
COD_{Mn}	0.8228	0.4798	−0.0705	特征值	5.8536	1.4855	1.1336
COD_{Cr}	0.7688	0.5408	0.1006	贡献率	58.54%	14.85%	11.34%
BOD_5	0.7329	−0.1605	−0.2914	累积贡献率	58.54%	73.39%	84.73%
NH_3-N	0.8151	−0.4279	0.1470				

2015年沙湖水环境因子综合得分及排序见表2-6，按照分值大小排序，可确定影响沙湖水环境的主要因子依次为TP、COD_{Cr}、TN、DO、叶绿素a、COD_{Mn}、pH、NH_3-N、BOD_5。

表 2-5　　2015 年沙湖水环境因子旋转后因子载荷值

指标	F1	F2	F3	指标	F1	F2	F3
pH	−0.1741	0.8601	0.0755	BOD_5	0.7062	−0.2371	−0.3046
透明度	−0.8770	0.1203	0.2122	NH_3-N	0.8472	−0.3423	0.1848
DO	0.9203	0.0964	0.0123	TN	0.8996	0.0010	0.1137
COD_{Mn}	0.7848	0.4415	−0.3182	TP	−0.0041	0.0181	0.9552
COD_{Cr}	0.7457	0.5551	−0.1717	叶绿素 a	0.9732	−0.0858	−0.0065

表 2-6　　2015 年沙湖水环境因子综合得分及排序

指标	F1	F2	F3	综合得分	排序
pH	−0.0258	0.6038	0.1074	0.0868	7
DO	0.1664	0.0675	0.0882	0.1174	4
COD_{Mn}	0.1163	0.2860	−0.1805	0.0901	6
COD_{Cr}	0.1205	0.3748	−0.0515	0.1204	2
BOD_5	0.1035	−0.1854	−0.2199	0.0081	9
NH_3-N	0.1668	−0.2265	0.2002	0.0867	8
TN	0.1706	0.0078	0.1665	0.1199	3
TP	0.0733	0.0756	0.8130	0.1463	1
叶绿素 a	0.1745	−0.0605	0.0643	0.1005	5

综合分析，2015 年 TP、COD_{Cr}、TN、DO、叶绿素 a、COD_{Mn} 等水环境因子对沙湖水环境的影响较大，即有机物、浮游藻类、氮磷营养盐在沙湖水体中起主导作用，是引起沙湖水质变动的主要原因。

2.2.3.2　2016 年沙湖水环境因子分析

2016 年沙湖水环境因子主成分特征值及贡献率见表 2-7，旋转后因子载荷值见表 2-8。主成分分析结果将沙湖的水环境因子区分为 3 类。主成分 1 的贡献率分别为 65.63%，占总体贡献率的一半以上，对水质起主导作用，包含的水环境因子为叶绿素 a、DO、COD_{Cr}、NH_3-N、TP、pH。主成分 2 的贡献率为 16.89%，包含因子为透明度、COD_{Mn}。主成分 3 的贡献率为 9.82%，包含的水环境因子为 TN、BOD_5。

表 2-7　　2016 年沙湖水环境因子主成分特征值及贡献率

指标	F1	F2	F3	指标	F1	F2	F3
pH	−0.7398	0.5804	0.1970	TN	0.5625	0.6450	0.4749
透明度	−0.8216	−0.0518	0.4663	TP	0.9158	−0.3398	0.0817
DO	0.8920	−0.1716	0.3316	叶绿素 a	0.9620	0.1726	−0.0974
COD_{Mn}	0.7438	0.2414	−0.4827	特征值	6.5628	1.6889	0.9817
COD_{Cr}	0.8874	−0.2654	0.1683	贡献率	65.63%	16.89%	9.82%
BOD_5	0.4958	0.7936	−0.1626	累积贡献率	65.63%	82.52%	92.34%
NH_3-N	0.9369	−0.0163	0.2937				

表 2-8　　2016 年沙湖水环境因子旋转后因子载荷值

指标	F1	F2	F3	指标	F1	F2	F3
pH	−0.8161	−0.3817	0.3335	BOD_5	−0.0708	0.6174	0.7182
透明度	−0.4655	−0.8207	−0.0704	NH_3-N	0.8467	0.2531	0.4282
DO	0.9038	0.1548	0.3071	TN	0.2722	0.0994	0.9349
COD_{Mn}	0.3012	0.8469	0.1911	TP	0.9250	0.3196	0.0548
COD_{Cr}	0.8934	0.2565	0.1488	叶绿素 a	0.6381	0.6334	0.3953

沙湖各水环境因子综合得分及排序见表 2-9，按照分值大小排序，可确定影响沙湖水环境的主要因子依次为 DO、TP、COD_{Cr}、NH_3-N、叶绿素 a、TN、COD_{Mn}、BOD_5。

表 2-9　　2016 年沙湖水环境因子综合得分及排序

指标	F1	F2	F3	综合得分	排序
DO	0.2729	−0.2280	0.1280	0.1532	1
COD_{Mn}	−0.1490	0.4943	−0.0921	−0.0234	7
COD_{Cr}	0.2450	−0.1110	0.0004	0.1421	3
BOD_5	−0.2374	0.3064	0.3220	−0.0724	8
NH_3-N	0.2181	−0.1673	0.1855	0.1331	4
TN	0.0339	−0.2336	0.5758	0.0393	6
TP	0.2415	−0.0506	−0.0775	0.1423	2
叶绿素 a	0.0299	0.1857	0.0799	0.0588	5

综合分析，2016 年 DO、TP、COD_{Cr}、NH_3-N、叶绿素 a、TN 等水环境因子对沙湖水环境的影响较大，即有机物、浮游藻类、氮磷营养盐在沙湖水体中起主导作用，是引起沙湖水质变动的主要原因。

2.2.3.3　2017 年沙湖水环境因子分析

2017 年沙湖水环境因子主成分特征值及贡献率见表 2-10，旋转后因子载荷值见表 2-11。主成分分析结果将沙湖的水环境因子区分为 4 类。主成分 1 与主成分 2 的贡献率分别为 29.02%和 27.33%，二者对水质起主要作用，包含的水环境因子为叶绿素 a、BOD_5、TN、硝态氮、TP、pH。主成分 3 的贡献率为 19.56%，包含的水环境因子为 COD_{Cr}。主成分 4 的贡献率为 9.46%，包含的水环境因子为 NH_3-N、亚硝态氮。主成分 3 与主成分 4 的贡献率较小，对沙湖水环境情况影响较小。

表 2-10　　2017 年沙湖水环境因子主成分特征值及贡献率

指　标	F1	F2	F3	F4
pH	0.7857	0.2274	0.1803	0.1516
透明度	−0.6932	0.2356	0.5832	−0.1145
叶绿素 a	0.5727	0.7085	0.2714	−0.0936
DO	−0.6788	0.4037	−0.4080	0.3905

续表

指 标	F1	F2	F3	F4
COD_{Mn}	0.5722	0.3043	−0.4375	0.2915
COD_{Cr}	0.6816	0.4250	−0.4631	0.2713
BOD_5	−0.0463	0.9468	−0.1448	−0.0342
TN	−0.7192	0.6574	−0.0973	0.0704
NH_3-N	−0.0304	−0.2402	0.6812	0.5430
硝态氮	−0.5877	0.7623	−0.0211	0.0832
亚硝态氮	−0.2280	−0.4344	0.0183	0.7424
TP	0.4103	0.5571	0.6298	0.1211
正磷酸盐	0.0925	0.2035	0.7951	0.0266
特征值	3.7730	3.5533	2.5425	1.2303
贡献率	29.02%	27.33%	19.56%	9.46%
累积贡献率	29.02%	56.35%	75.91%	85.37%

表2-11　　2017年沙湖水环境因子旋转后因子载荷值

指 标	F1	F2	F3	F4
pH	0.2334	0.6855	0.3562	0.1255
透明度	0.3047	−0.2603	−0.5837	0.1311
叶绿素a	0.7014	0.5753	0.1978	−0.0665
DO	0.3750	−0.8592	0.0619	0.1289
COD_{Mn}	0.2458	0.1670	0.5945	0.0044
COD_{Cr}	0.3563	0.2392	0.6643	−0.0369
BOD_5	0.8977	−0.1650	0.1557	−0.1748
TN	0.6418	−0.6890	−0.1720	−0.0222
NH_3-N	−0.1240	0.2310	−0.1649	0.6839
硝态氮	0.7504	−0.5528	−0.1287	−0.0007
亚硝态氮	−0.3765	−0.2915	0.0858	0.6184
TP	0.6112	0.5933	0.0173	0.2484
正磷酸盐	0.2904	0.4599	−0.2791	0.2871

2017年沙湖各水环境因子综合得分及排序见表2-12，按照分值大小排序，可确定影响沙湖水环境的主要因子依次为BOD_5、叶绿素a、COD_{Cr}、TP、COD_{Mn}、pH、TN、DO。

综合分析，2017年TP、叶绿素a、pH、COD_{Cr}、BOD_5、NH_3-N等水质因子对沙湖水环境影响较大，即有机物、浮游藻类、氮磷营养盐在沙湖水体中起主要作用，是引起沙湖水质变动的主要原因。

表 2-12 2017 年沙湖各水环境因子综合得分及排序

系数	F1	F2	F3	综合得分	排序
pH	0.2250	0.0599	−0.1250	0.0710	6
DO	−0.1130	0.0664	0.3162	0.0406	8
COD_{Mn}	0.0134	0.2809	0.0205	0.0835	5
COD_{Cr}	0.0593	0.3057	0.0379	0.1099	3
BOD_5	0.1693	0.0736	0.3019	0.1401	1
TN	0.0272	−0.0644	0.3518	0.0628	7
TP	0.3762	−0.1632	−0.0142	0.0877	4
叶绿素 a	0.3203	0.0062	0.0424	0.1241	2

2.2.4 沙湖水环境质量综合评价

2.2.4.1 水质综合污染指数分析

2015—2017 年沙湖水质综合污染指数变化趋势见图 2-3。

2015 年养殖区、鸟岛和五号桥之间的时空变化趋势差异不大，且变化趋势较平稳，均在夏季达到最大值，冬季达到最小值。码头春季—夏季变化趋势较平稳，夏季—秋季呈急速上升状态，在秋季达到最大值。湖中心在春季—秋季阶段变化较为平稳，秋季—冬季呈快速上升趋势，在冬季达到最大值。

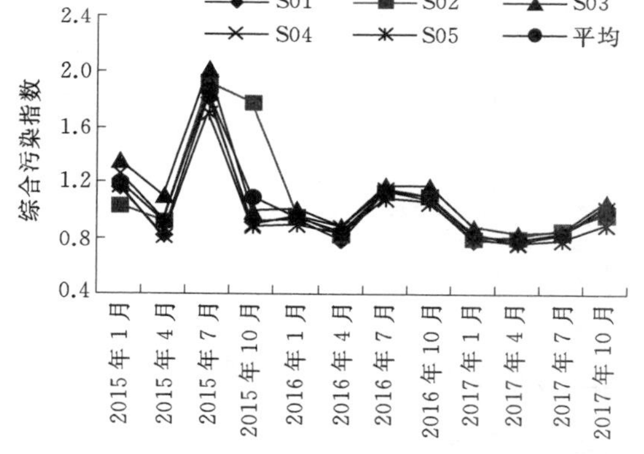

图 2-3 2015—2017 年沙湖水质综合污染指数变化趋势图

2016 年沙湖水质综合污染指数各样点之间的时空变化趋势不大，在春季—夏季阶段，呈快速上升趋势，均在夏季达到最大值，污染最严重。

2017 年沙湖水质综合污染指数各样点之间的时空变化趋势不大，在春季—夏季阶段，呈快速上升趋势，均在夏季达到最大值，污染最严重。

沙湖 2015—2017 年三年的综合污染指数均在夏季达到最大值，这可能是由于气温上升、蒸发量增大、沙湖水体浓缩而使沙湖水质进一步恶化。沙湖的综合污染指数一般都大于 1，由此可见沙湖水环境状况整体较为严重。

2.2.4.2 灰关联法评价

结合主成分分析法的结论和沙湖的实际状况，选取 TP、COD_{Cr}、TN、DO、叶绿素 a、COD_{Mn}共 6 种指标标作为沙湖水环境质量综合评价的水环境因子。灰色关联法分析中，关联度越高，表明这种水体越接近某种水质级别，以此来判定其确切的水质类别。

2015—2017 年沙湖水体实测值与各水质级别的关联度见表 2-13，依据最大隶属度原则，2015年沙湖春季水质为Ⅳ类，夏季水质为Ⅴ类，秋季水质为Ⅲ类，冬季水质为Ⅳ类；夏季水质状况最差，秋季、春季和冬季水质状况较好，综合沙湖水质状况为Ⅳ类。2016年沙湖春季水质为Ⅳ类，夏季水质为Ⅴ类，秋季水质为Ⅳ类，冬季水质为Ⅳ类，综合分析沙湖水质为Ⅴ类。2017年沙湖春季水质为Ⅳ类，夏季、秋季和冬季水质为Ⅴ类，综合分析沙湖水质为Ⅴ类。

表2-13　2015—2017年沙湖水质关联度计算结果

年份	季节	水质类别					水质类别判定结果
		Ⅰ	Ⅱ	Ⅲ	Ⅳ	Ⅴ	
2015	冬季	0.3259	0.2436	0.2975	0.3610	0.3566	Ⅳ
	春季	0.3773	0.2959	0.3409	0.4139	0.3488	Ⅳ
	夏季	0.3529	0.2830	0.3935	0.3871	0.4048	Ⅴ
	秋季	0.4022	0.2791	0.4170	0.3289	0.2834	Ⅲ
	平均	0.3072	0.2949	0.3004	0.3704	0.2160	Ⅳ
2016	冬季	0.3259	0.2436	0.2975	0.3610	0.3566	Ⅳ
	春季	0.3773	0.2959	0.3409	0.4139	0.3488	Ⅳ
	夏季	0.3529	0.2830	0.3935	0.3871	0.4048	Ⅴ
	秋季	0.4170	0.2791	0.4022	0.3289	0.2834	Ⅳ
	平均	0.3265	0.2606	0.2828	0.3443	0.3815	Ⅴ
2017	冬季	0.3112	0.3337	0.3394	0.3592	0.4313	Ⅴ
	春季	0.2909	0.3123	0.3735	0.5307	0.4346	Ⅳ
	夏季	0.2392	0.2738	0.4207	0.4543	0.4774	Ⅴ
	秋季	0.2468	0.3366	0.2562	0.2313	0.3821	Ⅴ
	平均	0.2823	0.2957	0.3752	0.4062	0.4745	Ⅴ

2.2.4.3 综合营养状态指数评析

2015—2017年沙湖水体富营养状态综合评价结果见表2-14。沙湖综合营养状态指数均在50～60之间，达到轻度富营养水平，主要的超标污染物指标为透明度。

表2-14　2015—2017年沙湖水体富营养状态综合评价结果

年份	季节	营养状态指数						营养水平
		$TLI_{(SD)}$	$TLI_{(COD_{Mn})}$	$TLI_{(Chl.a)}$	$TLI_{(TN)}$	$TLI_{(TP)}$	$TLI_{(\Sigma)}$	
2015	冬季	64.63	44.86	47.45	57.67	56.64	53.68	轻度富营养
	春季	66.41	54.13	43.99	53.23	53.74	53.45	轻度富营养
	夏季	75.19	61.72	63.13	65.1	63.33	65.47	中度富营养
	秋季	72.22	51.3	57.41	57.16	57.6	59.00	轻度富营养
	平均	69.61	53.00	53.00	58.29	57.83	57.9	轻度富营养
2016	冬季	64.24	53.47	46.23	60.66	56.64	55.4	轻度富营养
	春季	67.64	57.02	45.16	55.71	47.55	53.8	轻度富营养

续表

年份	季节	营养状态指数						营养水平
		$TLI_{(SD)}$	$TLI_{(COD_{Mn})}$	$TLI_{(Chl.a)}$	$TLI_{(TN)}$	$TLI_{(TP)}$	$TLI_{(\Sigma)}$	
2016	夏季	78.55	61.55	61.47	63.34	65.58	65.72	中度富营养
	秋季	69.45	59.2	57.42	68.31	55.61	61.56	中度富营养
	平均	69.97	57.81	52.57	62.01	56.35	59.12	轻度富营养
2017	冬季	61.75	51.71	55.46	61.29	52.51	56.42	轻度富营养
	春季	72.69	54.92	43.47	55.1	33.79	51.19	轻度富营养
	夏季	72.69	55.75	63.3	54.5	56.3	60.75	中度富营养
	秋季	64.55	54.21	57.4	69.16	48.12	58.49	轻度富营养
	平均	67.92	54.15	54.91	60.01	47.68	56.71	轻度富营养

沙湖补水主要是在春季、夏季和秋季，水源主要来自黄河干渠生态补水和农灌退水，补水水质对沙湖水体影响很大。根据环境监测站监测结果，黄河石嘴山入境断面水质污染指标主要为高锰酸盐指数、氨氮、化学耗氧量、挥发酚，所以沙湖春、夏、秋季高锰酸盐指数、氨氮、化学耗氧量都比冬季高，夏季补水量最大，故指标值最大；冬季属于枯水期黄河水几乎不会补充沙湖中，故指标值最小；夏季浮游植物大量繁殖和生长，叶绿素 a 含量也在夏季达到了最大。

在水体环境中，影响水体水质的因素很多，不同时期、不同指标对水质类别的贡献程度是处于变化过程中的，具有不精确、不确定和不完全的特征。沙湖水质冬季较好、夏季较差，总体水质较好，受污染程度小。根据沙湖水环境因子的时空分布特征，可以看出沙湖水质与季节变化有密切关系，高锰酸盐指数、氨氮，氮磷营养盐是造成水体污染的主要原因。沙湖的水质受灌溉渠补水影响较大，次要影响为沙湖内水产养殖对水质所造成的影响。有机物污染、氮磷营养盐主要来源于灌溉渠补水和沙湖内的水产养殖场，因此对沙湖污染的治理应该着重于灌渠补水水质，合理控制养殖规模。

沙湖的营养状态季节变化明显，变化趋势和氮、磷的时空分布特征一致，主要是由于氮和磷是湖水体中非常重要的营养元素，在很多水体中是浮游植物生长的限制性营养元素，氮、磷含量过低会限制浮游植物的生长，过高会导致浮游植物种类组成发生变化。此外沙湖的 pH 长期大于 8.4，由于高 pH（8.0 以上）有利于蓝藻生长，再加之氮磷含量较高，长此以往会导致蓝藻大量生长，蓝藻会成为优势种，使得富营养化程度加重。

沙湖水体存在一定程度的污染和富营养化。氮磷营养盐超标是造成沙湖水体污染和富营养化的主要原因，因此沙湖的水环境防治治理应该以降低外源性的氮磷营养盐含量为主。

2.3 阅海湖水体理化特征及水环境质量综合评价

2.3.1 样点的布设与采样时间

（1）样点设置。根据阅海湖的形状，在阅海湖设置了 4 个采样点（图 2-4），其中 S01 号和 S02 号采样点属于湖沼的航道深水区，平均水深 3.2m 以上，S03 号和 S04 号采

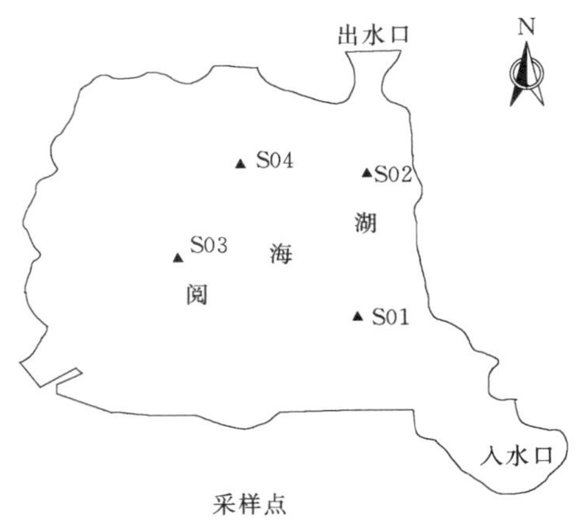

图 2-4　阅海湖采样点设置

样点属于湖沼浅水区，平均水深小于 1.5m。

（2）采样时间。于 2015—2017 年 4 个季节中的 1 月（冬）、4 月（春）、7 月（夏）、10 月（秋）对阅海湖水体中的水环境因子进行采样分析。

2.3.2　阅海湖水环境因子时空分布特征

2015—2017 年阅海湖水环境因子时空分布见图 2-5，由图可知：

（1）2015 年阅海湖 pH 变化范围在 8.59～8.85 之间，各样点之间的 pH 差异较小，没有明显的空间分布趋势，季节变化幅度不明显。2016 年 pH 变化范围在 8.51～8.98 之间，各样点之间的 pH 差异较小，没有明显的空间分布趋势，季节变化幅度不明显，夏季较低。2017 年 pH 变化范围在 8.78～8.89 之间，各样点之间的 pH 差异较小。

（2）2015 年阅海湖 SD 的季节变化明显，变化范围在 35～54cm 之间，最大值出现在

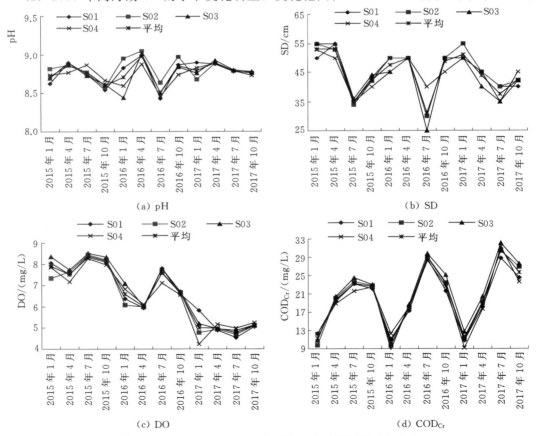

(a) pH

(b) SD

(c) DO

(d) COD_{Cr}

图 2-5（一）　2015—2017 年阅海湖水环境因子时空分布

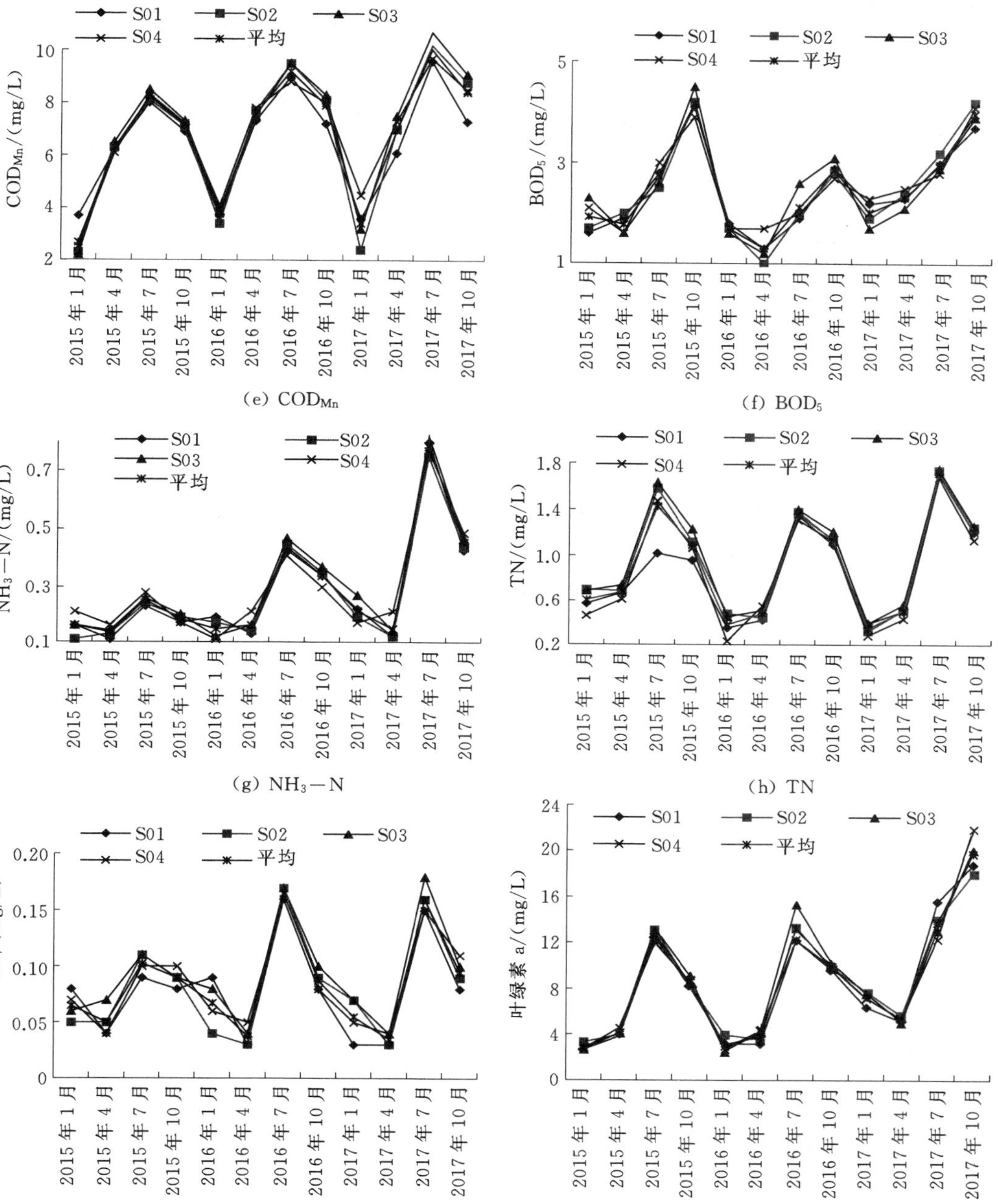

(e) COD_{Mn}

(f) BOD_5

(g) NH_3-N

(h) TN

(i) TP

(j) 叶绿素 a

图 2-5（二） 2015—2017 年阅海湖水环境因子时空分布

冬、春季，夏季较低，样点间透明度差异不明显。2016 年变化范围在 31～50cm 之间，最大值出现在春季，夏季较低，样点间差异不明显。2017 年变化范围在 38～52cm 之间，最大值出现在冬季，春、夏季较低，这主要是由于水温的变化引起了水体中浮游生物量的变化。夏季水温高，水体中浮游生物量大，透明度就低，冬春两季水温低，水体中浮游生物量下降，透明度随之升高。

（3）2015 年阅海湖 DO 时空分布差异不大，变化范围在 7.52～8.40mg/L 之间，春季较低，夏季较高；2016 年 DO 季节变化幅度较大，变化范围在 6.02～7.58mg/L 之间，春季较低，夏季较高，样点间差异不大；2017 年 DO 变化范围在 4.77～5.13mg/L 之间，夏季较低，秋季较高，样点间差异较小。

（4）2015 年阅海湖 COD_{Cr}变化范围在 11.33～23.25mg/L 之间，夏季较高，冬季较低，样点间变化幅度差异较小；2016 年化学需氧量变化范围在 10.48～28.95mg/L 之间，夏季较高，样点间差异不大；2017 年化学需氧量变化范围在 11.05～30.65mg/L 之间，夏季较高，冬季较低，样点间差异不明显。

（5）2015 年阅海湖 COD_{Mn}变化范围在 7.52～8.40mg/L 之间，夏季较高，冬季较低，样点间变化幅度差异较小；2016 年高锰酸盐指数变化范围在 6.02～7.58mg/L 之间，差异较小，夏季较高，样点间差异不大；2017 年高锰酸盐指数变化范围在 4.77～5.00mg/L 之间，秋季较高，夏季较低，样点间变化不明显。

（6）2015 年阅海湖 BOD_5 变化范围在 1.76～4.18mg/L 之间，秋季较高，春季较低，样点间变化幅度差异较小；2016 年 BOD_5 变化范围在 1.30～2.88mg/L 之间，秋季较高，样点间差异不大；2017 年 BOD_5 变化范围在 2.01～3.98mg/L 之间，秋季较高，其他时间变化不明显。

（7）2015 年阅海湖 NH_3-N 含量变化范围在 0.14～0.26mg/L 之间，夏季较高，春季较低；2016 年变化范围在 0.15～0.44mg/L 之间，夏季较高，春季较低，样点间差异不明显；2017 年变化范围在 0.15～0.79mg/L 之间，秋季较低，冬季较高，季节变化差异明显，样点间差异不明显。

（8）2015 年阅海湖 TN 含量变化范围在 0.61～1.43mg/L 之间，冬季较低，夏季最高；2016 年变化范围在 0.38～1.36mg/L 之间，秋季最高，春季较低；2017 年变化范围在 0.35～1.72mg/L 之间，秋季最高，冬季较低，样点间差异不明显。

（9）2015 年阅海湖 TP 含量变化范围在 0.050～0.103mg/L 之间，夏季最高，春季最低，季节变化明显；2016 年变化范围在 0.038～0.165mg/L 之间，夏季最高，春季最低；2017 年变化范围在 0.035～0.160mg/L 之间，季节变化明显，夏季最高，春季最低，样点间差异不明显。

（10）2015 年阅海湖叶绿素 a 含量变化范围在 2.83～12.70μg/L 之间，夏季最高，冬春季节较低；2016 年阅海湖叶绿素 a 含量变化范围在 3.10～13.24μg/L 之间，夏季最高，冬春季节较低；2017 年阅海湖叶绿素 a 含量变化范围在 7.24～19.69μg/L 之间，秋季最高，冬春季节较低。阅海湖叶绿素 a 含量夏、秋季节较高，原因是浮游植物的生长与水温关系密切，夏秋季节水温较高，浮游植物繁殖旺盛，生物量达到最大，因而叶绿素 a 含量也达到最高。

2.3.3　基于主成分的阅海湖水环境因子分析

将阅海湖 4 个样点的各水质指标年平均值进行主成分分析，运用方差最大正交旋转法对因子载荷矩阵进行旋转，按照 85%的累积方差贡献率提取出主成分，然后选择旋转后载荷值大于 0.6 的指标作为主要水环境因子进行分析。

2.3.3.1 2015 年阅海湖水环境因子分析

2015 年阅海湖水环境因子主成分特征值及贡献率见表 2-15，旋转后因子载荷值见表 2-16。主成分分析结果将阅海湖 2015 年的水环境因子区分为 3 类。主成分 1 的贡献率为 67.10%，对水质起主导作用，包含的水环境因子为叶绿素 a、NH_3-N、TN、TP、DO。主成分 2 的贡献率为 15.04%，包含的水环境因子为 COD_{Mn}、COD_{Cr}。主成分 3 的贡献率为 9.76%，包含的水环境因子为 BOD_5。

表 2-15　　2015 年阅海湖水环境因子主成分特征值及贡献率

指标	F1	F2	F3	指标	F1	F2	F3
pH	−0.3434	0.8673	0.2348	TN	0.9255	0.1610	0.0971
透明度	−0.9565	−0.0611	−0.0757	TP	0.9087	−0.1732	0.2315
叶绿素 a	0.9598	0.1925	0.0437	BOD_5	0.6769	−0.4669	−0.4719
DO	0.7898	−0.3508	0.3297	特征值	6.7095	1.5036	0.9757
COD_{Mn}	0.8134	0.4397	−0.3472	贡献率	67.10%	15.04%	9.76%
COD_{Cr}	0.8016	0.3461	−0.4491	累积贡献率	67.10%	82.14%	91.90%
NH_3-N	0.8290	0.0253	0.4432				

表 2-16　　2015 年阅海湖水环境因子旋转后因子载荷值

指标	F1	F2	F3	指标	F1	F2	F3
pH	−0.1712	0.1005	−0.9412	COD_{Cr}	0.2510	0.9388	0.1401
透明度	−0.7450	−0.5741	−0.1996	NH_3-N	0.9035	0.2588	0.0319
叶绿素 a	0.7138	0.6634	0.1029	TN	0.7277	0.5942	0.0961
DO	0.8323	0.1067	0.3892	TP	0.8367	0.3303	0.3165
COD_{Mn}	0.3200	0.9341	0.0197	BOD_5	0.2184	0.4532	0.8036

阅海湖各水环境因子综合得分及排序见表 2-17，按照分值大小排序，可确定影响阅海湖水环境的主要因子依次为 NH_3-N、DO、TP、TN、叶绿素 a、COD_{Mn}、BOD_5、COD_{Cr}。

表 2-17　　2015 年阅海湖各水环境因子综合得分及排序

指标	F1	F2	F3	综合得分	排序
叶绿素 a	0.1232	0.1278	−0.0857	0.0935	5
DO	0.3357	−0.2497	0.0859	0.1961	2
COD_{Mn}	−0.1785	0.4378	−0.0573	−0.0595	6
COD_{Cr}	−0.2448	0.4664	0.0406	−0.0901	8
NH_3-N	0.3959	−0.1853	−0.1755	0.2207	1
TN	0.1584	0.0812	−0.0933	0.1094	4
TP	0.2699	−0.1177	0.0347	0.1668	3
BOD_5	−0.2250	0.1878	0.5045	−0.0735	7

综合分析，2015 年 NH_3-N、DO、TP、TN、叶绿素 a、COD_{Mn} 等水环境因子对阅海水环境的影响较大，即有机物、浮游藻类、氮磷营养盐在阅海水体中起主导作用，是引起阅海湖水质变动的主要原因。

2.3.3.2　2016 年阅海湖水环境因子分析

2016 年阅海湖水环境因子主成分特征值及贡献率见表 2-18，旋转后因子载荷值见表 2-19。主成分分析结果将阅海湖的水环境因子区分为 2 类。主成分 1 的贡献率为 71.88%，占总体贡献率的一半以上，对水质起主导作用，包含的水环境因子为叶绿素 a、COD_{Mn}、COD_{Cr}、NH_3-N、TN、BOD_5。主成分 2 的贡献率为 16.12%，包含的水环境因子为 DO、TP。

表 2-18　　2016 年阅海湖水环境因子主成分特征值及贡献率

指　标	F1	F2	指　标	F1	F2
pH	−0.6167	0.7241	TN	0.9534	0.2478
透明度	−0.8213	0.4433	TP	0.9350	−0.2672
叶绿素 a	0.9743	0.1858	BOD_5	0.5955	0.3875
DO	0.8623	−0.4692	特征值	7.1883	1.6120
COD_{Mn}	0.7430	0.4607	贡献率	71.88%	16.12%
COD_{Cr}	0.9031	0.3275	累积贡献率	71.88%	88.00%
NH_3-N	0.9670	0.1851			

表 2-19　　2016 年阅海湖水环境因子旋转后因子载荷值

指　标	F1	F2	指　标	F1	F2
pH	−0.0179	−0.9509	COD_{Cr}	0.9060	0.3193
透明度	−0.3541	−0.8635	NH_3-N	0.8652	0.4700
叶绿素 a	0.8712	0.4740	TN	0.8944	0.4128
DO	0.3694	0.9095	TP	0.5536	0.7994
COD_{Mn}	0.8667	0.1148	BOD_5	0.7062	0.0779

2016 年阅海湖水环境因子综合得分及排序见表 2-20，按照分值大小排序，可确定影响阅海湖水环境的主要因子依次为 COD_{Cr}、NH_3-N、TP、DO、TN、BOD_5、叶绿素 a、COD_{Mn}。

表 2-20　　2016 年阅海湖水环境因子综合得分及排序

指　标	F1	F2	综合得分	排序
叶绿素 a	0.0860	−0.2851	0.0158	7
DO	0.1779	−0.0032	0.1273	4
COD_{Mn}	−0.0918	0.3011	−0.0174	8
COD_{Cr}	0.2611	−0.1555	0.1626	1
NH_3-N	0.2260	−0.0775	0.1499	2
TN	0.1768	−0.0035	0.1265	5

续表

指　标	F1	F2	综合得分	排序
TP	0.2000	−0.0348	0.1382	3
BOD_5	−0.0045	0.2107	0.0307	6

综合分析，2016 年 COD_{Cr}、NH_3-N、TP、DO、TN、BOD_5、叶绿素 a 等水环境因子对阅海湖水环境的影响较大，即有机物、浮游藻类、氮磷营养盐在阅海水体中起主导作用，是引起阅海湖水质变动的主要原因。

2.3.3.3 2017 年阅海湖水环境因子分析

2017 年阅海湖水环境因子主成分特征值及贡献率见表 2-21，旋转后因子载荷值见表 2-22。主成分分析结果将阅海湖的水环境因子区分为 3 类。主成分 1 的贡献率为 64.06%，占总体贡献率的一半以上，对水质起主导作用，包含的水环境因子为 COD_{Mn}、COD_{Cr}、NH_3-N、TN、TP。主成分 2 的贡献率为 15.11%，包含的水环境因子为叶绿素 a。主成分 3 的贡献率为 12.21%，包含的水环境因子为 DO。

表 2-21　　2017 年阅海湖水环境因子主成分特征值及贡献率

指标	F1	F2	F3	指标	F1	F2	F3
pH	−0.4081	0.8539	0.2361	TN	0.9839	0.0605	−0.0578
透明度	−0.8176	−0.5249	−0.0652	TP	0.8982	−0.0919	−0.3018
叶绿素 a	0.7953	−0.4803	0.2816	BOD_5	0.7464	−0.2836	0.4436
DO	−0.1588	−0.0479	0.8651	特征值	6.4062	1.5114	1.2215
COD_{Mn}	0.9001	0.3642	0.0777	贡献率	64.06%	15.11%	12.21%
COD_{Cr}	0.9567	0.2204	0.0551	累积贡献率	64.06%	79.17%	91.38%
NH_3-N	0.9253	−0.0109	−0.1831				

表 2-22　　2017 年阅海湖水环境因子旋转后因子载荷值

指标	F1	F2	F3	指标	F1	F2	F3
pH	0.0427	−0.9495	0.2192	COD_{Cr}	0.9523	0.2446	0.0107
透明度	−0.9695	0.0899	−0.0146	NH_3-N	0.8060	0.4391	−0.2173
叶绿素 a	0.4986	0.7883	0.2692	TN	0.8972	0.4008	−0.0970
DO	−0.1189	−0.0444	0.8717	TP	0.7388	0.5004	−0.3318
COD_{Mn}	0.9694	0.0906	0.0300	BOD_5	0.5539	0.5887	0.4255

2017 年阅海湖水环境因子综合得分及排序见表 2-23，按照分值大小排序，可确定影响阅海湖水环境的主要因子依次为 COD_{Mn}、COD_{Cr}、TN、DO、NH_3-N、叶绿素 a、TP。

表 2-23　　2017 年阅海湖水环境因子综合得分及排序

指标	F1	F2	F3	综合得分	排序
叶绿素 a	−0.0243	0.3355	0.2375	0.0641	6
DO	−0.0006	0.0054	0.7094	0.0871	4

续表

指标	F1	F2	F3	综合得分	排序
COD_{Mn}	0.2386	−0.1500	0.0492	0.1362	1
COD_{Cr}	0.2017	−0.0612	0.0340	0.1241	2
NH_3-N	0.1171	0.0754	−0.1549	0.0675	5
TN	0.1522	0.0360	−0.0545	0.0963	3
TP	0.0838	0.1225	−0.2498	0.0417	7

综合分析，2017 年 COD_{Mn}、COD_{Cr}、TN、DO、NH_3-N 等水环境因子对阅海湖水环境的影响较大，即有机物、氮营养盐在阅海湖水体中起主导作用，是引起阅海湖水质变动的主要原因。

2.3.4　阅海湖水环境质量综合评价

2.3.4.1　水质综合污染指数分析

2015—2017 年阅海湖水质综合污染指数变化趋势见图 2-6。

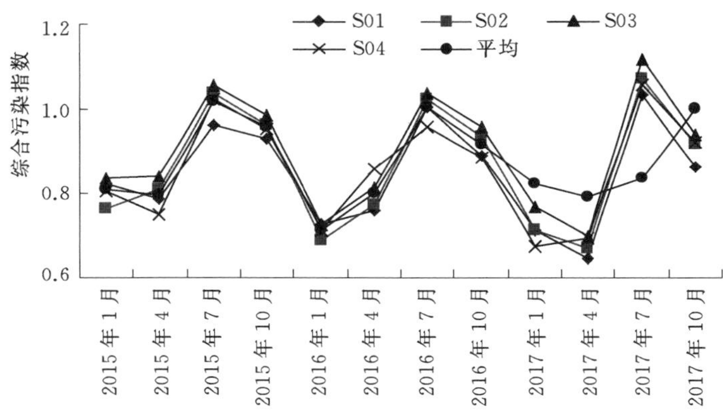

图 2-6　2015—2017 年阅海湖水质综合污染指数变化趋势图

2015 年阅海湖水质综合污染指数各样点之间的时空变化趋势不大，在春季—夏季阶段，呈快速上升趋势，均在夏季达到最大值，污染最严重，之后季呈下降趋势。

2016 年阅海湖各样点之间的时空变化趋势不大，在春季—夏季阶段，呈快速上升趋势，均在夏季达到最大值，污染最严重，之后季呈下降趋势。

2017 年各样点之间的时空变化趋势不大，在春季—夏季阶段，呈快速上升趋势，均在夏季达到最大值，污染最严重，之后季呈下降趋势。

阅海湖三年的综合污染指数均出现在夏季，这可能是由于夏气温较高，蒸发量也增大，使阅海湖水体浓缩，致使阅海湖水质进一步恶化。

2.3.4.2　灰色关联法评价

结合主成分分析法的结论和阅海湖的实际状况，选取 TP、COD_{Cr}、TN、DO、叶绿素 a、COD_{Mn}共 6 种指标标作为阅海湖水环境质量综合评价的水环境因子。灰色关联法

分析中，关联度越高，表明这种水体越接近某种水质级别，以此来判定其确切的水质类别。

阅海湖2015—2017年水体实测值与各水质级别的关联度见表2-24，依据最大隶属度原则，2015年阅海湖春季、冬季为Ⅳ类，夏季和秋季为Ⅴ类，综合分析阅海湖水质为Ⅴ类；2016年阅海湖春季为冬季为Ⅳ类，夏季为Ⅴ类，秋季为Ⅴ类，冬季为Ⅲ类，综合分析阅海湖水质为Ⅴ类；2017年阅海湖春、夏、秋、冬各季都为Ⅳ类，综合分析阅海湖水质为Ⅴ类。总体上，阅海湖水环境状况较严峻。

表2-24 **2015—2017年阅海湖关联度计算结果**

年份	季节	水质类别					水质类别判定结果
		Ⅰ	Ⅱ	Ⅲ	Ⅳ	Ⅴ	
2015	冬季	0.3415	0.1987	0.4704	0.5092	0.4928	Ⅳ
	春季	0.3349	0.2648	0.4073	0.5063	0.4927	Ⅳ
	夏季	0.3906	0.3333	0.5760	0.5316	0.5346	Ⅴ
	秋季	0.3264	0.1794	0.2793	0.3205	0.3915	Ⅴ
	平均	0.3424	0.2081	0.4152	0.3933	0.4271	Ⅴ
2016	冬季	0.3484	0.2963	0.3834	0.3761	0.3759	Ⅲ
	春季	0.3249	0.1826	0.4684	0.5839	0.5507	Ⅳ
	夏季	0.2930	0.1633	0.4401	0.4977	0.5528	Ⅴ
	秋季	0.3255	0.2690	0.2675	0.2917	0.3326	Ⅴ
	平均	0.2864	0.1345	0.2498	0.3486	0.4711	Ⅴ
2017	冬季	0.3561	0.2794	0.2542	0.3953	0.3214	Ⅳ
	春季	0.3994	0.3875	0.3589	0.4171	0.4102	Ⅳ
	夏季	0.3273	0.2694	0.3192	0.5582	0.5504	Ⅳ
	秋季	0.3973	0.3405	0.4593	0.6463	0.6128	Ⅳ
	平均	0.3158	0.2314	0.3150	0.3196	0.4272	Ⅴ

2.3.4.3 综合营养状态指数评析

2015—2017年阅海湖水体富营养状态综合评价结果见表2-25。阅海湖综合营养状态指数均在50～60之间，达到轻度富营养水平。

表2-25 **2015—2017年阅海湖水体富营养状态综合评价结果**

年份	季节	营养状态指数						营养水平
		$TLI_{(TN)}$	$TLI_{(TP)}$	$TLI_{(COD_{Mn})}$	$TLI_{(Chl.a)}$	$TLI_{(SD)}$	$TLI_{(\Sigma)}$	
2015	冬季	63.41	25.47	36.33	46.02	49.97	43.60	中营养
	春季	63.41	49.21	40.36	47.93	45.71	48.57	中营养
	夏季	71.55	57.4	52.6	60.53	57.37	59.27	轻度富营养
	秋季	67.89	53.62	48.29	56.07	55.25	55.56	轻度富营养
	平均	66.57	46.43	44.40	52.64	52.08	51.75	轻度富营养

续表

年份	季节	营养状态指数						营养水平
		$TLI_{(TN)}$	$TLI_{(TP)}$	$TLI_{(COD_{Mn})}$	$TLI_{(Chl.a)}$	$TLI_{(SD)}$	$TLI_{(\Sigma)}$	
2016	冬季	65.62	38.64	37.27	38.03	50.58	45.36	中营养
	春季	64.63	55.75	39.56	42.1	41.04	47.86	中营养
	夏季	73.75	58.96	53.05	59.74	65.1	61.39	中度富营养
	秋季	65.12	56.42	49.97	56.82	54.8	56.07	轻度富营养
	平均	67.28	52.44	44.96	49.17	52.88	52.67	轻度富营养
2017	冬季	64.15	41.11	46.5	36.5	47.26	47.10	中营养
	春季	67.22	53.99	43.16	42.79	39.92	48.88	中营养
	夏季	70.21	61.55	53.46	63.72	64.6	61.95	中度富营养
	秋季	67.89	58.04	57.36	57.83	56.13	59.27	轻度富营养
	平均	67.37	53.67	50.12	50.21	51.98	54.30	轻度富营养

阅海湖的主要补水水源为艾依河，艾依河沿途的农业用水、洪水，少量生活、工业用水排入湖泊，导致湖泊的氮、磷指标比较高，是造成湖泊污染的主要因子。因此，阅海湖水体污染防治主要应以降低外源性氮磷营养盐的含量为主。

氮、磷是河湖水体中非常重要的营养元素，是浮游植物生长的主要限制性营养元素。氮含量过低会限制浮游植物的生长，氮含量过高不仅会导致浮游植物种类组成发生变化，优势种明显减少，而且还会导致水体富营养化。在一定浓度范围内磷对浮游植物的生长有促进作用，过低的磷含量会限制浮游植物的数量，过高的磷含量则会引起蓝藻过量生长。此外阅海湖的 pH 长期大于 8.4，由于高 pH（8.0 以上）有利于蓝藻生长，再加之氮磷含量较高，长此以往会导致蓝藻大量生长，蓝藻会成为优势种，从而使富营养化越来越严重。

综合阅海湖水质状况和富营养化状况可以得出：阅海湖水体存在一定程度的污染，氮磷营养盐超标是造成阅海湖水体污染和富营养化的主要原因，因此阅海湖的水环境防治应该以降低外源性的氮磷营养盐含量为主。

2.4　星海湖水体理化特征及水环境质量综合评价

2.4.1　样点的布设与采样时间

（1）样点设置。根据星海湖的形状，在星海湖设置了 4 个采样点（图 2－7），分别是南域 S01、中域 S02、S03 和北域 S04。

（2）采样时间。于 2015—2017 年 4 个季节中的 1 月（冬）、4 月（春）、7 月（夏）、10 月（秋）对星海湖水体中的水环境因子进行采样分析。

2.4.2　星海湖水环境因子时空分布特征

2015—2017 年星海湖水环境因子时空分布见图 2－8，由图可知：

（1）2015 年星海湖 pH 变化范围在 8.73～9.14 之间，各样点之间的 pH 差异较小，

没有明显的空间分布趋势，季节变化幅度不明显。2016 年 pH 变化范围在 862～8.94 之间，各样点之间的 pH 差异较小，没有明显的空间分布趋势，季节变化幅度不明显，夏季较低。2017 年 pH 变化范围在 8.25～8.94 之间，各样点之间的 pH 差异较小。

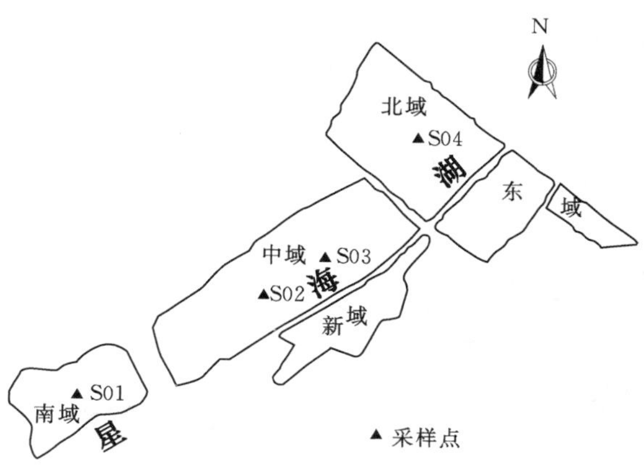

图 2-7　星海湖采样点设置

（2）2015 年星海湖 SD 的季节变化明显，变化范围在 30～41cm 之间，最大值出现在春季，夏季较低，样点间透明度差异不明显。2016 年变化范围在 34～60cm 之间，最大值出现在春季，夏季较低，样点间差异不明显。2017 年变化范围在 24～39cm 之间，最大值出现在冬季，春、夏季较低，这主要是由于水温的变化引起了水体中浮游生物量的变化。夏季水温高，水体中浮游生物量大，透明度就低，冬春季水温低，水体中浮游生物量下降，透明度随之升高。

（3）2015 年星海湖 DO 时空分布差异不大，变化范围在 6.35～7.76mg/L 之间，春季较低，夏季较高；2016 年 DO 季节变化幅度较大，变化范围在 5.70～7.02mg/L 之间，春季较低，夏季较高，样点间差异不大；2017 年 DO 变化范围在 4.96～6.60mg/L 之间，夏季较低，冬季较高，样点间差异较小。

（4）2015 年星海湖 COD_{Cr} 变化范围在 9.98～21.83mg/L 之间，夏季较高，冬季较低，样点间变化幅度差异较小；2016 年化学需氧量变化范围在 11.78～24.38mg/L 之间，夏季较高，样点间差异不大；2017 年化学需氧量变化范围在 10.05～25.65mg/L 之间，夏季较高，冬季较低，样点间差异不明显。

（5）2015 年星海湖 COD_{Mn} 变化范围在 5.58～7.85mg/L 之间，秋季较高，冬季较低，样点间变化幅度差异较小；2016 年高锰酸盐指数变化范围在 4.69～12.15mg/L 之间，差异较小，夏季较高，样点间差异不大；2017 年高锰酸盐指数变化范围在 5.63～10.35mg/L 之间，秋季较高，冬季较低，样点间变化不明显。

（6）2015 年星海湖 BOD_5 变化范围在 1.63～3.78mg/L 之间，秋季较高，春季较低，样点间变化幅度差异较小；2016 年 BOD_5 变化范围在 1.12～2.58mg/L 之间，秋季较高，春季较低，样点间差异不大；2017 年 BOD_5 变化范围在 1.78～3.43mg/L 之间，秋季较高，冬季较低，其他时间变化不明显。

（7）2015 年阅海湖 NH_3-N 含量变化范围在 0.56～1.00mg/L 之间，夏季较高，春季较低；2016 年变化范围在 0.13～0.80mg/L 之间，夏季较高，冬季较低，样点间差异不明显；2017 年变化范围在 0.06～1.35mg/L 之间，夏季最高，冬季较低，季节变化差异明显，样点间差异不明显。

（8）2015 年星海湖 TN 含量变化范围在 0.88～2.59mg/L 之间，春季较低，秋季最高；2016 年变化范围在 0.75～3.34mg/L 之间，夏季最高，冬季较低；2017 年变化范围在 0.83～2.34mg/L 之间，夏季最高，冬季较低，样点间差异不明显。

(9) 2015 年星海湖 TP 含量变化范围在 0.090～0.250mg/L 之间，夏季最高，春季最低，季节变化明显；2016 年变化范围在 0.100～0.418mg/L 之间，夏季最高，春季最低；2017 年变化范围在 0.090～0.300mg/L 之间，季节变化明显，夏季最高，冬季最低，样

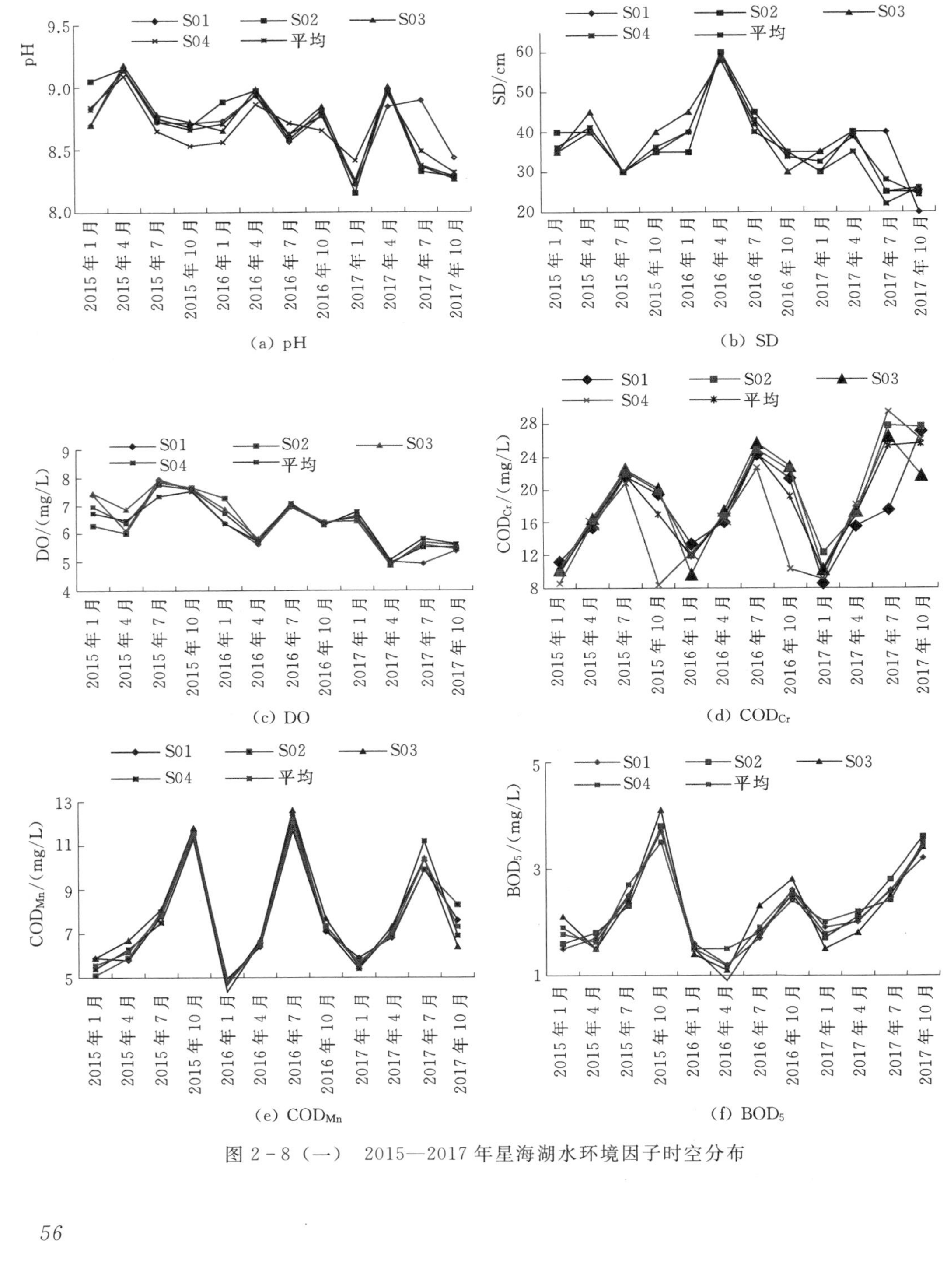

(a) pH

(b) SD

(c) DO

(d) COD_{Cr}

(e) COD_{Mn}

(f) BOD_5

图 2-8（一） 2015—2017 年星海湖水环境因子时空分布

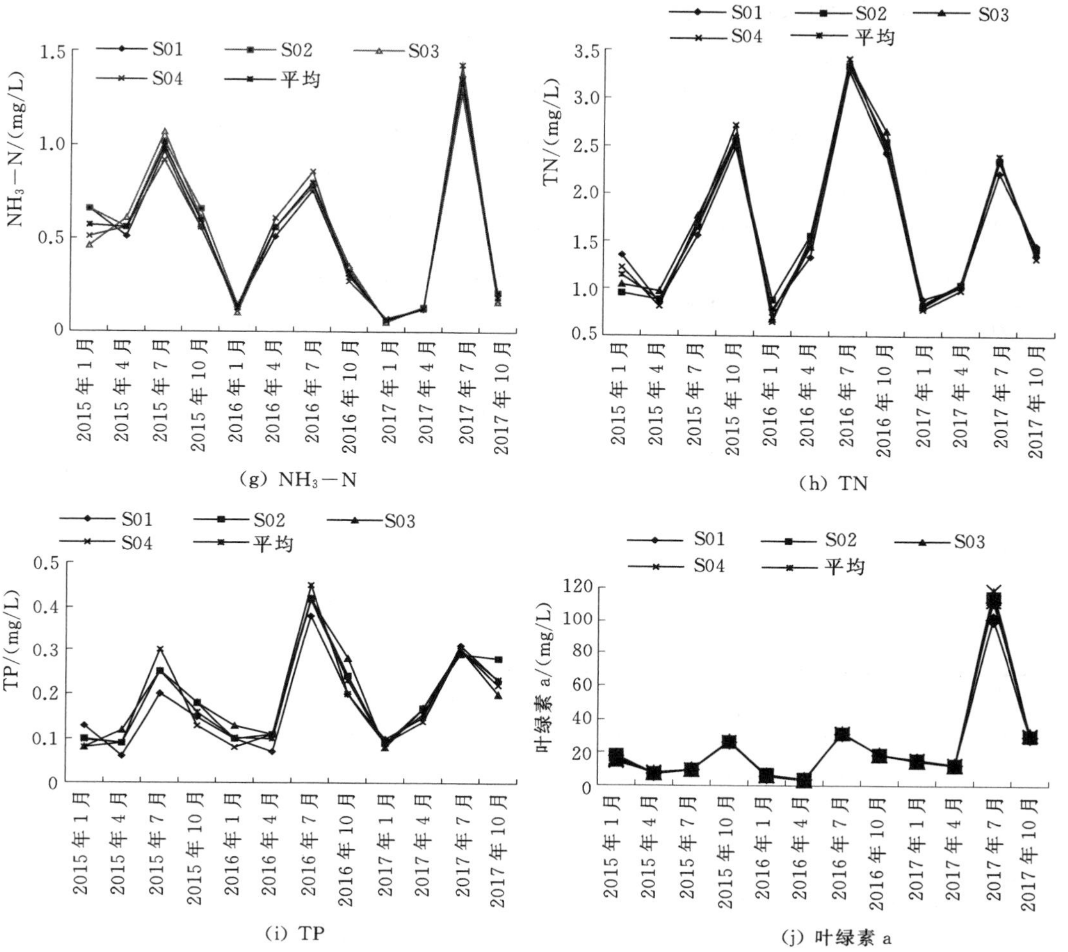

(g) NH_3-N

(h) TN

(i) TP

(j) 叶绿素 a

图 2-8（二） 2015—2017 年星海湖水环境因子时空分布

点间差异不明显。

(10) 2015 年星海湖叶绿素 a 含量变化范围在 7.38～26.38μg/L 之间，秋季最高，春、夏季较低；2016 年星海湖叶绿素 a 含量变化范围在 6.04～31.63μg/L 之间，夏季最高，冬、春季较低；2017 年星海湖叶绿素 a 含量变化范围在 12.39～112.65μg/L 之间，秋季最高，冬、春季较低。星海湖叶绿素 a 含量夏、秋季较高，原因是浮游植物的生长与水温关系密切，夏、秋季水温较高，浮游植物繁殖旺盛，生物量达到最大，因而叶绿素 a 含量也达到最高。

2.4.3 基于主成分的星海湖水环境因子分析

将星海湖 4 个样点的各水质指标年平均值进行主成分分析，运用方差最大正交旋转法对因子载荷矩阵进行旋转，按照 85%的累积方差贡献率提取出主成分，然后选择旋转后载荷值大于 0.6 的指标作为主要水环境因子进行分析。

2.4.3.1　2015 年星海湖水环境因子分析

2015 年星海湖水环境因子主成分特征值及贡献率见表 2-26，旋转后因子载荷值见表 2-27。主成分分析结果将星海湖 2015 年的水环境因子区分为 3 类。主成分 1 的贡献率为 56.32%，占总体贡献率的一半以上，对水质起主导作用，包含的水环境因子为叶绿素 a、COD_{Mn}、TN、BOD_5。主成分 2 的贡献率为 27.04%，包含的水环境因子为 DO。主成分 3 的贡献率为 10.53%，包含的水环境因子为 COD_{Cr}、NH_3-N、TP。

表 2-26　2015 年星海湖水环境因子主成分特征值及贡献率

指标	F1	F2	F3	指标	F1	F2	F3
pH	−0.8531	−0.1253	0.4871	TN	0.9030	0.3892	0.0946
透明度	−0.6630	0.4992	0.4777	TP	0.7602	−0.5746	0.1025
叶绿素 a	0.5604	0.7789	−0.0860	BOD_5	0.8519	0.4289	0.2222
DO	0.8902	−0.1522	−0.1991	特征值	5.6321	2.7039	1.0530
COD_{Mn}	0.8345	0.4198	0.3240	贡献率	56.32%	27.04%	10.53%
COD_{Cr}	0.5339	−0.5473	0.6052	累积贡献率	56.32%	83.36%	93.89%
NH_3-N	0.5078	−0.8173	0.0229				

表 2-27　2015 年星海湖水环境因子旋转后因子载荷值

指标	F1	F2	F3	指标	F1	F2	F3
pH	−0.5813	−0.8004	0.0465	COD_{Cr}	0.1758	0.0431	0.9582
透明度	−0.0412	−0.9069	−0.3045	NH_3-N	−0.1575	0.5583	0.7680
叶绿素 a	0.8895	0.1050	−0.3548	TN	0.9276	0.3013	0.1569
DO	0.4971	0.7046	0.3344	TP	0.2013	0.5555	0.7547
COD_{Mn}	0.9528	0.0806	0.2515	BOD_5	0.9469	0.1632	0.1891

2015 年星海湖各水环境因子综合得分及排序见表 2-28，按照分值大小排序，可确定影响星海湖水环境的主要因子依次为 TN、BOD_5、COD_{Mn}、叶绿素 a、DO、TP、COD_{Cr}、NH_3-N。

表 2-28　2015 年星海湖各水环境因子综合得分及排序

系数	F1	F2	F3	综合得分	系数
叶绿素 a	0.2391	0.0153	−0.2053	0.1172	4
DO	0.0325	0.2502	−0.0164	0.0842	5
COD_{Mn}	0.2814	−0.2009	0.1456	0.1195	3
COD_{Cr}	0.0747	−0.3038	0.5314	0.0159	7
NH_3-N	−0.1256	0.1415	0.2533	−0.0058	8
TN	0.2307	−0.0274	0.0228	0.1249	1
TP	−0.0170	0.0786	0.2577	0.0388	6
BOD_5	0.2626	−0.1282	0.0845	0.1222	2

综合分析，2015 年 TN、BOD_5、COD_{Mn}、叶绿素 a、DO 等水环境因子对星海湖水环境的影响较大，即有机物、浮游藻类、氮营养盐在星海湖水体中起主导作用，是引起星海湖水质变动的主要原因。

2.4.3.2　2016 年星海湖水环境因子分析

2016 年星海湖水环境因子主成分特征值及贡献率见表 2-29，旋转后因子载荷值见表 2-30。主成分分析结果将星海湖的水环境因子区分为 3 类。主成分 1 的贡献率为 60.25%，占总体贡献率的一半以上，对水质起主导作用，包含的水环境因子为叶绿素 a、COD_{Mn}、COD_{Cr}、NH_3-N、TN、TP。主成分 2 的贡献率为 22.97%，包含的水环境因子为 DO。主成分 3 的贡献率为 10.14%，包含的水环境因子为 BOD_5。

表 2-29　　2016 年星海湖水环境因子主成分特征值及贡献率

指标	F1	F2	F3	指标	F1	F2	F3
pH	-0.5466	0.4624	0.5296	TN	0.9496	0.1666	0.1993
透明度	-0.3991	0.8716	-0.2119	TP	0.9876	0.0519	-0.0758
叶绿素 a	0.9913	-0.0665	-0.0508	BOD_5	0.5724	-0.5403	0.5805
DO	0.6197	-0.4905	-0.4497	特征值	6.0253	2.2970	1.0137
COD_{Mn}	0.9352	0.3258	-0.0973	贡献率	60.25%	22.97%	10.14%
COD_{Cr}	0.8245	0.3390	0.2890	累积贡献率	60.25%	83.22%	93.36%
NH_3-N	0.6645	0.7315	-0.0903				

表 2-30　　2016 年星海湖水环境因子旋转后因子载荷值

指标	F1	F2	F3	指标	F1	F2	F3
pH	-0.1471	-0.8677	-0.1363	COD_{Cr}	0.9126	-0.0256	0.2118
透明度	0.0827	-0.4654	-0.8605	NH_3-N	0.9259	-0.0169	-0.3568
叶绿素 a	0.7954	0.5063	0.3173	TN	0.9163	0.1839	0.3094
DO	0.2056	0.8551	0.2308	TP	0.8498	0.4625	0.2184
COD_{Mn}	0.9440	0.3149	0.0003	BOD_5	0.2873	0.0995	0.9295

2016 年星海湖各水环境因子综合得分及排序见表 2-31，按照分值大小排序，可确定影响星海湖水环境的主要因子依次为 COD_{Mn}、NH_3-N、TP、TN、叶绿素 a、COD_{Cr}、DO、BOD_5。

表 2-31　　2016 年星海湖各水环境因子综合得分及排序

指标	F1	F2	F3	综合得分	系数
叶绿素 a	0.1168	0.1240	0.0375	0.1027	5
DO	-0.0869	0.4820	-0.1143	0.0468	7
COD_{Mn}	0.1906	0.0662	-0.1128	0.1186	1
COD_{Cr}	0.2325	-0.2261	0.1289	0.1012	6
NH_3-N	0.2448	-0.0491	-0.2433	0.1116	2
TN	0.1986	-0.1132	0.1284	0.1067	4
TP	0.1394	0.1155	-0.0144	0.1090	3
BOD_5	0.0407	-0.2605	0.5681	0.0223	8

综合分析，2016 年 COD_{Mn}、NH_3-N、TP、TN、叶绿素 a、COD_{Cr}等水环境因子对星海湖水环境的影响较大，即有机物、浮游藻类、氮磷营养盐在星海湖水体中起主导作用，是引起星海湖水质变动的主要原因。

2.4.3.3　2017 年星海湖水环境因子分析

2017 年星海湖水环境因子主成分特征值及贡献率见表 2-32，旋转后因子载荷值见表 2-33。主成分分析结果将星海湖的水环境因子区分为 3 类。主成分 1 的贡献率为 59.06%，占总体贡献率的一半以上，对水质起主导作用，包含的水环境因子为叶绿素 a、COD_{Mn}、NH_3-N、TN、TP。主成分 2 的贡献率为 22.79%，包含的水环境因子为 COD_{Cr}、BOD_5。主成分 3 的贡献率为 14.39%，包含的水环境因子为 pH、透明度。

表 2-32　2017 年星海湖水环境因子主成分特征值及贡献率

指标	F1	F2	F3	指标	F1	F2	F3
pH	-0.0953	0.9642	-0.1145	TN	0.9705	0.0481	0.2171
透明度	-0.5570	0.7470	0.2230	TP	0.9699	0.1257	-0.1270
叶绿素 a	0.9024	-0.0032	0.4207	BOD_5	0.5921	-0.2773	-0.6953
DO	-0.3509	-0.7918	0.4811	特征值	5.9062	2.2791	1.4388
COD_{Mn}	0.9444	0.2101	0.1932	贡献率	59.06%	22.79%	14.39%
COD_{Cr}	0.8732	-0.0942	-0.4118	累积贡献率	59.06%	81.85%	96.24%
NH_3-N	0.8730	0.1287	0.4625				

表 2-33　2017 年星海湖水环境因子旋转后因子载荷值

指标	F1	F2	F3	指标	F1	F2	F3
pH	0.0018	-0.2373	0.9463	COD_{Cr}	0.5218	0.8147	0.0693
透明度	-0.2527	-0.6868	0.6184	NH_3-N	0.9951	0.0499	-0.0021
叶绿素 a	0.9797	0.1369	-0.1126	TN	0.9425	0.3209	0.0037
DO	-0.1715	-0.3400	-0.9146	TP	0.7798	0.5737	0.1882
COD_{Mn}	0.9318	0.2794	0.1639	BOD_5	0.1129	0.9475	-0.0205

2017 年星海湖各水环境因子综合得分及排序见表 2-34，按照分值大小排序，可确定影响星海湖水环境的主要因子依次为 COD_{Mn}、NH_3-N、TN、pH、TP、COD_{Cr}、BOD_5、透明度、叶绿素 a。

表 2-34　2017 年星海湖各水环境因子综合得分及排序

指标	F1	F2	F3	综合得分	排序
pH	0.2773	-0.1537	-0.0913	0.1156	4
透明度	0.0457	-0.2684	0.2573	0.0028	8
叶绿素 a	0.0674	-0.1984	-0.4384	-0.0685	9
COD_{Mn}	0.2172	-0.0504	0.0485	0.1238	1
COD_{Cr}	-0.0245	0.3187	0.0576	0.0664	6

续表

指标	F1	F2	F3	综合得分	排序
NH_3-N	0.2961	−0.1963	−0.0461	0.1235	2
TN	0.2190	−0.0408	−0.0240	0.1166	3
TP	0.1033	0.1408	0.0855	0.1054	5
BOD_5	−0.1761	0.4748	0.0439	0.0105	7

综合分析，2017 年 COD_{Mn}、NH_3-N、TN、TP、COD_{Cr} 等水环境因子对星海湖水环境的影响较大，即有机物、氮磷营养盐在星海湖水体中起主导作用，是引起星海湖水质变动的主要原因。

2.4.4 星海湖水环境质量综合评价

2.4.4.1 水质综合污染指数分析

2015—2017 年星海湖水质综合污染指数变化趋势见图 2-9，由图可知：

2015 年星海湖水质综合污染指数各样点之间的时空变化趋势不大，在春季—夏季阶段，呈快速上升趋势，均在夏季或秋季达到最大值，污染最严重，秋季—冬季呈下降趋势。

2016 年星海湖水质综合污染指数各样点之间的时空变化趋势不大，在春季—夏季阶段，呈快速上升趋势，均在夏季或秋季达到最大值，污染最严重，秋季—冬季呈下降趋势。

2017 年星海湖水质综合污染指数各样点之间的时空变化趋势不大，在春季—夏季阶段，呈快速上升趋势，均在夏季达到最大值，污染最严重，之后呈下降趋势。

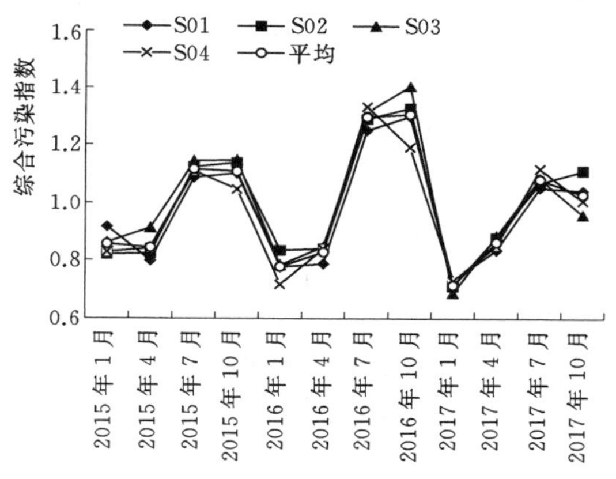

图 2-9 2015—2017 年星海湖综合污染指数变化趋势图

星海湖三年的综合污染指数均在夏季或秋季达到最大值，这可能由于夏秋两季气温较高，蒸发量增大，星海湖水体浓缩，促使星海湖水质进一步恶化。

2.4.4.2 灰色关联法评价

结合主成分分析法的结论和星海湖的实际状况，选取 TN、BOD_5、COD_{Mn}、叶绿素 a、DO 共 5 种指标作为星海湖水环境质量综合评价的水环境因子。在灰色关联法分析中，关联度越高，表明这种水体越接近某种水质级别，以此来判定其确切的水质类别。星海湖 2015—2017 年水体实测值与各水质级别的关联度见表 2-35，依据最大隶属度原则，2015 年星海湖春季、夏季、秋季、冬季均为Ⅴ类，综合分析星海湖水质为Ⅴ类；2016 年星海湖春季、夏季、秋季、冬季均为Ⅴ类，综合分析星海湖水质为Ⅴ类；2017 年星海湖春季、秋季、冬季均为Ⅳ类，夏季为Ⅴ类，综合分析星海湖水质为Ⅴ类。总体上，星海湖水环境状况较严峻。

表 2-35 2015—2017 年星海湖水质关联度计算结果

年份	季节	水质类别					水质类别判定结果
		Ⅰ	Ⅱ	Ⅲ	Ⅳ	Ⅴ	
2015	冬季	0.2483	0.2900	0.2833	0.2909	0.3356	Ⅴ
	春季	0.2887	0.3310	0.3163	0.3490	0.4533	Ⅴ
	夏季	0.2928	0.3592	0.3593	0.3398	0.3417	Ⅴ
	秋季	0.2839	0.2253	0.2584	0.3306	0.4125	Ⅴ
	平均	0.2611	0.2737	0.2203	0.2342	0.3622	Ⅴ
2016	冬季	0.3516	0.3437	0.3172	0.2975	0.3670	Ⅴ
	春季	0.3333	0.3605	0.3121	0.3496	0.3978	Ⅴ
	夏季	0.3115	0.3118	0.3176	0.3087	0.3461	Ⅴ
	秋季	0.3577	0.3618	0.2838	0.27181	0.3691	Ⅴ
	平均	0.1461	0.1679	0.3312	0.2461	0.3612	Ⅴ
2017	冬季	0.3599	0.3126	0.2553	0.3919	0.3710	Ⅳ
	春季	0.3808	0.3203	0.3683	0.4397	0.4000	Ⅳ
	夏季	0.3332	0.4160	0.3472	0.3713	0.3807	Ⅴ
	秋季	0.4311	0.3290	0.4157	0.4395	0.4026	Ⅳ
	平均	0.2135	0.2006	0.2615	0.3516	0.3795	Ⅴ

2.4.4.3 综合营养状态指数评析

2015—2017 年星海湖水体富营养状态综合评价结果见表 2-36。星海湖综合营养状态指数均在 50～60 之间，达到轻度富营养水平。

表 2-36 2015—2017 年星海湖水体富营养状态综合评价结果

年份	季节	营养状态指数						营养水平
		$TLI_{(TN)}$	$TLI_{(TP)}$	$TLI_{(COD_{Mn})}$	$TLI_{(Chl.a)}$	$TLI_{(SD)}$	$TLI_{(\Sigma)}$	
2015	冬季	70.87	45.97	55.28	56.75	56.55	56.93	轻度富营养
	春季	68.36	50.07	46.71	52.32	55.25	53.91	轻度富营养
	夏季	74.54	54.71	49.41	63.27	71.85	61.69	中度富营养
	秋季	70.87	65.61	60.54	70.65	64.6	65.94	中度富营养
	平均	71.16	54.09	52.99	60.75	62.06	59.62	轻度富营养
2016	冬季	68.96	40.21	44.54	49.6	57.37	51.54	轻度富营养
	春季	61.25	51.3	38.81	60.97	56.97	52.60	轻度富营养
	夏季	67.55	68.19	62.51	74.97	80.17	70.02	重度富营养
	秋季	72.25	53.62	56.64	70.24	70.49	63.99	中度富营养
	平均	67.50	53.33	50.63	63.95	66.25	59.54	轻度富营养

续表

年份	季节	营养状态指数						营养水平
		$TLI_{(TN)}$	$TLI_{(TP)}$	$TLI_{(COD_{Mn})}$	$TLI_{(Chl.a)}$	$TLI_{(SD)}$	$TLI_{(\Sigma)}$	
2017	冬季	72.98	45.97	54.54	51.37	55.25	55.92	轻度富营养
	春季	69.57	53.25	52.33	54.87	64.34	58.37	轻度富营养
	夏季	75.88	65.38	76.31	68.93	74.81	72.62	重度富营养
	秋季	78.67	52.49	62.01	60.17	70.67	64.62	中度富营养
	平均	74.28	54.27	61.30	58.84	66.27	62.88	中度富营养

星海湖补水主要是在春季、夏季和秋季，水源主要来自黄河干渠生态补水和农灌退水，补水水质对星海湖水体影响很大。根据环境监测站监测结果，黄河石嘴山入境断面水质污染指标主要为高锰酸盐指数、氨氮、化学耗氧量、挥发酚，所以星海湖春、夏、秋季高锰酸盐指数、氨氮、化学耗氧量都比冬季高，夏季补水量最大，故指标值最大；冬季属于枯水期几乎不补水，故指标值最小。夏季鱼类生长快，新陈代谢快，向湖中排泄的代谢物比较多。夏季浮游植物大量繁殖和生长，叶绿素 a 含量也在夏季达到了最大。

在水体环境中，影响水体水质的因素很多，不同时期、不同指标对水质类别的贡献程度是处于变化过程中的，具有不精确、不确定和不完全的特征。星海湖水质冬季较好、夏季较差。根据星海湖水环境因子的时空分布特征，可以看出星海湖水质与季节变化有密切关系，高锰酸盐指数、氨氮、氮磷营养盐是造成水体污染的主要原因。星海湖的水质受灌溉渠补水影响较大，次要影响为星海湖内水产养殖对水质所造成的影响。有机物污染、氮磷营养盐主要来源于灌溉渠补水和星海湖内的水产养殖场，因此对星海湖污染治理应该着重于灌渠补水水质，合理控制养殖规模。

星海湖的营养状态季节变化明显，变化趋势和氮、磷的时空分布特征一致，主要是由于氮和磷是湖水体中非常重要的营养元素，在很多水体中是浮游植物生长的限制性营养元素，氮、磷含量过低会限制浮游植物的生长，过高会导致浮游植物种类组成发生变化。此外星海湖的 pH、氮、磷含量较高，往往导致蓝藻大量生长成为优势种，使得富营养化程度加重。

星海湖水体存在一定程度的污染和轻—中度富营养化，氮磷营养盐超标是造成星海湖水体污染和富营养化的主要原因，因此星海湖的水环境防治治理应该以降低外源性的氮磷营养盐含量为主。

2.5 沙湖水环境数值模拟研究

沙湖污染较为严重，急需对其进行综合治理。首先建立沙湖的水动力-水质模型，为后续治理沙湖水环境提供重要的理论依据。根据水环境因子的主成分分析结果，影响沙湖的最主要水环境因子为 TP、叶绿素 a、COD_{Cr}、BOD_5、NH_3-H 等。由于 DO 是 TP、叶绿素 a、COD_{Cr}、BOD_5、NH_3-H 等水环境因子转化过程和相互作用的必要介质，因此，研究选取沙湖的 TP、叶绿素 a、COD_{Cr}、BOD_5、NH_3-H、DO 作为状态变量，模型中

COD 代表 COD_{Cr}。

2.5.1　沙湖水动力模拟

水动力模拟是水质模拟的基础，要进行水质模拟，首先要进行水动力模拟。只有在水动力模块准确的情况下，水质模块才有可能模拟计算出准确的沙湖水质场的情况。MIKE的水动力模块可以较好地模拟出在各种影响因素作用下沙湖二维水动力场的变化情况（水位变化、流速变化等）。

1. 地形网格

地形网格是模型获取准确结果的最关键因素。MIKE Zero 中的 MIKE21 Flow Model FM 都是非结构网格，网格生成器为非结构网格的创建提供了制作平台。网格文件是一个 ASCII 文件（.mesh），其中包含地理信息以及网格中每个节点的地形。网格定义文件（.mdf）是全部关于网格文件的信息，它能够被修改和重复运用。

依据墨卡托投影（UTM 投影），得出沙湖所在的投影带为 48，因此选择 UTM48。由于沙湖是一个封闭型的湖泊，因此不需要定义开边界，只需定义陆地边界即可。沙湖补水来源主要是东支渠，没有排水口，因此将东支渠流量输入以点源的形式给出。网格生成器的网格形式有四边形和三角形这两种。三角形网格的精度高，应用广，本研究选用三角形网格。图 2－10 为沙湖地形网格划分结果，设定网格节点数为 589，网格单元数为 996。网格构建好之后，需要输入水深文件（.XYZ 文件）用于对网格节点进行插值。即使并不是每个网格节点的水深都进行了实测，模型也能自主根据水深文件数据把每个节点进行插值。沙湖进行地形插值后的湖底地形如图 2－11 所示。

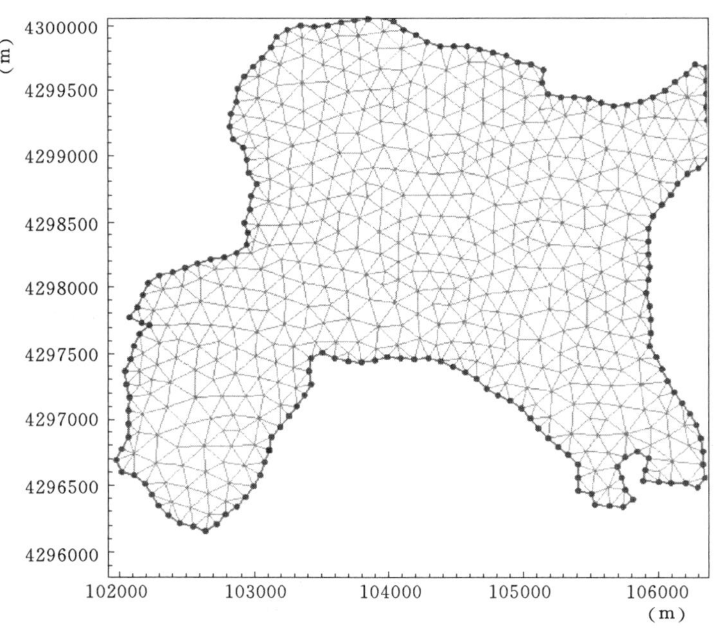

图 2－10　沙湖地形网格划分图

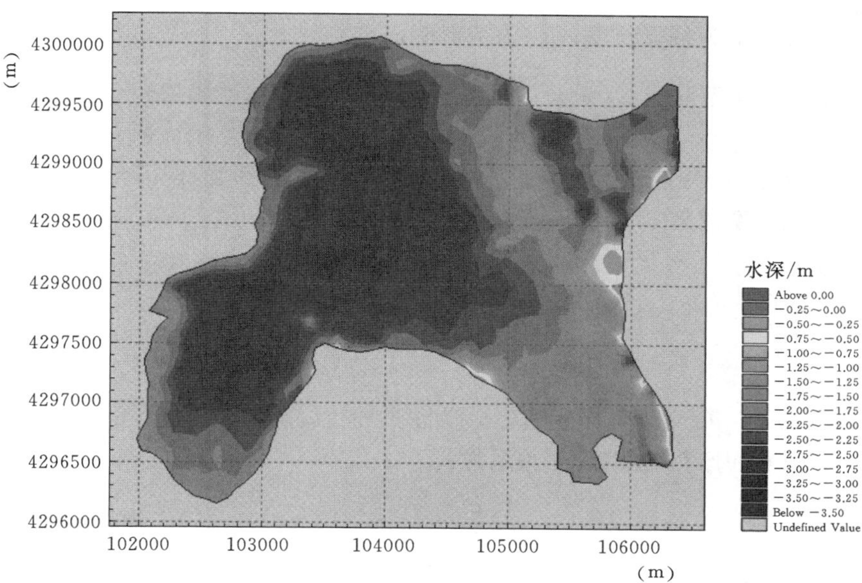

图 2-11 沙湖湖底地形图

2. 水动力模型参数率定

(1) CFL 数。为了模型的稳定计算，通过使用显示法，才可以获得浅水和传输方程，并将 CFL 数设置为小于 1 的数值。在获取传输方程式时，会需要花费更长的时间，并且要将 CFL 数的设定不能超过浅水方程。CFL 数一般定义为如下 2 种形式：

$$CFL_{\mathrm{HD}}=(\sqrt{gh}+|u|)\frac{\Delta t}{\Delta x}+(\sqrt{gh}+|v|)\frac{\Delta t}{\Delta y}$$

$$CFL_{\mathrm{AD}}=|u|\frac{\Delta t}{\Delta x}+|v|\frac{\Delta t}{\Delta y}$$

式中：h 为总水深；u、v 为 x、y 方向上的流速分量；g 为重力加速度；x、y 为 x、y 方向上的特征长度；Δt 为时间间距；Δx、Δy 为三角形网格的最小边长。

一般情况下，CFL 数小于 1 即可。CFL 数是一个推测性的数值，有时即使 CFL 数小于 1，仍会出现模型不稳定的现象。为了避免这种情况的发生，将 CFL 数从 1 降至 0.8，给模型一个缓冲的空间，减少模型不稳定情况的发生，本研究将 CFL 设定为 0.8。

(2) 干湿边界。模型中有些区域是处在干湿交界区，为了防止模型运行中出现不稳定的情况，将定义一个干水深。淹没水深和湿水深。该研究区域存在干湿边界交替区，因此，需要对干水深、淹没水深和湿水深进行设定。依据设定原则以及沙湖的实际情况，本次模拟选取干水深、淹没水深和湿水深分别为 0.005m、0.05m、0.1m。

(3) 涡黏系数。涡黏系数有三种设定方式，分别为无涡黏系数、定常涡黏公式和 Smagorinsky 公式，是为了解决雷诺附加应力而存在的。本研究选取 Smagorinsky 公式，它是由 Smagorinsky 在 1963 年提出的，其表达式为

$$A=C_s^2 l^2\sqrt{2S_{ij}S_{ij}}$$

式中：C_S 为常数；l 为特征长度；S_{ij} 为变形率，$S_{ij}=\frac{1}{2}\left(\frac{\partial u_i}{\partial x_j}+\frac{\partial u_j}{\partial x_i}\right)$，其中 $i,j=1,2$。

此研究通过选定不同的 C_S 进行多次试验，最终选定 C_S 为 0.28，此时水动力模拟结果误差最小。

（4）底床摩擦力。底床摩擦力有三种设定形式，分别为无底床摩擦力、Chezy 数和 Manning 数。底床摩擦力 $\overline{\tau}_b$ 依据四分摩擦力定律计算：

$$\frac{\overline{\tau}_b}{\rho_0}=c_f\overline{u}_b|\overline{u}_b|$$

其中

$$c_f=\frac{g}{C^2} \qquad c_f=\frac{g}{(Mh^{\frac{1}{6}})^2}$$

式中：c_f 为拖曳力；$\overline{u}_b$ 为近底床流速；ρ_0 为水的密度；h 为总水深；g 为重力加速度。

Manning 数和底床粗糙高度 k_s 关系为：

$$M=\frac{25.4}{k_s^{1/6}}$$

注：本书提到的 Manning 数和其他文献的 Manning 数是倒数关系。

本研究结合沙湖独有的特性以及查阅大型项目工程的经验值，最终设定曼宁数为 $34\mathrm{m}^{1/3}/\mathrm{s}$。

（5）科氏力。科氏力就是一种因地球自转而产生的一种作用力，其表达式为

$$F=-2m\omega\times V'$$

式中：F 为科氏力；m 为质点质量；V' 为相对于转动参考系质点的运动速度；ω 为旋转体系的角速度；$\times$ 为两个向量的外积符号。

科氏力一般情况下依据研究区域进行计算。

（6）风场。风场可以设定为常数，随时间变化在空间上为定值，随时间和空间变化。风场方向是风的来向，自正北方向为 0°，顺时针计算角度。风场文件必须覆盖整个模拟周期。在开始风速由零增大到初始值，为了保证模型的稳定运行，可以设定软启动间距。

表面摩擦力 $\overline{\tau}_s$ 是由水面的风速来决定的，其表达式为

$$\overline{\tau}_s=\rho_a c_d|u_s|\overline{u}_w$$

式中：ρ_a 为空气密度；c_d 为空气中的经验拖曳力；$\overline{u}_w=(u_w,v_w)$ 为海平面 10m 处所测量到的风速。

由于沙湖没有风场测量点，因此，风场数据选择离沙湖不远的黄河上的陶乐测点测量的数据。此研究区域面积不大，风场设定为随时间改变在空间上为定值，由 MIKE Zero Time Series Editor 时间序列编辑器创建的时间序列文件如图 2－12 所示，时间范围为 2017 年 1 月 1 日至 2017 年 12 月 31 日，间隔为 1 小时，并以 dfso 文件储存，最终导入 MIKE21 FM 进行运用。

（7）降雨和蒸发。在研究区域受降雨和蒸发影响时，搭建模型时需要相应考虑，其设定形式和风场一样。沙湖面积不大，忽略空间变化，此研究选择随时间变化在空间为常数的设定形式，因此需要用时间序列编辑器分别制作降雨时间序列文件（图 2－13）和蒸发时间序列文件（图 2－14），时间范围为 2017 年 1 月 1 日至 2017 年 12 月 31 日，降雨时间

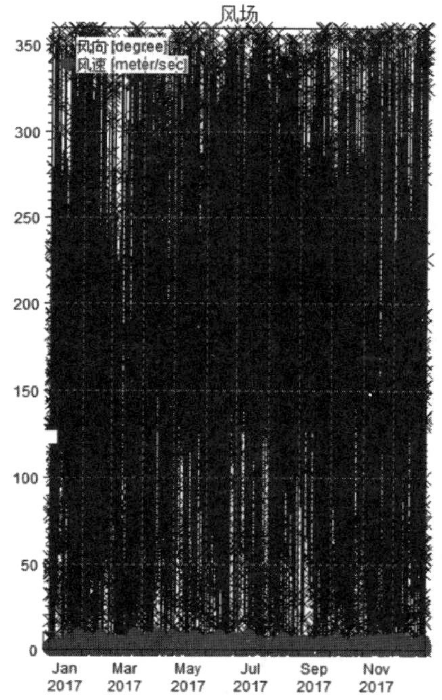

	时间	1:风向 [degree	2:风速
13	2017/1/1 13:00:00	7	0.9
14	2017/1/1 14:00:00	32	2.4
15	2017/1/1 15:00:00	45	1.3
16	2017/1/1 16:00:00	45	1
17	2017/1/1 17:00:00	43	1.3
18	2017/1/1 18:00:00	7	1.1
19	2017/1/1 19:00:00	48	0.3
20	2017/1/1 20:00:00	164	1.1
21	2017/1/1 21:00:00	158	1
22	2017/1/1 22:00:00	146	1.2
23	2017/1/1 23:00:00	143	1.1
24	2017/1/2 00:00:00	157	1.1
25	2017/1/2 01:00:00	147	1.4
26	2017/1/2 02:00:00	127	0.7
27	2017/1/2 03:00:00	126	0.9
28	2017/1/2 04:00:00	131	1
29	2017/1/2 05:00:00	156	1.1
30	2017/1/2 06:00:00	191	0.8
31	2017/1/2 07:00:00	80	0.8
32	2017/1/2 08:00:00	165	1
33	2017/1/2 09:00:00	193	0.9
34	2017/1/2 10:00:00	130	0.2
35	2017/1/2 11:00:00	222	1.2
36	2017/1/2 12:00:00	279	1.5
37	2017/1/2 13:00:00	213	2.2
38	2017/1/2 14:00:00	228	2.4
39	2017/1/2 15:00:00	233	2.5
40	2017/1/2 16:00:00	239	1.7

图 2-12 风场时间序列文件图

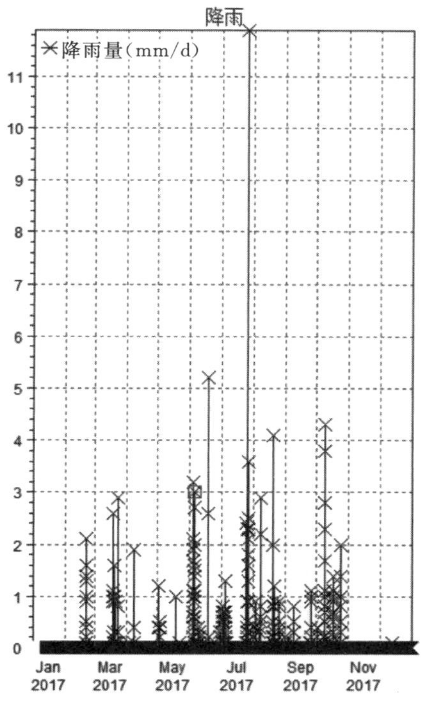

	时间	1:降雨量(mm/d)
3694	2017/6/3 22:00:00	0
3695	2017/6/3 23:00:00	0
3696	2017/6/4 00:00:00	0
3697	2017/6/4 01:00:00	0
3698	2017/6/4 02:00:00	0.2
3699	2017/6/4 03:00:00	3.2
3700	2017/6/4 04:00:00	1.7
3701	2017/6/4 05:00:00	1.9
3702	2017/6/4 06:00:00	0
3703	2017/6/4 07:00:00	0.2
3704	2017/6/4 08:00:00	0.6
3705	2017/6/4 09:00:00	0.4
3706	2017/6/4 10:00:00	0.6
3707	2017/6/4 11:00:00	0.7
3708	2017/6/4 12:00:00	1.1
3709	2017/6/4 13:00:00	1
3710	2017/6/4 14:00:00	1.1
3711	2017/6/4 15:00:00	2.1
3712	2017/6/4 16:00:00	2.1
3713	2017/6/4 17:00:00	2.7
3714	2017/6/4 18:00:00	2
3715	2017/6/4 19:00:00	0.9
3716	2017/6/4 20:00:00	1.1
3717	2017/6/4 21:00:00	1.1
3718	2017/6/4 22:00:00	0.9
3719	2017/6/4 23:00:00	0.6
3720	2017/6/5 00:00:00	3
3721	2017/6/5 01:00:00	1.6

图 2-13 降雨时间序列文件图

序列文件时间间隔为 1 小时，蒸发时间序列文件时间间隔为 1 天。

从图 2-13 和图 2-14 中可以看出，降雨量和蒸发量都在夏季达到最大值，并集中在夏季。从图中也可以看出沙湖蒸发量大、降雨量少的特点。

（8）源。当研究地区有河流汇入、进出水口或排污口等影响，可以将其设定为模型的源项。此研究区域有一个补水口，将补水口概化为点源，因此模型中需要加入源汇项，如图 2-15 所示。由于主要考虑补水量对沙湖水质的影响，故选用简单源汇项。

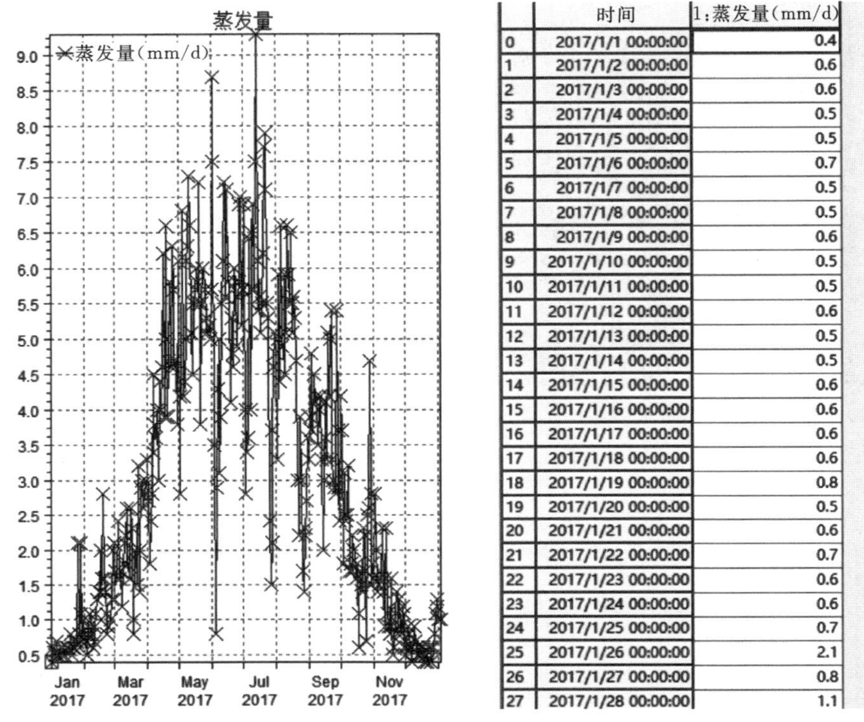

	时间	1:蒸发量(mm/d)
0	2017/1/1 00:00:00	0.4
1	2017/1/2 00:00:00	0.6
2	2017/1/3 00:00:00	0.6
3	2017/1/4 00:00:00	0.5
4	2017/1/5 00:00:00	0.5
5	2017/1/6 00:00:00	0.7
6	2017/1/7 00:00:00	0.5
7	2017/1/8 00:00:00	0.5
8	2017/1/9 00:00:00	0.6
9	2017/1/10 00:00:00	0.5
10	2017/1/11 00:00:00	0.5
11	2017/1/12 00:00:00	0.6
12	2017/1/13 00:00:00	0.5
13	2017/1/14 00:00:00	0.5
14	2017/1/15 00:00:00	0.6
15	2017/1/16 00:00:00	0.6
16	2017/1/17 00:00:00	0.6
17	2017/1/18 00:00:00	0.6
18	2017/1/19 00:00:00	0.8
19	2017/1/20 00:00:00	0.5
20	2017/1/21 00:00:00	0.6
21	2017/1/22 00:00:00	0.7
22	2017/1/23 00:00:00	0.6
23	2017/1/24 00:00:00	0.6
24	2017/1/25 00:00:00	0.7
25	2017/1/26 00:00:00	2.1
26	2017/1/27 00:00:00	0.8
27	2017/1/28 00:00:00	1.1

图 2-14　蒸发时间序列文件图

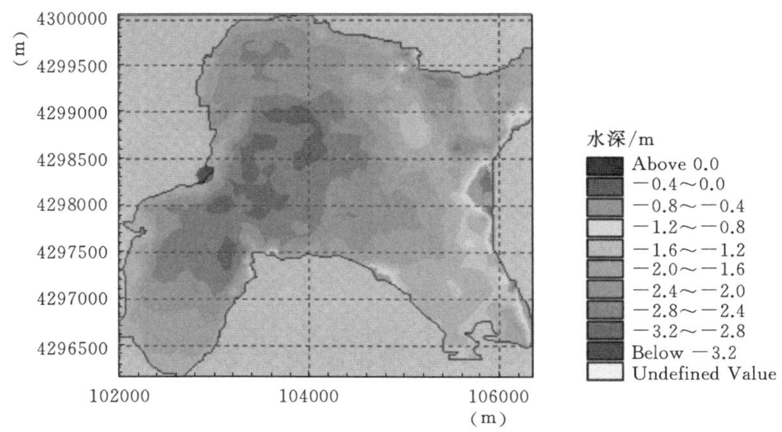

图 2-15　沙湖源汇项

（9）初始条件。初始条件是模型必需的基本条件，它可以说是模型运行计算的一个重要的起始时刻，没有它，模型系统就会找不到起始点，运算就无法运行。为了使模型更加符合实际，此研究根据初始值制作单步的（.dfsu）文件作为初始条件。

3. 水动力模型验证

当水动力模型搭建好之后，需对模型进行模型验证，此过程至关重要。由于初次设定的参数并不能较准确反映沙湖水动力场的具体情况，只有经过多次修改参数、试验以及验证才能找出较符合实际的水动力模型。水动力模型也是水质模型的前提条件，只有水动力模型能准确反映沙湖水动力场的具体变化情况，水质模型才有可能准确反映水质场的变化情况。水动力模型验证主要验证水位与流速两个方面。由于沙湖为封闭型湖泊，其流速较小，验证较困难，所以本研究选取水位这个指标来进行验证。本次验证点位置为五号桥［坐标为（102960，4298121）］，验证点的位置如图 2-16 所示，验证结果如图 2-17 所示。

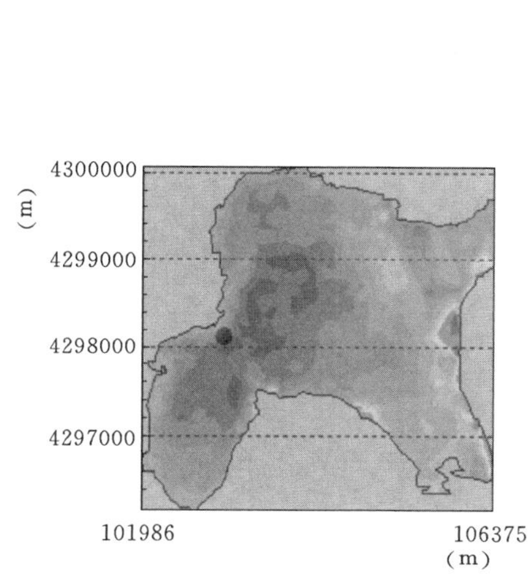

图 2-16　五号桥验证点

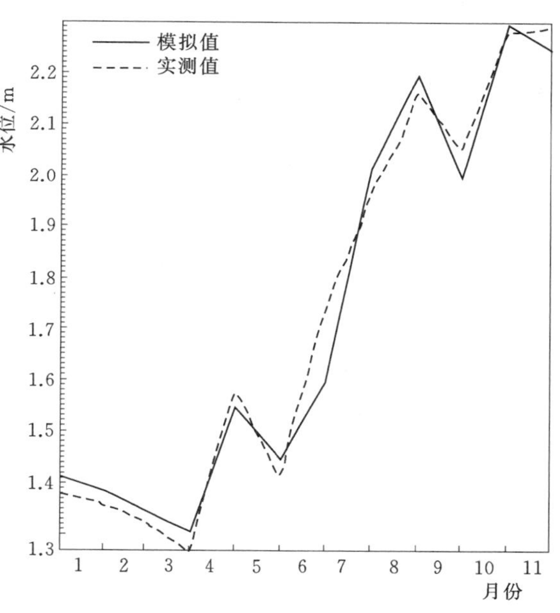

图 2-17　五号桥水位实测值与模拟值对比图（2017 年）

从图 2-17 中可以看出实测水位与模拟水位的相对误差较小，其平均绝对误差为 7.17%，说明实测水位与模拟水位吻合程度较高，水动力模型参数设定值基本合理，水动力模型可较真实地反映沙湖的水体流场变化，虽然仍存在一定的误差，但误差在可控范围内，可以用于后续的水质模拟研究。从图中也可以得出沙湖水位的具体变化情况，即总体上呈上升趋势，这主要是由于沙湖为封闭式湖泊，又无排水口，因此其水位变化主要受蒸发与补水量的影响。

2.5.2 沙湖水环境模拟

ECO Lab 是一个用来模拟水环境因子、富营养化及生态过程的模块，它的过程编写和修改较简单，也能把生态系统的数学描述放入到水动力模块中。用户可以使用预定的模板，或者选择自己开发新的模型模板。

由于沙湖水环境主要受内源污染、东支渠补水以及蒸发的影响，因此，将其主要影响因素编辑到ECO Lab模板中，使沙湖水环境模型更加准确。根据数据的齐全性以及模型的参考价值，选取2017年作为模型的研究期。由于DO是TP、叶绿素a、COD_{Cr}、BOD_5、NH_3-H等水环境因子转化过程和相互作用的必要介质，因此，选取TP、叶绿素a、COD_{Cr}、BOD_5、NH_3-H、DO作为状态变量，运用ECO Lab模板对沙湖进行分析研究。

1. 状态变量的数值公式

（1）BOD。BOD的生化过程表达式为

$$\frac{\mathrm{d}BOD}{\mathrm{d}t}=-BODdecay=-K_{\varepsilon}\cdot BOD\cdot\theta_{\varepsilon}^{(T-20)}\cdot\frac{DO}{DO+HS\_BOD}$$

式中：T为温度；K_{ε}为20℃下有机物的降解速率；θ_{ε}为BOD的阿列纽斯温度系数；DO为实际溶氧浓度；HS_BOD为BOD的半饱和浓度；BOD为实际浓度。

（2）DO。DO的生化过程表达式为

$$\frac{\mathrm{d}DO}{\mathrm{d}t}=\text{大气复氧量(只存在于水体表面)}-BOD\text{降解耗氧量}+\text{光合作用产氧量}-\text{呼吸作用耗氧量}-\text{硝化作用需氧量}-\text{底泥需氧量(只存在于河床)}$$

其中

$$\text{大气复氧量}=K_2(C_s-DO)$$

$$BOD\text{降解耗氧量}=K_{\varepsilon}\cdot BOD\cdot\theta_{\varepsilon}^{(T-20)}\cdot\frac{DO}{DO+HS\_BOD}$$

$$\text{硝化作用需氧量}=K_4\cdot NH_4\cdot\theta_4^{(T-20)}\cdot\frac{DO}{DO+HS\_nitr}$$

$$\text{光合作用产氧量}=\begin{cases}p_{\max}\cdot F_1(H)\cdot\cos2\pi(\tau/a)\cdot\theta_1^{(T-20)}, & \tau\in[t_{\mathrm{up}},t_{\mathrm{down}}]\\0, & \tau\notin[t_{\mathrm{up}},t_{\mathrm{down}}]\end{cases}$$

$$\text{呼吸作用耗氧量}=R_1\cdot F_1(H)\cdot\theta_1^{(T-20)}+R_2\cdot\theta_2^{(T-20)}$$

$$\text{底泥需氧量}=\frac{DO}{HS\_SOD+DO}\cdot\theta_3^{(T-20)}$$

式中：T为温度；H为水深；NH_4为氨氮浓度；K_4为20℃时的硝化速率；θ_4为硝化作用的温度系数；HS_nitr为硝化浓度的半饱和浓度；R_1为20℃下的光合作用生物（自养型）呼吸速率；$F_1(H)$为消光系数；θ_3为底泥需氧量的阿列纽斯温度系数；$p_{\max}$为光合作用最大产氧量；HS_SOD为底泥需氧量的半饱和浓度；θ_1为光合呼吸/产出的温度系数；t_{up}、t_{down}为日出日落时刻；θ_2为异养生物呼吸作用的温度系数；R_2为20℃下动物和异养生物的呼吸速率。

（3）COD。COD生化过程考虑其降解过程，其降解过程表达式为

$$\frac{\mathrm{d}COD}{\mathrm{d}t}=-codd=-kcod*\mathrm{ARRHENIUS20}(tetadcod,temp)*COD*DO/(DO+hdo\_COD)$$

式中：$kcod$为水温20℃时COD的一级降解速率；hdo_COD为COD降解过程中DO依赖系数；$tetadcod$为COD降解过程的温度修正系数；$temp$为水温；$codd$为COD生化过

程在 ECO Lab 模块中的表达式，即 coddegradation 的简称。

（4）TP。TP 生化过程表达式为

$$\frac{\mathrm{d}(TP)}{\mathrm{d}t}=Y\_3d*kcod*\mathrm{ARRHENIUS20}(tetadcod,temp)*COD*DO/(DO+hdo\_COD)-Kp*TP+TPsed$$

$$TPsed=if(depth>0,K\_TP\_sed/depth,0)$$

式中：Y_3d 为溶解性 COD 所含总磷的比率系数；$kcod$ 为水温 20℃时 COD 的一级降解速率；hdo_COD 为 COD 降解过程中 DO 依赖系数；$tetadcod$ 为 COD 降解过程的温度修正系数；$temp$ 为水温；Kp 为总磷降解系数；$TPsed$ 为总磷内源污染；K_TP_sed 为总磷底泥释放速率。

（5）NH_3-N。NH_3-N 质量平衡方程为

$$\frac{\mathrm{d}NH_4}{\mathrm{d}t}=BOD\text{降解}-\text{硝化作用}-\text{植物摄取的氨氮}-\text{细菌摄取的氨氮}+\text{底泥释放的氨氮}$$

$$BOD\text{降解}=Y_{BOD}\cdot K_\varepsilon\cdot BOD\cdot\theta_\varepsilon^{(T-20)}\cdot\frac{DO}{DO+HS\_BOD}$$

$$\text{硝化作用}=K_4\cdot NH_4\cdot\theta_4^{(T-20)}$$

$$\text{植物摄取}=UN_{\mathrm{p}}\cdot(P-R_1\cdot\theta_1^{(T-20)})$$

$$\text{细菌摄取}=UN_{\mathrm{b}}\cdot K_\varepsilon\cdot BOD\cdot\theta_\varepsilon^{(T-20)}\cdot\frac{NH_4}{NH_4+HS\_NH_4}$$

$$\text{底泥释放}=\begin{cases}K\_NH_4\_sed/H, & H>0\\0, & H\leqslant 0\end{cases}$$

式中：UN_{p} 为植物摄取氨氮的系数；UN_{b} 为细菌摄取氨氮的系数；Y_{BOD} 为有机物降解释放氨氮的产出率；HS_NH_4 为细菌摄取氮的半饱和浓度；K_4 为硝化速率；$K\_NH_4\_sed$ 为氨氮底泥释放速率。

（6）叶绿素 a。叶绿素 a 的生化过程表达式为

$$\frac{\mathrm{d}CHL}{\mathrm{d}t}=(P-R_1\cdot\theta_1^{(T-20)})\cdot K_{11}\cdot F(N,F)\cdot K_{10}-K_8\cdot CHL-\frac{K_9}{H}\cdot CHL$$

式中：CHL 为叶绿素 a 的浓度；K_{10} 为叶绿素 a 与碳的质量比；K_8 为叶绿素 a 的死亡率；K_9 为叶绿素 a 的沉积率；K_{11} 为初级生产力的碳氧质量比。

2. 源汇项设定

源汇项设定只能在水动力模型上进行设定，在水动力模型上设定好之后，水质模拟模型才能运用源汇项。由于东支渠补水口横跨间距较小，两侧的水位变化不大，因此将东支渠补水口设为源汇项。源汇项的位置坐标为（102915，4298337）。其状态变量的输入文件设定为随时间变化的文件，即 dfs0 文件，且输入文件时间必须包含整个模型周期。由于对污染物的监测频率为一个季度一次，按照监测时间，时间序列的间隔设定为 1 月，时间段为 2017 年 1 月至 2018 年 1 月，之后再将文件输入水质模型，进行水质模拟。

3. 初始条件

根据初始值制定各个水环境因子的单步文件（.dfsu）作为水质模型的初始条件，其

单步文件（.dfsu）是沙湖生化需氧量、叶绿素 a、总磷等状态变量在空间范围上的初始值。

4. 参数率定

参数率定是水环境模拟至关重要的环节。此研究参数率定选取试错法与经验值法确定，未明确提出的参数均为模型的默认值。水质参数见表 2-37。

表 2-37　水　质　参　数

参　数　描　述	取值	单位
BOD Processes：1st order decay rate at 20 deg. celcius（dissolved）	0.002	/d
BOD processes：Temperature coefficient for decay rate（dissolved）	1.07	dimensionless
BOD Processes：Half - saturation oxygen concentration	2	mg/L
Oxygen processes：Secchi disk depths	0.4	m
Oxygen processes：Maximum oxygen production at noon，m^2	2	/d
Oxygen processes：Time correction for at noon	0	hour
Oxygen processes：Respiration rate of plants，m^2	0.09	/d
Oxygen processes：Temperature coefficient，respiration	1.08	dimensionless
Oxygen processes：Half - saturation conc. for respiration	2	mg/L
Oxygen processes：Sediment Oxygen Demand per m^2	0.5	/d
Oxygen processes：Temperature coefficient for SOD	1.07	dimensionless
Oxygen processes：Half - saturation conc. for SOD	2	mg/L
Nitrification：Oxygen demand by nitrification，NH_4 to NO_2	3.42	g O_2/g NH_4 - N
Nitrification：Half - saturation oxygen concentration	2	mg/L
Ammonia processes：Ratio of ammonium released by BOD decay（dissolved）	0.03	g NH_4 - N/g BOD
Ammonia processes：Amount of NH_3 - N taken up by plants	0.066	g N/g DO
Ammonia processes：Amount of NH_3 - N taken up by bacteria	0.109	g N/g DO
Ammonia processes：Halfsaturation conc. for N - uptake	0.05	mg/L
Phosphorus processes：Phosphorus content in dissolved BOD	0.06	g P/g BOD
Phosphorous processes：Amount of PO_4 - P taken up by plants	0.0091	g P/g DO
Phosphorous processes：Amount of PO_4 - P taken up by bacteria	0.015	g P/g DO
Phosphorus processes：Halfsaturation conc. for P - uptake	0.005	mg/L
Chlorophyll processes：Halfsaturation conc. for nitrogen，limitation for photosynthesis by plants and algae	0.05	
Chlorophyll processes：Halfsaturation conc. for phosphorus，limitation for photosynthesis by plants and algae	0.01	
Chlorophyll processes：Chlorophyll - a ro carbon ratio	0.025	mg CHL/mg C
Chlorophyll processes：Carbon to oxygen ration at primary production	0.2857	mg C/mg O
Chlorophyll processes：Death rate of chlorophyll - a	0.01	/d
Chlorophyll processes：Settling rate of chlorophyll - a	0.2	m/d

续表

参数描述	取值	单位
K _ NH_4 _ sed	0.09	g/m^2
K _ TP _ sed	0.1	g/m^2
kcod	0.002	/d
tetadcod	1.05	undefined
hdo _ COD	1	mg/L
K_p	0.011	/d
Y _ 3d	0.08	gP/gCOD

5. 水质模型对比验证

通过水动力-水质模型模拟出沙湖 TP、叶绿素 a、COD_{Cr}、BOD、NH_3－H、DO 等水环境因子的演变过程。当参数率定好以后，为了验证模型的准确性，需将模拟结果与实测结果进行对照分析。水质模型的验证点选取为养殖区［坐标（105457，4299204）］。从数据的完整度、各个水环境因子的重要程度以及沙湖的实际状况，本研究选取 TP、叶绿素 a、COD_{Cr}、BOD_5 作为水质模型验证所需的水环境因子。由于实测数据时间间隔为每季度，因此，实测数据取每 3 个月为相同的值，即 3—5 月水质数据相同，6—8 月水质数据相同，9—11 月水质数据相同，1、2 月和 12 月水质数据相同。验证结果见图 2－18～图 2－22。

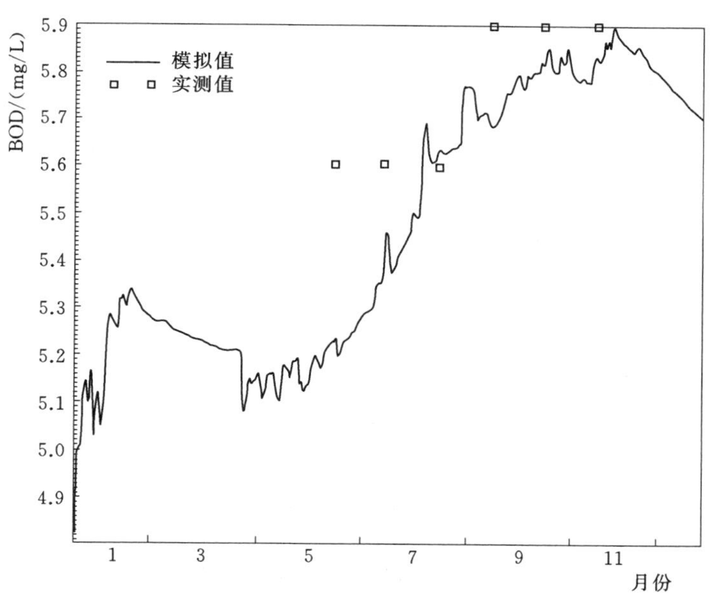

图 2－18　BOD 实测值与模拟值对比图（2017 年）

从图 2－18 可以看出，总体上，BOD 实测值与模拟值吻合相对较好，但仍存在一定的误差，其平均绝对误差为 19.56%。模拟值与实测值在春、冬两季偏差较大，原因主要是春、冬季气温较低，转化效率较低，底泥释放速率也降低，与模型中设定系数形成一定

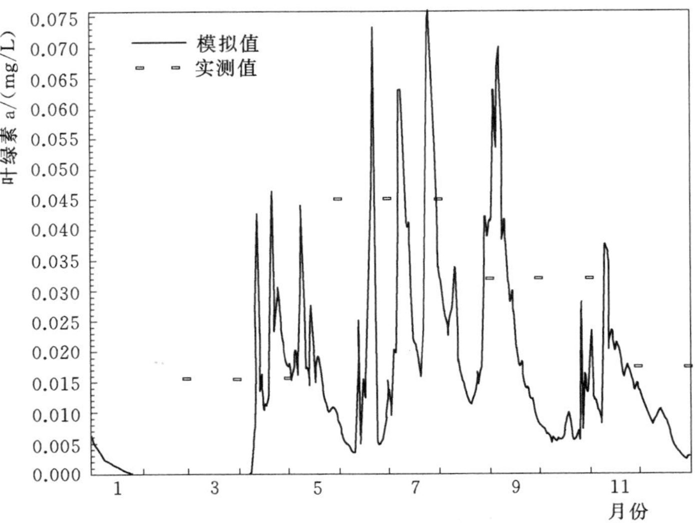

图 2-19　叶绿素 a 实测值与模拟值对比图（2017 年）

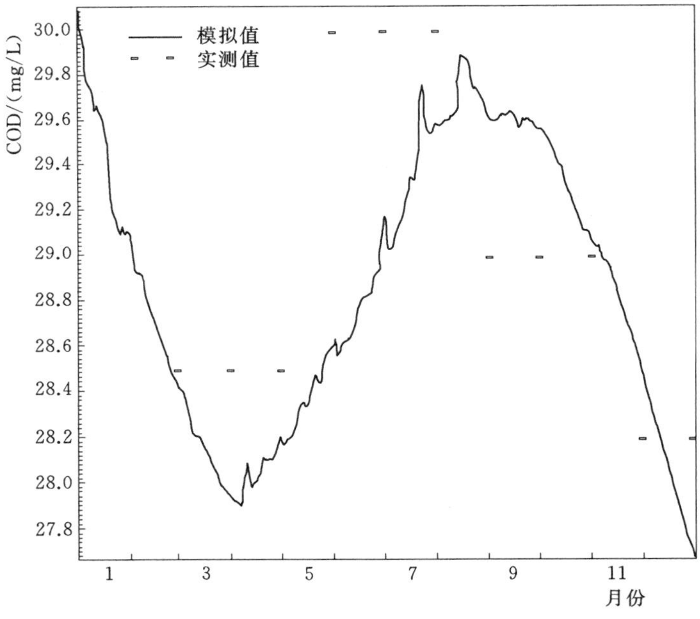

图 2-20　COD 实测值与模拟值对比图（2017 年）

的偏差。沙湖的 BOD 总体呈上升趋势，仅在春、冬两季微降。

从图 2-19 可以看出，叶绿素 a 模拟值与实测值之间误差较小，其平均绝对误差为 22.26%。在误差允许范围内，其水质模型能较为准确地模拟叶绿素 a 变化情况。总体上，叶绿素 a 在春、冬两季较低，夏、秋两季较高。

从图 2-20 可以看出，COD 模拟值与实测值之间误差较小，其平均绝对误差为 19.56%。在误差允许范围内，其水质模型能较好地模拟出 COD 的变化情况。1—3 月

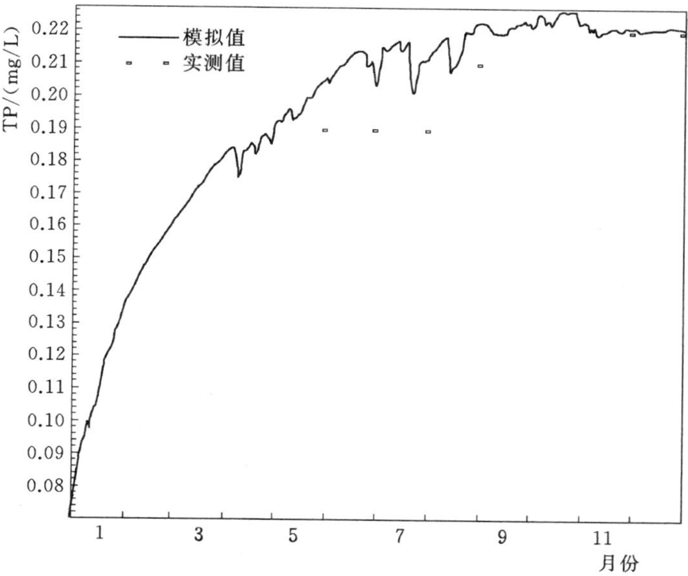

图 2-21 TP实测值与模拟值对比图（2017年）

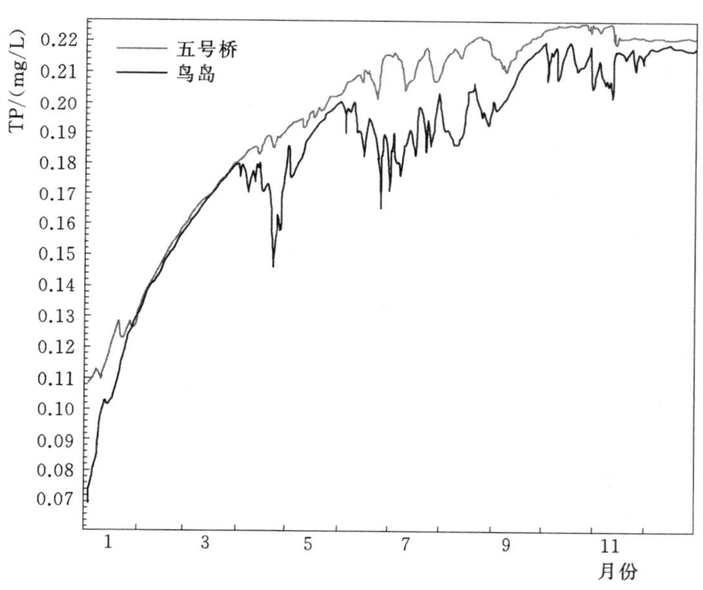

图 2-22 五号桥与鸟岛的TP对比图（2017年）

COD呈下降趋势，4—8月COD呈上升趋势，在8月达到最大值，之后呈下降趋势。由此可以看出补水量对COD的影响较小，内源污染对COD的影响较大。

从图2-21可以看出，TP模拟值与实测值之间误差较小，其平均绝对误差为19.53%。在误差允许范围内，水质模型能较好地模拟出TP的变化情况。总体上，TP呈上升趋势，10月微降，11—12月总磷达到一个平衡状态。在补水期间TP呈下降趋势，说明增加补水量对TP的影响较大。从TP变化趋势可以看出，底泥中磷的释放速率在春季、夏季较大，秋季、冬季较小。

从图 2-22 看出，鸟岛 TP 浓度总体比五号桥高，主要是鸟岛的鸟类较多，大量的排泄物使 TP 浓度增加。在补水期间，五号桥的 TP 浓度比鸟岛下降程度要大，这主要是由于五号桥采样点在补水口附近，补水期间五号桥附近水流动加快以及补水水质较好，可以稀释五号桥附近沙湖水 TP 浓度。由此可以看出，增加沙湖水的流速以及补水量对降低沙湖 TP 浓度有明显的效果，且模拟结果与实际情况较符合，沙湖水质模型能较好地反映沙湖水环境因子的具体变化情况。

2.6　小结

对沙湖 2015—2017 年的主成分分析结果进行综合分析，认为 TP、叶绿素 a、COD_{Cr}、NH_3-N 等对沙湖水环境影响较大，即有机物、浮游藻类、氮磷营养盐在沙湖水体中起主要作用，是引起沙湖水质变动的主要原因。对阅海湖 2015—2017 年的主成分分析结果进行综合分析，认为 COD_{Cr}、NH_3-N、TP、DO、TN 等对阅海湖水环境影响较大，即有机物、氮磷营养盐在阅海湖水体中起主要作用，是引起阅海湖水质变动的主要原因。对星海湖 2015—2017 年的主成分分析结果进行综合分析，认为 COD_{Mn}、NH_3-N、TP、TN、叶绿素 a 等对星海湖水环境影响较大，即有机物、氮磷营养盐在星海湖水体中起主要作用，是引起星海湖水质变动的主要原因。

沙湖 2015—2017 年的综合污染指数年际变化趋势相差较大，且均在春季达到最小值，夏季或秋季达到最大值，总体上呈下降趋势，说明沙湖水质状况好转，但综合污染指数一般都大于 1，可见沙湖污染状况整体上还较为严重。阅海湖 2015—2017 年的综合污染指数年际变化趋势相差较小，且均在春季或冬季达到最小值，夏季或秋季达到最大值，总体上的综合污染指数并没有随时间变化而降低，而是维持在 0.64～1.3 之间，说明治理措施可能不适合阅海湖的具体情况，有待进一步完善。星海湖 2015—2017 年的综合污染指数各样点之间的时空变化不大，且均在春季或夏季达到最大值，污染最严重，在秋季或冬季达到最小值，总体上的 2015—2016 年综合污染指数呈上升趋势，说明 2015—2016 年星海湖水质恶化，2016—2017 年综合污染指数下降，说明水质又逐渐变好。星海湖、沙湖、阅海湖三者的综合污染指数均在夏季或秋季达到最大值，这可能是由于气温上升造成蒸发量增大，水体浓缩，促使湖泊水质进一步恶化。

沙湖水质状况 2015 年为Ⅳ类，2016 年、2017 年为Ⅴ类；阅海湖水质 2015 年、2016 年和 2017 年均为Ⅴ类；星海湖水质 2015 年、2016 年和 2017 年均为Ⅴ类，说明三个湖泊的水质状况均较为严峻。沙湖、阅海湖、星海湖 2015—2017 年综合营养状态指数均在 50～60 之间，达到轻度富营养水平。

运用 MIKE21 FLOW MODEL FM 模型对沙湖建立了水动力-水质模型，将沙湖的水动力以及水环境的变化过程更加生动形象地进行了数值描绘。在概述水动力模型原理的基础之上，收集水动力模型所需要的地形、风场、降雨和蒸发等基本数据，建立了沙湖的水动力模型，并进行了参数率定和模型的验证，最终得到沙湖水动力场（水位、流速等）变化情况。以水动力模型为基础，选择 TP、叶绿素 a、COD_{Cr}、BOD_5、NH_3-N、DO 等 6

种主要水环境因子作为状态变量，构建了沙湖水质模型。根据沙湖的具体情况，将内源污染以及补水量作为影响沙湖水环境的主要影响因素，输入模型。通过基本数据的输入、水质参数率定和模型验证，表明模型模拟值与实测值之间误差较小，在容许误差范围内，拟合的水质模型可以较为准确地模拟沙湖水质场的变化情况，可为沙湖水环境预测及治理提供科学依据。

第3章　水生生物群落结构及物种多样性

水生生物是指生活在水体中的生物的总称，种类繁多，包括浮游生物、水生植物、水生动物及微生物，按功能划分为生产者（水生植物、浮游植物）、消费者（水生动物）和分解者（微生物）。不同功能的生物种群生活在一起，构成特定的生物群落，各种生物群落之间、生物与水环境之间相互作用、相互协调，维持特定的物质和能量流动过程，构成完整的水生生态系统，对水环境保护起到重要作用。我国现有水生生物2万多种，且具有特有程度高、孑遗物种数量大、生态系统类型齐全等特点，在世界生物多样性中具有重要的作用。我国丰富的湖泊水生生物提供了重要的食用蛋白质，同时是我国渔业发展的物质基础，维护和合理利用湖泊水生生物资源对国家生态安全与渔业可持续发展具有重要意义。

生物多样性是指生物中的多样化和变异性以及物种生境的生态复杂性，包括植物、动物和微生物的所有种及其组成的群落和生态系统。生物多样性可以分为遗传多样性、物种多样性和生态系统多样性3个层次：遗传多样性指地球上生物个体中所包含的遗传信息总和；物种多样性是指地球上生物有机体的多样化；生态系统多样性是指生物圈中生物群落、生境与生态过程的多样化。生物多样性为人类提供食物来源的同时，也构成了人类生存与发展的生物圈环境，是人类社会赖以生存和发展的基础。水生生物及其多样性在很大程度上影响了河湖等水体的水环境质量，很多水生生物指标可以用来反映和表征水环境的质量状况。

本章对银川平原3大主要湖泊浮游植物、浮游动物、底栖动物、水生植物、鱼类的种类组成、群落结构、密度、生物量以及生物多样性进行分析和研究，并对3大主要湖泊的水质作出生物学评价，旨在为湖泊水体污染综合防治提供一定的依据。

3.1　水生生物现状调查与分析方法

3.1.1　浮游植物标本采集与鉴定

浮游植物标本采集包括定性标本和定量标本，定性标本是用25号浮游生物网采集，现场用鲁哥氏液固定。定量标本用1L采水器采集，现场用鲁哥氏液固定，经24小时沉淀浓缩至200mL，再经24小时浓缩至50mL，然后每50mL加入2mL甲醛保存。每个样品瓶贴标签，标明地点、日期、采样点号。浮游植物定性标本一般鉴定到种，至少到属。定量标本使用0.1mL的计数框于显微镜下进行浮游植物计数，由其推算出原水体中的浮游植物密度及生物量。

3.1.2　浮游动物标本采集与鉴定

浮游动物标本采集包括定性标本和定量标本。轮虫定性用25号浮游生物网拖取，枝角类和桡足类定性用 13 号网拖取，用采样瓶收集水样，现场用 5%甲醛固定。定量样品用采水器采 10L 水，用 25 号浮游生物网过滤浓缩，后加入 5%甲醛固定。

浮游动物定性标本一般鉴定到种，至少到属。定量标本用 1mL 计数框进行，然后推算出原水体中的浮游动物密度。浮游动物生物量的计算：轮虫按体积法求得生物体积，比重取 1，再根据体积换算出生物量；甲壳动物根据体长-体重回归方程换算出体重；无节幼体一个可按 0.004mg 计算。

3.1.3 底栖动物标本采集与鉴定

用 $1/16m^2$ 的改良式彼得生采泥器采集定量样品，每个样点采集 2～3 次，将同样点的样品混合。样品经 60 目不锈钢网筛过滤，洗去细泥，弃掉粗砾，连同碎屑的底栖动物样品一并置入 200～1000mL 的塑料标本瓶中，10%甲醛保存，带回室内分选和镜检，记录动物种类与密度。持手抄网采集底栖动物定性样品，处理方法同定量样品。标本鉴定参考有关文献。

3.1.4 水生植物标本采集与鉴定

沉水植物、浮叶植物和漂浮植物及其群丛的生物量测定，采用面积为 $0.25m^2$ 的带网铁夹将样方内的全部植物连根带泥夹起，洗掉淤泥和杂质后，鉴定种类，分别称湿重，计算出单位面积生物量和总生物量。大型挺水植物及其组成的群丛的生物量测定，是在植物群丛中划出 $1m^2$ 面积的样方，按种类计算出植株的数目，选取具有代表性的植株 10～30 株，称重，取平均值计算单位面积生物量和总生物量。生物量取各个采样点 3 次采集的植物平均湿重值。

3.1.5 鱼类标本采集与鉴定

结合渔业捕捞生产采集鱼类标本，根据刺网、地笼等多种渔具渔法，调查鱼类种类。对未知种类的鱼，选取新鲜、体型完整、鳞片、鳍条无缺的鱼作为标本进行固定。固定前详细观察、记录鱼体各部位的色彩。固定时先将鱼体用清水洗干净，然后放在平盘内，先加 10%甲醛固定，在鱼体未僵硬前，摆正鱼体各部鳍条的形状，对个体大的鱼，在浸泡时用注射器向鱼体腔内注入适量的上述固定液，待鱼体定型变硬后，另置换 5%甲醛保存，对易掉鳞的鱼或小鱼，用纱布包裹起来放入固定液中浸泡保存，以防鳞片脱落。根据对鱼体各部位的测量、观察数据等查找检索表，将鱼类标本鉴定到种，编制鱼类名录表。

3.1.6 优势种确定方法

优势种是根据物种的出现频率及个体数量来确定的，用优势度来表示。优势度计算公式为

$$Y = f_i P_i$$

式中：Y 为优势度；f_i 为第 i 物种的出现频率；P_i 为第 i 物种个体数量占总个体数量的比例。

当 $Y \geq 0.02$ 时，该物种即被确定为优势种。

3.1.7　水生生物多样性分析

群落的多样性是衡量群落稳定性的一个重要尺度，本书采用 Margalef 物种丰富度指数 D（简称 Margalef 指数）和 Shannon - Wiener 物种多样性指数 H'（简称 Shannon - Wiener 指数）以及 Pielou 均匀度指数 J，用来描述水生生物的群落结构特征。

（1）Margalef 物种丰富度指数 D：

$$D=(S-1)/\log_2 N$$

式中：S 为种类数；N 为个体数。

（2）Shannon - Wiener 物种多样性指数 H'：

$$H'=-\sum(n_i/N)\log_2(n_i/N)$$

式中：n_i 为第 i 种浮游植物的个体数；N 为浮游植物总个体数。

（3）Pielou 均匀度指数 J：

$$J=H'/\ln S$$

式中：H'为 Shannon - Wiener 指数；S 为种类数。

3.1.8　水质的生物学评价

1. 利用浮游植物密度与生物量进行评价

按国内有关评价湖泊富营养化生物学评价标准，浮游植物密度小于 3×10^5cells/L 为贫营养型，$(3\sim10)\times10^5$cells/L 为中营养型，大于 10×10^5cells/L 为富营养型。浮游植物生物量与营养状态的关系为：小于 3mg/L 为贫营养型，3～5mg/L 为中营养型，5～10mg/L 为富营养型，大于 10mg/L 为极富营养型。

2. 利用水生生物多样性指标评价

Margalef 指数主要反映了群落物种的丰富度：$D>5$，清洁水；$D=4\sim5$，轻度污染；$D=3\sim4$，中度污染；$D<3$，重度污染。Shannon - Wiener 指数反映了群落物种的多样性：H'值为 0～1 为富营养，1～3 为中营养，大于 3 为贫营养。

3.2　沙湖水生生物种群组成及群落结构

3.2.1　样点的布设与采样时间

沙湖水生生物采集样点与水环境因子样点相同。于 2015—2017 年的 1 月（冬）、4 月（春）、7 月（夏）、10 月（秋）四个季节代表月对沙湖水体中的浮游植物、浮游动物、底栖动物进行定性、定量分析，水生植物、鱼类采集和分析于 4 月（春）、7 月（夏）、10 月（秋）进行。

3.2.2　沙湖浮游植物种群结构

3.2.2.1　沙湖浮游植物种类组成

2015—2017 年沙湖浮游植物种类组成及季节分布见表 3 - 1。

表 3-1 **2015—2017 年沙湖浮游植物种类组成及季节分布**

浮游植物种类	2015年				2016年				2017年			
	1月	4月	7月	10月	1月	4月	7月	10月	1月	4月	7月	10月
蓝藻门 Cyanophyta												
色球藻 *Chroococcus* sp.	+	+*	+*	+*	+	+*	+*	+*	+	+*	+*	+*
铜绿微囊藻 *Microcystis aeruginosa*	−	−	+	−	−	−	−	−	−	−	−	−
水华微囊藻 *M. flosaquae*	−	+	+	−	−	+	+	−	−	+	+	+
平列藻 *Merismopedia* sp.	−	+	+	+	−	−	+	+	−	+	+	+
柔软腔球藻 *Coelosphaerium kuetzingianum*	−	−	−	+	−	−	−	−	−	−	−	+
湖生束球藻 *Gomphosphaeria lacustris*	−	−	+	−	−	−	+	+	−	−	+	−
小席藻 *Phormidium tenus*	−	+	+	+*	−	+	+	+*	−	+	+	+*
小颤藻 *Oscillatoria tenuis*	+	−	+*	+	+	+	+*	+	+	−	+*	+
湖泊鞘丝藻 *Lyngbya limnetica*	−	−	−	+	−	−	+	+	−	−	−	+
螺旋鞘丝藻 *L. contarta*	−	−	+	−	−	−	+	+	−	−	+	−
针晶蓝纤维藻 *Dactylococopsis rhaphidioides*	−	+*	−	+*	−	+	+	+*	−	+*	−	+*
针状蓝纤维藻 *D. acicularis*	+	+*	+*	+*	+	+*	+*	+*	+	+*	+*	+*
弯形尖头藻 *Raphidiopsis curvata*	−	+	+*	+*	+	+	+*	+*	−	+	+*	+*
为首螺旋藻 *Spirulina princeps*	−	−	+	+*	−	+	+	+*	−	−	+	+*
水华鱼腥藻 *Anabaena flosaquae*	−	−	−	+	−	−	−	+	−	−	+	−
阿氏项圈藻 *Anabaenopsis arnoldii*	−	−	−	+	−	−	+	−	−	−	−	+
水华束丝藻 *Aphanizomenon flosaquae*	−	+	+*	+	−	+	+*	+	−	+	+*	+
隐藻门 Cryptophyta												
啮蚀隐藻 *Cryptomonas erosa*	+	−	−	+	+	−	−	+	+	−	−	+
尖尾蓝隐藻 *Chroomonas acuta*	+*	−	+*	+*	+	−	+	+*	+*	−	+*	+*

续表

浮游植物种类	2015年				2016年				2017年			
	1月	4月	7月	10月	1月	4月	7月	10月	1月	4月	7月	10月
甲藻门 Pyrrophyta												
飞燕角甲藻 *Ceratium hirundinella*	—	—	+	—	+	—	+	—	—	—	+	—
薄甲藻 *Glenodinium pulvisculus*	+	—	—	—	+	—	—	—	+	—	—	—
金藻门 Chrysophyta												
棕鞭藻 *Ochromonas* sp.	+	—	—	—	+	—	—	+	+	—	—	—
三毛金藻 *Prymnesium parvum*	—	—	—	+	—	—	—	—	+	—	—	+
分歧锥囊藻 *Dinobryon divergens*	+	+	—	+	+	—	—	+	+	+	—	+
鱼鳞藻 *Mallonona* sp.	+	+	—	+	+	—	—	+	+	+	—	+
黄藻门 Xanthophyta												
绿色黄丝藻 *Tribonema viride*	+	—	—	+	+	—	—	+	+	—	—	+
硅藻门 Bacillariophyta												
梅尼小环藻 *Cyclotella meneghiniana*	+	+*	—	—	+	+*	—	+	+	+*	—	—
科曼小环藻 *C. comensis*	—	—	+	+	—	—	+	+	—	—	+	+
星状冠盘藻 *Stephanodiscus astraea.*	—	+	+	+	+	—	+	+	—	+	+	+
颗粒直链藻 *Melosira granulata*	+	—	+	+	—	—	+	+	+	—	+	+
变异直链藻 *M. varians*	—	+	—	—	+	—	—	—	—	+	—	—
意大利直链藻 *M. italica*	—	+	—	—	—	—	—	—	—	—	—	—
披针曲壳藻 *Achnanthes lanceolata*	+	+	+	+	—	+	+	+	+	+	+	+
扁圆卵形藻 *Cocconeis placentula*	+	+	+	+	+	—	+	+	+	+	+	+
肘状针杆藻 *Synedra ulna*	—	+	+	+	—	—	+	+	—	+	+	+
尖针杆藻 *S. acus*	+*	+*	+*	—	+	+*	+*	+*	+*	+*	+*	—
连接脆杆藻 *Fragilaria construens*	+	+*	+	+	+	+*	+	+	+	+*	+	+

续表

浮游植物种类	2015年				2016年				2017年			
	1月	4月	7月	10月	1月	4月	7月	10月	1月	4月	7月	10月
放射舟形藻 *Nevicula radiosa*	-	+	-	+	-	-	-	+	-	+	-	+
线形舟形藻 *N. graciloides*	+	+	+	-	-	+	+	-	+	+	+	-
缢缩异极藻 *Gomphonema constrictum*	-	-	-	+	-	-	+	-	-	-	-	-
新月形桥弯藻 *Cymbella cymbiformis*	+	+	+	+	+	-	+	+	+	+	+	+
披针桥弯藻 *C. lanceolata*	-	-	+	-	-	-	-	-	-	-	-	-
卵圆双眉藻 *Amphora ovalis*	-	+	+	-	+	-	+	-	-	+	+	-
尖布纹藻 *Gyrosigma acuminatum*	-	-	-	+	-	-	+	+	-	-	-	-
细布纹藻 *G. kutzingii*	-	+	-	-	+	+	-	-	-	+	-	-
肋缝菱形藻 *Nitzschia frustulum*	+	+	+	-	+	+	-	-	+	+	+	-
谷皮菱形藻 *N. palea*	-	-	-	+	-	-	-	+	-	-	-	+
草履波纹藻 *Cymatopleura solea*	+	-	-	-	+	+	-	-	+	-	-	-
波形羽纹藻 *Pinnularia undulata*	+	+ *	+ *	+	+	+	+ *	+	+	+ *	+ *	+
美丽星杆藻 *Asterionella formosa*	+	+ *	+	+	+	+	+	+ *	+	+ *	+	+
裸藻门 Euglenophyta												
裸藻 *Euglena* sp.	+	+	+	-	+	+	+	+	+	+	+	-
梭形裸藻 *E. acus*	-	+	-	+	-	+	-	+	-	+	-	+
钩状扁裸藻 *Phacus hamatus*	-	-	+	-	-	-	-	+	-	-	-	-
旋转囊裸藻 *Trachelomonas volvocina*	+	-	-	+	+	+	-	+	+	-	-	+
绿藻门 Chlorophyta												
小球藻 *Chlorella pyrenoidosa*	+ *	+ *	+ *	+ *	+ *	+ *	+ *	+ *	+ *	+ *	+ *	+ *
纤细月芽藻 *Selenastrum gracile*	+	-	+	+	-	-	+	+	+	-	+	+
镰形纤维藻 *Ankistrodesmus falcatus*	+	+ *	+	+	+	+	+	+	+	+ *	+	+

续表

浮游植物种类	2015年				2016年				2017年			
	1月	4月	7月	10月	1月	4月	7月	10月	1月	4月	7月	10月
湖生卵囊藻 *Oocystis lacustis*	−	+	−	+	−	−	+	+	−	+	−	+
膨胀四角藻 *Tetraedron tumidelum*	−	+	+*	−	−	+	+	−	−	+	+*	−
四尾栅藻 *Scenedesmus quadricauda*	+*	+	+*	+	+*	+	+	+*	+*	+	+*	+
双对栅藻 *S. bijugatus*	−	−	+	−	−	+	+	−	−	−	+	−
斜生栅藻 *S. obliqeus*	+	−	−	+	+	−	−	+	+	−	−	+
二形栅藻 *S. dimorphus*	−	+	−	−	−	+	+	−	−	−	−	−
韦氏藻 *Westella botryoides*	+	+	+	+	+	+	+	+	+	+	+	+
衣藻 *Amydomonas* sp.	+*	+*	+*	+*	+*	+*	+*	+*	+*	+*	+*	+*
四鞭藻 *Carteria* sp.	−	−	−	+	−	+	−	+	−	−	−	−
弓形藻 *Schroaderia setigera*	−	+	+	−	−	+	−	−	−	+	+	−
空球藻 *Eudorina elegans*	+	+	+	+	+	+	+	+	+	+	+	+
美丽团藻 *Volvox aureu*	−	−	+	−	−	−	+	−	+	−	+	−
二角盘星藻 *Pediastrum duplex*	+	+	+	+	+	+	+	+	+	+	+	+
单角盘星藻 *P. simples*	−	−	+	−	−	+	+	−	−	−	+	−
短棘盘星藻 *P. boryanum*	−	−	+	−	−	+	+	−	−	−	−	−
四角盘星藻 *P. tetras*	+	+	+	+	+	+	+	+	+	+	+	+
拟新月藻 *Closteriopsis longissima*	−	+	+	−	−	+	+	+	−	+	+	−
肾形藻 *Nephrocytium* sp.	−	−	+	−	−	−	+	−	+	−	−	−
扭曲蹄形藻 *Kirchneriella contorta*	−	+	+	−	−	+	−	−	−	+	+	−
长绿梭藻 *Chlorogonium elongatum*	+	+	+	+	+	+	+	+	+	+	+	+
并联藻 *Qradrigula chodatii*	−	−	+	−	−	−	+	−	+	−	−	−

续表

浮游植物种类	2015年				2016年				2017年			
	1月	4月	7月	10月	1月	4月	7月	10月	1月	4月	7月	10月
锥形胶囊藻 *Gloeocystis planctonica*	—	—	+	—	—	—	+	—	—	—	+	—
葡萄藻 *Botryococcus braunii*	—	—	+	—	—	+	—	—	+	—	+	—
集星藻 *Actinastrum hanzschii*	+	—	—	—	—	+	—	—	+	—	—	—
圆鼓藻 *Cosmarium obsoletum*	+	+	+	+	+	+	+	+	+	+	+	+
多形角星鼓藻 *Staurastrum polymorphum*	—	+	—	—	—	+	—	—	—	+	—	—
尖头角星鼓藻 *S. cuspidatum*	—	+	—	—	+	+	—	—	—	+	—	—
具齿角星鼓藻 *S. indentatum*	—	—	+	+	—	—	—	+	—	—	+	+
六角角星鼓藻 *S. sexangulare*	—	+	+	+	—	+	—	+	—	+	+	+
纤细角星鼓藻 *S. gracile*	—	—	—	—	—	—	—	—	—	—	—	—
凹顶鼓藻 *Euastrum ansatum*	+	+	+	+	+	+	+	+	+	+	+	+
项圈新月藻 *Closterium moniliferum*	+	+	+	+	+	+	+	+	+	+	+	+
平顶顶接鼓藻 *Spondylosum planum*	—	—	+	—	—	—	+	—	—	—	+	—
项圈顶接鼓藻 *S. moniliforme*	—	—	—	+	—	—	—	—	—	—	—	—
对称多棘鼓藻 *Xanthidium antilopaeum*	—	+	—	—	—	+	—	+	—	+	—	—
美丽盘藻 *Gonium formosum*	+	+	+	+	+	+	+	+	+	+	+	+
四足十字藻 *Crucigenia tetrapedia*	+	—	—	—	+	—	+	+	+	—	—	—
十字藻 *C. apiculata*	—	—	—	+	—	—	+	+	—	—	—	+
华美十字藻 *C. lauterbornei*	—	+	—	—	—	+	—	+	—	+	—	—
多芒藻 *Golenkinia radiata*	+	+	+	—	+	—	+	—	+	+	+	—

注 "+"表示在相应季节中有分布；"*"表示优势种；"—"表示没有采到。

2015年共采到浮游植物97个种（仅鉴定到属的按一个种计算，余同），其中以绿藻门种类最多43种，占总种类数的44.4%；硅藻门次之，24种，占24.7%；蓝藻门17种，占17.5%；裸藻门4种，占4.1%；金藻门4种，占4.1%；甲藻门2种，占2.1%；隐藻门2种，占2.1%；黄藻门1种，占1.0%。

2016年共采到浮游植物91个种，绿藻门42种，占总种类数的46.2%；硅藻门22种，占24.2%；蓝藻门15种，占16.5%；裸藻门4种，占4.4%；金藻门3种，占3.3%；甲藻门2种，占2.2%；隐藻门2种，占2.2%；黄藻门1种，占1.1%。

2017年共采到浮游植物88个种，绿藻门38种，占总种类数的43.2%；硅藻门20种，占22.7%；蓝藻门17种，占19.3%；裸藻门4种，占4.5%；金藻门4种，占4.5%；甲藻门2种，占2.3%；隐藻门2种，占2.3%；黄藻门1种，占1.1%。

沙湖浮游植物种类数四季变化很大，秋季最多，冬季最少。在同一季节中绿藻门的种类数最多，其次是硅藻门和蓝藻门。在各样点间浮游植物种类也有差异，各样点都是绿藻门物种最多，其次是硅藻、蓝藻，黄藻最少。沙湖浮游植物优势种主要有蓝藻门的色球藻、小席藻、小颤藻、针晶蓝纤维藻、针状蓝纤维藻、弯形尖头藻、为首螺旋藻、水华束丝藻；隐藻门的尖尾蓝隐藻；硅藻门的梅尼小环藻、尖针杆藻、连接脆杆藻、波形羽纹藻、美丽星杆藻；绿藻门的小球藻、镰形纤维藻、膨胀四角藻、四尾栅藻、衣藻。

3.2.2.2　沙湖浮游植物密度与生物量

2015—2017年沙湖浮游植物密度时空变化见图3-1，生物量时空变化见图3-2。

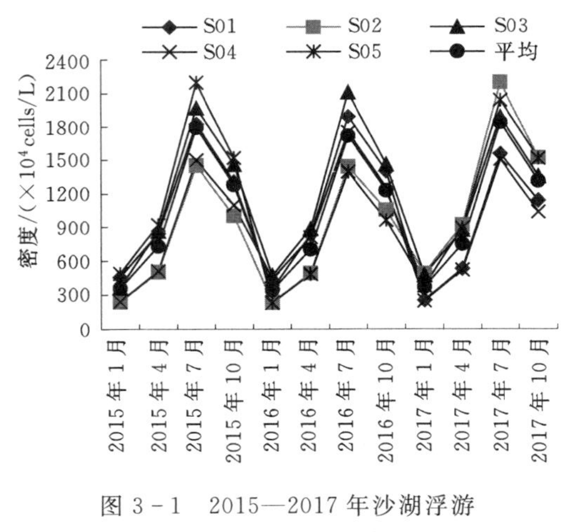

图3-1　2015—2017年沙湖浮游植物密度时空变化

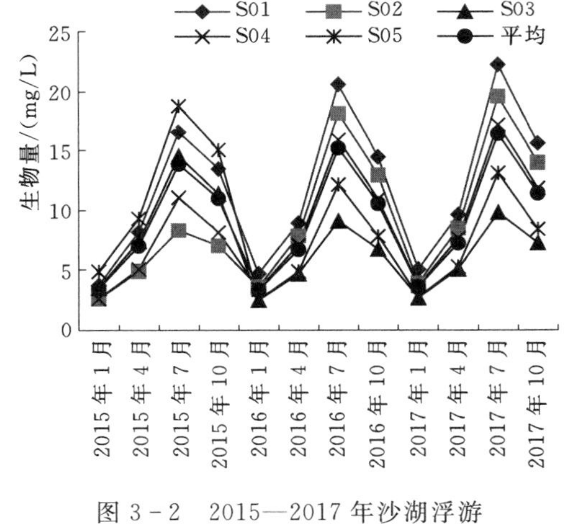

图3-2　2015—2017年沙湖浮游植物生物量时空变化

2015年沙湖春季蓝藻密度最高，其次为硅藻和绿藻；夏季蓝藻占绝对优势，绿藻、硅藻密度也较高；秋季蓝藻依然占绝对优势，绿藻、硅藻次之；冬季绿藻密度最高，其次为硅藻、隐藻和蓝藻。沙湖浮游植物平均密度 1039.1×10^4cells/L，其变化范围为 359.7×10^4～1788.9×10^4cells/L；S05号样点全年浮游植物平均密度最大，其变化范围为 489.6×10^4～2200.9×10^4cells/L，平均为 1283.9×10^4cells/L；最低密度出现在冬季S02号样点（240.1×10^4cells/L），最高密度出现在夏季S05号样点（2200.9×10^4cells/L）。

浮游植物平均生物量 8.80mg/L，变化范围为 3.44～13.84mg/L；各样点年度平均生物量为 5.66～11.98mg/L，S05 号样点最高（11.984mg/L），S02 号样点最低（5.66mg/L）；各样点中，浮游植物生物量最低点出现在冬季的 S02 号样点（2.58mg/L），最高点出现在夏季的 S05 号样点（18.79mg/L）。

2016 年沙湖春季蓝藻密度最高，其次为硅藻和绿藻；夏季蓝藻占绝对优势，绿藻、硅藻密度也较高；秋季蓝藻依然占绝对优势，绿藻、硅藻次之；冬季绿藻密度最高，其次为硅藻、隐藻和蓝藻。2016 年沙湖浮游植物平均密度 997.50×10^4cells/L，其变化范围为 345.29×10^4～1717.36×10^4cells/L；S03 号样点全年浮游植物平均密度最大，其变化范围为 470.02×10^4～2112.86×10^4cells/L，平均为 1232.5×10^4cells/L；最低密度出现在冬季 S05 号样点（230.5×10^4cells/L），最高密度出现在夏季 S03 号样点（2112.86×10^4cells/L）。2016 年沙湖浮游植物平均生物量 8.92mg/L，变化范围为 3.30～15.17mg/L；各样点年度平均生物量为 5.72～12.14mg/L，S04 号样点最高（15.9mg/L），S03 号样点最低（2.47mg/L）；各样点中，浮游植物生物量最低点出现在冬季的 S03 号样点（2.47mg/L），最高点出现在夏季的 S02 号样点（20.60mg/L）。

2017 年沙湖春季蓝藻密度最高，其次为硅藻和绿藻；夏季蓝藻占绝对优势，绿藻、硅藻密度也较高；秋季蓝藻依然占绝对优势，绿藻、硅藻次之；冬季绿藻密度最高，其次为硅藻、隐藻和蓝藻。2015 年沙湖浮游植物平均密度 1067.9×10^4cells/L，其变化范围为 369.3×10^4～1838.6×10^4cells/L；S02 号样点全年浮游植物平均密度最大，其变化范围为 489.6×10^4～2201.0×10^4cells/L，平均为 1283.9×10^4cells/L；最低密度出现在冬季 S04 号样点（248.9×10^4cells/L），最高密度出现在夏季 S02 号样点（2200.9×10^4cells/L）。2017 年沙湖浮游植物平均生物量 9.63mg/L，变化范围为 3.57～16.38mg/L；各样点年度平均生物量为 7.36～13.12mg/L，S01 号样点最高（13.12mg/L），S03 号样点最低（6.18mg/L）；各样点中，浮游植物生物量最低点出现在冬季的 S03 号样点（2.67mg/L），最高点出现在夏季的 S01 号样点（22.24mg/L）。

沙湖春季硅藻生物量最高，其次为绿藻、裸藻、蓝藻；夏季蓝藻生物量最高，其次为硅藻、甲藻、绿藻；秋季浮游植物生物量依次为蓝藻、硅藻、绿藻、甲藻；冬季绿藻生物量最高，其次为硅藻、隐藻。

3.2.3 沙湖浮游动物种群结构

3.2.3.1 沙湖浮游动物种类组成

2015—2017 年沙湖浮游动物种类组成及季节分布见表 3-2。

2015 年沙湖浮游动物 29 种，其中轮虫 17 种，占 58.7%；枝角类 9 种，占 31.0%；桡足类 3 种，占 10.3%。2016 年沙湖浮游动物 24 种，其中轮虫 14 种，占 56.0%；枝角类 8 种，占 32.0%；桡足类 3 种，占 12.0%。2017 年沙湖浮游动物 27 种，其中轮虫 15 种，55.6%；枝角类 9 种，占 33.3%；桡足类 3 种，占 11.1%。

沙湖浮游动物春、秋季出现的种类较多，冬季最少；常见并且能够形成优势种的种类有角突臂尾轮虫、萼花臂尾轮虫、矩形龟甲轮虫、曲腿龟甲轮虫、前额犀轮虫、月形腔轮虫、前节晶囊轮虫、异尾轮虫、长肢多肢轮虫、长三肢轮虫、桡足类无节幼体；枝角类多

表 3-2　　2015—2017 年沙湖浮游动物种类组成及季节分布

浮游动物种类	2015 年				2016 年				2017 年			
	1 月	4 月	7 月	10 月	1 月	4 月	7 月	10 月	1 月	4 月	7 月	10 月
轮虫 Rotifer												
方块鬼轮虫 *Trichotria tetractis*	−	+	−	−	−	−	−	−	−	+	+	−
角突臂尾轮虫 *Brachionus angularis*	+	+	+*	+*	+	+	+*	+*	+	+	+*	+*
萼花臂尾轮虫 *B. calyciflorus*	+	−	+*	+	+	−	+*	+	+	+	+*	+
壶状臂尾轮虫 *B. urceus*	−	+	−	−	−	+	+	−	−	+	+	−
矩形龟甲轮虫 *Keratella quadiata*	+	+*	+	−	+	+*	+	+	+	+*	+	+
曲腿龟甲轮虫 *K. vaigavalga*	+*	−	+	+*	+*	+	+	+*	+*	+	+*	+*
螺形龟甲轮虫 *K. cochlearis*	+	−	−	−	+	+	−	−	+	−	−	−
前额犀轮虫 *Rhinoglena frontalis*	+*	+	−	−	+	−	−	+	+	+	−	+
月形腔轮虫 *Lecane luna*	−	+*	+	+	−	+	+	+	+	+*	+	+
囊形单趾轮虫 *Monostayla bulla*	−	+	−	−	−	+	−	+	−	−	−	−
前节晶囊轮虫 *Asplanchna priodonta*	+	+	+	+	+	+	+*	+	+	+	+*	+*
腹尾轮虫 *Gastropus* sp.	−	+	+	−	−	+	+	+	+	+	+	−
异尾轮虫 *Trichocera* sp.	−	+	+	+	−	+	+	+	−	+	+	+
对棘同尾轮虫 *Diurella stylata*	−	+	−	−	−	−	−	−	−	−	−	−
长肢多肢轮虫 *Polyarthra trigla*	+*	−	+*	+*	+*	+	+*	+*	+*	+	+*	+*
沟痕泡轮虫 *Pompholyx sulcata*	−	+	−	−	−	−	−	−	−	+	−	+
长三肢轮虫 *Filinia longiseta*	+	+	+*	+	+	+	+*	+	+	+	+*	++
枝角类 Cladocera												
短尾秀体溞 *Diaphanosoma brachyurum*	−	−	−	+	−	−	+	+	−	−	+	+
老年低额溞 *Simocephalus vetulus*	−	+	−	−	−	+	−	−	+	+	−	−
长刺溞 *Diphnia longispina*	−	+	+	−	−	+	−	+	−	+	−	+
大型溞 *D. magna*	+	−	−	+	+	−	+	−	+	+	+	+
直额裸腹溞 *Moina rectirostris*	+	−	−	+	+	−	−	+	+	−	−	+
长额象鼻溞 *Bosmina longirostris*	−	+	−	−	−	+	+	−	+	+	−	−
矩形尖额溞 *Alona rectangula*	−	+	+	+	−	+	−	+	−	+	−	+
点滴尖额溞 *A. guttata*	−	+	+	−	−	−	−	−	−	−	−	+
圆形盘肠溞 *Chydorus sphaericus*	−	+	−	+	−	+	−	+	−	−	−	+
桡足类 Copepoda												
咸水北镖水蚤 *Arctodiaptomus salinus*	−	−	−	+	−	−	−	+	−	−	+	+
近邻剑水蚤 *Cyclops vicinus*	+	+	+	+	+	+	+	+	+	+	+	+
无节幼体 Nauplius	+*	+*	+*	+*	+*	+*	+*	+*	+*	+*	+*	+*

注　“+”表示在相应季节中有分布；“*”表示优势种；“−”表示没有采到。

出现在春、秋季，常见种为直额裸腹溞、矩形尖额溞。总体来说，沙湖浮游动物出现的种类数不多，以轮虫为主，枝角类和桡足类出现的种类较少，浮游动物个体趋向小型化。

3.2.3.2　沙湖浮游动物密度与生物量

2015—2017 年沙湖浮游动物密度时空变化见图 3-3，生物量时空变化见图 3-4。

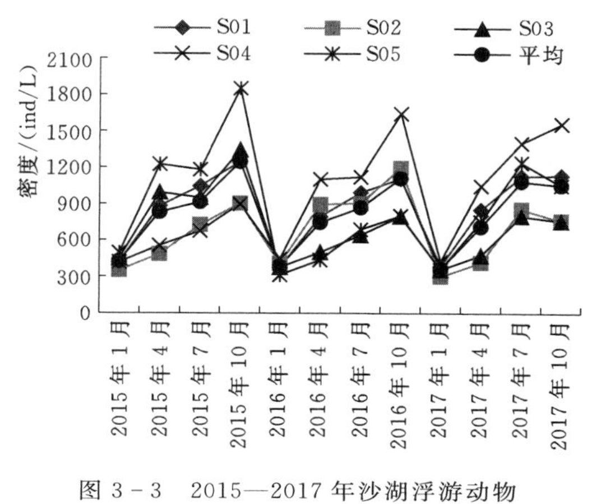

图 3-3　2015—2017 年沙湖浮游动物密度时空变化

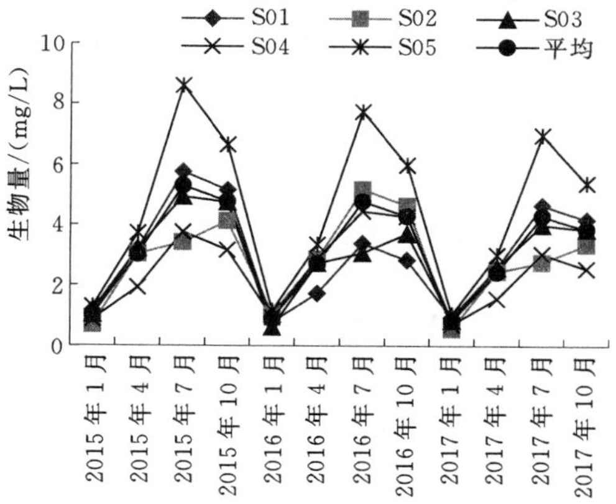

图 3-4　2015—2017 年沙湖浮游动物生物量时空变化

2015 年沙湖浮游动物密度变化范围为 426～1247ind/L，年均 854ind/L；浮游动物生物量为 1.01～5.30mg/L，年均 3.52mg/L。2016 年沙湖浮游动物密度变化范围为 383～1109ind/L，年均 776ind/L；浮游动物生物量为 0.91～4.77mg/L，年均 3.17mg/L。2017 年沙湖浮游动物密度变化范围为 364～1085ind/L，年均 803ind/L；浮游动物生物量为 0.82～4.29mg/L，年均 2.85mg/L。

沙湖浮游动物数量结构主要由轮虫和桡足类组成，生物量结构则主要由桡足类和枝角类组成。轮虫密度变化为秋季＞夏、春季＞冬季，生物量变化为夏、秋季＞春季＞冬季；枝角类主要在春季、秋季出现；桡足类的密度与生物量呈现夏季＞春季＞秋季＞冬季的趋势。沙湖 5 个采样点浮游动物年平均密度与生物量有一定差异，轮虫与桡足类的密度、生物量 S05 最高，S01 及 S03 次之，而 S04 与 S02 较低。

3.2.4　沙湖底栖动物种群结构

3.2.4.1　沙湖底栖动物种类组成

2015—2017 年沙湖底栖动物种类组成及季节分布见表 3-3。

2015 年沙湖底栖动物有 22 种（仅鉴定到科、属者按一个种计算），其中节肢动物门昆虫纲种类最多，共 9 种，占总数的 41.0%，昆虫纲的摇蚊科种类达 6 种；环节动物门 5 种，占总数的 22.7%；软体动物门 3 种，占总数的 13.6%，其中瓣鳃纲 1 种，腹足纲 2 种；节肢动物门甲壳纲 5 种，占总数的 22.7%。

2016 年沙湖有底栖动物 26 种，其中节肢动物门昆虫纲种类最多，共 10 种，占总数的 38.4%，昆虫纲的摇蚊科种类达 7 种；环节动物门 6 种，占总数的 23.1%；软体动物

表 3-3　2015—2017 年沙湖底栖动物种类组成及季节分布

底栖动物种类	2015年				2016年				2017年			
	1月	4月	7月	10月	1月	4月	7月	10月	1月	4月	7月	10月
环节动物门 Annelida												
霍甫水丝蚓 *Limmodrilus hottmeisten*	—	+	+	+	—	+	+	+	—	+	+	+
苏氏尾鳃蚓 *Branchiura sowebyi*	+	+	+	+	+	+	+	+	+	+	+	+
淡水单孔蚓 *Monopylephorus limosus*	+	+	+	+	—	+	+	+	+	+	+	+
尖头杆吻虫 *Stylaria fossularis*	—	—	+	+	—	+	+	+	—	—	+	+
八目石蛭 *Herpobdella octoculata*	—	—	—	—	—	—	+	+	—	—	+	+
宽身舌蛭 *Glossiphonia lata*	—	—	+	+	—	—	+	+	—	—	—	—
软体动物门 Mollusca												
中华圆田螺 *Cipangopaiudian chinensis*	+	+	+	+	+	+	+	+	+	+	+	+
狭萝卜螺 *Radix lagotis*	+	+	+	+	+	—	+	+	+	—	+	+
白旋螺 *Gyraulus albus*	—	—	—	—	—	+	+	—	—	—	+	—
背角无齿蚌 *Anodonta woodiana*	—	+	+	—	—	+	+	+	—	+	+	+
节肢动物门 Arthropoda												
甲壳纲 Crustacea												
中华绒螯蟹 *Eriocheir sinensis*	—	—	+	+	—	+	+	+	—	—	+	+
钩虾 *Gammarus* sp.	—	—	+	+	—	+	+	+	—	—	+	+
秀丽白虾 *Exopalaemon modestus*	+	+	+	+	+	+	+	+	+	+	+	+
中华小长臂虾 *Palaemonetes sinensis*	+	+	+	+	+	+	+	+	+	+	+	+
日本沼虾 *Macrobrachium nipponense*	—	+	+	+	—	+	+	+	—	+	+	+
罗氏沼虾 *M. rosenbeigii*	—	—	—	—	—	—	+	+	—	—	+	+
昆虫纲 Inseata												
划蝽 *Sigara* sp.	—	+	+	—	—	+	+	—	—	—	+	—
龙虱 *Cybister* sp.	—	—	+	+	—	+	+	+	—	—	+	+
潜水蝽 *Naucoridoc* sp.	—	—	+	—	—	—	+	+	—	—	—	—
羽摇蚊 *Tendipes plumosus*	—	+	+	+	—	+	+	+	—	+	+	+
点脉粗腹摇蚊 *Tauypas punctipcnis*	—	—	+	+	—	—	+	+	—	—	+	+
库蚊型前突摇蚊 *Procladius cuilormis*	—	—	+	+	—	—	+	+	—	—	+	+
花纹前突摇蚊 *P. choueus*	—	—	+	+	—	—	+	—	—	—	—	—
毛突摇蚊 *Chaetocladius* sp.	—	—	+	+	—	—	+	+	—	—	+	+
隐摇蚊 *Cryptotendipes* sp.	—	—	+	+	—	—	+	+	—	—	+	+
多足摇蚊 *Polypedilum* sp.	—	—	—	—	—	—	+	—	—	—	+	—

注　“+”表示在相应季节中有分布；“—”表示没有采到。

门 4 种，占总数的 15.4%，其中瓣鳃纲 1 种，腹足纲 2 种；节肢动物门甲壳纲 6 种，占总数的 23.1%。

2017 年沙湖有底栖动物 23 种，节肢动物门昆虫纲种类 8 种，占总数的 34.8%，昆虫纲的摇蚊科种类达 6 种；环节动物门 5 种，占总数的 21.7%；软体动物门 4 种，占总数的 17.4%，其中瓣鳃纲 1 种，腹足纲 2 种；节肢动物门甲壳纲 6 种，占总数的 26.1%。

在不同样点，底栖动物的优势种类不同，生物量也有较大差别，其中摇蚊幼虫的出现率为 100%，优势种类主要有环节动物门寡毛纲尾鳃蚓、软体动物门腹足纲中华圆田螺、节肢动物门甲壳纲中华小长臂虾、节肢动物门昆虫纲划蝽。另外，水体中尚有一定量的中华绒螯蟹。

3.2.4.2 沙湖底栖动物的密度和生物量

2015—2017 年沙湖底栖动物密度时空变化见图 3-5，生物量时空变化见图 3-6。

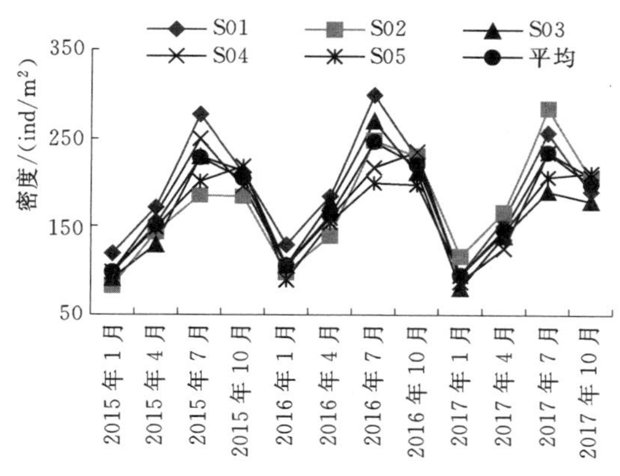

图 3-5 2015—2017 年沙湖底栖动物密度时空变化

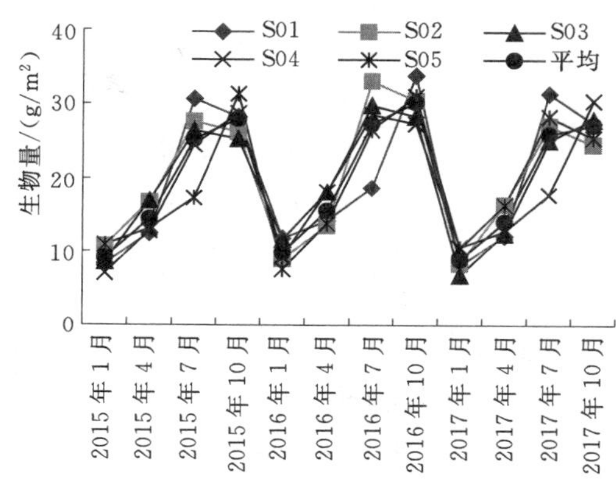

图 3-6 2015—2017 年沙湖底栖动物生物量时空变化

2015 年沙湖底栖动物年平均密度为 171ind/m^2，变化范围为 98～229ind/m^2；年平均生物量为 19.20g/m^2，变化范围为 9.11～28.01g/m^2。2016 年沙湖底栖动物年平均密度为 184ind/m^2，变化范围为 106～247ind/m^2；年平均生物量为 20.73g/m^2，变化范围为 9.84～30.25g/m^2。2017 年沙湖底栖动物年平均密度为 169ind/m^2，变化范围为 95～235ind/m^2；年平均生物量为 19.00g/m^2，变化范围为 8.85～27.23g/m^2。

沙湖底栖动物密度夏季最高、冬季最低，生物量秋季最高、冬季最低。夏秋季节水温较高，浮游生物大量繁殖，饵料丰富，底栖动物也随之增加。

3.2.5 沙湖水生植物种群结构

3.2.5.1 沙湖水生植物种类组成

2015—2017 年沙湖水生植物种类组成见表 3-4。从种类组成分析，绝大部分为湖泊中普生性的种类。

表 3-4　　2015—2017 年沙湖水生植物种类组成

水生植物种类		2015 年	2016 年	2017 年
漂浮植物	蘋 *Marsilea quadrifolia*	+	+	+
	槐叶蘋 *Salvinia natans*	+	+	+
	细叶满江红 *Azolla filiculoides*	+	+	+
	浮萍 *Lemna minor*	+	+	+
	紫萍 *Spirodela polyrrhiza*	+	—	—
	芜萍 *Wolffia arrhiza*	+	+	+
	凤眼莲 *Eichhornia crassipes*	+	+	+
浮叶植物	菱 *Trapa japonica*	+	+	—
	莲 *Nelumbo nucifera*	+	+	+
	睡莲 *Nymphaea rubra*	+	+	+
	荇菜 *Nymphoides peltatum*	—	+	+
挺水植物	菖蒲 *Acorus calamus*	+	+	+
	芦苇 *Phragmites australis*	+	+	+
	狭叶香蒲 *Typha angustifolia*	+	+	+
	宽叶香蒲 *T. latifolia*	+	+	+
	菰 *Zizania latifolia*	+	—	—
	荆三棱 *Scirpus yagara*	—	—	+
	水葱 *S. validus*	+	+	+
	荸荠 *Hleocharis dulcis*	+	—	—
	水芹 *Oenanthe javanica*	—	+	+
	喜旱莲子草 *Alternanthera philoxeroides*	—	+	+
	蕹菜 *Ipomoea aquatica*	+	+	+
沉水植物	眼子菜 *Potamogeton franchetii*	+	+	+
	穿叶眼子菜 *Potamogeton perfoliarus*	+	+	+
	篦齿眼子菜 *P. pectinatus*	+	+	+
	菹草 *Potamogeton crispus*	+	+	+
	苦草 *Vallisneria natans*	+	+	+
	小茨藻 *Najas minor*	+	+	—
	大茨藻 *N. marina*	+	+	—
	狸藻 *Utricularia vulgaris*	+	—	—
	金鱼藻 *Ceratophyllum demersum*	+	—	—
	穗状狐尾藻 *Myriophyllum spicatum*	+	—	—

注　“+”表示在相应季节中有分布；“—”表示没有采到。

2015 年沙湖检出水生维管束植物 29 种，依生活型而论，有挺水植物 8 种，占所有种类的 27.6%；漂浮植物 7 种，占 24.1%；浮叶植物 4 种，占 13.8%；沉水植物 10 种，占

34.5%。2016 年沙湖检出水生维管束植物 25 种，依生活型而论，有挺水植物 8 种，占所有种类的 32.0%；漂浮植物 6 种，占 24.0%；浮叶植物 4 种，占 16.0%；沉水植物 7 种，占 28.0%。2017 年沙湖检出水生维管束植物 23 种，依生活型而论，有挺水植物 9 种，占所有种类的 39.1%；漂浮植物 6 种，占 26.1%；浮叶植物 3 种，占 13.0%；沉水植物 5 种，占 21.7%。

3.2.5.2 沙湖水生植物密度与生物量

2015—2017 年沙湖水生植物密度与生物量变化见图 3-7 和图 3-8。

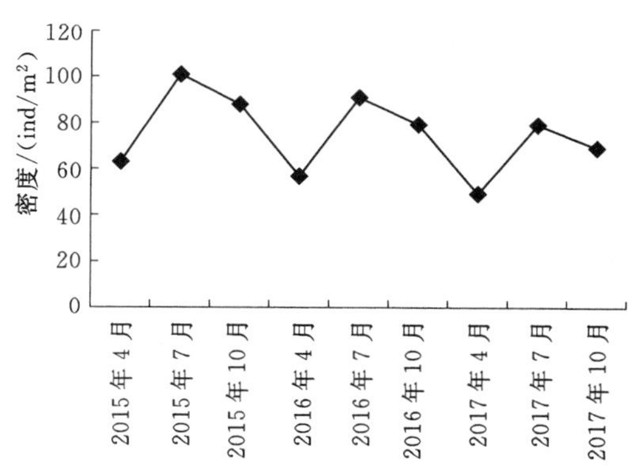

图 3-7 2015—2017 年沙湖水生植物密度变化

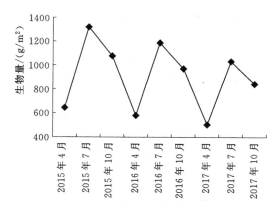

图 3-8 2015—2017 年沙湖水生植物生物量变化

2015 年沙湖水生植物年平均密度为 84ind/m²，变化范围为 63～101ind/m²；年平均生物量为 1014.0g/m²，变化范围为 644.8～1319.5g/m²。2016 年沙湖水生植物年平均密度为 76ind/m²，变化范围为 57～91ind/m²；年平均生物量为 912.6g/m²，变化范围为 580.3～1187.6g/m²。2017 年沙湖水生植物年平均密度为 66ind/m²，变化范围为 49～79ind/m²；年平均生物量为 793.0g/m²，变化范围为 504.3～1032.0g/m²。

沙湖水生植物密度夏季最高、冬季最低，生物量夏季最高、冬季最低。夏季水温较高，水生植物生长旺盛，此时量最大。各样点间水生植物的密度与生物量差异不明显。

水生植物数量的季节性变化规律决定了其对水体氮磷营养盐等的吸收程度，沙湖水体氮磷营养盐含量冬、春季较高，夏、秋季较低，其原因主要是水生植物的量在夏秋季节达到高峰，吸附贮存了相当数量的营养盐类，使得水体营养盐含量降低，同时水生植物个体大、生命周期长、吸附和储存营养盐能力强，能够通过对光环境和营养盐的竞争，抑制藻类生长，净化水质。

3.2.6 沙湖鱼类种类组成

沙湖鱼类共有 10 科 26 种，其中鲤科 15 种，鲶科 3 种，胡子鲶科、鮰科、鳅科、鳢科、胡瓜鱼科、塘鳢科、鰕虎鱼科、鲻科各 1 种。2015—2017 年沙湖鱼类种类组成见表 3-5。

表 3-5　　2015—2017 年沙湖鱼类种类组成

鱼类种类		2015 年	2016 年	2017 年
鲤科 Cyprinidae	鲤 *Cyprinus carpio*	+	+	+
	鲫 *Carassius auratus*	+	+	+
	鲢 *Hypophthalmichthys molitrix*	+	+	+
	鳙 *Aristichthys nobilis*	+	+	+
	草鱼 *Ctenopharyngodon idellus*	+	+	+
	团头鲂 *Megalobrama amblycephala*	+	+	+
	长春鳊 *Parabramis pekinensis*	+	+	+
	雅罗鱼 *Leuciscus walechii*	+	—	—
	中华鳑鲏 *Rhodeus sinensis*	+	+	+
	棒花鱼 *Abbottina rivularis*	+	+	+
	麦穗鱼 *Pseudorasbora parva*	+	+	+
	棒花鮈 *Gobio rivuloides*	+	—	—
	赤眼鳟 *SqucrLiobarbus Curricnlus*	—	—	+
	蒙古红鲌 *Erythroculter mongolicus*	—	+	+
	翘嘴红鲌 *E. ilishaeformis*	—	—	+
鲶科 Silnridae	鲶 *Silurus asotus*	+	+	+
	兰州鲶 *Silurus lanzhouensis*	+	+	+
	南方大口鲶 *Silurus meridioncrlis*	—	+	+
胡子鲶科 Clariidae	胡子鲶 *Clarias fuscus*	+	+	+
鮰科 Ictaluridae	斑点叉尾鮰 *Ietalurus punetaus*	—	+	+
鳅科 Cobitdae	泥鳅 *Misgurnus anguillicaudatus*	+	+	+
鳢科 Channidae	乌鳢 *Channa argus*	+	+	+
胡瓜鱼科 Osmeridae	池沼公鱼 *Hypomesus olidus*	—	—	+
塘鳢科 Eleotridae	黄鲂鱼 *Hypseleotris swinhonis*	+	—	+
鰕虎鱼科 Gobiidae	波氏栉鰕虎鱼 *Ctenogobius cliffordpopei*	—	—	+
鳉科 Cyprinodontidae	青鳉 *Oryzios loupes*	+	+	+

注　"+"表示在相应年份中有分布；"—"表示没有采到。

3.3 阅海湖水生生物种群组成及群落结构

3.3.1 样点的布设与采样时间

阅海湖水生生物采集样点与水环境因子样点相同。于 2015—2017 年的 1 月（冬）、4 月（春）、7 月（夏）、10 月（秋）四个季节代表月对阅海湖水体中的浮游植物、浮游动物、底栖动物进行定性、定量分析，水生植物与鱼类采集与分析于 4 月（春）、7 月（夏）、10 月（秋）进行。

3.3.2 阅海湖浮游植物种群结构

3.3.2.1 阅海湖浮游植物种类组成

2015—2017 年阅海湖浮游植物种类组成及季节分布见表 3-6。

表 3-6　2015—2017 年阅海湖浮游植物种类组成及季节分布

浮游植物种类	2015 年				2016 年				2017 年			
	1月	4月	7月	10月	1月	4月	7月	10月	1月	4月	7月	10月
蓝藻门 Cyanophyta												
色球藻 *Chroococcus* sp.	+	+*	+*	+*	+	+	+*	+*	+	+	+*	+*
铜绿微囊藻 *M. aeruginosa*	−	+	+*	+*	−	+	+	+*	+	+	+*	+*
水华微囊藻 *M. flosaquae*	−	+	+	+	−	+	+	+	−	+	+	+
平列藻 *Merismopedia* sp.	−	+	+	+	−	+	+	+	−	−	+	+
小席藻 *P. tenus*	−	+	+	+	−	+	+	+	−	−	+	+
小颤藻 *O. tenuis*	+	−	+*	+	+	−	+	+*	−	−	+*	+
针晶蓝纤维藻 *D. rhaphidioides*	−	+	−	+*	−	+	+	+*	−	+	+	+*
针状蓝纤维藻 *D. acicularis*	+	+*	+*	+*	+	+*	+*	+*	+	+*	+*	+*
为首螺旋藻 *S. princeps*	−	−	+	+*	−	−	+	+*	−	−	+*	+
阿氏项圈藻 *A. arnoldii*	−	−	−	+	−	−	+	+	−	−	+	−
鞘丝藻 *Lyngbya* sp.	−	+	−	+	−	+	−	+	−	−	+	+
粘球藻 *Gloeocapsa* sp.	−	+	−	+	−	+	−	+	−	+	−	+
隐藻门 Cryptophyta												
啮蚀隐藻 *C. erosa*	+	−	−	+	+	−	−	+	+	−	−	+
尖尾蓝隐藻 *C. acuta*	+*	−	+	+*	+	−	+	+*	+	−	+	+*
卵形隐藻 *C. ovata*	+	−	−	+	+	−	+	+	−	−	+	+
甲藻门 Pyrrophyta												
飞燕角甲藻 *C. hirundinella*	−	−	+	−	−	−	−	−	+	−	+	−
薄甲藻 *G. pulvisculus*	+	−	−	−	+	−	−	−	−	−	−	−
多甲藻 *Peridiniam* sp.	+	−	−	+	+	−	−	+	+	−	−	+

续表

浮游植物种类	2015年				2016年				2017年			
	1月	4月	7月	10月	1月	4月	7月	10月	1月	4月	7月	10月
金藻门 Chrysophyta												
棕鞭藻 *Ochromonas* sp.	+	−	−	−	+	−	−	+	+	−	−	−
小三毛金藻 *Prymnesium parvum*	+*	−	−	+*	+	−	−	+*	+*	−	−	+
鱼鳞藻 *Mallonona* sp.	+	+	−	+	−	−	−	−	+	−	−	+
锥囊藻 *Dinobryon* sp.	−	−	−	+	−	−	−	+	−	−	−	−
黄藻门 Xanthophyta												
绿色黄丝藻 *T. viride*	+	−	−	+	+	+	−	+	+	−	−	+
硅藻门 Bacillariophyta												
梅尼小环藻 *C. meneghiniana*	+	+*	−	+	+	+*	+	+*	+	−	+	+*
科曼小环藻 *C. comensis*	−	−	+	+	−	−	+	+	−	+	+	+
颗粒直链藻 *M. granulata*	+	−	+	+	+	−	+	+	+	+	+	+
变异直链藻 *M. varians*	−	+	−	+	−	−	−	−	+	+	−	+
披针曲壳藻 *A. lanceolata*	+	+	+	+	+	+	+	+	+	−	+	+
扁圆卵形藻 *C. placentula*	+	+	+	+	−	+	+	+	+	−	+	+
尖针杆藻 *Synedra acus*	+*	+*	+*	+	+*	+	+*	+*	+*	+	+*	+*
连接脆杆藻 *F. construens*	+	+	+	+	+	+	+	+	+	+*	+	+
线形舟形藻 *N. graciloides*	+	+	+	−	+	+	+	−	+	−	+	+
缢缩异极藻 *G. constrictum*	−	−	−	+	−	−	+	+	−	−	−	+
新月形桥弯藻 *C. cymbiformis*	+	+	+	+	+	+	+	+	+	−	+	+
卵圆双眉藻 *A. ovalis*	−	+	+	+	−	+	+	+	−	−	+	+
弯棒杆藻 *Rhopalodia gibba*	−	−	+	+	+	−	−	+	−	−	+	+

续表

浮游植物种类	2015年				2016年				2017年			
	1月	4月	7月	10月	1月	4月	7月	10月	1月	4月	7月	10月
肋缝菱形藻 *N. frustulum*	+	+	+	+	−	+	+	+	+	+	−	+
草履波纹藻 *C. solea*	+	−	−	+	−	−	−	−	−	−	−	−
波形羽纹藻 *P. undulata*	+	+*	+*	+	+	+*	+*	+	+	+*	+*	+
美丽星杆藻 *A. formosa*	+	+*	+	+	+	+*	+	+	−	+	+*	+
尖布纹藻 *G. acuminatum*	−	−	+	+	+	−	−	+	−	−	−	−
裸藻门 Euglenophyta												
裸藻 *Euglena* sp.	+	+	+*	+*	+	+	+*	+*	+	+	+*	+*
旋转囊裸藻 *T. volvocina*	+	−	−	+	−	−	−	+	−	−	−	+
卵形磷孔藻 *Lepocinelis ovum*	−	−	+	+	−	−	+	+	−	−	−	+
囊裸藻 *Trachelomonas* sp.	−	−	+	+	−	−	−	+	−	+	−	+
绿藻门 Chlorophyta												
小球藻 *C. pyrenoidosa*	+*	+*	+*	+*	+*	+*	+*	+*	+*	+*	+*	+*
纤细月芽藻 *S. gracile*	+	−	+	+	+	−	+	+	−	−	+	+
镰形纤维藻 *A. falcatus*	+	+	+	+	+	+	+	+	+	+	+	+
湖生卵囊藻 *O. lacustis*	−	+	−	+	−	+	−	+	−	−	+	+
膨胀四角藻 *T. tumidelum*	−	+	+	−	−	+	+	−	−	−	+	+
四尾栅藻 *S. quadricauda*	+*	+	+*	+	+*	+	+*	+	+*	+	+*	+
双对栅藻 *S. bijugatus*	−	−	+	+	−	−	−	+	−	−	−	+
韦氏藻 *W. botryoides*	+	+	+	+	+	−	−	+	+	−	+	+
衣藻 *Amydomonas* sp.	+*	+*	+*	+*	+*	+*	+*	+*	+*	+*	+*	+*
弓形藻 *S. setigera*	−	+	+	−	−	+	−	−	−	−	+	+

续表

浮游植物种类	2015年				2016年				2017年			
	1月	4月	7月	10月	1月	4月	7月	10月	1月	4月	7月	10月
空球藻 *E. elegans*	+	+	+	+	+	+	+	+	+	+	+	+
二角盘星藻 *P. duplex*	+	+	+	+	+	—	+	+	—	—	+	+
四角盘星藻 *P. tetras*	+	+	+	+	+	+	—	+	—	+	+	+
拟新月藻 *C. longissima*	—	+	+	+	—	+	+	+	—	—	+	+
肾形藻 *Nephrocytium* sp.	—	—	—	+	—	—	+	+	—	—	+	+
长绿梭藻 *C. elongatum*	+	+	+	+	+	+	+	+	+	+	+	+
葡萄藻 *B. braunii*	—	—	+	+	—	+	+	+	—	+	+	+
圆鼓藻 *C. obsoletum*	+	+	+	+	—	+	+	+	+	—	+	+
多形角星鼓藻 *S. polymorphum*	—	+	—	—	—	+	—	—	—	+	—	—
具齿角星鼓藻 *S. indentatum*	—	—	+	+	—	—	—	+	—	—	+	+
六角角星鼓藻 *S. sexangulare*	—	+	—	+	—	—	—	+	—	+	—	+
凹顶鼓藻 *E. ansatum*	+	—	—	+	—	—	—	—	—	—	+	+
项圈新月藻 *C. moniliferum*	+	+	+	+	+	+	+	+	+	+	+	+
美丽盘藻 *G. formosum*	+	+	+	+	+	+	+	+	+	+	+	+
十字藻 *C. apiculata*	—	+	—	+	—	+	—	+	+	+	+	+
多芒藻 *G. radiata*	+	+	+	—	+	—	—	—	+	+	+	+
绿球藻 *Cladophora* sp.	+	+	+	+*	+	+	+	+*	+	+	+*	+
微芒藻 *Micractimium* sp.	—	—	+	+	—	—	—	—	—	+	—	+
丝藻 *Ulothrix* sp.	—	—	+	+	—	—	+	+	—	—	+	+
水绵 *Spirogyra* sp.	—	—	+	+	—	—	+	+	—	—	+	+

注 “+”表示在相应季节中有分布；“*”表示优势种；“—”表示没有采到。

2015 年在阅海湖水体共采到浮游植物 75 个种（仅鉴定到属的按一个种计算，后同），其中绿藻门 30 种，占总种类数的 40.1%；硅藻门 18 种，占 24.0%；蓝藻门 12 种，占 16.0%；裸藻门 4 种，占 5.3%；金藻门 4 种，占 5.3%；甲藻门 3 种，占 4.0%；隐藻门 3 种，占 4.0%；黄藻门 1 种，占 1.3%。

2016 年在阅海湖水体共采到浮游植物 70 个种，其中绿藻门 28 种，占总种类数的 40.0%；硅藻门 16 种，占 22.9%；蓝藻门 12 种，占 17.1%；裸藻门 4 种，占 5.7%；金藻门 3 种，占 4.3%；甲藻门 3 种，占 4.3%；隐藻门 3 种，占 4.3%；黄藻门 1 种，占 1.4%。

2017 年在阅海湖水体共采到浮游植物 71 个种，其中绿藻门 30 种，占总种类数的 42.4%；硅藻门 16 种，占 22.5%；蓝藻门 12 种，占 16.9%；裸藻门 4 种，占 5.6%；金藻门 3 种，占 4.2%；甲藻门 2 种，占 2.8%；隐藻门 3 种，占 4.2%；黄藻门 1 种，占 1.4%。

阅海湖浮游植物优势种主要有蓝藻门的色球藻、铜绿微囊藻、小颤藻、针晶蓝纤维藻、针状蓝纤维藻、为首螺旋藻，隐藻门的尖尾蓝隐藻，金藻门的小三毛金藻，裸藻门的裸藻，硅藻门的梅尼小环藻、尖针杆藻、波形羽纹藻、美丽星杆藻，以及绿藻门的小球藻、四尾栅藻、衣藻、绿球藻。

3.3.2.2 阅海湖浮游植物密度与生物量

2015—2017 年阅海湖浮游植物密度时空变化见图 3-9，生物量时空变化见图 3-10。

2015 年阅海湖浮游植物年平均密度为 846.3×10^4cells/L，变化范围为 445.5×10^4～1152.2×10^4cells/L；年平均生物量为 7.46mg/L，变化范围为 3.50～11.52mg/L。2016 年阅海湖浮游植物年平均密度为 860.96×10^4cells/L，变化范围为 439.53×10^4～1223.91×10^4cells/L；年平均生物量为 7.69mg/L，变化范围为 3.32～12.79mg/L。2017 年阅海湖浮游植物年平均密度为 885.04×10^4cells/L，变化范围为 525.97×10^4～1231.09×10^4cells/L；年平均生物量为 7.99mg/L，变化范围为 3.16～13.43mg/L。

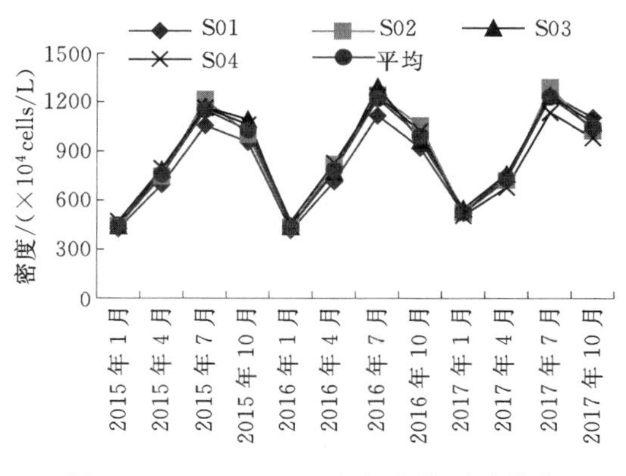

图 3-9 2015—2017 年阅海湖浮游植物密度时空变化

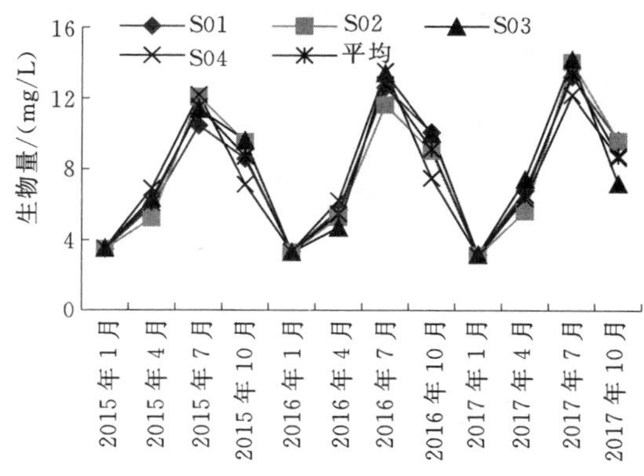

图 3-10 2015—2017 年阅海湖浮游植物生物量时空变化

阅海湖浮游植物密度夏季最高，蓝藻占绝对优势，绿藻、硅藻次之；冬季最低，绿藻占优势，其次为硅藻。夏秋季节水温较高，且水体氮磷营养盐含量丰富，蓝藻大量繁殖，是造成阅海湖富营养化的主要原因。阅海湖夏季浮游植物生物量最高，此时以硅藻占优势，冬季生物量最低，绿藻占优势。各样点间浮游植物的密度与生物量差异不明显。

3.3.3　阅海湖浮游动物种群结构

3.3.3.1　阅海湖浮游动物种类组成

2015—2017年阅海湖各季节浮游动物各门组成比例见表3-7。

2015年在阅海湖水体浮游动物采样调查中共检到各类浮游动物22种，其中轮虫12种，占54.6%；枝角类7种，占31.8%；桡足类3种，占13.6%。2016年在阅海湖水体浮游动物采样调查中共检到各类浮游动物19种，其中轮虫11种，占57.9%；枝角类6种，占31.6%；桡足类2种，占10.5%。2017年在阅海湖水体浮游动物采样调查中共检到各类浮游动物21种，其中轮虫12种，占57.1%；枝角类6种，占28.6%；桡足类3种，占14.3%。

阅海湖浮游动物春、秋季出现的种类较多，冬季最少；常见并且能够形成优势种的种类有角突臂尾轮虫、萼花臂尾轮虫、矩形龟甲轮虫、曲腿龟甲轮虫、月形腔轮虫、月形单趾轮虫、前节晶囊轮虫、沟痕泡轮虫、桡足类无节幼体；枝角类多出现在春、秋季，常见种为直额裸腹溞、圆形盘肠溞。总体来说，阅海湖浮游动物出现的种类不多，以轮虫为主，枝角类和桡足类较少，浮游动物个体趋向小型化。

3.3.3.2　阅海湖浮游动物密度与生物量

2015—2017年阅海湖浮游动物密度时空变化见图3-11，生物量时空变化见图3-12。

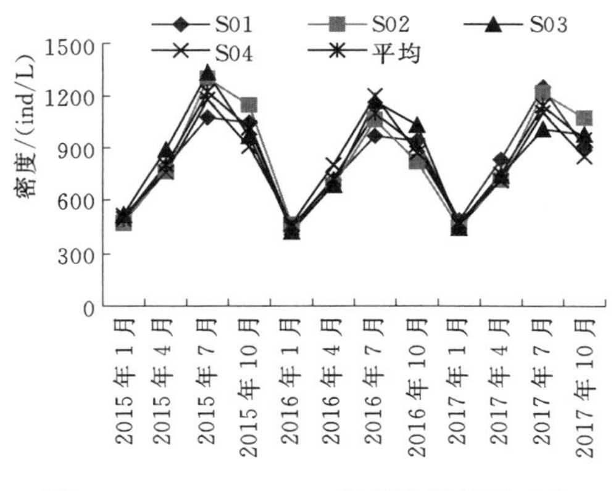

图3-11　2015—2017年阅海湖浮游动物密度时空变化

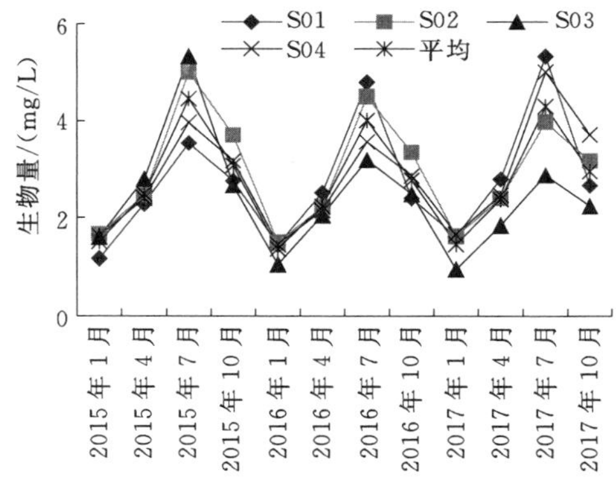

图3-12　2015—2017年阅海湖浮游动物生物量时空变化

2015年阅海湖浮游动物年平均密度为884ind/L，变化范围为495～1224ind/L；年平均生物量为2.88mg/L，变化范围为1.52～4.45mg/L。2016年阅海湖浮游动物年平均密度为796ind/L，变化范围为445～1101ind/L；年平均生物量为2.59mg/L，变化范围为1.37～4.01mg/L。2017年阅海湖浮游动物年平均密度为827ind/L，变化范围为463～1145ind/L；年平均生物量为2.76mg/L，变化范围为1.46～4.29mg/L。

表 3-7　　2015—2017 年阅海湖浮游动物种类组成及季节分布

浮游动物种类	2015 年				2016 年				2017 年			
	1月	4月	7月	10月	1月	4月	7月	10月	1月	4月	7月	10月
轮虫 Rotifer												
角突臂尾轮虫 *B. angularis*	+	+	+	+*	+	+	+	+*	+	+	+	+*
萼花臂尾轮虫 *B. calyciflorus*	+	—	+*	+	+	—	+*	+	+	+	+*	+
壶状臂尾轮虫 *B. urceus*	—	+	—	—	—	+	+	—	—	+	+	—
矩形龟甲轮虫 *Keratella quadiata*	+	+*	+*	+	+	+*	+	+	+*	+*	+	+
曲腿龟甲轮虫 *K. vaigavalga*	+	—	+	+*	+*	+	+	+*	+*	+	+*	+*
螺形龟甲轮虫 *K. cochlearis*	+	—	—	—	+	+	—	—	+	—	—	—
月形腔轮虫 *L. luna*	—	+*	+	+	—	+*	+	+	+	+*	+	+
月形单趾轮虫 *Monostyla lunaris*	+	+	+	+	+	+	+*	+	+	+	+*	+*
前节晶囊轮虫 *A. priodonta*	—	+	+	—	—	+	+*	+	+	+	+*	+*
长肢多肢轮虫 *P. trigla*	—	—	+	+	—	+	+	+	—	+	+	+
沟痕泡轮虫 *P. sulcata*	+*	+	+*	+*	+*	+	+	+*	+	+	+	+*
长三肢轮虫 *F. longiseta*	—	+	—	—	—	—	—	—	—	+	—	+
枝角类 Cladocera												
短尾秀体溞 *D. brachyurum*	—	—	+	+	—	—	—	+	—	+	+	+
长刺溞 *D. longispina*	+	+	—	—	+	+	—	+	—	—	—	—
大型溞 *D. magna*	+	—	+	+	—	+	+	—	+	+	+	+
直额裸腹溞 *M. rectirostris*	+	—	+	+	+	—	+	+	+	—	—	+
长额象鼻溞 *B. longirostris*	—	+	—	+	—	+	+	+	+	—	+	+
矩形尖额溞 *A. rectangula*	—	+	+	—	—	—	—	+	—	+	—	+
圆形盘肠溞 *C. sphaericus*	—	+	+	+	—	—	+	+	—	—	—	+
桡足类 *Copepoda*												
广布温中水蚤 *M. lcuckarti*	—	—	—	+	—	—	+	+	—	+	+	+
近邻剑水蚤 *C. vicinus*	+	+	+	+	+	+	+	+	+	+	+	+
无节幼体 Nauplius	+*	+*	+*	+*	+*	+*	+*	+*	+*	+*	+*	+*

注　“+”表示在相应季节中有分布；“*”表示优势种；“—”表示没有采到。

阅海湖浮游动物密度和生物量夏季最高，冬季较低；夏、秋季水温较高，藻类大量繁殖，以藻类为食的浮游动物数量也随之增加；各样点间浮游动物的密度与生物量差异不明显。

3.3.4　阅海湖底栖动物种群结构

3.3.4.1　阅海湖底栖动物种类组成

2015—2017 年阅海湖底栖动物种类组成及季节分布见表 3-8。

2015 年阅海湖底栖动物共计检出 18 种别（仅鉴定到科、属者按一个种计算），其中节肢动物门昆虫纲种类最多，共 8 种，占比 44.4%，昆虫纲的摇蚊科种类达 5 种；环节动物门 3 种，占比 16.7%；软体动物门 3 种，占比 16.7%，其中瓣鳃纲 1 种，腹足纲 2 种；节肢动物门甲壳纲 4 种，占比 22.2%。

2016 年阅海湖底栖动物共计检出 21 种别，其中节肢动物门昆虫纲种类最多，共 9 种，占比 42.9%，昆虫纲的摇蚊科种类达 6 种；环节动物门 4 种，占比 19.0%；软体动物门 3 种，占比 14.3%，其中瓣鳃纲 1 种，腹足纲 2 种；节肢动物门甲壳纲 5 种，占比 23.8%。

2017 年阅海湖底栖动物共计检出 20 种别，其中节肢动物门昆虫纲种类最多，共 8 种，占比 40.0%，昆虫纲的摇蚊科种类达 5 种；环节动物门 4 种，占比 20.0%；软体动物门 3 种（瓣鳃纲 1 种，腹足纲 2 种），占比 15.0%；节肢动物门甲壳纲 5 种，占比 25.0%。

阅海湖底栖动物常见的优势种类主要有环节动物门寡毛纲苏氏尾鳃蚓，软体动物门腹足纲中华圆田螺，节肢动物门甲壳纲中华小长臂虾；摇蚊幼虫的出现率为 100%，其中羽摇蚊的量较多。

3.3.4.2　阅海湖底栖动物密度与生物量

2015—2017 年阅海湖底栖动物密度时空变化见图 3-13，生物量时空变化见图 3-14。

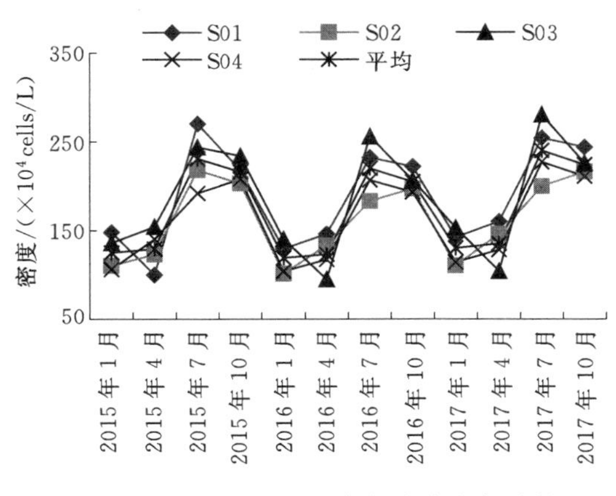

图 3-13　2015—2017 年阅海湖底栖动物密度时空变化

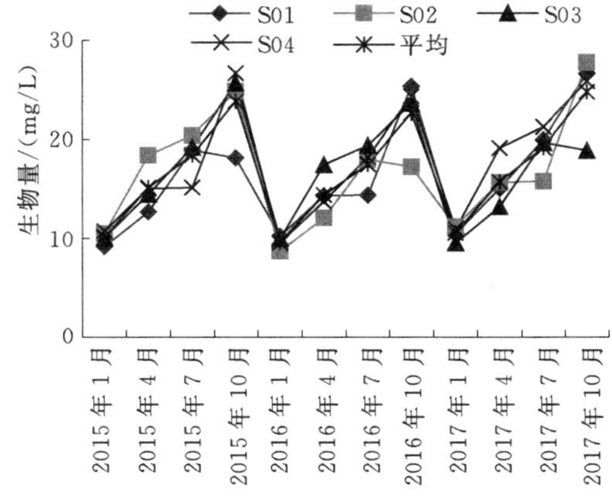

图 3-14　2015—2017 年阅海湖底栖动物生物量时空变化

表 3-8　2015—2017 年阅海湖底栖动物种类组成及季节分布

底栖动物种类	2015 年				2016 年				2017 年			
	1 月	4 月	7 月	10 月	1 月	4 月	7 月	10 月	1 月	4 月	7 月	10 月
环节动物门 Annelda												
霍甫水丝蚓 *L. hottmeisten.*	−	−	+	+	−	+	+	+	−	−	+	+
苏氏尾鳃蚓 *B. sowebyi*	+	+	+	+	+	+	+	+	+	+	+	+
淡水单孔蚓 *M. limosus*	−	−	+	+	−	+	+	+	+	+	+	+
尖头杆吻虫 *S. fossularis*	−	−	−	−	−	−	+	+	−	−	+	+
软体动物门 Mollusca												
中华圆田螺 *C. chinensis*	+	+	+	+	+	+	+	+	+	+	+	+
狭萝卜螺 *R. lagotis*	−	+	+	+	+	−	+	+	+	+	+	+
背角无齿蚌 *A. woodiana*	−	+	+	−	−	−	+	+	−	+	+	+
节肢动物门 Arthropoda												
甲壳纲 Crustacea												
中华绒螯蟹 *E. sinensis*	−	−	+	+	−	+	+	+	−	+	+	+
秀丽白虾 *E. modestus*	−	−	+	+	−	−	+	+	−	+	+	+
中华小长臂虾 *P. sinensis*	+	+	+	+	+	+	+	+	+	+	+	+
日本沼虾 *M. nipponense*	−	+	+	+	−	−	+	+	−	−	+	+
罗氏沼虾 *M. rosenbeigii*	−	−	−	−	−	−	+	+	−	+	+	+
昆虫纲 Inseata												
划蝽 *Sigara* sp.	−	+	+	−	−	−	+	+	−	−	+	+
潜水蝽 *Naucoridoc* sp.	−	+	+	−	−	+	+	−	−	−	+	−
瘦蟌 *Ischnura* sp.	−	−	+	+	−	+	+	+	−	−	+	+
羽摇蚊 *T. plumosus*	−	−	+	+	−	+	+	+	−	−	+	+
隐摇蚊 *Cryptotendipes* sp.	−	−	+	+	−	−	+	+	−	−	+	+
细长摇蚊 *Tendipes attenuatus*	−	−	+	+	−	−	+	−	−	−	+	+
黑内摇蚊 *E. nrgricans*	−	−	−	−	−	−	+	+	−	−	+	+
梯形多足摇蚊 *Polyedilum Scalaenum*	−	−	+	+	−	−	+	+	−	−	+	+

注　“+”表示在相应季节中有分布；“−”表示没有采到。

2015年阅海湖底栖动物年平均密度为175ind/m²，变化范围为125～231ind/m²；年平均生物量为16.88g/m²，变化范围为10.13～23.82g/m²。2016年阅海湖底栖动物年平均密度为166ind/m²，变化范围为119～220ind/m²；年平均生物量为16.04g/m²，变化范围为9.62～22.63g/m²。2017年阅海湖底栖动物年平均密度为182ind/m²，变化范围为130～240ind/L；年平均生物量为17.56g/m²，变化范围为10.53～24.78g/m²。

阅海湖底栖动物密度夏季最高、冬季最低，生物量秋季最高、冬季最低。夏秋季节水温较高，浮游生物大量繁殖，饵料丰富，底栖动物也随之增加，各样点间底栖动物的密度与生物量差异不明显。

3.3.5 阅海湖水生植物种群结构

3.3.5.1 阅海湖水生植物种类组成

2015—2017年阅海湖水生植物种类组成见表3-9。从种类组成分析，绝大部分为湖泊中普生性的种类。

表3-9 **2015—2017年阅海湖水生植物种类组成**

水生植物种类		2015年	2016年	2017年
漂浮植物	蘋 *M. quadrifolia*	—	+	—
	槐叶蘋 *S. natans*	+	+	+
	细叶满江红 *A. filiculoides*	+	+	+
	浮萍 *L. minor*	+	+	+
	紫萍 *S. polyrrhiza*	+	—	—
	凤眼莲 *E. crassipes*	+	+	+
浮叶植物	莲 *N. nucifera*	—	+	+
	睡莲 *N. rubra*	—	+	+
	荇菜 *N. speltatum*	+	+	+
挺水植物	菖蒲 *A. calamus*	+	+	+
	芦苇 *P. australis*	+	+	+
	狭叶香蒲 *T. angustifolia*	+	+	+
	宽叶香蒲 *T. latifolia*	+	+	+
	水烛 *T. angustiflia*	+	+	+
	菰 *Z. latifolia*	—	+	+
	荆三棱 *S. yagara*	+	+	+
	水葱 *S. validus*	—	+	+
	荸荠 *H. dulcis*	+	+	—
	鸭舌草 *Monochoria vaginalis*	—	+	+
	慈姑 *Sagittaria trifolia*	+	+	—

续表

水生植物种类		2015 年	2016 年	2017 年
沉水植物	眼子菜 *P. franchetii*	+	+	+
	穿叶眼子菜 *P. perfoliarus*	—	+	+
	篦齿眼子菜 *P. pectinatus*	+	+	+
	菹草 *P. crispus*	+	+	+
	狸藻 *U. vulgaris*	+	+	+
	金鱼藻 *C. demersum*	+	—	—
	穗状狐尾藻 *M. spicatum*	+	—	—

注　“+”表示在相应年份中有分布；“—”表示没有采到。

2015 年阅海湖检出水生维管束植物 20 种，依生活型而论，有挺水植物 8 种，占所有种类的 40.0%；漂浮植物 5 种，占 25.0%；浮叶植物 1 种，占 5.0%；沉水植物 6 种，占 30.0%。2016 年阅海湖检出水生维管束植物 24 种，依生活型而论，有挺水植物 11 种，占所有种类的 45.9%；漂浮植物 5 种，占 20.8%；浮叶植物 3 种，占 12.5%；沉水植物 5 种，占 20.8%。2017 年阅海湖检出水生维管束植物 21 种，依生活型而论，有挺水植物 9 种，占所有种类的 42.9%；漂浮植物 4 种，占 19.0%；浮叶植物 3 种，占 14.3%；沉水植物 5 种，占 23.8%。

3.3.5.2　阅海湖水生植物密度与生物量

2015—2017 年阅海湖水生植物密度与生物量变化见图 3-15 和图 3-16。

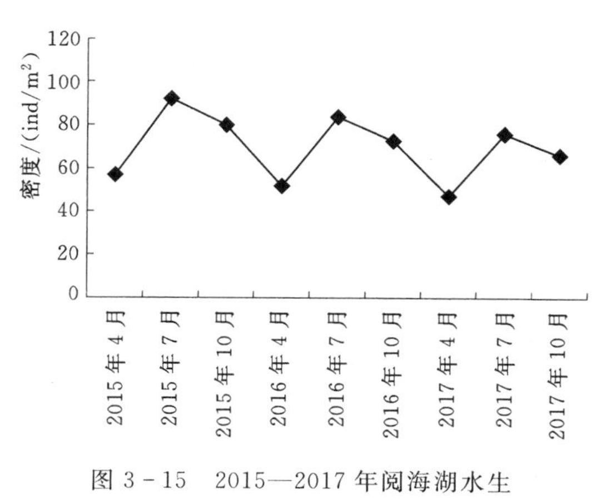

图 3-15　2015—2017 年阅海湖水生植物密度变化

生物量/(g/m²)
1200
1000
800
600
400
2015 年 4 月
2015 年 7 月
2015 年 10 月
2016 年 4 月
2016 年 7 月
2016 年 10 月
2017 年 4 月
2017 年 7 月
2017 年 10 月

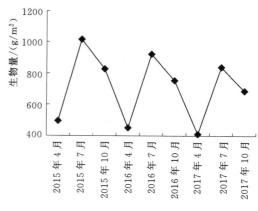

图 3-16　2015—2017 年阅海湖水生植物生物量变化

2015 年阅海湖水生植物年平均密度为 76ind/m^2，变化范围为 57～92ind/m^2；年平均生物量为 780.0g/m^2，变化范围为 496.0～1015.0g/m^2。2016 年阅海湖水生植物年平均密度为 69ind/m^2，变化范围为 52～84ind/m^2；年平均生物量为 709.8g/m^2，变化范围为 451.4～923.7g/m^2。2017 年阅海湖水生植物年平均密度为 63ind/m^2，变化范围为 47～76ind/m^2；年平均生物量为 645.9g/m^2，变化范围为 410.7～840.5g/m^2。

阅海湖水生植物密度夏季最高、冬季最低，生物量夏季最高、冬季最低。夏季水温较高，水生植物生长旺盛，此时量最大。各样点间水生植物的密度与生物量差异不明显。

水生植物数量的季节性变化规律决定了其对水体氮磷营养盐等的吸收程度，阅海湖水体氮磷营养盐含量冬、春季较高，夏、秋季较低，其原因主要是水生植物的量在夏秋季节达到高峰，吸附贮存了相当数量的营养盐类，使得水体营养盐含量降低，同时水生植物个体大、生命周期长、吸附和储存营养盐能力强，能够通过对光环境和营养盐的竞争，抑制藻类生长，净化水质。

3.3.6 阅海湖鱼类种类组成

阅海湖鱼类共有8科25种，其中鲤科16种，鲶科2种，鳅科2种，鮰科、鳢科、鳉科、胡瓜鱼科、攀鲈科各1种。2015—2017年阅海湖鱼类种类组成见表3-10。

表3-10　阅海湖鱼类种类组成

鱼类种类		2015年	2016年	2017年
鲤科 Cyprinidae	鲤 *C. carpio*	+	+	+
	鲫 *C. auratus*	+	+	+
	鲢 *H. molitrix*	+	+	+
	鳙 *A. nobilis*	+	+	+
	草鱼 *C. idellus*	+	+	+
	团头鲂 *M. amblycephala*	+	+	+
	长春鳊 *P. pekinensis*	+	+	+
	雅罗鱼 *L. walechii*	—	+	+
	中华鳑鲏 *R. sinensis*	+	—	+
	棒花鱼 *A. rivularis*	+	+	+
	麦穗鱼 *P. parva*	+	+	+
	棒花鮈 *G. rivuloides*	+	—	—
	花鲋 *Hemibarbus maculates*	—	+	+
	赤眼鳟 *S. Curricnlus*	+	+	+
	马口鱼 *Opsarzichthys bidens*	—	—	+
	寡鳞飘鱼 *Pseudolaubuca engraulis*	+	—	—
鲶科 Silnridae	鲶 *Silurus asotus*	+	+	+
	南方大口鲶 *S. meridioncrlis*	+	+	+
鮰科 Ictaluridae	斑点叉尾鮰 *Ietalurus punetaus*	+	+	+
鳅科 Cobitdae	泥鳅 *M. anguillicaudatus*	+	+	+
	北方花鳅 *C. granoei*	+	—	+
鳢科 Channidae	乌鳢 *C. argus*	+	+	+
胡瓜鱼科 Osmeridae	池沼公鱼 *H. olidus*	+	+	+
鳉科 Cyprinodontidae	青鳉 *O. loupes*	+	—	—
攀鲈科 Anabantidae	圆尾斗鱼 *Mocropodus chinensis*	—	+	+

注　“+”表示在相应季节中有分布；“—”表示没有采到。

3.4　星海湖水生生物种群组成及群落结构

3.4.1　样点的布设与采样时间

星海湖水生生物采集样点与水环境因子样点相同。于2015—2017年的1月（冬）、4月（春）、7月（夏）、10月（秋）四个季节代表月对星海湖水体中的浮游植物、浮游动物、底栖动物进行定性、定量分析，水生植物与鱼类采集与分析于4月（春）、7月（夏）、10月（秋）进行。

3.4.2　星海湖浮游植物种群结构

3.4.2.1　星海湖浮游植物种类组成

2015—2017年星海湖浮游植物种类组成及季节分布见表3-11。

2015年星海湖共采到浮游植物73种，其中以绿藻门种类最多，27种，占总种类数的38.1%；硅藻门次之，18种，占25.4%；蓝藻门14种，占19.7%；裸藻门3种，占4.2%；金藻门3种，占4.2%；甲藻门3种，占4.2%；隐藻门2种，占2.8%；黄藻门1种，占1.4%。

2016年星海湖共采到浮游植物70种，绿藻门27种，占总种类数38.5%；硅藻门18种，占25.7%；蓝藻门14种，占20.1%；裸藻门3种，占4.3%；金藻门3种，占4.3%；甲藻门2种，占2.9%；隐藻门2种，占2.9%；黄藻门1属1种，占1.4%。

2017年星海湖共采到浮游植物66种，绿藻门26种，占总种类数的39.5%；硅藻门17种，占25.8%；蓝藻门13种，占19.7%；裸藻门3种，占4.5%；金藻门2种，占3.0%；甲藻门2种，占3.0%；隐藻门2种，占3.0%；黄藻门1种，占1.5%。

星海湖浮游植物四季变化很大，秋季种类最多，冬季最少。在同一季节中绿藻门的种类最多，其次是硅藻门和蓝藻门。各样点都是绿藻最多，其次是硅藻、蓝藻。

星海湖浮游植物优势种主要有蓝藻门的色球藻、小席藻、小颤藻、针晶蓝纤维藻、针状蓝纤维藻、弯形尖头藻、为首螺旋藻，隐藻门的尖尾蓝隐藻，裸藻门的裸藻，硅藻门的梅尼小环藻、尖针杆藻、连接脆杆藻、波形羽纹藻、美丽星杆藻，以及绿藻门的小球藻、四尾栅藻、衣藻。

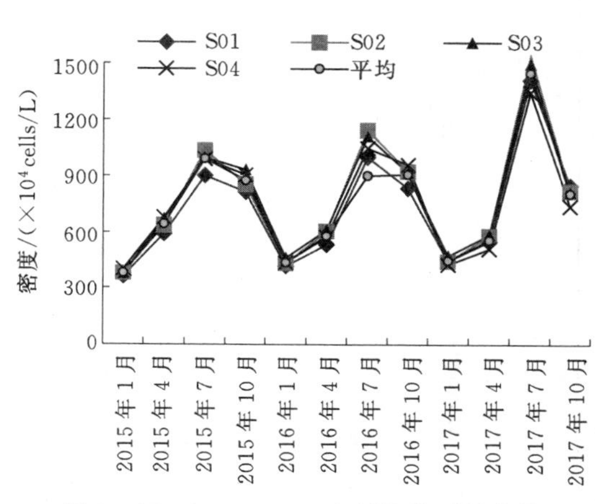

图3-17　2015—2017年星海湖浮游植物密度时空变化

3.4.2.2　星海湖浮游植物密度与生物量

2015—2017年星海湖浮游植物密度时空变化见图3-17，生物量时空变化见图3-18。

2015年星海湖浮游植物年平均密度为

表 3-11　　2015—2017 年星海湖浮游植物种类组成及季节分布

浮游植物种类	2015 年				2016 年				2017 年			
	1 月	4 月	7 月	10 月	1 月	4 月	7 月	10 月	1 月	4 月	7 月	10 月
蓝藻门 Cyanophyta												
色球藻 *Chroococcus* sp.	+	+*	+*	+*	+	+*	+*	+*	+	+*	+*	+*
铜绿微囊藻 *M. aeruginosa*	−	−	+	+	−	−	+	−	−	−	+	+
水华微囊藻 *M. flosaquae*	−	−	+	+	−	−	+	+	−	+	+	+
平列藻 *Merismopedia* sp.	−	−	+	+	−	+	+	−	−	+	+	+
小席藻 *P. tenus*	−	−	+	+*	−	+	+*	+*	−	+	+	+*
小颤藻 *O. tenuis*	+	−	+*	+	+	+	+*	+	+	−	+	+*
湖泊鞘丝藻 *L. limnetica*	−	−	−	+	−	−	+	+	−	−	−	+
针晶蓝纤维藻 *D. rhaphidioides*	−	+	+	+*	−	+	+*	+	−	+	+*	+*
针状蓝纤维藻 *D. acicularis*	+	+	+*	+*	−	+*	+*	+*	+	+*	+*	+*
弯形尖头藻 *R. curvata*	−	+	+*	+*	−	+	+*	+*	−	+	+*	+*
为首螺旋藻 *S. princeps*	−	+	+*	+	−	+	+	+*	−	−	+	+*
水华鱼腥藻 *A. flosaquae*	−	−	+	+	−	−	+	+	−	+	+	−
阿氏项圈藻 *A. arnoldii*	−	−	+	+	−	−	+	+	−	−	−	−
水华束丝藻 *A. flosaquae*	−	−	+	+	−	+	+	+	−	+	+	+
隐藻门 Cryptophyta												
尖尾蓝隐藻 *C. acuta*	+	+	+	+*	+	−	+	+	+*	+	+*	+*
卵形隐藻 *G. ovata*	+	−	−	+	+	+	−	+	+	−	−	+
甲藻门 Pyrrophyta												
飞燕角甲藻 *C. hirundinella*	−	+	−	−	+	−	+	−	−	−	+	−

续表

浮游植物种类	2015 年				2016 年				2017 年			
	1 月	4 月	7 月	10 月	1 月	4 月	7 月	10 月	1 月	4 月	7 月	10 月
薄甲藻 *G. pulvisculus*	+	−	−	−	−	−	−	−	−	−	−	−
多甲藻 *Peridinium* sp.	+	+	−	+	+	+	−	−	+	+	−	+
金藻门 Chrysophyta												
棕鞭藻 *Ochromonas* sp.	+	+	−	−	+	+	−	+	+	+	−	+
小三毛金藻 *P. parvum*	+	+	−	+	+	−	−	+	+	+	−	+
鱼鳞藻 *Mallonona* sp.	+	+	−	−	−	−	−	−	−	−	−	−
黄藻门 Xanthophyta												
绿色黄丝藻 *T. viride*	+	−	−	+	+	+	−	−	+	−	−	+
硅藻门 Bacillariophyta												
梅尼小环藻 *C. meneghiniana*	+	+*	−	+*	+	+*	+	+	+	+*	−	+
颗粒直链藻 *M. granulata*	−	+	+	+	+	−	−	+	+	+	+	+
变异直链藻 *M. varians*	+	+	−	−	+	+	−	−	−	+	−	+
披针曲壳藻 *Achnanthes lanceolata*	+	+	+	+	−	−	+	+	+	+	+	+
扁圆卵形藻 *C. placentula*	+	+	+	+	+	−	−	+	+	+	+	+
肘状针杆藻 *S. ulna*	+	+	−	+	−	−	+	+	−	+	+	+
尖针杆藻 *S. acus*	+*	+*	+*	−	+	+*	+	+*	+	+*	+*	+*
连接脆杆藻 *F. construens*	+	+*	+	+	+	+	+	+	+	+	+	+
放射舟形藻 *N. radiosa*	−	+	−	−	−	−	−	+	−	+	−	+
线形舟形藻 *N. graciloides*	+	+	−	−	−	+	+	−	−	−	−	−

续表

浮游植物种类	2015 年				2016 年				2017 年			
	1 月	4 月	7 月	10 月	1 月	4 月	7 月	10 月	1 月	4 月	7 月	10 月
新月形桥弯藻 *C. cymbiformis*	+	+	+	+	+	−	+	+	+	+	+	+
披针桥弯藻 *C. lanceolata*	−	−	+	−	−	−	−	−	−	+	−	−
卵圆双眉藻 *A. ovalis*	−	+	+	−	+	−	+	−	−	+	+	−
尖布纹藻 *G. acuminatum*	+	−	−	+	−	−	+	+	−	−	−	+
细布纹藻 *G. kutzingii*	−	+	−	−	+	+	−	+	+	+	−	−
肋缝菱形藻 *N. frustulum*	+	+	+	−	+	−	−	−	+	+	−	−
波形羽纹藻 *P. undulata*	+	+*	+*	+	+	+*	+	+	+	+*	+*	+
美丽星杆藻 *A. formosa*	+	+*	+	+	+	+	+	+*	+	+*	+	+
裸藻门 Euglenophyta												
裸藻 *Euglena* sp.	+	+	+	+	+	+	+*	+	+	+	+	+*
梭形裸藻 *E. acus*	−	+	−	+	−	−	−	+	−	+	−	+
旋转囊裸藻 *T. volvocina*	+	+	−	−	+	−	−	+	+	+	−	+
绿藻门 Chlorophyta												
小球藻 *C. pyrenoidosa*	+*	+*	+*	+*	+*	+*	+*	+*	+*	+*	+*	+*
镰形纤维藻 *A. falcatus*	+	+	+	+	+	+	+	+	+	+*	+	+
湖生卵囊藻 *O. lacustis*	−	+	−	+	−	−	+	+	−	+	−	+
膨胀四角藻 *T. tumidelum*	−	+	+	−	−	+	+	−	−	+	+	+*
四尾栅藻 *S. quadricauda*	+*	+*	+	+	+*	+	+	+*	+*	+	+*	+
韦氏藻 *W. botryoides*	+	+	+	+	+	+	+	+	+	+	+	+
衣藻 *Amydomonas* sp.	+*	+*	+*	+*	+	+*	+	+*	+*	+*	+*	+*

续表

浮游植物种类	2015年				2016年				2017年			
	1月	4月	7月	10月	1月	4月	7月	10月	1月	4月	7月	10月
空球藻 *E. elegans*	−	+	+	+	+	+	+	+	+	+	+	+
美丽团藻 *V. aureu*	−	−	+	−	+	−	+	−	+	+	+	−
四角盘星藻 *P. tetras*	−	+	+	−	+	−	+	+	+	+	+	+
拟新月藻 *C. longissima*	−	+	+	−	+	+	+	+	−	+	+	−
肾形藻 *Nephrocytium* sp.	−	−	+	−	−	−	+	+	+	−	+	+
长绿梭藻 *C. elongatum*	+	+	+	+	+	+	+	+	+	+	+	+
并联藻 *Q. chodatii*	−	−	+	−	−	−	−	+	+	−	−	−
锥形胶囊藻 *G. planctonica*	−	+	−	−	−	+	−	+	+	−	+	−
葡萄藻 *B. braunii*	+	−	−	+	−	+	−	−	+	−	−	−
集星藻 *A. hanzschii*	+	+	+	+	+	+	+	+	+	+	+	+
圆鼓藻 *C. obsoletum*	−	+	−	+	−	+	−	+	−	+	−	−
多形角星鼓藻 *S. polymorphum*	−	+	−	+	+	+	−	−	−	+	−	−
尖头角星鼓藻 *S. cuspidatum*	−	−	−	+	−	−	−	+	−	−	−	−
纤细角星鼓藻 *S. gracile*	+	+	−	+	+	+	+	+	+	+	+	+
凹顶鼓藻 *E. ansatum*	+	+	−	+	+	+	+	+	+	+	+	+
项圈新月藻 *C. moniliferum*	−	+	+	−	+	−	+	−	−	−	+	−
平顶顶接鼓藻 *S. m planum*	+	+	−	+	+	+	−	+	+	+	+	+
美丽盘藻 *G. formosum*	+	−	−	−	+	−	+	+	+	−	−	−
四足十字藻 *C. tetrapedia*	−	+	−	+	−	−	+	+	−	−	−	+
十字藻 *C. apiculata*	+	+	−	−	+	−	+	−	−	+	+	−

注 “+”表示在相应季节中有分布；“*”表示优势种；“−”表示没有采到。

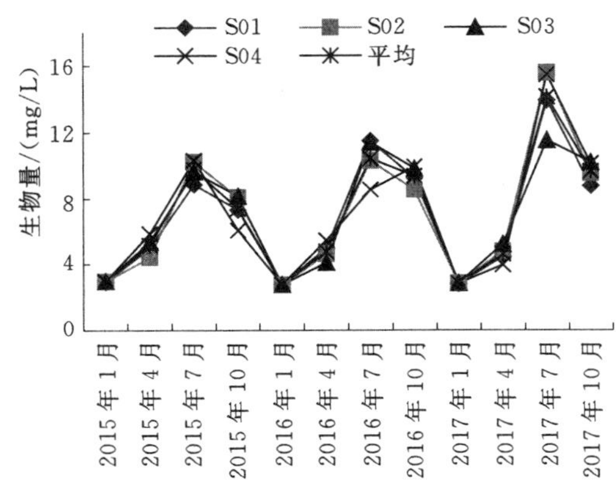

图3-18　2015—2017年星海湖浮游植物生物量时空变化

719.4×10⁴cells/L，变化范围为378.7×10⁴～979.4×10⁴cells/L；年平均生物量为6.34mg/L，变化范围为2.97～9.80mg/L。2016年星海湖浮游植物年平均密度为748.8×10⁴cells/L，变化范围为435.5×10⁴～1073.3×10⁴cells/L；年平均生物量为6.86mg/L，变化范围为2.78～10.46mg/L。2017年星海湖浮游植物年平均密度为814.1×10⁴cells/L，变化范围为445.6×10⁴～1449×10⁴cells/L；年平均生物量为7.81mg/L，变化范围为2.85～14.12mg/L。

星海湖浮游植物密度夏季最高，蓝藻占绝对优势，绿藻、硅藻次之；冬季最低，绿藻占优势，其次为硅藻。夏秋季节水温较高，且水体氮磷营养盐含量丰富，蓝藻大量繁殖，是造成星海湖富营养化的主要原因。星海湖夏季浮游植物生物量最高，此时以硅藻占优势，冬季生物量最低，绿藻占优势。各样点间浮游植物的密度与生物量差异不明显。

3.4.3　星海湖浮游动物种群结构

3.4.3.1　星海湖浮游动物种类组成

2015—2017年星海湖浮游动物种类组成及季节分布见表3-12。

2015年星海湖浮游动物21种，其中轮虫11种，占52.4%；枝角类6种，占28.6%；桡足类4种，占19.0%。2016年星海湖浮游动物26种，其中轮虫14种，占53.8%；枝角类8种，占30.8%；桡足类4种，占15.4%。2017年星海湖浮游动物24种，其中轮虫13种，占54.1%；枝角类7种，占29.2%；桡足类4种，占16.7%。

星海湖浮游动物春、秋季出现的种类较多，冬季最少；常见并且能够形成优势种的种类有角突臂尾轮虫、萼花臂尾轮虫、矩形龟甲轮虫、螺形龟甲轮虫、前额犀轮虫、前节晶囊轮虫、长肢多肢轮虫、长三肢轮虫、桡足类无节幼体；枝角类多出现在春、秋季，常见种为长额象鼻溞、圆形盘肠溞。星海湖浮游动物出现的种类总体上不多，以轮虫为主，枝角类和桡足类较少，浮游动物个体趋向小型化。

3.4.3.2　星海湖浮游动物密度与生物量

2015—2017年星海湖浮游动物密度时空变化见图3-19，生物量时空变化见图3-20。

2015年星海湖浮游动物年平均密度为752ind/L，变化范围为420～1040ind/L；年平均生物量为2.73mg/L，变化范围为1.443～4.232mg/L。2016年星海湖浮游动物年平均密度为767ind/L，变化范围为483～1171ind/L；年平均生物量为2.86mg/L，变化范围为1.35～5.12mg/L。2017年星海湖浮游动物年平均密度为781ind/L，变化范围为494～1329ind/L；年平均生物量为2.91mg/L，变化范围为1.30～5.38mg/L。

表 3-12　　2015—2017 年星海湖浮游动物种类组成及季节分布

浮游动物种类	2015 年				2016 年				2017 年			
	1月	4月	7月	10月	1月	4月	7月	10月	1月	4月	7月	10月
轮虫 Rotifer												
角突臂尾轮虫 *B. angularis*	—	+	+	—	+	—	+*	+	+	+	+	+*
萼花臂尾轮虫 *B. calyciflorus*	+	+	+*	+*	+	+	+*	+*	+	+	+*	+
矩形龟甲轮虫 *K. quadiata*	+	—	+*	+	+	—	+	+*	+	+*	+*	+*
曲腿龟甲轮虫 *K. vaigavalga*	—	—	—	—	—	+	—	—	—	+	+	—
螺形龟甲轮虫 *K. cochlearis*	+	+*	+	+	+	+*	+	+	+	+	+	+
前额犀轮虫 *R. frontalis*	+*	—	+	+*	+*	+	+	+*	+*	+	+	+
月形腔轮虫 *L. luna*	—	—	—	—	+	+	—	—	—	—	—	—
囊形单趾轮虫 *M. bulla*	+	+	—	—	+	—	—	+	+	+	—	+
前节晶囊轮虫 *A. priodonta*	—	+	+	+	—	+	+	+*	+	+	+*	+*
腹尾轮虫 *Gastropus* sp.	—	+	+	—	—	+	+	+	+	+	+	—
异尾轮虫 *Trichocera* sp.	—	+	+	+	—	+	+	+	—	+	+	+
长肢多肢轮虫 *P. trigla*	+*	+	+*	+*	+*	+	+	+*	+*	+	+	+*
沟痕泡轮虫 *P. sulcata*	—	—	—	—	—	+	+	—	—	+	—	+
长三肢轮虫 *F. longiseta*	+	+	+*	+	+	+	+*	+	+	+	+*	+
枝角类 Cladocera												
短尾秀体溞 *D. brachyurum*	—	—	+	+	—	—	+	+	—	—	+	+
老年低额溞 *S. vetulus*	—	—	—	—	—	+	—	—	—	—	—	—
长刺溞 *D. longispina*	—	—	—	—	—	+	—	+	—	—	+	+
大型溞 *D. magna*	—	—	—	+	—	—	+	+	—	+	+	+
直额裸腹溞 *M. rectirostris*	—	+	—	—	+	+	+	—	+	+	—	+
长额象鼻溞 *B. longirostris*	—	+	+	—	+	+	—	+	—	+	+	+
矩形尖额溞 *A. rectangula*	+	—	—	+	+	—	+	—	+	+	+	+
圆形盘肠溞 *C. sphaericus*	+	—	—	+	+	—	+	+	+	—	+	+
桡足类 Copepoda												
台湾温剑水蚤 *Thermocyclops taihokuensis*	—	—	—	—	—	—	+	+	—	—	—	+
广布温中水蚤 *M. lcuckarti*	—	+	—	+	—	+	—	+	—	—	+	+
近邻剑水蚤 *C. vicinus*	+	+	+	+	+	+	+	+	+	+	+	+
无节幼体 *Nauplius*	+*	+*	+*	+*	+*	+*	+*	+*	+*	+*	+*	+*

注　"+"表示在相应季节中有分布；"*"表示优势种；"—"表示没有采到。

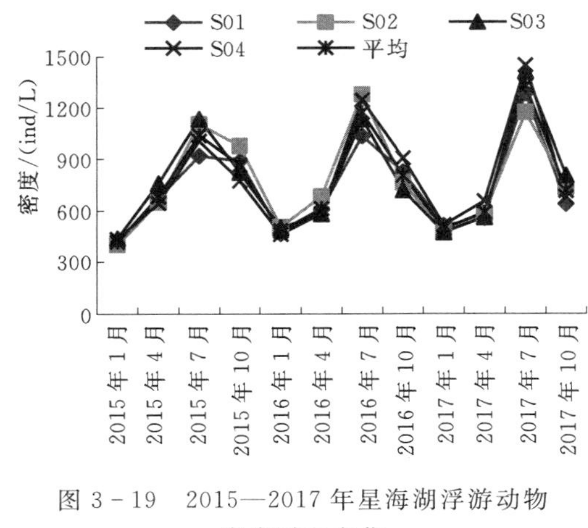

图 3-19　2015—2017 年星海湖浮游动物密度时空变化

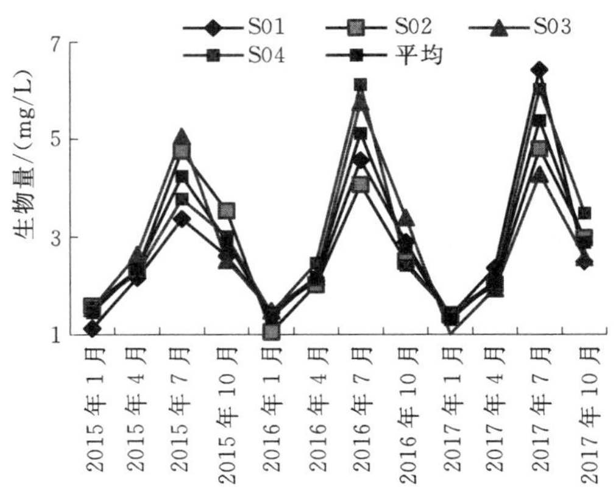

图 3-20　2015—2017 年星海湖浮游动物生物量时空变化

星海湖浮游动物密度和生物量夏季最高，冬季较低；夏秋季节水温较高，藻类大量繁殖，以藻类为食的浮游动物数量也随之增加；各样点间浮游动物的密度与生物量差异不明显。

3.4.4　星海湖底栖动物种群结构

3.4.4.1　星海湖底栖动物种类组成

2015—2017 年星海湖底栖动物种类组成及季节分布见表 3-13。

2015 年星海湖底栖动物共 18 种，其中环节动物门 4 种，占比 22.2%；软体动物门 2 种，占比 11.1%，其中瓣鳃纲 1 种，腹足纲 1 种；节肢动物门 12 种，其中昆虫纲种类最多共 8 种，占比 44.5%，甲壳纲 4 种，占比 22.2%。

2016 年星海湖底栖动物共 22 种，其中环节动物门 5 种，占比 22.7%；软体动物门 3 种，其中瓣鳃纲 1 种，腹足纲 2 种，占比 13.6%；节肢动物门 14 种，昆虫纲种类最多，共 8 种，占比 36.4%，甲壳纲 6 种，占比 27.3%。

2017 年星海湖底栖动物共 21 种，其中环节动物门 4 种，占比 19.0%；软体动物门 3 种，占比 14.3%，其中瓣鳃纲 1 种，腹足纲 2 种；节肢动物门 14 种，昆虫纲种类最多，共 8 种，占比 38.1%，甲壳纲 6 种，占比 28.6%。

从各物种在定量样品的出现频率及所占比重来看，确定苏氏尾鳃蚓、羽摇蚊和中华圆田螺为优势种类。

3.4.4.2　星海湖底栖动物密度和生物量

2015—2017 年星海湖底栖动物密度时空变化见图 3-21，生物量时空变化见图 3-22。

2015 年星海湖底栖动物年平均密度为 224ind/m^2，变化范围为 160～295ind/m^2；年平均生物量为 14.35g/m^2，变化范围为 8.61～20.25g/m^2。2016 年星海湖底栖动物年平均密度为 230ind/m^2，变化范围为 164～303ind/m^2；年平均生物量为 14.71g/m^2，变化范围为 8.83～20.76g/m^2。2017 年星海湖底栖动物年平均密度为 214ind/m^2，变化范围为

表 3-13　　2015—2017 年星海湖底栖动物种类组成及季节分布

底栖动物种类	2015 年				2016 年				2017 年			
	1 月	4 月	7 月	10 月	1 月	4 月	7 月	10 月	1 月	4 月	7 月	10 月
环节动物门 Annelida												
霍甫水丝蚓 *L. hottmeisten*	—	—	+	+	—	—	+	+	—	—	+	+
苏氏尾鳃蚓 *B. sowebyi*	+	+	+	+	+	+	+	+	+	+	+	+
淡水单孔蚓 *M. limosus*	—	—	+	+	—	+	+	+	+	—	+	+
尖头杆吻虫 *S. fossularis*	—	—	+	+	—	—	+	+	—	—	+	+
宽身舌蛭 *G. lata*	—	—	—	—	—	—	+	+	—	—	—	—
软体动物门 Mollusca												
中华圆田螺 *C. chinensis*	+	+	+	+	+	+	+	+	+	+	+	+
狭萝卜螺 *R. lagotis*	+	+	+	+	+	—	+	+	—	—	+	+
背角无齿蚌 *A. woodiana*	—	—	—	—	—	+	+	—	—	—	+	—
节肢动物门 Arthropoda												
甲壳纲 Crustacea												
中华绒螯蟹 *E. sinensis*	—	—	+	—	—	+	+	+	—	—	+	+
钩虾 *Gammarus* sp.	—	—	—	—	—	—	+	+	—	—	—	+
秀丽白虾 *E. modestus*	—	—	+	+	+	+	+	+	—	—	+	+
中华小长臂虾 *P. sinensis*	+	+	+	+	+	+	+	+	+	+	+	+
日本沼虾 *M. nipponense*	—	—	+	+	—	+	+	+	—	—	+	+
罗氏沼虾 *M. rosenbeigii*	—	—	—	—	—	—	+	+	—	—	+	+
昆虫纲 Inseata												
划蝽 *Sigara* sp.	—	+	+	—	—	+	+	—	—	—	+	—
龙虱 *Cybister* sp.	—	—	+	+	—	—	+	+	—	—	+	+
羽摇蚊 *T. plumosus*	—	+	+	+	—	+	+	+	—	+	+	+
点脉粗腹摇蚊 *T. punctipcnis*	—	—	+	—	—	—	+	+	—	—	+	+
库蚊型前突摇蚊 *P. cuilormis*	—	—	+	+	—	—	+	+	—	—	+	+
毛突摇蚊 *Chaetocladius* sp.	—	—	+	+	—	—	—	—	—	—	+	+
隐摇蚊 *Cryptotendipes* sp.	—	—	+	+	—	—	+	—	—	—	—	—
多足摇蚊 *Polypedilum* sp.	—	—	+	+	—	—	+	+	—	—	—	—
细长摇蚊 *T. attenuatus*	—	—	—	—	—	—	+	+	—	—	+	+
黑内摇蚊 *E. nrgricans*	—	—	—	—	—	—	—	—	—	—	+	—

注　“+”表示在相应季节中有分布；“—”表示没有采到。

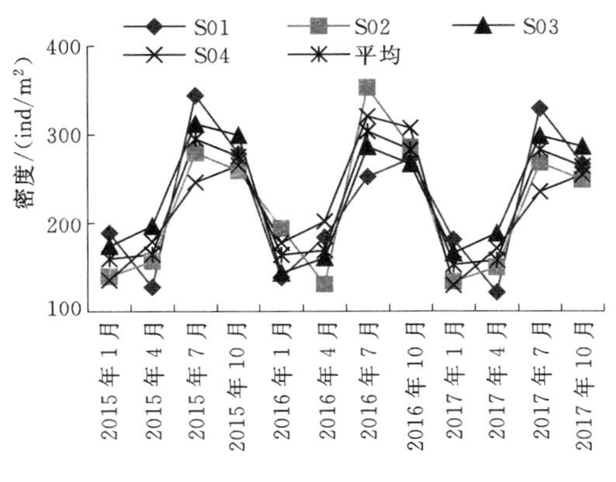

图3-21　2015—2017年星海湖底栖动物密度时空变化

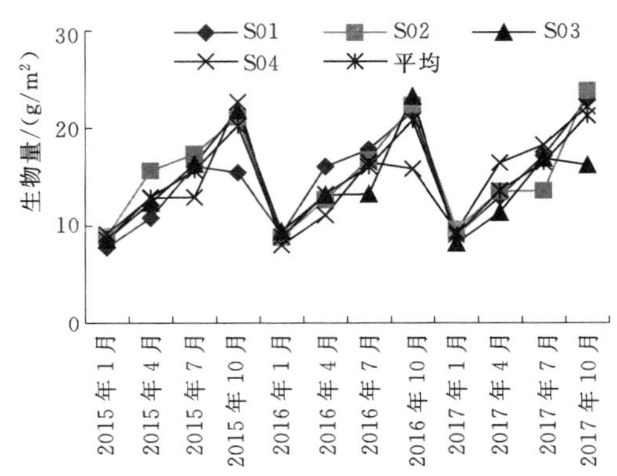

图3-22　2015—2017年星海湖底栖动物生物量时空变化

153～282ind/m^2；年平均生物量为15.08g/m^2，变化范围为9.05～21.28g/m^2。

星海湖底栖动物密度夏季最高、冬季最低，生物量秋季最高、冬季最低。夏秋季节水温较高，浮游生物大量繁殖，饵料丰富，底栖动物的量也随之增加。

3.4.5　星海湖水生植物种群结构

3.4.5.1　星海湖水生植物种类组成

2015—2017年星海湖水生植物种类组成见表3-14。从种类组成分析，绝大部分为湖泊中普生性的种类。

表3-14　2015—2017年星海湖水生植物种类组成

水生植物种类		2015年	2016年	2017年
漂浮植物	槐叶蘋 *S. natans*	+	+	+
	细叶满江红 *A. filiculoides*	+	+	+
	浮萍 *L. minor*	+	+	+
	芜萍 *W. arrhiza*	+	+	+
	凤眼莲 *E. crassipes*	+	+	+
浮叶植物	莲 *N. nucifera*	+	+	+
	睡莲 *N. rubra*	+	+	+
	荇菜 *N. peltatum*	—	+	—
挺水植物	菖蒲 *A. calamus*	+	+	+
	芦苇 *P. australis*	+	+	+
	狭叶香蒲 *T. angustifolia*	+	+	+
	宽叶香蒲 *T. latifolia*	+	+	+
	水葱 *S. validus*	+	+	+
	水芹 *O. javanica*	—	+	+
	喜旱莲子草 *A. philoxeroides*	—	+	+
	蕹菜 *I. aquatica*	+	+	+

续表

水生植物种类		2015年	2016年	2017年
沉水植物	眼子菜 *P. franchetii*	+	+	+
	穿叶眼子菜 *P. perfoliarus*	+	+	+
	篦齿眼子菜 *P. pectinatus*	+	+	+
	菹草 *P. crispus*	+	+	+
	大茨藻 *N. marina*	+	+	−
	狸藻 *U. vulgaris*	+	+	−
	穗状狐尾藻 *M. spicatum*	+	−	−

注 "+"表示在相应年份中有分布；"−"表示没有采到。

2015年星海湖检出水生维管束植物21种，依生活型而论，有挺水植物6种，占所有种类的28.6%；漂浮植物5种，占23.8%；浮叶植物3种，占14.3%；沉水植物7种，占33.3%。2016年星海湖检出水生维管束植物22种，依生活型而论，有挺水植物8种，占所有种类的36.4%；漂浮植物5种，占22.7%；浮叶植物3种，占13.6%；沉水植物6种，占27.3%。2017年星海湖检出水生维管束植物19种，依生活型而论，有挺水植物8种，占所有种类的42.1%；漂浮植物5种，占26.3%；浮叶植物2种，占10.5%；沉水植物4种，占21.1%。

3.4.5.2 星海湖水生植物密度与生物量

2015—2017年星海湖水生植物密度与生物量变化见图3-23和图3-24。

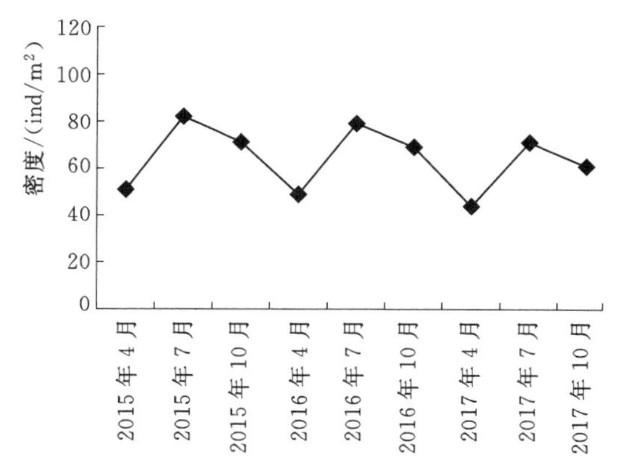

图3-23 2015—2017年星海湖水生植物密度变化

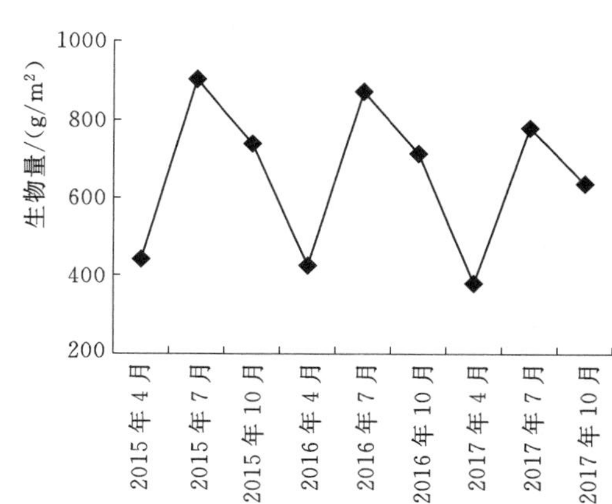

图3-24 2015—2017年星海湖水生植物生物量变化

2015年星海湖水生植物年平均密度为68ind/m^2，变化范围为51～82ind/m^2；年平均生物量为694.0g/m^2，变化范围为441～903g/m^2。2016年星海湖水生植物年平均密度为66ind/m^2，变化范围为49～79ind/m^2；年平均生物量为670.0g/m^2，变化范围为425.7～871.7g/m^2。2017年星海湖水生植物年平均密度为59ind/m^2，变化范围为44～71ind/m^2；年平均生物量为598.4g/m^2，变化范围为380.3～778.7g/m^2。

星海湖水生植物密度夏季最高、冬季最低，生物量夏季最高、冬季最低。夏季水温较高，水生植物生长旺盛，此时量最大。各样点间水生植物的密度与生物量差异不明显。

水生植物数量的季节性变化规律决定了其对水体氮磷营养盐等的吸收程度，星海湖水体氮磷营养盐含量冬、春季较高，夏、秋季较低，其原因主要是水生植物的量在夏秋季节达到高峰，吸附贮存了相当数量的营养盐类，使得水体营养盐含量降低，同时水生植物个体大、生命周期长、吸附和储存营养盐能力强，能够通过对光环境和营养盐的竞争，抑制藻类生长，净化水质。

3.4.6 星海湖鱼类种类组成

星海湖鱼类共有 7 科 20 种，其中鲤科 12 种，鲶科 3 种，鮰科、鳅科、鳢科、真鲈科、塘鳢科、鰕虎鱼科、鳉科各 1 种。2015—2017 年星海湖鱼类种类组成见表 3-15。

表 3-15　　2015—2017 年星海湖鱼类种类组成

鱼类种类		2015 年	2016 年	2017 年
鲤科 Cyprinidae	鲤 *C. carpio*	+	+	+
	鲫 *C. auratus*	+	+	+
	鲢 *H. molitrix*	+	+	+
	鳙 *A. nobilis*	+	+	+
	草鱼 *C. idellus*	+	+	+
	团头鲂 *M. amblycephala*	+	+	+
	长春鳊 *P. pekinensis*	−	−	+
	中华鳑鲏 *R. sinensis*	+	+	−
	棒花鱼 *A. rivularis*	+	+	+
	麦穗鱼 *P. parva*	+	+	+
	蒙古红鲌 *E. mongolicus*	−	−	+
	翘嘴红鲌 *E. ilishaeformis*	+	+	+
鲶科 Silnridae	鲶 *S. asotus*	+	+	+
	兰州鲶 *S. lanzhouensis*	−	−	+
	南方大口鲶 *S. meridioncrlis*	+	+	+
鮰科 Ictaluridae	斑点叉尾鮰 *I. punctatus*	+	−	+
鳅科 Cobitdae	泥鳅 *M. anguillicaudatus*	−	+	+
鳢科 Channidae	乌鳢 *C. argus*	+	+	+
真鲈科 Percichthyidae	鳜 *Siniperca chuatsi*	+	+	+
塘鳢科 Eleotridae	黄蚴鱼 *H. swinhonis*	−	+	+
鰕虎鱼科 Gobiidae	波氏栉鰕虎鱼 *Ctenogobius cliffordpopei*	+	−	+
鳉科 Cyprinodontidae	青鳉 *O. loupes*	+	+	+

注 "+"表示在相应季节中有分布；"−"表示没有采到。

3.5 水生生物多样性分析

3.5.1 沙湖水生生物多样性分析

3.5.1.1 沙湖浮游植物的多样性

2015—2017年沙湖浮游植物的Margalef指数时空变化见图3-25，Shannon-Wiener指数时空变化见图3-26，Pielou均匀度指数时空变化见图3-27。

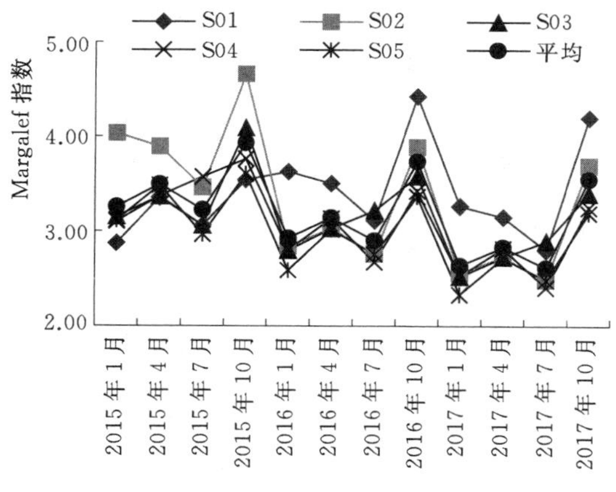

图3-25 2015—2017年沙湖浮游植物Margalef指数时空变化

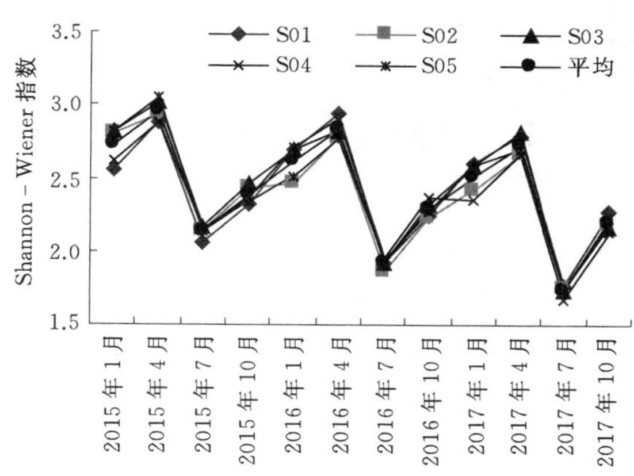

图3-26 2015—2017年沙湖浮游植物Shannon-Wiener指数时空变化

2015年沙湖浮游植物的Margalef指数变化范围为3.223～3.929，平均3.474，10月最高，7月最低；Shannon-Wiener指数变化范围为2.131～2.954，平均2.548，样点间差别不大，4月最高，7月最低；Pielou均匀度指数变化范围为0.533～0.731，平均0.635，样点间差别不大，1月最高，4月最低。

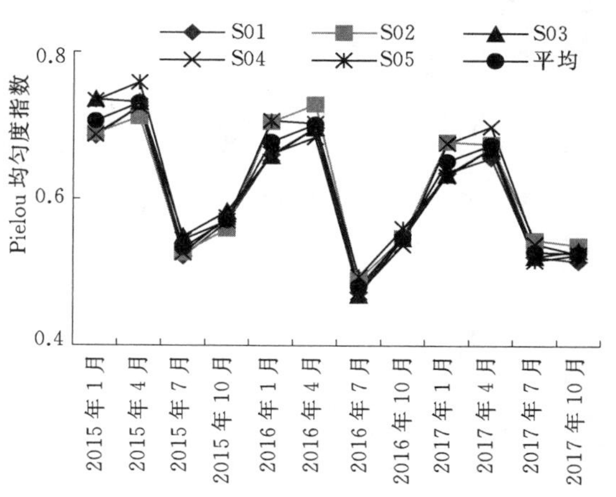

图3-27 2015—2017年沙湖浮游植物Pielou均匀度指数时空变化

2016年沙湖浮游植物的Margalef指数变化范围为2.901～3.732，平均3.176，10月最高，7月最低；Shannon-Wiener指数变化范围为1.918～2.836，平均2.414，样点间差别不大，4月最高，7月最低；Pielou均匀度指数变化范围为0.480～0.702，平均0.602，样点间差别不大，1月最高，4月最低。

2017年沙湖浮游植物的Margalef指数变化范围为2.611～3.546，平均2.905，10月最高，7月最低；Shannon-Wiener指数变化范围为1.726～2.722，平均2.288，4月最高，7月最低；Pielou均匀度指数变化范围为0.526～0.674，平均0.595，样点间差别不大，1月最高，7月最低。

3.5.1.2 沙湖浮游动物的多样性

2015—2017年沙湖浮游动物的Margalef指数时空变化见图3-28，Shannon-Wiener指数时空变化见图3-29，Pielou均匀度指数时空变化见图3-30。

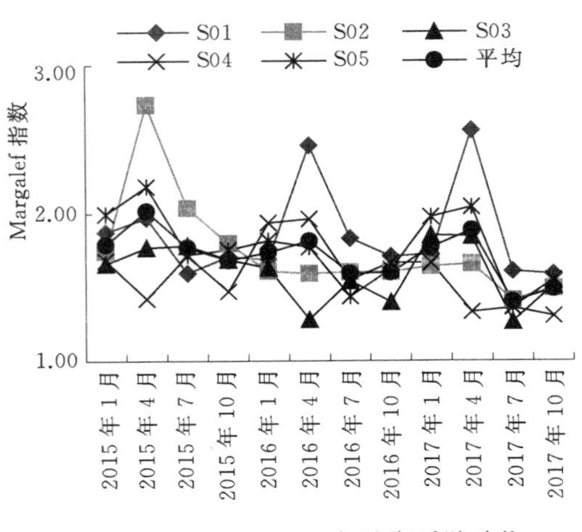

图3-28 2015—2017年沙湖浮游动物Margalef指数时空变化

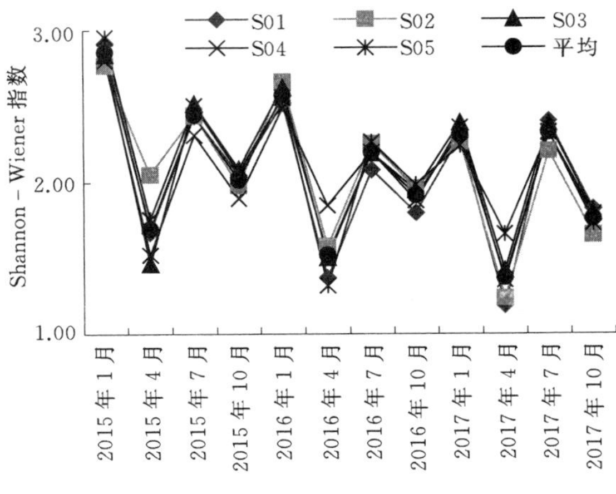

图3-29 2015—2017年沙湖浮游动物Shannon-Wiener指数时空变化

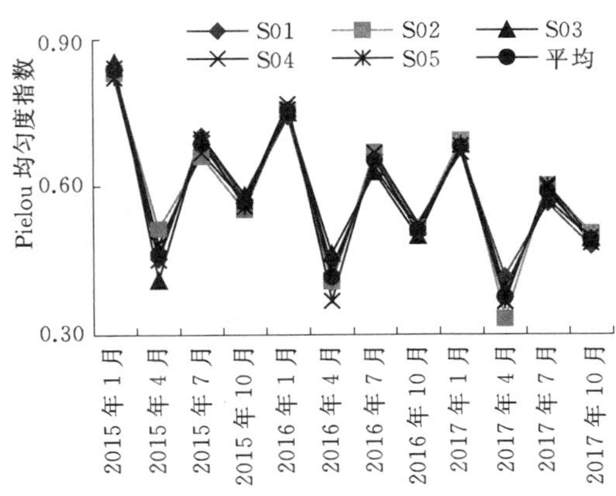

图3-30 2015—2017年沙湖浮游动物Pielou均匀度指数时空变化

2015年沙湖浮游动物的Margalef指数变化范围为1.686～2.016，平均1.817，4月最高，10月最低；Shannon-Wiener指数变化范围为1.696～2.855，平均2.252，样点间差别不大，1月最高，4月最低；Pielou均匀度指数变化范围为0.461～0.839，平均0.638，样点间差别不大，10月最高，1月最低。

2016年沙湖浮游动物的Margalef指数变化范围为1.595～1.815，平均1.688，4月最高，7月最低；Shannon-Wiener指数变化范围为1.526～2.570，平均2.052，样点间差别不大，1月最高，4月最低；Pielou均匀度指数变化范围为0.415～0.755，平均0.583，样点间差别不大，10月最高，1月最低。

2017年沙湖浮游动物的Margalef指数变化范围为1.402～1.887，平均1.638，4月最高，7月最低；Shannon-Wiener指数变化范围为1.373～2.329，平均1.944，样点间差别不大，7月最高，4月最低；Pielou均匀度指数变化范围为0.374～0.680，平均0.533，样点间差别不大，10月最高，1月最低。

3.5.1.3 沙湖底栖动物的多样性

2015—2017 年沙湖底栖动物的 Margalef 指数时空变化见图 3-31，Shannon-Wiener 指数时空变化见图 3-32，Pielou 均匀度指数时空变化见图 3-33。

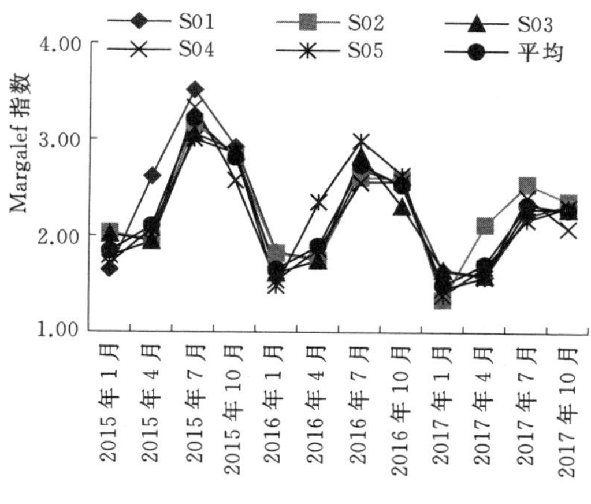

图 3-31 2015—2017 年沙湖底栖动物 Margalef 指数时空变化

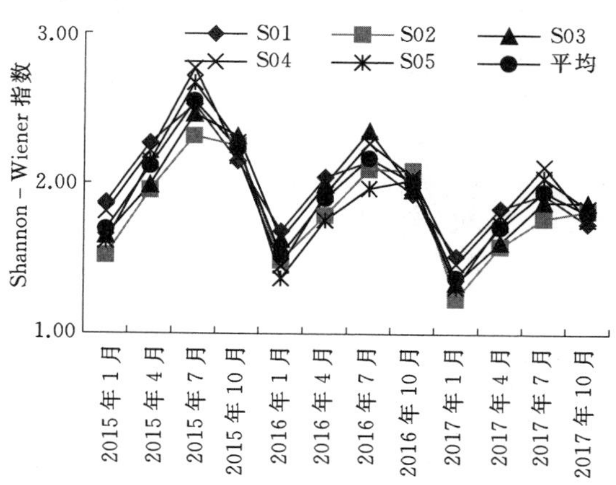

图 3-32 2015—2017 年沙湖底栖动物 Shannon-Wiener 指数时空变化

2015 年沙湖底栖动物的 Margalef 指数变化范围为 1.839～3.213，平均 2.491，7 月最高，1 月最低；Shannon-Wiener 指数变化范围为 1.693～2.547，平均 2.146，样点间差别不大，7 月最高，1 月最低；Pielou 均匀度指数变化范围为 0.591～0.669，平均 0.670，样点间差别不大，4 月最高，10 月最低。

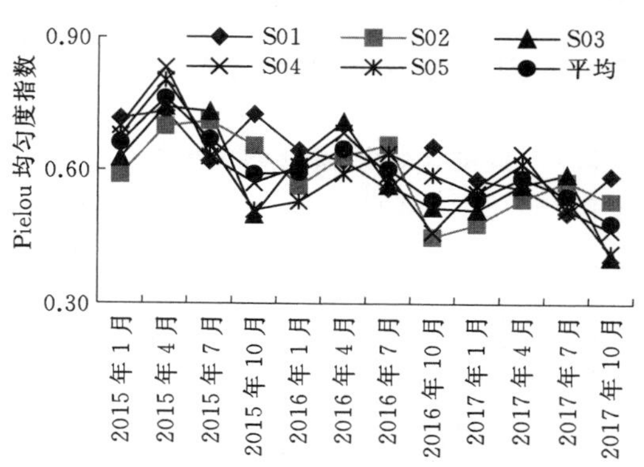

图 3-33 2015—2017 年沙湖底栖动物 Pielou 均匀度指数时空变化

2016 年沙湖底栖动物的 Margalef 指数变化范围为 1.688～2.731，平均 2.202，7 月最高，1 月最低；Shannon-Wiener 指数变化范围为 1.523～2.165，平均 1.899，样点间差别不大，7 月最高，1 月最低；Pielou 均匀度指数变化范围为 0.532～0.647，平均 0.594，样点间差别不大，4 月最高，10 月最低。

2017 年沙湖底栖动物的 Margalef 指数变化范围为 1.489～2.322，平均 1.947，7 月最高，1 月最低；Shannon-Wiener 指数变化范围为 1.371～1.948，平均 1.709，样点间差别不大，7 月最高，1 月最低；Pielou 均匀度指数变化范围为 0.479～0.582，平均 0.534，样点间差别不大，4 月最高，10 月最低。

3.5.1.4 沙湖水生植物多样性

2015—2017 年沙湖水生植物的多样性指数及其时空变化见图 3-34。

2015 年沙湖水生植物的 Margalef 指数变化范围为 2.777～3.261，平均 3.007，10 月

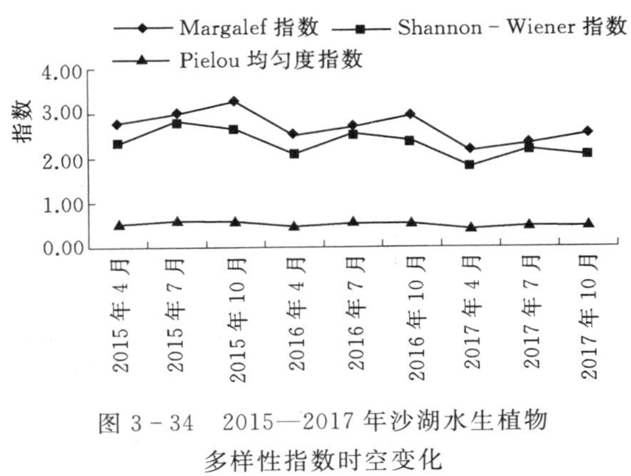

图 3 - 34　2015—2017 年沙湖水生植物多样性指数时空变化

最高，4 月最低；Shannon - Wiener 指数变化范围为 2.317～2.821，平均 2.595，7 月最高，4 月最低；Pielou 均匀度指数变化范围为 0.512～0.593，平均 0.561，7 月最高，4 月最低。

2016 年沙湖水生植物的 Margalef 指数变化范围为 2.499～2.935，平均 2.706，10 月最高，4 月最低；Shannon - Wiener 指数变化范围为 2.085～2.539，平均 2.335，7 月最高，4 月最低；Pielou 均匀度指数变化范围为 0.461～0.534，平均 0.505，7 月最高，4 月最低。

2017 年沙湖水生植物的 Margalef 指数变化范围为 2.147～2.521，平均 2.324，10 月最高，4 月最低；Shannon - Wiener 指数变化范围为 1.791～2.181，平均 2.006，7 月最高，4 月最低；Pielou 均匀度指数变化范围为 0.396～0.458，平均 0.433，7 月最高，4 月最低。

3.5.2　阅海湖水生生物多样性分析

3.5.2.1　阅海湖浮游植物的多样性

2015—2017 年阅海湖浮游植物的 Margalef 指数时空变化图 3 - 35，Shannon - Wiener 指数时空变化见图 3 - 36，Pielou 均匀度指数时空变化见图 3 - 37。

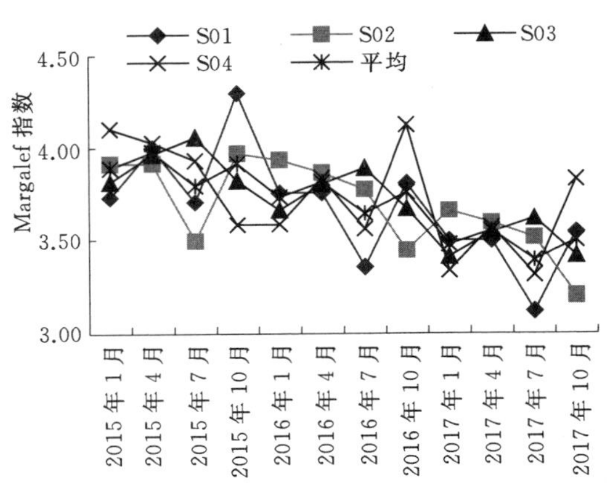

图 3 - 35　2015—2017 年阅海湖浮游植物 Margalef 指数时空变化

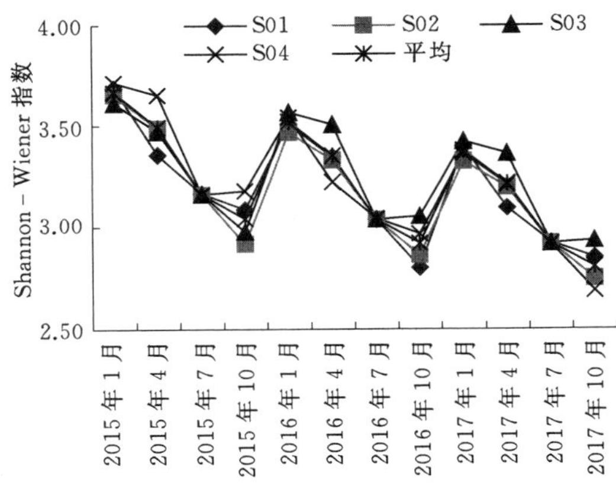

图 3 - 36　2015—2017 年阅海湖浮游植物 Shannon - Wiener 指数时空变化

2015 年阅海湖浮游植物的 Margalef 指数变化范围为 3.798～3.978，平均 3.896，4 月最高，7 月最低；Shannon - Wiener 指数变化范围为 3.041～3.644，平均 3.341，样点间差别不大，1 月最高，10 月最低；Pielou 均匀度指数变化范围为 0.818～0.864，平均

0.831，样点间差别不大，4月最高，7月最低。

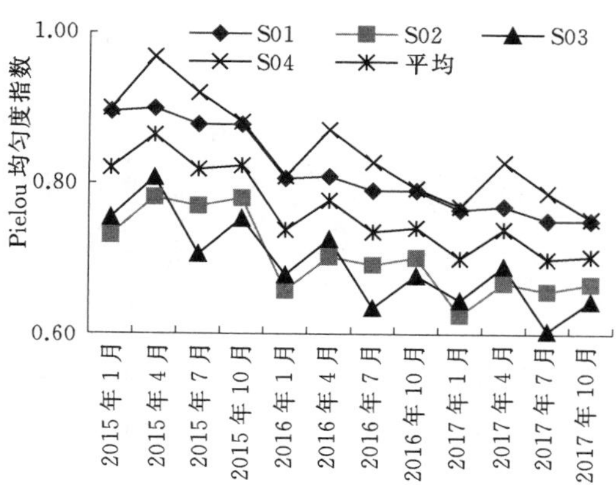

图 3-37 2015—2017年阅海湖浮游植物 Pielou 均匀度指数时空变化

2016年阅海湖浮游植物的 Margalef 指数变化范围为 3.646～3.818，平均 3.741，4月最高，7月最低；Shannon - Wiener 指数变化范围为 2.919～3.518，平均 3.207，样点间差别不大，1月最高，10月最低；Pielou 均匀度指数变化范围为 0.736～0.777，平均 0.752，样点间差别不大，4月最高，7月最低。

2017年阅海湖浮游植物的 Margalef 指数变化范围为 3.391～3.551，平均 3.479，4月最高，7月最低；Shannon - Wiener 指数变化范围为 2.802～3.377，平均 3.079，1月最高，10月最低；Pielou 均匀度指数变化范围为 0.700～0.739，平均 0.714，样点间差别不大，4月最高，10月最低。

3.5.2.2 阅海湖浮游动物的多样性

2015—2017年阅海湖浮游动物的 Margalef 指数时空变化见图 3-38，Shannon - Wiener 指数时空变化见图 3-39，Pielou 均匀度指数时空变化见图 3-40。

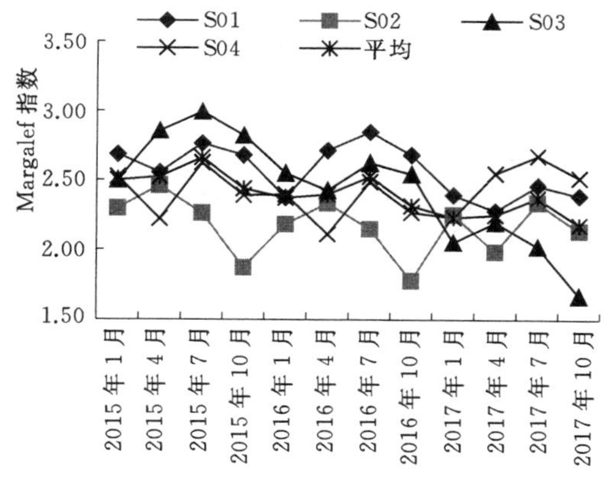

图 3-38 2015—2017年阅海湖浮游动物 Margalef 指数时空变化

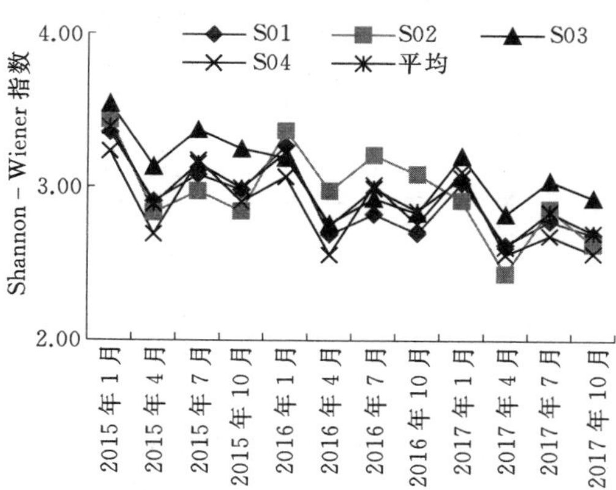

图 3-39 2015—2017年阅海湖浮游动物 Shannon - Wiener 指数时空变化

2015年阅海湖浮游动物的 Margalef 指数变化范围为 2.439～2.658，平均 2.530，7月最高，10月最低；Shannon - Wiener 指数变化范围为 2.888～3.389，平均 3.104，样点间差别不大，1月最高，4月最低；Pielou 均匀度指数变化范围为 0.731～0.850，平均 0.772，样点间差别不大，10月最高，4月最低。

2016年阅海湖浮游动物的 Margalef 指数变化范围为 2.317～2.525，平均 2.403，7月最高，10月最低；Shannon - Wiener 指数变化范围为 2.744～3.220，平均 2.949，样点间差别不大，1月最高，4月最低；Pielou 均匀度指数变化范围为 0.694～0.807，平均

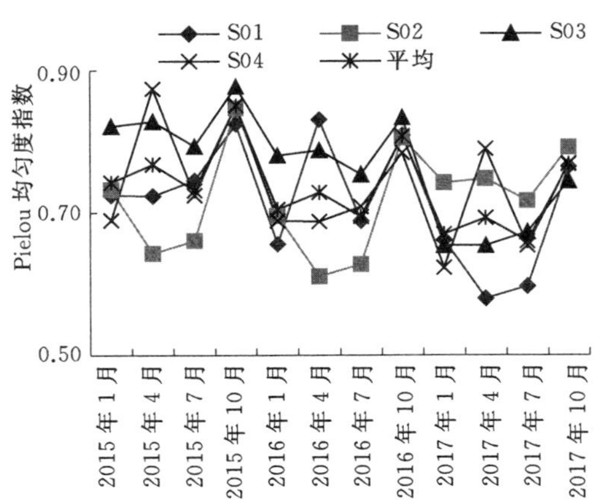

图 3-40　2015—2017 年阏海湖浮游动物 Pielou 均匀度指数时空变化

0.733，样点间差别不大，10 月最高，4 月最低。

2017 年阏海湖浮游动物的 Margalef 指数变化范围为 2.178～2.374，平均 2.259，7 月最高，10 月最低；Shannon - Wiener 指数变化范围为 2.606～3.059，平均 2.801，样点间差别不大，1 月最高，4 月最低；Pielou 均匀度指数变化范围为 0.659～0.767，平均 0.697，样点间差别不大，7 月最高，4 月最低。

3.5.2.3　阏海湖底栖动物的多样性

2015—2017 年阏海湖底栖动物的 Margalef 指数时空变化见图 3-41，Shannon - Wiener 指数时空变化见图 3-42，Pielou 均匀度指数时空变化见图 3-43。

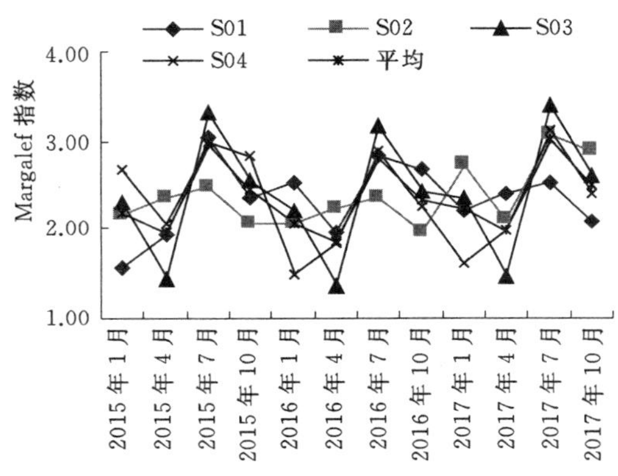

图 3-41　2015—2017 年阏海湖底栖动物 Margalef 指数时空变化

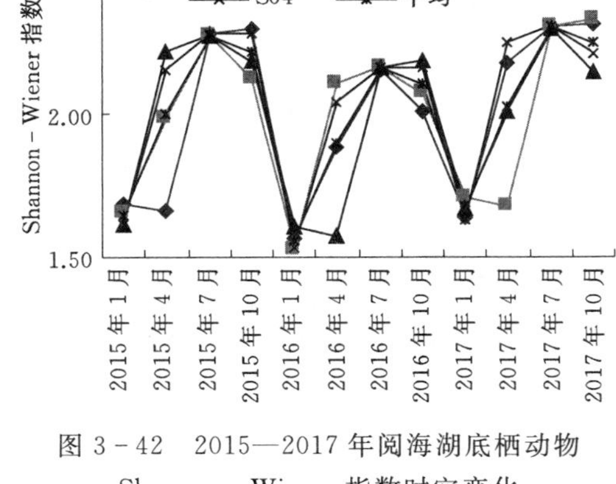

图 3-42　2015—2017 年阏海湖底栖动物 Shannon - Wiener 指数时空变化

2015 年阏海湖底栖动物的 Margalef 指数变化范围为 1.948～2.963，平均 2.387，7 月最高，4 月最低；Shannon - Wiener 指数变化范围为 1.636～2.263，平均 2.026，样点间差别不大，7 月最高，1 月最低；Pielou 均匀度指数变化范围为 0.493～0.717，平均 0.641，样点间差别不大，4 月最高，10 月最低。

2016 年阏海湖底栖动物的 Margalef 指数变化范围为 1.851～2.815，平均 2.268，7 月最高，4 月最低；Shannon - Wiener 指数

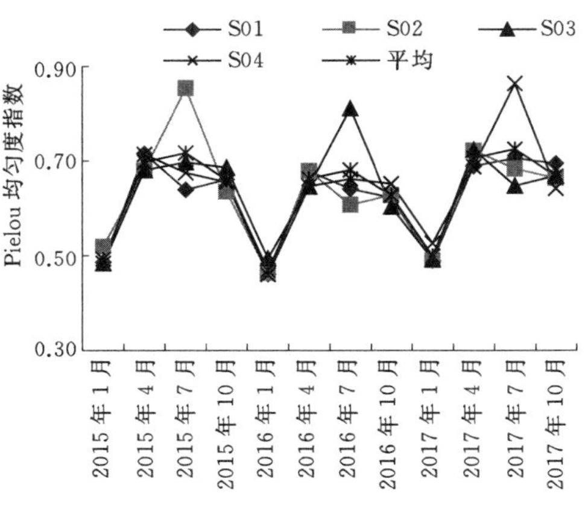

图 3-43　2015—2017 年阏海湖底栖动物均匀度指数时空变化

变化范围为1.554～2.149，平均1.925，样点间差别不大，7月最高，1月最低；Pielou均匀度指数变化范围为0.469～0.681，平均0.610，样点间差别不大，4月最高，10月最低。

2017年阅海湖底栖动物的Margalef指数变化范围为1.990～3.026，平均2.438，7月最高，4月最低；Shannon-Wiener指数变化范围为1.655～2.289，平均2.050，样点间差别不大，7月最高，1月最低；Pielou均匀度指数变化范围为0.499～0.725，平均0.649，样点间差别不大，4月最高，10月最低。

3.5.2.4 阅海湖水生植物多样性

2015—2017年阅海湖水生植物的多样性指数时空变化见图3-44。

2015年阅海湖水生植物的Margalef指数变化范围为2.696～3.708，平均3.100，10月最高，4月最低；Shannon-Wiener指数变化范围为2.186～2.661，平均2.448，7月最高，4月最低；Pielou均匀度指数变化范围为0.483～0.560，平均0.529，7月最高，4月最低。

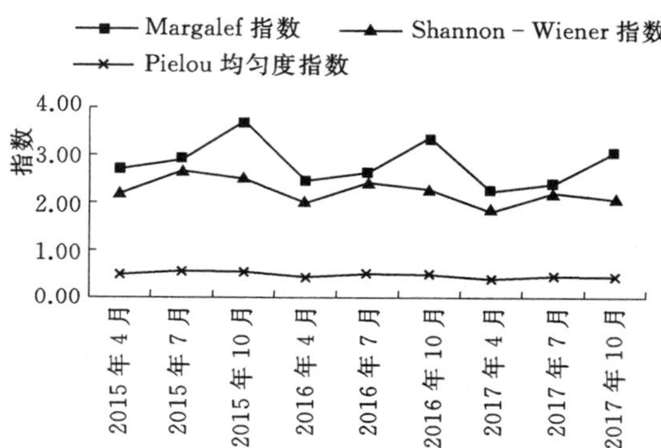

图3-44 2015—2017年阅海湖水生植物多样性指数时空变化

2016年阅海湖水生植物的Margalef指数变化范围为2.453～3.374，平均2.821，10月最高，4月最低；Shannon-Wiener指数变化范围为1.989～2.422，平均2.227，7月最高，4月最低；Pielou均匀度指数变化范围为0.440～0.510，平均0.481，7月最高，4月最低。

2017年阅海湖水生植物的Margalef指数变化范围为2.233～3.071，平均2.567，10月最高，4月最低；Shannon-Wiener指数变化范围为1.810～2.204，平均2.027，7月最高，4月最低；Pielou均匀度指数变化范围为0.400～0.464，平均0.438，7月最高，4月最低。

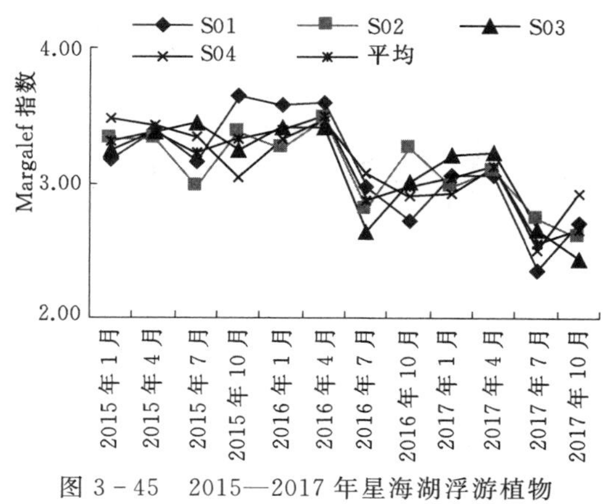

图3-45 2015—2017年星海湖浮游植物Margalef指数时空变化

3.5.3 星海湖水生生物多样性分析

3.5.3.1 星海湖浮游植物的多样性

2015—2017年星海湖浮游植物的Margalef指数时空变化见图3-45，Shannon-Wiener指数时空变化见图3-46，Pielou均匀度指数时空变化见图3-47。

2015年星海湖浮游植物的Margalef指数变化范围为3.229～3.381，平均3.313，4月最高，7月最低；Shannon-Wiener指数变化范围为2.889～3.481，平均3.071，

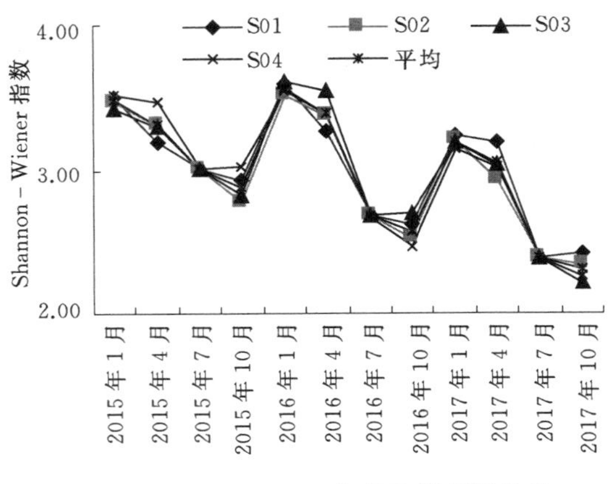

图3-46　2015—2017年星海湖浮游植物 Shannon-Wiener 指数时空变化

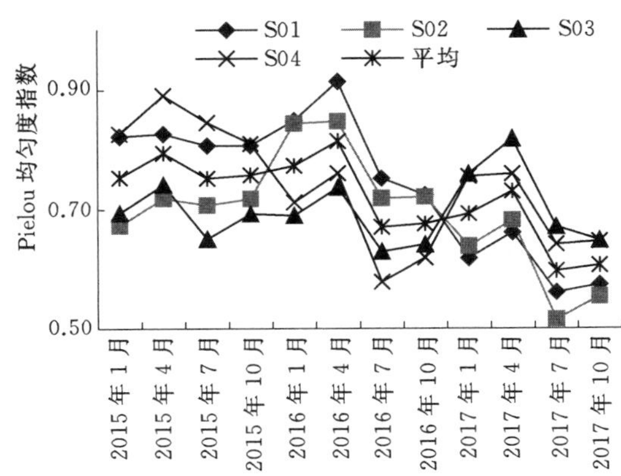

图3-47　2015—2017年星海湖浮游植物 Pielou 均匀度指数时空变化

样点间差别不大，1月最高，10月最低；Pielou均匀度指数变化范围为0.753～0.795，平均0.768，样点间差别不大，4月最高，7月最低。

2016年星海湖浮游植物的Margalef指数变化范围为2.874～3.490，平均3.112，4月最高，10月最低；Shannon-Wiener指数变化范围为2.578～3.572，平均2.886，1月最高，10月最低；Pielou均匀度指数变化范围为0.670～0.815，平均0.720，样点间差别不大，4月最高，7月最低。

2017年星海湖浮游植物的Margalef指数变化范围为2.562～3.129，平均2.784，4月最高，7月最低；Shannon-Wiener指数变化范围为2.309～3.199，平均2.582，1月最高，10月最低；Pielou均匀度指数变化范围为0.597～0.731，平均0.644，样点间差别不大，4月最高，7月最低。

3.5.3.2　星海湖浮游动物的多样性

2015—2017年星海湖浮游动物的Margalef指数时空变化见图3-48，Shannon-Wiener指数时空变化见图3-49，Pielou均匀度指数时空变化见图3-50。

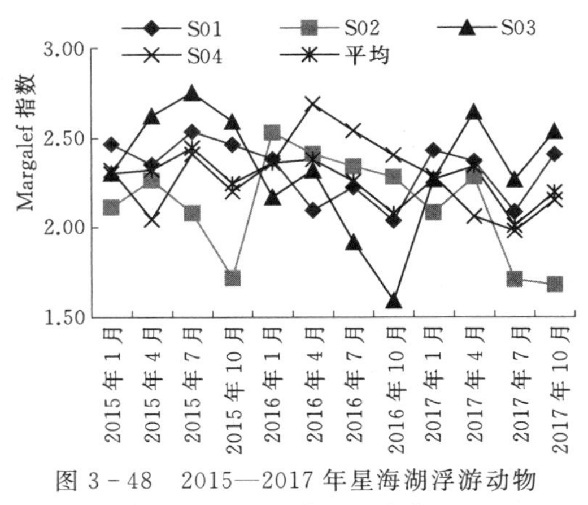

图3-48　2015—2017年星海湖浮游动物 Margalef指数时空变化

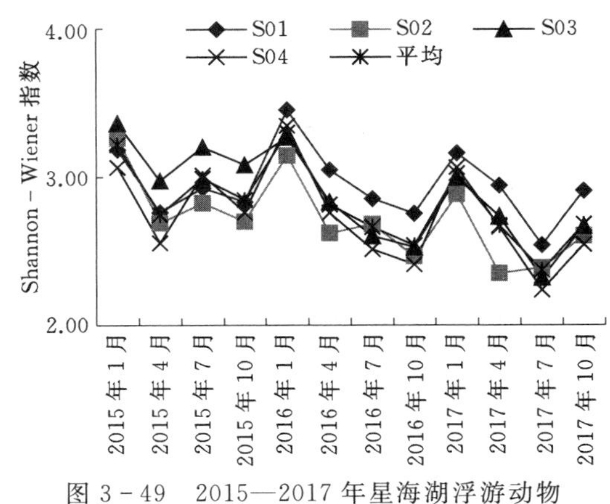

图3-49　2015—2017年星海湖浮游动物 Shannon-Wiener 指数时空变化

2015年星海湖浮游动物的Margalef指数变化范围为2.244～2.445，平均2.327，7月最高，10月最低；Shannon-Wiener指数变化范围为2.744～3.220，平均2.859，样点间差别不大，1月最高，4月最低；Pielou均匀度指数变化范围为0.694～0.807，平均0.743，样点间差别不大，10月最高，1月最低。

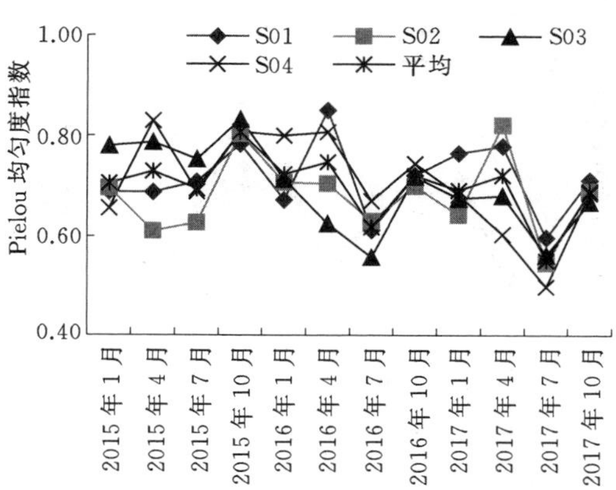

图3-50　2015—2017年星海湖浮游动物Pielou均匀度指数时空变化

2016年星海湖浮游动物的Margalef指数变化范围为2.077～2.379，平均2.268，4月最高，10月最低；Shannon-Wiener指数变化范围为2.537～3.303，平均2.671，样点间差别不大，1月最高，10月最低；Pielou均匀度指数变化范围为0.618～0.747，平均0.695，样点间差别不大，4月最高，7月最低。

2017年星海湖浮游动物的Margalef指数变化范围为2.010～2.339，平均2.202，4月最高，7月最低；Shannon-Wiener指数变化范围为2.671～3.024，平均2.574，样点间差别不大，1月最高，7月最低；Pielou均匀度指数变化范围为0.551～0.721，平均0.653，样点间差别不大，4月最高，7月最低。

3.5.3.3　星海湖底栖动物的多样性

2015—2017年星海湖底栖动物的Margalef指数时空变化见图3-51，Shannon-Wiener指数时空变化见图3-52，Pielou均匀度指数时空变化见图3-53。

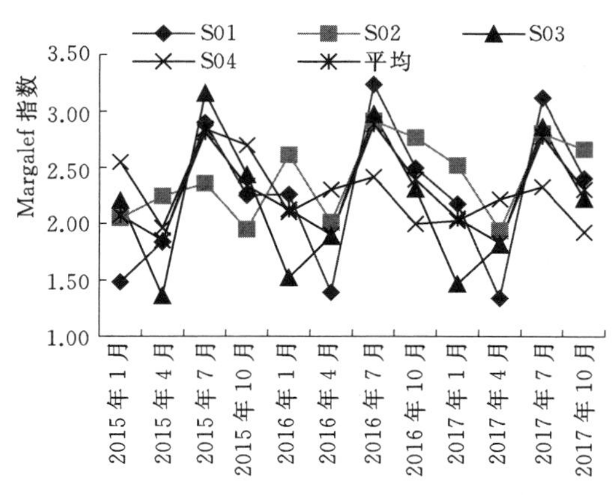

图3-51　2015—2017年星海湖底栖动物Margalef指数时空变化

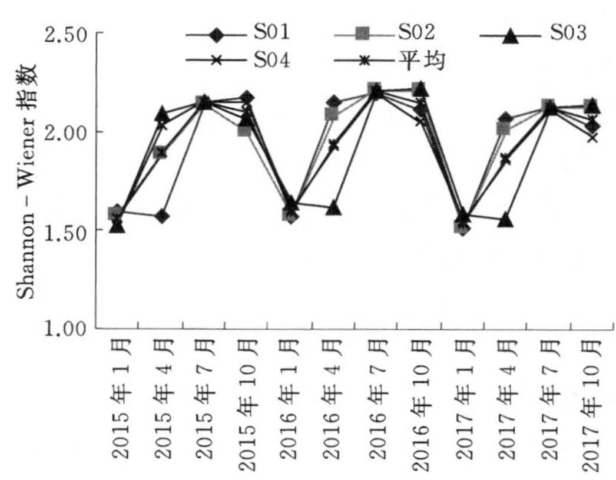

图3-52　2015—2017年星海湖底栖动物Shannon-Wiener指数时空变化

2015年星海湖底栖动物的Margalef指数变化范围为1.851～2.815，平均2.333，7月最高，4月最低；Shannon-Wiener指数变化范围为1.554～2.150，平均2.048，样点

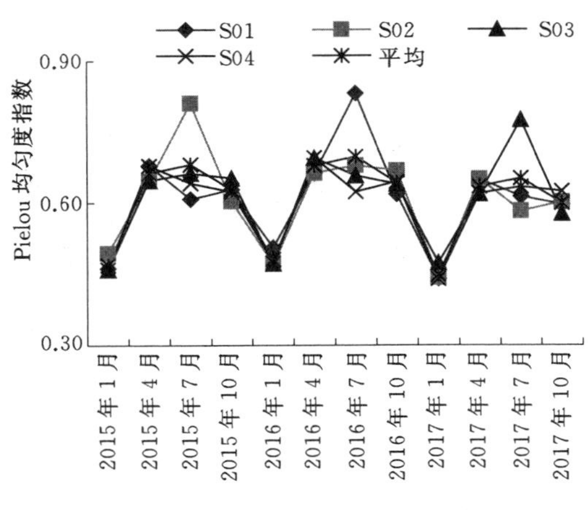

图 3－53　2015—2017 年星海湖底栖动物 Pielou 均匀度指数时空变化

间差别不大，7 月最高，1 月最低；Pielou 均匀度指数变化范围为 0.469～0.681，平均 0.657，样点间差别不大，7 月最高，1 月最低。

2016 年星海湖底栖动物的 Margalef 指数变化范围为 1.898～2.886，平均 2.392，7 月最高，4 月最低；Shannon－Wiener 指数变化范围为 1.593～2.204，平均 2.100，样点间差别不大，7 月最高，1 月最低；Pielou 均匀度指数变化范围为 0.481～0.698，平均 0.673，样点间差别不大，7 月最高，1 月最低。

2017 年星海湖底栖动物的 Margalef 指数变化范围为 1.828～2.780，平均 12.304，7 月最高，4 月最低；Shannon－Wiener 指数变化范围为 1.535～2.123，平均 2.023，样点间差别不大，7 月最高，1 月最低；Pielou 均匀度指数变化范围为 0.448～0.651，平均 0.628，样点间差别不大，7 月最高，1 月最低。

3.5.3.4　星海湖水生植物多样性

2015—2017 年星海湖水生植物的多样性指数时空变化见图 3－54。

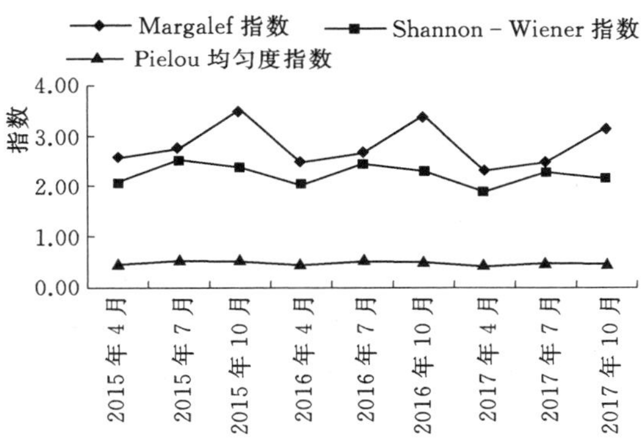

图 3－54　2015—2017 年星海湖水生植物多样性指数时空变化

2015 年星海湖水生植物的 Margalef 指数变化范围为 2.561～3.523，平均 2.945，10 月最高，4 月最低；Shannon－Wiener 指数变化范围为 2.077～2.528，平均 2.325，7 月最高，4 月最低；Pielou 均匀度指数变化范围为 0.459～0.532，平均 0.503，7 月最高，4 月最低。

2016 年星海湖水生植物的 Margalef 指数变化范围为 2.472～3.401，平均 2.842，10 月最高，4 月最低；Shannon－Wiener 指数变化范围为 2.005～2.440，平均 2.245，7 月最高，4 月最低；Pielou 均匀度指数变化范围为 0.443～0.514，平均 0.485，7 月最高，4 月最低。

2017 年星海湖水生植物的 Margalef 指数变化范围为 2.299～3.163，平均 2.644，10 月最高，4 月最低；Shannon－Wiener 指数变化范围为 1.865～2.269，平均 2.088，7 月最高，4 月最低；Pielou 均匀度指数变化范围为 0.412～0.478，平均 0.451，7 月最高，4 月最低。

3.6 水质生物学评价

3.6.1 利用浮游植物密度与生物量对水质进行评价

按国内有关评价湖泊富营养化生物学评价标准，浮游植物密度小于 3×10^5cells/L 为贫营养型，(3～10)$\times10^5$cells/L 为中营养型，大于 10×10^5cells/L 为富营养型；浮游植物生物量小于 3mg/L 为贫营养型，3～5mg/L 为中营养型，5～10mg/L 为富营养型，大于 10mg/L 为极富营养型。表 3-16 为利用浮游植物密度对沙湖、阅海湖和星海湖水质的评价结果，表 3-17 为利用浮游植物生物量对沙湖、阅海湖和星海湖水质评价的结果。

表 3-16　利用浮游植物密度的水质评价结果

取样时间		沙湖		阅海湖		星海湖	
		浮游植物密度/($\times10^5$cells/L)	富营养化类型	浮游植物密度/($\times10^5$cells/L)	富营养化类型	浮游植物密度/($\times10^5$cells/L)	富营养化类型
2015 年	1 月	35.97	富营养	44.55	富营养	37.87	富营养
	4 月	72.94	富营养	75.77	富营养	64.41	富营养
	7 月	178.89	富营养	115.22	富营养	87.55	富营养
	10 月	127.82	富营养	103	富营养	97.94	富营养
	平均	103.91	富营养	84.63	富营养	71.94	富营养
2016 年	1 月	34.53	富营养	43.95	富营养	43.55	富营养
	4 月	70.03	富营养	78.6	富营养	57.96	富营养
	7 月	171.74	富营养	122.39	富营养	107.33	富营养
	10 月	122.71	富营养	99.44	富营养	90.69	富营养
	平均	99.75	富营养	86.1	富营养	74.88	富营养
2017 年	1 月	36.93	富营养	52.6	富营养	44.56	富营养
	4 月	74.95	富营养	73.12	富营养	55.65	富营养
	7 月	183.86	富营养	123.11	富营养	144.9	富营养
	10 月	131.41	富营养	105.2	富营养	80.53	富营养
	平均	106.79	富营养	88.5	富营养	81.41	富营养

2015—2017 年各季节沙湖、阅海湖、星海湖浮游植物密度均大于 10×10^5cells/L，评价均为富营养型。

沙湖 2015—2017 年冬季浮游植物生物量均在 3～5mg/L 之间，评价为中营养型；春季均在 5～10mg/L 之间，评价为富营养型；夏、秋季浮游植物生物量均大于 10mg/L，评价为极富营养型；全年平均值均在 5～10mg/L 之间，评价为富营养型。

表3-17 利用浮游植物生物量的水质评价结果

取样时间		沙湖		阅海湖		星海湖	
		浮游植物生物量/(mg/L)	富营养化类型	浮游植物生物量/(mg/L)	富营养化类型	浮游植物生物量/(mg/L)	富营养化类型
2015年	1月	3.44	中营养	3.5	中营养	2.97	中营养
	4月	6.93	富营养	6.08	富营养	5.17	富营养
	7月	13.84	极富营养	11.52	极富营养	7.42	富营养
	10月	10.99	极富营养	8.73	富营养	9.8	富营养
	平均	8.8	富营养	7.46	富营养	6.34	富营养
2016年	1月	3.3	中营养	3.32	中营养	2.78	中营养
	4月	6.65	富营养	5.47	富营养	4.8	中营养
	7月	15.17	极富营养	12.79	极富营养	10.46	极富营养
	10月	10.55	极富营养	9.16	富营养	9.4	富营养
	平均	8.92	富营养	7.69	富营养	6.86	富营养
2017年	1月	3.57	中营养	3.16	中营养	2.85	中营养
	4月	7.19	富营养	6.56	富营养	4.61	中营养
	7月	16.38	极富营养	13.43	极富营养	14.12	极富营养
	10月	11.39	极富营养	8.8	富营养	9.67	富营养
	平均	9.63	富营养	7.99	富营养	7.81	富营养

阅海湖2015—2017年冬季浮游植物生物量均在3～5mg/L之间，评价为中营养型；春、秋季均在5～10mg/L之间，评价为富营养型；夏季浮游植物生物量均大于10mg/L，评价为极富营养型；全年平均值均在5～10mg/L之间，评价为富营养型。

星海湖2015年冬季浮游植物生物量均在3～5mg/L之间，评价为中营养型；春、夏、秋季均在5～10mg/L之间，评价为富营养型；全年平均值均在5～10mg/L之间，评价为富营养型。2016年和2017年冬、春季浮游植物生物量均在3～5mg/L之间，评价为中营养型；夏季浮游植物生物量大于10mg/L，评价为极富营养型；秋季均在5～10mg/L之间，评价为富营养型；2016年和2017年平均值均在5～10mg/L之间，评价为富营养型。

3.6.2 利用水生生物多样性指标评价

Margalef指数主要反映了群落物种的丰富度：当$D>5$为清洁水；$D=4\sim5$，水质轻度污染；$D=3\sim4$，水质中度污染；$D<3$，水质重度污染。Shannon-Wiener指数反映了群落物种的多样性：$H'=0\sim1$为富营养，$H'=1\sim3$为中营养，$H'>3$为贫营养。

3.6.2.1 沙湖水质生物学评价

利用Margalef指数评价沙湖水质结果见表3-18，利用Shannon-Wiener指数评价沙湖水质结果见表3-19。

表 3-18 利用 Margalef 指数评价沙湖水质结果

取样时间		浮游植物 Margalef 指数	水质评价结果	浮游动物 Margalef 指数	水质评价结果	底栖动物 Margalef 指数	水质评价结果	水生植物 Margalef 指数	水质评价结果
2015年	1月	3.25	中度污染	1.79	重度污染	1.84	重度污染		
	4月	3.49	中度污染	2.02	重度污染	2.11	重度污染	2.78	重度污染
	7月	3.22	中度污染	1.77	重度污染	3.21	中度污染	2.98	重度污染
	10月	3.93	中度污染	1.69	重度污染	2.81	重度污染	3.26	中度污染
	平均	3.47	中度污染	1.82	重度污染	2.49	重度污染	3.01	中度污染
2016年	1月	2.93	重度污染	1.74	重度污染	1.66	重度污染		
	4月	3.14	中度污染	1.81	重度污染	1.89	重度污染	2.5	重度污染
	7月	2.9	重度污染	1.60	重度污染	2.73	重度污染	2.68	重度污染
	10月	3.73	中度污染	1.60	重度污染	2.53	重度污染	2.94	重度污染
	平均	3.18	中度污染	1.69	重度污染	2.2	重度污染	2.71	重度污染
2017年	1月	2.64	重度污染	1.77	重度污染	1.49	重度污染		
	4月	2.83	重度污染	1.89	重度污染	1.71	重度污染	2.15	重度污染
	7月	2.61	重度污染	1.4	重度污染	2.32	重度污染	2.31	重度污染
	10月	3.55	中度污染	1.49	重度污染	2.27	重度污染	2.52	重度污染
	平均	2.91	重度污染	1.64	重度污染	1.95	重度污染	2.32	重度污染

表 3-19 利用 Shannon-Wiener 指数评价沙湖水质结果

取样时间		浮游植物 Shannon-Wiener 指数	水质评价结果	浮游动物 Shannon-Wiener 指数	水质评价结果	底栖动物 Shannon-Wiener 指数	水质评价结果	水生植物 Shannon-Wiener 指数	水质评价结果
2015年	1月	2.72	中营养	1.79	中营养	1.69	中营养		
	4月	2.95	中营养	2.02	中营养	2.11	中营养	2.32	中营养
	7月	2.13	中营养	1.77	中营养	2.55	中营养	2.82	中营养
	10月	2.38	中营养	1.69	中营养	2.23	中营养	2.65	中营养
	平均	2.55	中营养	1.82	中营养	2.15	中营养	2.60	中营养
2016年	1月	2.61	中营养	2.57	中营养	1.52	中营养		
	4月	2.84	中营养	1.53	中营养	1.90	中营养	2.09	中营养
	7月	1.92	中营养	2.20	中营养	2.17	中营养	2.54	中营养
	10月	2.29	中营养	1.91	中营养	2.01	中营养	2.38	中营养
	平均	2.41	中营养	2.05	中营养	1.90	中营养	2.34	中营养
2017年	1月	2.51	中营养	2.31	中营养	1.37	中营养		
	4月	2.72	中营养	1.37	中营养	1.71	中营养	1.79	中营养
	7月	1.73	中营养	2.33	中营养	1.95	中营养	2.18	中营养
	10月	2.20	中营养	1.76	中营养	1.81	中营养	2.05	中营养
	平均	2.29	中营养	1.94	中营养	1.71	中营养	2.01	中营养

利用浮游植物 Margalef 指数评价沙湖水质：2015 年均为中度污染；2016 年春、秋季为中度污染，冬、夏季为重度污染，全年平均为中度污染；2017 年秋季为中度污染，冬、春、夏季为重度污染，全年平均为重度污染。利用浮游动物、底栖动物的 Margalef 指数评价沙湖水质：2015 年、2016 年、2017 年均为重度污染。利用水生植物 Margalef 指数评价沙湖水质：2015 年秋季为中度污染，全年平均为中度污染；2016 年、2017 年均为重度污染。

利用浮游植物、浮游动物、底栖动物、水生植物 Shannon - Wiener 指数评价沙湖 2015 年、2016 年、2017 年均为中营养。

3.6.2.2　阅海湖水质生物学评价

利用 Margalef 指数评价阅海湖水质结果见表 3-20，利用 Shannon - Wiener 指数评价阅海湖水质结果见表 3-21。

表 3-20　　利用 Margalef 指数评价阅海湖水质结果

取样时间		浮游植物 Margalef 指数	水质评价结果	浮游动物 Margalef 指数	水质评价结果	底栖动物 Margalef 指数	水质评价结果	水生植物 Margalef 指数	水质评价结果
2015 年	1月	3.89	中度污染	2.50	重度污染	2.18	重度污染		
	4月	3.98	中度污染	2.52	重度污染	1.95	重度污染	2.70	重度污染
	7月	3.8	中度污染	2.66	重度污染	2.96	重度污染	2.90	重度污染
	10月	3.92	中度污染	2.44	重度污染	2.46	重度污染	3.71	中度污染
	平均	3.9	中度污染	2.53	重度污染	2.39	重度污染	3.10	中度污染
2016 年	1月	3.74	中度污染	2.38	重度污染	2.07	重度污染		
	4月	3.82	中度污染	2.4	重度污染	1.85	重度污染	2.45	重度污染
	7月	3.65	中度污染	2.53	重度污染	2.81	重度污染	2.63	重度污染
	10月	3.76	中度污染	2.32	重度污染	2.33	重度污染	3.37	中度污染
	平均	3.74	中度污染	2.40	重度污染	2.27	重度污染	2.82	重度污染
2017 年	1月	3.48	中度污染	2.23	重度污染	2.23	重度污染		
	4月	3.55	中度污染	2.25	重度污染	1.99	重度污染	2.23	重度污染
	7月	3.39	中度污染	2.37	重度污染	3.03	中度污染	2.4	重度污染
	10月	3.5	中度污染	2.18	重度污染	2.51	重度污染	3.07	中度污染
	平均	3.48	中度污染	2.26	重度污染	2.44	重度污染	2.57	重度污染

利用浮游植物 Margalef 指数评价阅海湖水质：2015 年、2016 年、2017 年均为中度污染。利用浮游动物 Margalef 指数评价阅海湖水质：2015 年、2016 年、2017 年均为重度污染。利用底栖动物 Margalef 指数评价阅海湖水质：2017 年秋为中度污染，其他时间均为重度污染。利用水生植物 Margalef 指数评价阅海湖水质：2015 年秋为中度污染，春、夏季为重度污染，全年平均为中度污染；2016 年、2017 年秋季为中度污染，春、夏季为重度污染，全年平均为重度污染。

表 3-21 利用 Shannon-Wiener 指数评价阅海湖水质结果

取样时间		浮游植物 Shannon-Wiener 指数	水质评价结果	浮游动物 Shannon-Wiener 指数	水质评价结果	底栖动物 Shannon-Wiener 指数	水质评价结果	水生植物 Shannon-Wiener 指数	水质评价结果
2015 年	1 月	3.66	贫营养	3.39	贫营养	1.64	中营养		
	4 月	3.49	贫营养	2.89	中营养	2.00	中营养	2.19	中营养
	7 月	3.17	贫营养	3.15	中营养	2.26	中营养	2.66	中营养
	10 月	3.04	贫营养	2.99	中营养	2.21	中营养	2.50	中营养
	平均	3.34	贫营养	3.10	贫营养	2.03	中营养	2.45	中营养
2016 年	1 月	3.52	贫营养	3.22	贫营养	1.55	中营养		
	4 月	3.35	贫营养	2.74	中营养	1.90	中营养	1.99	中营养
	7 月	3.04	贫营养	2.99	中营养	2.15	中营养	2.42	中营养
	10 月	2.92	中营养	2.84	中营养	2.10	中营养	2.27	中营养
	平均	3.21	贫营养	2.95	中营养	1.93	中营养	2.23	中营养
2017 年	1 月	3.38	贫营养	3.06	贫营养	1.66	中营养		
	4 月	3.22	贫营养	2.61	中营养	2.02	中营养	1.81	中营养
	7 月	2.92	中营养	2.84	中营养	2.29	中营养	2.2	中营养
	10 月	2.8	中营养	2.70	中营养	2.24	中营养	2.07	中营养
	平均	3.08	贫营养	2.80	中营养	2.05	中营养	2.03	中营养

利用浮游植物 Shannon-Wiener 指数评价阅海湖水质：2015 年均为贫营养；2016 年冬、春、夏季为贫营养，秋季为中营养，全年平均为贫营养；2017 年冬、春季为贫营养，夏、秋季为中营养，全年平均为贫营养。利用浮游动物 Shannon-Wiener 多样性指数评价阅海湖水质：2015 年冬季为贫营养，春、夏、秋季为中营养，全年平均为贫营养；2016 年、2017 年冬季为贫营养，春、夏、秋季为中营养，全年平均为中营养。利用底栖动物、水生植物 Shannon-Wiener 指数评价阅海湖水质 2015 年、2016 年、2017 年均为中营养。

3.6.2.3 星海湖水质生物学评价

利用 Margalef 指数评价星海湖水质结果见表 3-22，利用 Shannon-Wiener 指数评价星海湖水质结果见表 3-23。

表 3-22 利用 Margalef 指数评价星海湖水质结果

取样时间		浮游植物 Margalef 指数	水质评价结果	浮游动物 Margalef 指数	水质评价结果	底栖动物 Margalef 指数	水质评价结果	水生植物 Margalef 指数	水质评价结果
2015 年	1 月	3.31	中度污染	2.30	重度污染	2.07	重度污染		
	4 月	3.38	中度污染	2.32	重度污染	1.85	重度污染	2.56	重度污染
	7 月	3.23	中度污染	2.45	重度污染	2.81	重度污染	2.75	重度污染
	10 月	3.33	中度污染	2.24	重度污染	2.33	重度污染	3.52	中度污染
	平均	3.31	中度污染	2.33	重度污染	2.33	重度污染	2.95	重度污染

续表

取样时间		浮游植物 Margalef 指数	水质评价结果	浮游动物 Margalef 指数	水质评价结果	底栖动物 Margalef 指数	水质评价结果	水生植物 Margalef 指数	水质评价结果
2016 年	1 月	3.39	中度污染	2.36	重度污染	2.12	重度污染		
	4 月	3.49	中度污染	2.38	重度污染	1.9	重度污染	2.47	重度污染
	7 月	2.87	中度污染	2.26	重度污染	2.89	重度污染	2.65	重度污染
	10 月	2.97	重度污染	2.08	重度污染	2.39	重度污染	3.40	中度污染
	平均	3.11	中度污染	2.27	重度污染	2.39	重度污染	2.84	重度污染
2017 年	1 月	3.04	中度污染	2.27	重度污染	2.05	重度污染		
	4 月	3.13	中度污染	2.34	重度污染	1.83	重度污染	2.30	重度污染
	7 月	2.56	重度污染	2.01	重度污染	2.78	重度污染	2.47	重度污染
	10 月	2.66	重度污染	2.19	重度污染	2.31	重度污染	3.16	中度污染
	平均	2.78	重度污染	2.20	重度污染	2.30	重度污染	2.64	重度污染

表 3-23　　利用 Shannon-Wiener 指数评价星海湖水质结果

取样时间		浮游植物 Shannon-Wiener 指数	水质评价结果	浮游动物 Shannon-Wiener 指数	水质评价结果	底栖动物 Shannon-Wiener 指数	水质评价结果	水生植物 Shannon-Wiener 指数	水质评价结果
2015 年	1 月	3.48	贫营养	3.22	贫营养	1.55	中营养		
	4 月	3.32	贫营养	2.74	中营养	1.9	中营养	2.08	中营养
	7 月	3.01	贫营养	2.99	中营养	2.15	中营养	2.52	中营养
	10 月	2.89	中营养	2.84	中营养	2.1	中营养	2.37	中营养
	平均	3.07	贫营养	2.86	中营养	2.05	中营养	2.33	中营养
2016 年	1 月	3.57	贫营养	3.3	贫营养	1.59	中营养		
	4 月	3.4	贫营养	2.81	中营养	1.94	中营养	2.01	中营养
	7 月	2.68	中营养	2.66	中营养	2.2	中营养	2.44	中营养
	10 月	2.58	中营养	2.54	中营养	2.15	中营养	2.29	中营养
	平均	2.89	中营养	2.67	中营养	2.10	中营养	2.25	中营养
2017 年	1 月	3.2	贫营养	3.02	贫营养	1.54	中营养		
	4 月	3.05	贫营养	2.67	中营养	1.87	中营养	1.87	中营养
	7 月	2.39	中营养	2.37	中营养	2.12	中营养	2.27	中营养
	10 月	2.31	中营养	2.68	中营养	2.07	中营养	2.13	中营养
	平均	2.58	中营养	2.57	中营养	2.02	中营养	2.09	中营养

利用浮游植物 Margalef 指数评价沙湖水质：2015 年均为中度污染；2016 年冬、春、夏季为中度污染，秋季为重度污染，全年平均为中度污染；2017 年冬、春季为中度污染，夏、秋季为重度污染，全年平均为重度污染。利用浮游动物、底栖动物 Margalef 指数评价星海湖水质：2015 年、2016 年、2017 年均为重度污染。利用水生植物 Margalef 指数

评价星海湖水质：2015年、2016年、2017年秋季均为中度污染，春、夏季均重度污染，全年平均均为重度污染。

利用浮游植物Shannon－Wiener指数评价星海湖水质：2015年冬、春、夏季均为贫营养，秋季为中营养，全年平均为贫营养；2016年、2017年冬、春季为贫营养，夏、秋季为中营养，全年平均为中营养。利用浮游动物Shannon－Wiener多样性指数评价星海湖水质：2015年、2016年、2017年冬季均为贫营养，春、夏、秋季均为中营养，全年平均为中营养。利用底栖动物、水生植物Shannon－Wiener指数评价星海湖水质：2015年、2016年、2017年均为中营养。

3.7 小结

本章对银川平原三个典型湖泊（沙湖、阅海湖、星海湖）的浮游生物、底栖动物、水生植物、鱼类的种类组成、群落结构、季节分布、密度、生物量以及生物多样性进行了分析和研究，并利用浮游植物密度、生物量以及浮游生物、底栖动物、水生植物的Margalef多样性指数和Shannon－Wiener指数对三大湖泊的水质作出生物学评价。

3.7.1 沙湖水生生物及多样性与水质生物学评价

1. 生物多样性

（1）沙湖浮游植物97个种，其中绿藻门43种，硅藻门24种，蓝藻门17种，裸藻门4种，金藻门4种，甲藻门2种，隐藻门2种，黄藻门1种。浮游植物优势种主要有蓝藻门的色球藻、小席藻、小颤藻、针晶蓝纤维藻、针状蓝纤维藻、弯形尖头藻、为首螺旋藻、水华束丝藻；隐藻门的尖尾蓝隐藻；硅藻门的梅尼小环藻、尖针杆藻、连接脆杆藻、波形羽纹藻、美丽星杆藻；绿藻门的小球藻、镰形纤维藻、膨胀四角藻、四尾栅藻、衣藻。沙湖春季蓝藻密度最高，其次为硅藻和绿藻。夏、秋季蓝藻占绝对优势，绿藻、硅藻次之。冬季绿藻密度最高，其次为硅藻、隐藻和蓝藻。

（2）沙湖浮游动物29种，其中轮虫17种，枝角类9种，桡足类3种。常见并且能够形成优势种的种类有角突臂尾轮虫、萼花臂尾轮虫、矩形龟甲轮虫、曲腿龟甲轮虫、前额犀轮虫、月形腔轮虫、前节晶囊轮虫、异尾轮虫、长肢多肢轮虫、长三肢轮虫、桡足类无节幼体。枝角类多出现在春、秋季，常见种为直额裸腹溞、矩形尖额溞。沙湖浮游动物数量结构主要由轮虫和桡足类组成，生物量结构则主要由桡足类和枝角类组成，夏、秋季密度与生物量较高。

（3）沙湖底栖动物26种别，其中节肢动物门昆虫纲种类最多，共10种，昆虫纲的摇蚊科种类达7种；环节动物门6种；软体动物门4种，其中瓣鳃纲1种，腹足纲2种；节肢动物门甲壳纲6种。优势种类为环节动物门寡毛纲尾鳃蚓，软体动物门腹足纲中华圆田螺，节肢动物门甲壳纲中华小长臂虾，节肢动物门昆虫纲划蝽、羽摇蚊。底栖动物密度夏季最高，冬季最低，生物量秋季最高，冬季最低。

（4）沙湖水生维管束植物29种，依生活型而论，有挺水植物11种，漂浮植物7种，浮叶植物4种，沉水植物10种。水生植物密度夏季最高，冬季最低，生物量夏季最高，冬季最低。

(5) 沙湖鱼类共有10科26种，其中鲤科15种，鲶科3种，胡子鲶科、鮰科、鳅科、鳢科、胡瓜鱼科、塘鳢科、鰕虎鱼科、鲻科各1种。

2. 多样性指数

(1) 沙湖浮游植物的Margalef指数变化范围为2.611～3.929，10月最高，7月最低；Shannon-Wiener指数变化范围为1.726～3.732，4月最高，7月最低；Pielou均匀度指数变化范围为0.480～0.731，1月最高，4月最低。

(2) 沙湖浮游动物的Margalef指数变化范围为1.402～2.016，4月最高，7月、10月较低；Shannon-Wiener指数变化范围为1.373～2.855，4月较低；Pielou均匀度指数变化范围为0.373～0.839，平均0.638，10月最高，1月最低。

(3) 沙湖底栖动物的Margalef指数变化范围为1.489～3.213，7月最高，1月最低；Shannon-Wiener指数变化范围为1.371～2.547，7月最高，1月最低；Pielou均匀度指数变化范围为0.479～0.669，4月最高，10月最低。

(4) 沙湖水生植物的Margalef指数变化范围为2.147～3.261，10月最高，4月最低；Shannon-Wiener指数变化范围为1.791～2.821，平均2.595，7月最高，4月最低；Pielou均匀度指数变化范围为0.396～0.593，平均0.561，7月最高，4月最低。

3. 生物学评价

利用浮游植物密度评价沙湖水质，2015年、2016年、2017年均为富营养型。利用浮游植物生物量评价沙湖水质，2015年、2016年、2017年均为富营养型。利用浮游植物Margalef指数评价沙湖水质，2015年、2016年均为中度污染，2017年为重度污染。利用浮游动物、底栖动物Margalef多样性指数评价沙湖水质，2015年、2016年、2017年均为重度污染。利用水生植物Margalef多样性指数评价沙湖水质，2015年为中度污染，2016年、2017年均为重度污染。利用浮游植物、浮游动物、底栖动物、水生植物Shannon-Wiener指数评价沙湖水质，2015年、2016年、2017年均为中营养。

3.7.2 阅海湖水生生物及多样性与水质生物学评价

1. 生物多样性

(1) 阅海湖浮游植物75个种，其中绿藻门30种，硅藻门18种，蓝藻门12种，裸藻门4种，金藻门4种，甲藻门3种，隐藻门3种，黄藻门1种。浮游植物优势种主要有蓝藻门的色球藻、铜绿微囊藻、小颤藻、针晶蓝纤维藻、针状蓝纤维藻、为首螺旋藻；隐藻门的尖尾蓝隐藻；金藻门的小三毛金藻；裸藻门的裸藻；硅藻门的梅尼小环藻、尖针杆藻、波形羽纹藻、美丽星杆藻；绿藻门的小球藻、四尾栅藻、衣藻、绿球藻。夏季浮游植物密度最高，蓝藻占绝对优势，绿藻、硅藻次之；冬季密度最低，绿藻占优势，其次为硅藻。

(2) 阅海湖浮游动物22种，其中轮虫12种，枝角类7种，桡足类3种。常见并且能够形成优势种的种类有角突臂尾轮虫、萼花臂尾轮虫、矩形龟甲轮虫、曲腿龟甲轮虫、月形腔轮虫、月形单趾轮虫、前节晶囊轮虫、沟痕泡轮虫、桡足类无节幼体。枝角类多出现在春、秋季，常见种为直额裸腹溞、圆形盘肠溞。夏季浮游动物密度和生物量最高，冬季较低。

（3）阅海湖底栖动物 21 种别，其中节肢动物门昆虫纲 9 种，昆虫纲的摇蚊科种类达 6 种；环节动物门 4 种；软体动物门 3 种，其中瓣鳃纲 1 种，腹足纲 2 种；节肢动物门甲壳纲 5 种。常见的优势种类主要有环节动物门寡毛纲苏氏尾鳃蚓，软体动物门腹足纲中华圆田螺，节肢动物门甲壳纲中华小长臂虾，节肢动物门昆虫纲羽摇蚊。底栖动物密度夏季最高，冬季最低，生物量秋季最高，冬季最低。

（4）阅海湖水生维管束植物 27 种，依生活型而论，有挺水植物 11 种，漂浮植物 6 种，浮叶植物 3 种，沉水植物 7 种。水生植物密度夏季最高，冬季最低，生物量夏季最高，冬季最低。

（5）阅海湖鱼类共有 8 科 25 种，其中鲤科 16 种，鲶科 2 种，鳅科 2 种，鮰科、鳢科、胡瓜鱼科、塘鳢科、攀鲈科各 1 种。

2. 多样性指数

（1）阅海湖浮游植物的 Margalef 指数变化范围为 3.391～3.978，4 月最高，7 月最低；Shannon－Wiener 指数变化范围为 2.802～3.644，1 月最高，10 月最低；Pielou 均匀度指数变化范围为 0.700～0.864，4 月最高，7 月、10 月较低。

（2）阅海湖浮游动物的 Margalef 指数变化范围为 2.178～2.658，7 月最高，10 月最低；Shannon－Wiener 指数变化范围为 2.606～3.389，1 月最高，4 月最低；Pielou 均匀度指数变化范围为 0.659～0.850，平均 0.772，样点间差别不大，7 月、10 月较高，4 月最低。

（3）阅海湖底栖动物的 Margalef 指数变化范围为 1.851～3.026，7 月最高，4 月最低；Shannon－Wiener 指数变化范围为 1.554～2.263，7 月最高，1 月最低；Pielou 均匀度指数变化范围为 0.469～0.725，4 月最高，10 月最低。

（4）阅海湖水生植物 Margalef 指数变化范围为 2.233～3.708，10 月最高，4 月最低；Shannon－Wiener 指数变化范围为 1.810～2.661，7 月最高，4 月最低；Pielou 均匀度指数变化范围为 0.400～0.560，7 月最高，4 月最低。

3. 生物学评价

利用浮游植物密度评价阅海湖水质，2015 年、2016 年、2017 年均为富营养。利用浮游植物生物量评价阅海湖水质，2015 年、2016 年、2017 年均为富营养。利用浮游植物 Margalef 多样性指数评价阅海湖水质，2015 年、2016 年、2017 年均为中度污染。利用浮游动物、底栖动物 Margalef 多样性指数评价阅海湖水质，2015 年、2016 年、2017 年均为重度污染。利用水生植物 Margalef 多样性指数评价阅海湖水质，2015 年为中度污染，2016 年、2017 年均为重度污染。利用浮游植物 Shannon－Wiener 多样性指数评价阅海湖水质，2015 年、2016 年、2017 年均为贫营养。利用浮游动物、底栖动物、水生植物 Shannon－Wiener 多样性指数评价阅海湖水质，2015 年、2016 年、2017 年均为中营养。

3.7.3 星海湖水生生物及多样性与水质生物学评价

1. 生物多样性

（1）星海湖浮游植物 73 种，其中绿藻门 27 种，硅藻门 18 种，蓝藻门 14 种，裸藻门

3 种，金藻门 3 种，甲藻门 3 种，隐藻门 2 种，黄藻门 1 种。浮游植物优势种主要有蓝藻门的色球藻、小席藻、小颤藻、针晶蓝纤维藻、针状蓝纤维藻、弯形尖头藻、为首螺旋藻；隐藻门的尖尾蓝隐藻；裸藻门的裸藻；硅藻门的梅尼小环藻、尖针杆藻、连接脆杆藻、波形羽纹藻、美丽星杆藻；绿藻门的小球藻、四尾栅藻、衣藻。夏季浮游植物密度最高，蓝藻占绝对优势，绿藻、硅藻次之；冬季密度最低，绿藻占优势，其次为硅藻。

（2）星海湖浮游动物 26 种，其中轮虫 14 种，枝角类 8 种，桡足类 4 种。常见并且能够形成优势种的种类有角突臂尾轮虫、萼花臂尾轮虫、矩形龟甲轮虫、螺形龟甲轮虫、前额犀轮虫、前节晶囊轮虫、长肢多肢轮虫、长三肢轮虫、桡足类无节幼体。枝角类多出现在春、秋季，常见种为长额象鼻溞、圆形盘肠溞。夏季浮游动物密度和生物量最高，冬季较低。

（3）星海湖底栖动物 22 种，其中环节动物门 5 种；软体动物门 3 种，其中瓣鳃纲 1 种，腹足纲 2 种；节肢动物门 16 种，昆虫纲种类最多，共 10 种，甲壳纲 6 种。苏氏尾鳃蚓、羽摇蚊和中华圆田螺为优势种类。底栖动物密度夏季最高，冬季最低，生物量秋季最高，冬季最低。

（4）星海湖水生维管束植物 23 种，依生活型而论，有挺水植物 8 种，漂浮植物 5 种，浮叶植物 3 种，沉水植物 7 种。水生植物密度夏季最高，冬季最低，生物量夏季最高，冬季最低。

（5）星海湖鱼类共有 7 科 20 种，其中鲤科 12 种，鲶科 3 种，鳅科、鮰科、鳢科、真鲈科、塘鳢科各 1 种。

2. 多样性指数

（1）星海湖浮游植物的 Margalef 指数变化范围为 2.562～3.490，4 月最高，7—10 月较低；Shannon - Wiener 指数变化范围为 2.309～3.572，1 月最高，10 月最低；Pielou 均匀度指数变化范围为 0.594～0.815，4 月最高，7 月最低。

（2）星海湖浮游动物的 Margalef 指数变化范围为 2.010～2.445；Shannon - Wiener 指数变化范围为 2.537～3.303，1 月最高；Pielou 均匀度指数变化范围为 0.551～0.807，4 月较高，7 月较低。

（3）星海湖底栖动物的 Margalef 指数变化范围为 1.828～2.886，7 月最高，4 月最低；Shannon - Wiener 指数变化范围为 1.535～2.204，7 月最高，1 月最低；Pielou 均匀度指数变化范围为 0.448～0.698，7 月最高，1 月最低。

3. 生物学评价

利用浮游植物密度评价星海湖水质，2015 年、2016 年、2017 年均为富营养。利用浮游植物生物量评价星海湖水质，2015 年、2016 年、2017 年均为富营养。利用浮游植物 Margalef 多样性指数评价星海湖水质 2015 年、2016 年均为中度污染，2017 年为重度污染。利用浮游动物、底栖动物、水生植物 Margalef 多样性指数评价星海湖水质，2015 年、2016 年、2017 年均为重度污染。利用浮游植物 Shannon - Wiener 多样性指数评价星海湖水质，2015 年为贫营养，2016 年、2017 年为中营养。利用浮游动物、底栖动物、水生植物 Shannon - Wiener 多样性指数评价星海湖水质，2015 年、2016 年、2017 年均为中营养。

第4章 水环境容量

水环境容量又称水体的纳污能力，是指特定水域在其使用功能不受破坏的前提下，单位时间内该水域污染物最大允许容纳量，即在一定设计水量条件下，满足水功能区水环境质量标准要求的污染物最大允许负荷量。水环境容量主要受水资源量、水环境功能区划、水环境质量标准、污染物的理化性质、排污方式以及水文气象等因素的影响。对污染物排放总量进行限制，是保障正常水域功能的一个基本前提，而水污染总量控制的基本依据与核心是水环境容量，因此水环境容量的定量分析在水环境保护中至关重要。水环境容量是一个综合性评价指标，污染物的理化性质、降解、迁移过程都很复杂。各个因素之间的相互关系反映了污染物在水体中的迁移、转化和积存规律，同时也反映了水体在满足特定功能条件下对污染物的承受能力。水环境容量大小与水体特征、水质目标及污染物特性有关，同时还与污染物的排放方式及时空分布密切相关。

4.1 水环境容量理论

4.1.1 水环境容量的定义

水环境容量源于环境容量，是指某一水环境单元在特定的环境目标下所能容纳污染物的负荷，也就是指环境单元依靠自身特性使本身功能不破坏的前提下能够允许的污染量。在理论上，水环境容量是环境的自然规律参数与社会效益参数的多变函数：它反映污染物的水体的迁移、转化规律，也满足特定功能条件下水环境对污染物的承受能力。允许纳污量是指在排污口空间分布及排污方式给定条件下环境单元允许排放的污染物的量。允许纳污量不仅与水质标准有关，而且与污染源的时空分布有关。实际应用中，由于水环境容量无法直接计算，人们常把最大允许纳污量作为环境容量。

4.1.2 水环境容量的影响因素

水环境容量的大小与水体特征、水质目标和污染物特性有关。

(1) 水体特征。水体特征包括一系列自然参数，如几何参数（形状、大小）、水文参数（流量、流速、水温）、水化学参数（离子含量）以及水体的物理、化学和生物自净能力，这些自然参数决定着污染物的稀释扩散能力和自净能力，从而决定着水环境容量的大小。

(2) 水质目标。水体对污染物的纳污能力是相对于水体满足一定的功能和用途而言的。因此，水体的功能要求和用途不同，其容纳污染物的量亦不同。我国地面水水质标准按用途分为5类，每类水体允许的水质标准决定着水环境容量的大小。另外，由于我国的自然条件和经济条件的地域差异性很大，因此，允许地方建立实际可行的水质标准，从而造成了水环境容量的地域差异性。

(3) 污染物特性。由于不同的污染物对水生生物的毒性强度及对人体健康的影响程度不同，因此其在水中的允许浓度也是不同的。也就是说，针对不同的污染物有不同的水环境容量。此外，水环境容量还与污染物的排放方式和时空分布密切相关。

4.1.3 水环境容量的分类

水环境容量可根据应用机制的不同进行分类：①按水环境目标分为自然环境容量、管理环境容量；②按可分配性分为可分配容量、不可分配容量；③按降解机制分为稀释容量、自净容量；④按可再生性分为可更新容量、不可更新容量；⑤按污染物分为有机物水环境容量、重金属水环境容量等。

4.1.3.1 自然环境容量和管理环境容量

以环境基准值作为环境目标是自然环境容量，以环境标准值作为环境目标是管理环境容量。自然环境容量反映水体污染物的客观性质，即反映水体在不造成对水生生态和人体健康不良影响的前提下容纳污染物的能力。它与人类的意志无关，不受人类社会因素影响，反映了水环境容量的客观性。管理环境容量以满足人为规定的水质标准为约束条件，它不仅与自然属性有关，而且与技术水平及经济能力有关，显然这个意义上的环境容量正是我们所指的水环境容量。总的来说，严格的自然环境容量是很复杂的，不是短期能解决的，当前水环境容量研究的主要对象应该是管理环境容量。

管理环境容量不是抽象的不变量，而是和具体条件相联系的可变量，应用上最重要的条件是水质标准、水文条件和排污口分布。水环境的水质标准不同，设计水文条件不同，水环境的管理环境容量显然也就不同。通过改变水环境的功能要求来提高或降低水质要求，通过工程措施或变更规划设计标准来改变水文条件，都可以改变管理环境容量。

4.1.3.2 可分配环境容量

可分配使用的环境容量才是总量控制、负荷分配的直接依据，是应用上可实际使用的部分。可分配使用的环境容量不是抽象的不变量，而是和允许污染负荷分配原则相联系的可变量，其值随分配原则的变化而变化。

4.1.3.3 稀释容量和自净容量

水体具有存储、输移、降解或使污染物无害化的能力而使自身得到净化。水环境容量具体可分为三个组成部分：

存储容量：由于稀释和沉积作用，污染物分布于水和底泥中，其浓度达到基准值或标准值时水体所能容纳的污染物量。

迁移容量：污染物进入流动水体之中，随着水体向下游移动，随水和底泥移动。迁移容量表示水体输移污染物的能力。

自净容量：水体对污染物进行降解或无害化的能力。若污染物为有机物，自净容量也常称为同化容量。

存储容量和迁移容量通称为稀释容量。由于计算机的普遍应用，美国的环保专家率先

提出概率稀释模型，将稀释容量分为定常稀释容量和随机稀释容量。其中，定常稀释容量只是随机稀释容量在水文随机波动超过某一概率时的一个特例，它没有考虑水源（水量及水质）的波动情况，而随机稀释容量考虑了在概率控制条件下水量、水质、环境标准的系统分布，体现了水环境容量时空分布的不均匀。

4.1.4 水环境容量的特点

水环境容量作为一种资源，既有一般资源的特点，也有其自身的特点，主要表现为有用性、稀缺性、可更新性、分布不均匀性和共享性。

水环境容量的有用性是指它在维持生态系统平衡中的作用以及在人类生存和发展中的作用。水是生命的摇篮，是生命活动必不可少的资源。生命起源于水，任何有机体的生命活动都离不开水，水是生物体的重要组成部分。水也是人类活动和经济活动中不可缺少的重要资源，无论工业、农业、日常生活，还是在整个生态系统中，水都是前提和基础。水环境容量的稀缺性是指水环境容量资源虽然具有可更新性，但是在一定时间和空间内它是有限的，同时它存在的外部环境不一定有可恢复性，水环境容量的稀缺性与水资源的稀缺性紧密相关。分布不均匀性是指水环境容量分布随着时间空间的变化而不同，具有区域性，随机性的特点。水环境容量的共享性是指它可以向社会服务，其所有权不属于某个人，这是因为水环境是任何生物存在发展的必要前提，任何人不能剥夺它提供给人的生存和发展的权利。

4.2 水环境容量研究现状

环境容量的概念由日本学者最早提出，它是环境科学中的一个基本概念，在环境管理中具有重要的作用。水环境容量主要指水体对污染物的稀释、扩散和净化能力的容量，或者说是在一定时期和一定环境状态下，某一区域环境对人类社会经济活动支持能力的阈值。环境容量主要包括稀释容量和自净容量两部分，也有文章将水环境容量定义为在规定的环境目标下所能容纳的污染物的量。它反映了污染物在环境中的迁移转化和积存规律，也反映特定环境功能下环境对污染物的承受力。环境容量是环境目标管理的基本依据，是环境规划的主要环境约束条件，也是区域环境保护实行污染物总量控制的关键参数。环境容量也是国家制定环境标准和污染物排放标准的基本依据，是环境质量分析、评价和环境区域规划的主要依据。

20 世纪 60 年代末，日本为改善水和大气环境质量状况，提出污染物排放总量控制问题。即把一定区域的大气或水体中的污染物总量控制在一定的允许限度内；日本环境厅委托日本卫生工学小组提出《1975 年环境容量计算化调查研究报告》，环境容量的应用逐渐推广，成为污染物总量控制的理论基础。欧美国家的学者较少使用环境容量这一术语，而是用同化容量、最大容许纳污量和水体容许排污水平等概念。1983 年 12 月 8 日，美国正式立法，实施以水质限制为基点的排污控制路线后，世界各国也陆续对排放污染物作了调整。对允许排放量的计算，国外一般是用随机理论和系统理论进行研究。Liebman 和 Ecker 将流量等参数作为确定性变量并建立模型对超标风险下的污染负荷进行研究。Fuji-

warra 等则把流量等作为已知概率分布的随机变量，用概率约束模型研究污染负荷及其分配。Donald 和 Edward 用一阶不确定性分析方法将水质随机变量转化为不确定性变量，进行排污量的计算。另外，为了在满足水体环境标准的前提下充分利用其自净能力，美国采用了季节总量控制方法，它是为了适应水体在不同季节对水质的不同要求以及不同水体对水质标准的不同要求（如在一年中水生生物产卵期间实行了严格的溶解氧标准，而在其余时间则可实行另一水质标准），允许排污量在一年内的不同季节有所变化。同时，美国有些地方还实行一种“变量总量控制”，它以河流实测的同化能力来变更允许排放量，而不同于根据历史资料界定条件而得出固定的排污限量，这更能充分利用水环境容量。

《水污染物排放总量监测技术规范》（HJ/T 92—2002）中，对水环境容量作如下定义：将给定水域和水文、水力学条件，给定排污口位置，满足水域某一水质标准的排污口的最大排放量，叫作该水域在上述条件下所能容纳的污染物总量，通称水域允许纳污量或水环境容量。国内学者张玉清定义为：在水环境使用功能不受破坏的条件下，受纳污染物的最大数量，或者在给定水域范围、给定水质标准、给定设计条件下水域的最大容许纳污量为水环境容量。水环境容量由稀释容量与自净容量两部分组成，分别反映污染物在环境中迁移转化的物理稀释与自然净化过程的作用。关卉在湛江市水环境容量分析与应用研究中把水环境容量概述为保持水环境功能用途的前提下，受纳水体所能承受的最大污染物的排放量，或者在给定的水质目标和水文设计条件下，水域的最大容许污染量。

由于水环境容量是反映水生态环境与社会经济活动的密切关系的度量尺度，是一个比较复杂而含糊的概念，国内对水环境容量的定义至今仍未达成共识。方国华等在总结前人理论的基础上，把水环境容量表述为：在不影响某一水体正常使用的前提下，以及满足社会经济可持续发展和保持水生态系统健康的基础上，参照人类环境目标要求，某一水域所能容纳的某种污染物的最大负荷量或保持水体生态系统平衡的综合能力。

我国的水环境容量计算研究始于20世纪70年代，大致经历了以下几个阶段。

（1）研究启动阶段（20世纪80年代初期）。在此期间，在北京东南郊环境质量评价、黄河兰州段、图们江、松花江、漓江以及渤海、黄海环境质量评价等项目中，研究应用了不同的水质模拟方法分析水体污染物自净规律，制定水质排放标准，从不同角度提出了水环境容量的概念。

（2）大规模研究阶段（“六五”计划期间）。“六五”期间，水环境容量研究被列入国家环保科技攻关项目，国家级科研机构及高等院校进入该研究领域，比较重要的成果有“沱江有机物的水环境容量研究”和“湘江重金属的水环境容量研究”等。对污染物在水体的物理、化学行为的研究更为深入，水质计算及各类参数的试验研究均有大的进展，水环境容量研究与水污染控制规划相结合的研究取得进展，水环境容量理论进入实用阶段。

（3）深入研究阶段（“七五”计划期间）。“七五”期间，水环境容量研究继续列入国家环保科技攻关项目，大批科研机构进入该研究领域，水环境容量理论逐步系统化和实用化。水环境容量计算技术研究更为深入，技术方法可以应用于河流、湖库、河口、近岸海域等不同水体。其间的代表性著作有《水环境容量手册》（张永良、刘培哲主编）、《水环境容量开发与利用》（夏青、王华东编著）、《总量控制技术手册》（国家环保局）、《水资源

手册》（方子云主编）。其间对水环境容量的定义有了发展，提出了容量总量控制、目标总量控制及行业总量控制的概念。水环境功能区划的理念得到更新。

（4）相对停滞阶段（“八五”“九五”计划期间）。“八五”计划期间，国家重点攻关项目没有流域的容量研究项目，主要研究投入到海洋污水处置方面，以期利用海洋提供的环境容量。“九五”期间国家重点攻关项目没有容量研究项目。

（5）重新研究阶段（“十五”计划开始至今）。“十五”计划期间，国家环境保护总局将氨氮列入总量控制目标，城市污水处理收费政策得到推行，同时，经济发展也为污水处理设施的建设提供了一定的财力支持，国家推行流域容量总量控制有了可能。与此同时，《渤海碧海行动计划》开始实施，对流域排污提出限制要求，在此背景下，流域水环境容量研究列入了国家重点攻关项目计划。本阶段“十五”期间的水环境容量研究的重点是应用研究，以为管理服务为目标，以实现规范化、标准化为主要要求。

2003年8月18日，国家环境保护总局以环发〔2003〕141号文，向113个环保重点城市环境保护局发出通知，实施以环境容量为基础的排污总量控制制度是改善环境质量的根本手段。为保证此项制度的有效实施，必须科学、准确地掌握区域、流域和城市的环境容量。按照“2003—2005年全国污染防治工作计划”（环办〔2003〕136号）的要求，国家环境保护总局决定从2003年8月开始，在全国进行环境容量测算工作。

国内水环境容量的研究中，黄真理等分析了三峡库区的污染状况，提出了三峡水库环境容量的计算原则、设计水文条件和水质保护目标。利用建立的三峡水库一维水流水质数学模型、库区排污口混合区平面二维和水平分层的三维紊流模型，计算了三峡水库建库前后 COD_{Mn} 和 NH_3-N 总体环境和岸边环境容量及其沿江分配。洪晓瑜以MIKE21模型软件为基础建立太湖二维水流水质模型，并以此为工具，对太湖的水环境容量进行了计算。张新华以太仓市城区水系为研究对象，在现状调查的基础上，对河道的水污染源及水环境质量现状进行了评价，确定了主要污染源和主要污染因子。根据地区水系特征，建立了一维水力-水质模型，采用“三级联解法”对模型进行求解，并利用模型计算了不同引水流量、不同水质目标下的水环境容量大小。徐进在对水质模型进行验证和灵敏度分析的基础上，在丰水期和平水期，利用河流水质模型（QUAL2E模型）对河流进行水质模拟，并计算了其水环境容量。黄学平、王丽等都是根据水质模拟结果，采用各种方法定量计算出了流域水环境容量，为水环境规划提供了重要的数据基础。

水环境容量的研究经历了整体化、分解研究等阶段，后来又过渡到模块化研究，从单纯的水体单一污染物的瞬时浓度以及短时间排放总量的研究，到污染物的总量控制研究，到后来根据人类社会的发展需要，为充分利用自然水体的水环境容量而对水环境容量进行模块化分配，将其纳污能力进行优化以使其在达到水环境控制目标的同时节省投资创造效益。进而提出了可分配水环境容量的概念。水环境容量模型的研究从对单一污染物的降解扩散模型，到多种污染物的综合迁移转化模型，从小流域到大水系的研究，模型状态也从稳态或准动态发展为动态模型。

水环境容量研究目前存在的主要问题有：①水环境容量水质模型参数的研究与计算方法目前还是水环境容量研究中的一个难题，对模型参数及其取值的合理性方面的研究目前还没有公认和成熟的成果；②在水环境容量计算研究中，控制断面与控制段的选择还存在争议，研究结果对水环境容量纵向和横向的可比性产生较大的影响；③关于单一水环境因子对水环境的影响研究较多，而关于影响区域、流域水环境质量的其他因素与水环境容量关系的研究目前还比较缺乏。

今后水环境容量的研究应加强特殊类型水体、面源污染定量化的研究，探索合适的水环境容量分析计算方法，构建适合于不同地理和水文状况的水环境容量分析计算模型，同时应将水质模型计算模拟的客观结果与水环境管理的实际需求相结合。此外，还应积极开展基于水环境容量的功能分区及其环境管理政策的研究，以水环境容量引导社会经济布局，逐步改善我国水环境质量。

4.3　水环境容量的研究方法及模型

4.3.1　研究方法

水环境容量综合分析需要考虑研究流域的社会人文、自然地理、水文地质等条件。根据实际需要可选择数学模型法、物理模型法和类比调查法进行研究。

（1）数学模型法。数学模型法是将水体对污染物的净化机制进行参数化，建立水环境容量与污染物净化相关的数学方程，通过求解方程得到水质变化规律，通过简化水体净化过程得到定量的结果，此方法在许多水域有成功应用的范例。这类方法的求解过程比较简便，但由于计算的前期需要对水体有较为全面的分析，对污染物的净化机制也需要开展深入的研究，从而得出合理的计算参数，选择合理的计算条件，因此该方法的应用有一定的限制。

（2）物理模型法。应用物理模型法，即对研究的水域进行全面的调查，将水体的各项参数进行分析整合，通过调查的水体物理、化学、生物等数据能够将自然水体按一定的比例进行缩放，在实验室对水体进行模拟研究，从而进行还原度较高的水质变化研究，且定性定量效果好。此方法虽然能够对研究的水域进行复杂的模拟实验，但实验室模拟并不能完全等同于自然状态下的水体，有许多自然状态不能进行同等的模拟，因此，此法只能在对结果要求不高时应用。

（3）类比调查法。此方法建立在与研究水域有近似的水文、地质、物理化学特征等条件的前提下。首先是对研究区域各项特征有较为全面的认识，对近似的水域进行筛选和调查、分析。该方法程序简洁，此种预测属于定性或半定量性质。但是，在自然状态下，无法找到完全相同的两个水域，即使某些物理特征相似，也不能保证其水动力学特征和水环境中的化学过程相近，因此，该法一般是在进行粗略估计或者对研究区域的数据掌握不充足时配合其他方法使用。

4.3.2　计算步骤

根据《全国水环境容量核定指南》，对水环境容量的计算应遵循一定的步骤，规范地对研究水体进行包括水质参数调查、水域污染源调查、水环境质量控制等工作，最终计算得出准确的水环境容量数据。

（1）水域概化。由于影响水环境容量的因素众多，在进行计算之前，需要将研究的水体进行概化处理。将研究水域进行概化处理后，结合所选模型进行参数的选取，计算得出研究水体对不同污染物的水环境容量。概化处理不仅是对整个水域的处理，还包括排污口的概化，根据排污口之间的相对距离进行处理，可概化为几个或几个集中排污口。

（2）对研究水体的相关水文条件进行调查，并根据实际情况和模型需要确定参数。不同的水域湖泊，其所处的自然环境有较大差异，对其水环境容量进行计算，需要将水域相关的水文参数资料进行全面的收集整理，明确计算研究的设计条件，欠缺的资料可采用水文比拟等方法补充。

（3）选取水质控制节点。首先是研究水体的敏感点分析，确定控制断面可控制指标。研究水体的类型不同，控制目标不同，水环境容量计算分析的侧重点也不同，一方面需满足水体功能，另一方面还需要符合环境规划管理目标。

（4）筛选水质模型并确定其计算参数。由于研究水域的特异性，需根据具体的情况选择合适的模型，进行数据分析并确定模型参数。

（5）容量计算分析。对研究水体水环境容量的计算，采取试算法对模型进行反解。以水质控制目标为前提，逐步缩减污染物的入湖量，利用模型进行计算分析，直至控制断面节点水质达标。

（6）环境容量确定。环境容量，是将湖区的点源和面源污染物的入湖量进行综合考虑纳入计算最终得出的，可真实反映水体的水环境容量，并为环境管理规划提供参考价值。

4.3.3 水环境容量模型

水环境容量是满足水环境质量标准要求的最大允许污染负荷或纳污能力，它是建立在水质目标和水体稀释自净规律基础上的，其大小与水的功能标准、水体背景浓度、水体稀释自净能力、水量、流速及污染物排放强度等因素有关，水质功能目标对水环境容量大小具有很大影响，拟定的水质功能目标越高，水环境容量越小。如果通过降低水质功能目标来获取更大的水环境容量，则是以牺牲环境为代价的。水体特征参数决定着水体对污染物的稀释扩散能力，从而决定着水环境容量的大小。由于不同的污染物对水生生物的毒性强度及对人体健康的影响程度不同，因此污染物的允许量也是不相同的。环境容量的研究是河流、湖泊污染治理考虑的因素。

氮、磷是湖库水体富营养化的最主要影响因子，实行湖库氮、磷纳污总量控制是防止湖库富营养化的关键，也是目前研究中的薄弱环节。目前对湖泊水库水体氮、磷允许纳污量的预测研究，大都来源于箱式模型。由于湖库具有水域广阔、流速缓慢和风浪大等显著特点，如同一个巨大的箱式反应器，因此，完全混合模型在目前湖库水质预测中应用非常广泛。在此基础上，建立了沃伦威德（Vollenweider）水环境容量计算模型，分别计算水环境容量的三个部分：稀释容量、自净容量和输移容量；但其所计算的是理想情况下的极值，没有考虑到实际湖库环境效应对自净能力的影响。另外，在箱式完全混合模型的基础上，还建立了其他一些水环境容量计算模型，如狄龙（Dillion）模型、世界经济合作与发展组织（OECD）模型和合田健模型。这些都是确定型模型，均存在难以准确确定经验参数的缺陷。所以，合理的参数选择对科学计算水环境容量非常重要。

（1）沃伦威德模型：

$$W=\frac{1}{\Delta t}(C_s-C_0)V+KC_sV+C_sq$$

式中：W 为湖泊水体有机污染物的最高允许排放量，g/d；Δt 为湖泊维持其设计水量的天数（或枯水时段天数），d；C_s 为湖泊水体应执行的水质标准或该水质指标的目标控制浓度，mg/L；C_0 为湖泊的实测浓度，mg/L；V 为湖泊的设计水量（设计库容或按死库容计算），m^3；K 为湖泊中有机物的综合衰减系数，d^{-1}；q 为安全库容期间湖泊平均每天的流出水量，m^3/d，不考虑蒸发时，应等于入湖（库）废水量、入湖地表径流量与上游河道来水量之和。

式中右边 3 项实际上分别为稀释容量、自净容量和迁移容量。在水质控制目标一定的情况下，W 的大小实际上取决于水体现状浓度、湖库蓄水量、在安全库容期间湖泊平均每天的流出水量 3 个参数的大小。

（2）狄龙模型：

$$M=A\cdot L_s=\frac{A\cdot C_s\cdot h\cdot Q_{出}}{V(1-R)}$$

式中：M 为水体氮或磷的纳污能力，g/a；L_s 为单位湖（库）水面积对氮或磷的纳污能力，$g/(m^2\cdot a)$；A 为计算时期湖（库）水面积，m^2；C_s 为湖（库）中氮或磷的年平均控制浓度（水质目标值），mg/L；h 为计算时期水域的平均水深，由计算时期的库容/水深面积得到，m；$Q_{出}$ 为稳态时湖库的年出水量，m^3/a；V 为设计水文条件下的湖（库）容积，m^3；R 为氮或磷在湖（库）中的滞留系数，无量纲，$R=1-\frac{W_{出}}{W_{入}}$，$W_{出}$、$W_{入}$ 为氮或磷的年出、入湖量（指通过各种途径带出湖体的量，包括水草打捞、捕鱼、下泄等带出的量），t/a。

在无法得知年进、出湖的氮或磷量时，可按下式进行估计：

$$R=0.426\exp\left(\frac{-0.271Q_a}{A}\right)+0.573\exp\left(\frac{-0.00949Q_a}{A}\right)$$

式中：Q_a 为湖泊年出水量，m^3/a。

（3）世界经济合作与发展组织（OECD）模型：

$$M=A\cdot L_s=A\cdot q_s\cdot C_s\cdot\left[1+2.27\cdot\left(\frac{-V}{Q_{出}}\right)^{0.586}\right]$$

式中：M 为水体氮或磷的纳污能力，t/a；L_s 为单位湖（库）水面积对氮或磷的纳污能力，$g/(m^2\cdot a)$；A 为计算时期湖（库）水面积，m^2；C_s 为湖（库）中氮或磷的年平均控制浓度（水质目标值），mg/L；$Q_{出}$ 为稳态时湖库的年出水量，m^3/a；q_s 为湖泊单位面积的水量负荷，m/a，$q_s=Q_{入}/A$。

从长期看，$Q_{入}$ 与 $Q_{出}$ 基本相等，因此上式可变为

$$M=A\cdot L_s=Q_{出}\cdot C_s\cdot\left[1+2.27\cdot\left(\frac{V}{Q_{出}}\right)^{0.586}\right]$$

（4）合田健模型：

$$M=Q_{出}C_s+10A\cdot C_s$$

式中：M 为 TN 或 TP 单位允许负荷量，t/a；A 为计算时期湖（库）水面积，m^2；C_s 为 TN 或 TP 的水环境质量标准，mg/L；$Q_{出}$ 为年出湖水量，m^3/a；V 为湖泊体积（库容），m^3。

4.4 沙湖水环境容量分析

4.4.1 沙湖有机污染物水环境容量

4.4.1.1 水质标准与模型参数的确定

采用沃伦威德（Vollenweider）模型分析计算沙湖 COD_{Cr}、COD_{Mn}、BOD_5 的水环境容量。

目前尚未明确沙湖水环境功能，为充分了解湖体在不同水质目标情景下的环境容量，共设置以下 4 种水质目标情景。情景一：保持现状水质不再恶化，即水质控制目标等于现状水质；情景二：达到Ⅱ类水质目标；情景三：达到饮用水源地最低水质目标要求，即达到Ⅲ类水质目标；情景四：达到Ⅳ类水质目标。

Δt 按一般情况下的 30 天计算；C_0 取年月平均值；K 值的确定方法有试验法、反推法和类比法，本书采用类比法，综合考虑已有类似研究后，COD(BOD_5）的 K 值按保守的 0.004d^{-1}进行估计；沙湖水面面积多年平均 18.00km^2，平均水深 1.80m，按此计算，相应蓄水量约为 32.4×10^6m^3；$Q_{出}$ 按保守估计为 38.88×$10^6m^3/a$，即平均 10.65×$10^4m^3/d$。

4.4.1.2 沙湖 COD_{Cr}水环境容量的计算与分析

2015—2017 年沙湖 COD_{Cr} 水环境容量计算结果见表 4-1。水质保持现状情况下，2015—2017 年沙湖 COD_{Cr}理论水环境总容量分别为 2249.40t/a、2278.71t/a、2568.28t/a，水体 COD_{Cr}指标呈上升趋势。水质达到Ⅱ类水质目标情况下，2015—2017 年沙湖 COD_{Cr}理论水环境总容量分别为－3082.86t/a、－3216.89t/a、－4541.40t/a，该水质目标下水体 COD_{Cr}在监测年度皆出现超载，现状水体中的 COD_{Cr}浓度远高于目标浓度。因此如果想要让水质达到标准，急需对入湖 COD_{Cr}进行削减。水质达到Ⅲ类水质目标情况下，2015—2017 年的 COD_{Cr}水环境容量分别为－680.94t/a、－814.97t/a、－2139.48t/a。水质达到Ⅳ类水质目标情况下，COD_{Cr} 的水环境容量分别为 4122.90t/a、3988.87t/a、2664.36t/a，与其他目标情景下 COD_{Cr}水环境容量相比，现状水体浓度低于目标浓度达到水质标准且具有较大的剩余环境容量。

4.4.1.3 沙湖 COD_{Mn}水环境容量的计算与分析

2015—2017 年沙湖 COD_{Mn} 水环境容量计算结果见表 4-2。2015—2017 年沙湖 COD_{Mn}理论水环境总容量呈现先增加后减少的趋势，其中情景一水质目标下三年 COD_{Mn} 水环境容量分别为 622.25t/a、730.84t/a、634.31t/a，情景二 COD_{Mn}水环境容量分别为－924.59t/a、1421.28t/a、－979.78t/a，情景三分别为 36.18t/a、－460.51t/a、－19.01t/a，情景四分别为 1957.72t/a、1461.02t/a、1902.53t/a。沙湖 COD_{Mn}在多个

表 4-1 2015—2017 年不同水质目标下沙湖 COD_{Cr} 水环境容量

项目			情景一：保持现状水质	情景二：Ⅱ类水质目标	情景三：Ⅲ类水质目标	情景四：Ⅳ类水质目标
2015年	水质目标/(mg/L)		26.10	15	20	30
	水环境容量/(t/a)	稀释容量	0	−4375.62	−2404.62	1537.38
		自净容量	1234.63	709.56	946.08	1419.12
		迁移容量	1014.77	583.20	777.60	1166.40
		理论环境总容量	2249.40	−3082.86	−680.94	4122.90
2016年	水质目标/(mg/L)		26.44	15	20	30
	水环境容量/(t/a)	稀释容量	0	−4509.65	−2538.65	1403.35
		自净容量	1250.72	709.56	946.08	1419.12
		迁移容量	1027.99	583.20	777.60	1166.40
		理论环境总容量	2278.71	−3216.89	−814.97	3988.87
2017年	水质目标/(mg/L)		29.80	15	20	30
	水环境容量/(t/a)	稀释容量	0	−5834.16	−3863.16	78.84
		自净容量	1409.66	709.56	946.08	1419.12
		迁移容量	1158.62	583.20	777.60	1166.40
		理论环境总容量	2568.28	−4541.40	−2139.48	2664.36

表 4-2 2015—2017 年不同水质目标下沙湖 COD_{Mn} 水环境容量

项目			情景一：保持现状水质	情景二：Ⅱ类水质目标	情景三：Ⅲ类水质目标	情景四：Ⅳ类水质目标
2015年	水质目标/(mg/L)		7.22	4	6	10
	水环境容量/(t/a)	稀释容量	0	−1269.32	−480.92	1095.88
		自净容量	341.53	189.22	283.82	473.04
		迁移容量	280.71	155.52	233.28	388.80
		理论环境总容量	622.25	−924.59	36.18	1957.72
2016年	水质目标/(mg/L)		8.48	4	6	10
	水环境容量/(t/a)	稀释容量	0	−1766.02	−977.62	599.18
		自净容量	401.14	189.22	283.82	473.04
		迁移容量	329.70	155.52	233.28	388.80
		理论环境总容量	730.84	−1421.28	−460.51	1461.02
2017年	水质目标/(mg/L)		7.36	4	6	10
	水环境容量/(t/a)	稀释容量	0	−1324.51	−536.11	1040.69
		自净容量	348.16	189.22	283.82	473.04
		迁移容量	286.16	155.52	233.28	388.80
		理论环境总容量	634.31	−979.78	−19.01	1902.53

目标情景下发生超载状况，其中情景三下最小环境容量为－460.51t/a，情景二下最小环境容量为－1421.28t/a；情景一及情景四控制目标下还存在部分环境容量；相同控制目标下不同年度的环境容量存在变化，以情景一进行分析，2016 年环境容量较 2015 年增加 108.59t/a，2017 年环境容量较 2016 年减少 96.53t/a。

4.4.1.4 沙湖 BOD_5 水环境容量的计算与分析

沙湖 BOD_5 水环境容量计算结果见表 4－3。水质保持现状情况下，2015—2017 年沙湖 BOD_5 水环境容量为 346.46t/a、308.54t/a、336.12t/a，水体 BOD_5 浓度变化幅度较小，表明沙湖入湖 BOD_5 稳定。水质达到Ⅱ类水质目标情况下，BOD_5 水环境容量为－143.53t/a、29.92t/a、－96.23t/a，水体中 BOD_5 浓度在 2015 年及 2017 年度皆出现高于目标浓度状况，则表明该情景下入湖 BOD_5 需要进行控制。水质达到Ⅲ类和Ⅳ类水质目标情况下，BOD_5 相比现状水体浓度低于目标浓度，达到水质标准且具有较大的剩余环境容量。

表 4－3　2015—2017 年不同水质目标下沙湖 BOD_5 水环境容量

项目			情景一：保持现状水质	情景二：Ⅱ类水质目标	情景三：Ⅲ类水质目标	情景四：Ⅳ类水质目标
2015 年	水质目标/(mg/L)		4.02	3	4	6
	水环境容量/(t/a)	稀释容量	0	－402.08	－7.88	780.52
		自净容量	190.16	141.91	189.22	283.82
		迁移容量	156.30	116.64	155.52	233.28
		理论环境总容量	346.46	－143.53	336.85	1297.62
2016 年	水质目标/(mg/L)		3.58	3	4	6
	水环境容量/(t/a)	稀释容量	0	－228.64	165.56	953.96
		自净容量	169.35	141.91	189.22	283.82
		迁移容量	139.19	116.64	155.52	233.28
		理论环境总容量	308.54	29.92	510.30	1471.07
2017 年	水质目标/(mg/L)		3.90	3	4	6
	水环境容量/(t/a)	稀释容量	0	－354.78	39.42	827.82
		自净容量	184.49	141.91	189.22	283.82
		迁移容量	151.63	116.64	155.52	233.28
		理论环境总容量	336.12	－96.23	384.16	1344.92

4.4.2 沙湖氮、磷水环境容量

4.4.2.1 估算模型

目前核算湖库氮、磷环境容量的模型较多，其中使用较多的有狄龙（Dillion）模型、世界经济合作与发展组织（OECD）模型以及合田健模型等，其中狄龙模型比较适用于富营养化水体，合田健模型较适用于库湾型水体。为了全面了解沙湖氮、磷环境容量，本书先利用 3 种模型进行计算，然后取其平均值作为最终评估结果。同时为充分了解氮、磷在

不同水质目标条件下的环境容量，设置以下 4 种目标情景。情景一：保持现状水质不再恶化，即水质控制目标等于现状水质；情景二：达到Ⅱ类水质目标；情景三：达到饮用水源地最低水质目标要求，即达到Ⅲ类水质目标；情景四：达到Ⅳ类水质目标。

4.4.2.2　沙湖 TN 与 NH_3-N 水环境容量的计算与分析

沙湖 TN 与 NH_3-N 水环境容量的计算结果见表 4-4。水质保持现状情况下，2015—2017 年沙湖 TN 水环境容量为 175.90t/a、219.54t/a、200.45t/a，NH_3-N 为 51.00t/a、57.13t/a、37.50t/a。达到Ⅱ类水质目标情况下 TN、NH_3-N 的环境容量均为 68.18t/a，与情景一相比，现状水体中 NH_3-N 的浓度三年均低于目标浓度达到水质标准，TN 的浓度均高于目标浓度。水质达到Ⅲ类水质目标情况下（水体中 NH_3-N 的浓度达到水质标准，在此不做对比），TN 水环境容量为 204.54t/a、204.54t/a、204.54t/a，与情景一目标下环境容量接近，现状水体中 TN 的浓度在 2015 年及 2017 年略低于目标浓度，达到水质标准，2016 年现状水质未到达情景四下目标水质要求。

表 4-4　　2015—2017 年不同水质目标情景下沙湖 TN 与 NH_3-N 水环境容量

项　　目			情景一：保持现状水质（TN）	情景一：保持现状水质（NH_3-N）	情景二：Ⅱ类水质目标（TN、NH_3-N）	情景三：Ⅲ类水质目标（TN、NH_3-N）	情景四：Ⅳ类水质目标（TN、NH_3-N）
2015 年	水质目标/(mg/L)		1.29	0.374	0.5	1.0	1.5
	水环境容量/(t/a)	Dillion 模型	92.88	26.93	36.00	72.00	108.00
		OECD 模型	152.47	44.20	59.10	118.19	177.29
		合田健模型	282.36	81.86	109.44	218.88	328.32
		平均	175.90	51.00	68.18	136.36	204.54
2016 年	水质目标/(mg/L)		1.61	0.42	0.5	1.0	1.5
	水环境容量/(t/a)	Dillion 模型	115.92	30.17	36.00	72.00	108.00
		OECD 模型	190.29	49.52	59.10	118.19	177.29
		合田健模型	352.40	91.71	109.44	218.88	328.32
		平均	219.54	57.13	68.18	136.36	204.54
2017 年	水质目标/(mg/L)		1.47	0.275	0.5	1.0	1.5
	水环境容量/(t/a)	Dillion 模型	105.84	19.80	36.00	72.00	108.00
		OECD 模型	173.75	32.50	59.10	118.19	177.29
		合田健模型	321.75	60.19	109.44	218.88	328.32
		平均	200.45	37.50	68.18	136.36	204.54

4.4.2.3　沙湖 TP 水环境容量的计算与分析

沙湖 TP 水环境容量的计算结果见表 4-5。水质保持现状情况下，2015—2017 年沙湖 TP 水环境容量为 19.64t/a、14.18t/a、8.73t/a。水质达到Ⅱ类水质目标情况下 TP 的水环境容量三年均为 3.41t/a，与情景一相比，现状水体中 TP 浓度高于目标浓度，若想要水质达到水质标准，2015—2017 年应当削减 16.23t/a、10.77t/a、5.32t/a 的 TP。水质达到Ⅲ类水质目标情况下TP环境容量为6.82t/a，现状水体中TP的浓度高于目标浓度，若想要水质达到标准应当削减12.82t/a、7.36t/a、1.91t/a的TP。水质达到Ⅳ类水质目标情况下，TP环境容量均值为13.64t/a，若想要水质达到标准，2015年及2016年应当分别削减6.00t/a、0.54t/a的TP，2017年水体中TP浓度达到水质标准。

表4-5　　2015—2017年不同水质目标情景下沙湖TP水环境容量

项　目			情景一：保持现状水质	情景二：Ⅱ类水质目标	情景三：Ⅲ类水质目标	情景四：Ⅳ类水质目标
2015年	水质目标/(mg/L)		0.144	0.025	0.05	0.10
	水环境容量/(t/a)	Dillion模型	10.37	1.80	3.60	7.20
		OECD模型	17.02	2.95	5.91	11.82
		合田健模型	31.52	5.472	10.94	21.89
		平均	19.64	3.41	6.82	13.64
2016年	水质目标/(mg/L)		0.104	0.025	0.05	0.10
	水环境容量/(t/a)	Dillion模型	7.49	1.80	3.60	7.20
		OECD模型	12.29	2.95	5.91	11.82
		合田健模型	22.76	5.472	10.94	21.89
		平均	14.18	3.41	6.82	13.64
2017年	水质目标/(mg/L)		0.064	0.025	0.05	0.10
	水环境容量/(t/a)	Dillion模型	4.61	1.80	3.60	7.20
		OECD模型	7.56	2.95	5.91	11.82
		合田健模型	14.01	5.472	10.94	21.89
		平均	8.73	3.41	6.82	13.64

保持现状水质条件下，2015—2017年沙湖COD_{Cr}的环境容量为分别为2249.40t/a、2278.71t/a、2568.28t/a；COD_{Mn}为622.25t/a、730.84t/a、634.31t/a；BOD_5为346.46t/a、308.54t/a、336.12t/a；TN为175.90t/a、219.54t/a、200.45t/a；NH_3-N为51.00t/a、57.13t/a、37.50t/a；TP为19.64t/a、14.18t/a、8.73t/a，监测指标中仅NH_3-N达到Ⅱ类水质标准，BOD_5在2015年及2016年达到Ⅲ类水质标准，COD_{Cr}、COD_{Mn}、TN达到Ⅳ类水质标准，2015年及2016年水体水质以单因子评价劣于Ⅳ类水质，水质控制因子为TP、TN；保持现状水质标准条件下，沙湖对COD_{Cr}、COD_{Mn}、BOD_5具有相对较大的剩余环境容量，对NH_3-N、TN、TP具有相对较小的剩余环境容量。沙湖对各污染因子容许排入量不同，入湖污水中各因子比例不同、扩散及稀释过程不同、对水体产生的影响不同，是造成各因子水环境容量存在差异性的主要原因。

以COD_{Cr}、COD_{Mn}、BOD_5为有机物污染指标分析结果来看，水体中三项指标的浓度年度间有小幅波动且变化不同，其中COD_{Cr}浓度逐年上涨，虽变化幅度较小，但污染物排入总量较大，若排入量不受约束那么将造成水质进一步恶化。水体COD_{Mn}指标2016年增加后2017年又下降，水体BOD_5指标变化较小且呈减少趋势，说明沙湖有机污染物排入总量在增加的同时各因子比例发生变化，即可被微生物降解的有机物排入量逐年减少。造成这种现象的原因是，沙湖在生态受到破坏后，生态状况得到足够重视，入湖污染物中与生活污水等相关的易被微生物降解的有机污染来源被严格控制。

以 TN、NH_3-N、TP 为营养物质指标分析结果来看，其中 TN 浓度在 2016 年上升后 2017 年有所下降，其浓度变化与 COD_{Mn}、NH_3-N 浓度变化趋势相似。NH_3-N 达到Ⅱ类水质标准，为沙湖多个水质指标中一个状态较好的水质指标。沙湖 TN、TP 环境容量紧缺，可能需要对其进行削减，参考湖体整体功能定位，水体水质整体状况应控制在Ⅳ类及以上水质为宜，故 TN 2016 年对应的理论总氮削减量应不少于 15.00t；入湖 TP 2015 年对应的理论削减量应不低于 6.00t，2016 年对应的 TP 入湖削减量应不少于 0.54t。

综上所述，沙湖对不同指标的环境容量差异性较大，入湖有机污染物比例随年度变化，且总量逐年增加，入湖营养物指标 TN、NH_3-N 存在波动，TP、TN 为最主要污染因子。沙湖水体治理应根据水功能要求，重点防治入湖营养物质，同时应对入湖有机污染物进行控制，避免水质进一步恶化。

4.5　阅海湖水环境容量分析

4.5.1　阅海湖有机污染物水环境容量

4.5.1.1　水质标准与模型参数的确定

采用沃伦威德（Vollenweider）模型分析计算阅海湖 COD_{Cr}、COD_{Mn}、BOD_5 的水环境容量。

目前尚未明确阅海湖水环境功能，为充分了解湖体在不同水质目标情景下的环境容量，共设置以下 4 种水质目标情景。情景一：保持现状水质不再恶化，即水质控制目标等于现状水质；情景二：达到Ⅱ类水质目标；情景三：达到饮用水源地最低水质目标要求，即达到Ⅲ类水质目标；情景四：达到Ⅳ类水质目标。

Δt 按一般情况下的 30d 计算；C_0 取年月平均值；K 值的确定采用类比法确定，$COD(BOD_5)$ 的 K 值按保守的 $0.004d^{-1}$ 进行估计；阅海湖水面面积多年平均 $12.00km^2$，平均水深 1.80m，按此计算，相应蓄水量约为 $21.6\times10^6m^3$；$Q_{出}$ 按保守估计值为 $25.92\times10^6m^3/a$，即平均 $7.10\times10^4m^3/d$。

4.5.1.2　阅海湖 COD_{Cr} 水环境容量的计算与分析

阅海湖 COD_{Cr} 水环境容量计算结果见表 4-6。水质保持现状情况下，2015—2017 年阅海湖 COD_{Cr} 水环境容量为 1104.30t/a、1158.31t/a、1238.75t/a，COD_{Cr} 的水体浓度总体呈上升趋势，说明排入阅海湖的有机污染物逐年增加。水质达到Ⅱ类水质目标情况下，2015—2017 年阅海湖 COD_{Cr} 水环境容量为 −247.18t/a、−494.21t/a、−862.13t/a，与情景一相比，目标水质要求的环境容量小于现状水体污染物负荷，因此为达到水质标准，2015—2017 年应对 COD_{Cr} 削减 122.4%、142.7%、169.6%。水质达到Ⅲ类水质目标情况下，COD_{Cr} 的水环境容量为 1354.10t/a、1107.07t/a、739.15t/a，与情景一相比，现状水体浓度除 2015 年的 COD_{Cr} 浓度略低于目标浓度外，2016 年、2017 年指标均高于目标浓度，水质呈恶化趋势，因此为达到水质标准，2016 年及 2017 年应当分别削减 COD_{Cr} 4.4%、40.3%。水质达到Ⅳ类水质目标情况下，COD_{Cr}的水环境容量为分别为 4556.66t/a、4309.63t/a、3941.71t/a，与情景一相比，目标水质要求的环境容量大于现状水体污染物负荷，具有较大的剩余环境容量。

表 4-6　　2015—2017 年不同水质目标下阅海湖 COD_{Cr} 水环境容量

项　目			情景一：保持现状水质	情景二：Ⅱ类水质目标	情景三：Ⅲ类水质目标	情景四：Ⅳ类水质目标
2015 年	水质目标/(mg/L)		19.22	15	20	30
	水环境容量/(t/a)	稀释容量	0	−1109.02	204.98	2932.98
		自净容量	606.12	473.04	830.72	946.08
		迁移容量	498.18	388.80	518.40	777.60
		理论环境总容量	1104.30	−247.18	1354.10	4556.66
2016 年	水质目标/(mg/L)		20.16	15	20	30
	水环境容量/(t/a)	稀释容量	0	−1356.05	−42.05	2585.95
		自净容量	635.77	473.04	630.72	946.08
		迁移容量	522.55	388.80	518.40	777.60
		理论环境总容量	1158.31	−494.21	1107.07	4309.63
2017 年	水质目标/(mg/L)		21.56	15	20	30
	水环境容量/(t/a)	稀释容量	0	−1723.968	−409.968	2218.032
		自净容量	679.92	473.04	630.72	946.08
		迁移容量	558.84	388.80	518.40	777.60
		理论环境总容量	1238.75	−862.13	739.15	3941.71

4.5.1.3　阅海湖 COD_{Mn} 水环境容量的计算与分析

阅海湖 COD_{Mn} 水环境容量计算结果见表 4-7。水质保持现状情况下，2015—2017 年阅海湖 COD_{Mn} 水环境容量为 349.33t/a、408.51t/a、414.83t/a，COD_{Mn} 的水体浓度总体呈上升趋势，说明排入阅海湖的有机污染物逐年增加。水质达到Ⅱ类水质目标情况下，COD_{Mn} 水环境容量为−316.80t/a、−587.48t/a、−616.39t/a，与情景一相比，现状水体中的 COD_{Mn} 负荷远高于目标要求的环境容量，因此为达到水质标准，2015—2017 年应对削减 COD_{Mn} 190.7%、243.8%、248.6%。水质达到Ⅲ类水质目标情况下，COD_{Mn} 的水环境容量为 323.71t/a、53.03t/a、24.12t/a，与情景一相比，现状水体污染物负荷均高于目标的环境容量，水质呈恶化趋势，因此为达到水质标准，2016—2017 年应当分别削减 COD_{Mn} 7.3%、85.7%、94.1%。水质达到Ⅳ类水质目标情况下，COD_{Mn} 的环境容量分别为 1604.74 t/a、1334.05t/a、1305.14t/a，与情景一相比现状水体污染物负荷低于目标要求的环境容量，达到水质标准且具有较大的剩余环境容量。

4.5.1.4　阅海湖 BOD_5 水环境容量的计算与分析

阅海湖 BOD_5 水环境容量计算结果见表 4-8。水质保持现状情况下，2015—2017 年

阅海湖 BOD_5 水环境容量为 152.26t/a、114.91t/a、162.59t/a，水体中 BOD_5 的浓度总体呈上升趋势，说明排入阅海湖的有机污染物逐年增加。水质达到Ⅱ类水质目标情况下，BOD_5 水环境容量为 264.35t/a、435.16t/a、217.03t/a，与情景一相比现状水体中的 BOD_5 污染物负荷低于目标要求的环境容量，满足水质标准，水质良好，但水体中 BOD_5 的环境容量有逐年减小趋势，浓度接近Ⅲ类水限值，需要控制。水质达到Ⅲ类和Ⅳ类水质目标情况下，BOD_5 相比现状水污染物负荷低于目标要求的环境容量，达到水质标准且具有

表 4-7　　2015—2017 年不同水质目标下阅海湖 COD_{Mn} 水环境容量

项　目			情景一：保持现状水质	情景二：Ⅱ类水质目标	情景三：Ⅲ类水质目标	情景四：Ⅳ类水质目标
2015 年	水质目标/(mg/L)		6.08	4	6	10
	水环境容量/(t/a)	稀释容量	0	−546.62	−21.02	1030.18
		自净容量	191.74	126.14	189.22	315.36
		迁移容量	157.60	103.68	155.52	259.20
		理论环境总容量	349.33	−316.80	323.71	1604.74
2016 年	水质目标/(mg/L)		7.11	4	6	10
	水环境容量/(t/a)	稀释容量	0	−817.31	−291.71	759.49
		自净容量	224.22	126.14	189.22	315.36
		迁移容量	184.29	103.68	155.52	259.20
		理论环境总容量	408.51	−587.48	53.03	1334.05
2017 年	水质目标/(mg/L)		7.22	4	6	10
	水环境容量/(t/a)	稀释容量	0	−846.22	−320.62	730.58
		自净容量	227.69	126.14	189.22	315.36
		迁移容量	187.14	103.68	155.52	259.20
		理论环境总容量	414.83	−616.39	24.12	1305.14

表 4-8　　2015—2017 年不同水质目标下阅海湖 BOD_5 水环境容量

项　目			情景一：保持现状水质	情景二：Ⅱ类水质目标	情景三：Ⅲ类水质目标	情景四：Ⅳ类水质目标
2015 年	水质目标/(mg/L)		2.65	3	4	6
	水环境容量/(t/a)	稀释容量	0	91.98	354.78	880.38
		自净容量	83.57	94.61	126.14	189.22
		迁移容量	68.69	77.76	103.68	155.52
		理论环境总容量	152.26	264.35	584.60	1225.12
2016 年	水质目标/(mg/L)		2.00	3	4	6
	水环境容量/(t/a)	稀释容量	0	262.80	525.60	1051.2
		自净容量	63.07	94.61	126.14	189.22
		迁移容量	51.83	77.75	103.68	155.52
		理论环境总容量	114.91	435.16	755.5	1395.91

续表

项目			情景一：保持现状水质	情景二：Ⅱ类水质目标	情景三：Ⅲ类水质目标	情景四：Ⅳ类水质目标
2017年	水质目标/(mg/L)		2.83	3	4	6
	水环境容量/(t/a)	稀释容量	0	44.68	307.48	833.08
		自净容量	89.25	94.61	126.14	189.22
		迁移容量	73.34	77.76	103.68	155.49
		理论环境总容量	162.59	217.03	537.28	1177.78

较大的剩余环境容量。

4.5.2 阅海湖氮、磷水环境容量

4.5.2.1 估算模型

先利用3种模型进行计算，然后取其平均值作为最终评估结果。设置以下4种目标情景。情景一：保持现状水质不再恶化，即水质控制目标等于现状水质；情景二：达到Ⅱ类水质目标；情景三：达到饮用水源地最低水质目标要求，即达到Ⅲ类水质目标；情景四：达到Ⅳ类水质目标。

4.5.2.2 阅海湖TN与NH_3-N水环境容量计算与分析

阅海湖TN与NH_3-N水环境容量的计算结果见表4-9。水质保持现状情况下，2015—2017年阅海湖TN水环境容量为36.59t/a、76.36t/a、85.91t/a，NH_3-N为16.36t/a、24.54t/a、36.36t/a。达到Ⅱ类水质目标情况下TN、NH_3-N的环境容量均为45.45t/a，与情景一相比，现状水体中NH_3-N的负荷三年均低于目标要求的环境容量，达到水质标准；TN的负荷均高于目标要求的环境容量，为达到水质标准，2015—

表4-9　2015—2017年不同水质目标情景下阅海湖TN与NH_3-N水环境容量

项目			情景一：保持现状水质(TN)	情景一：保持现状水质(NH_3-N)	情景二：Ⅱ类水质目标(TN、NH_3-N)	情景三：Ⅲ类水质目标(TN、NH_3-N)	情景四：Ⅳ类水质目标(TN、NH_3-N)
2015年	水质目标/(mg/L)		0.95	0.18	0.5	1.0	1.5
	水环境容量/(t/a)	Dillion模型	8.64	8.64	24.00	48.00	72.00
		OECD模型	74.86	14.18	39.40	78.80	118.19
		合田健模型	26.27	26.27	72.96	145.92	218.88
		平均	36.59	16.36	45.45	90.91	136.36
2016年	水质目标/(mg/L)		0.84	0.27	0.5	1.0	1.5
	水环境容量/(t/a)	Dillion模型	40.32	12.96	24.00	48.00	72.00
		OECD模型	66.19	21.27	39.40	78.80	118.19
		合田健模型	122.57	39.40	72.96	145.92	218.88
		平均	76.36	24.54	45.45	90.91	136.36

续表

项　目			情景一：保持现状水质（TN）	情景一：保持现状水质（NH_3-N）	情景二：Ⅱ类水质目标（TN、NH_3-N）	情景三：Ⅲ类水质目标（TN、NH_3-N）	情景四：Ⅳ类水质目标（TN、NH_3-N）
2017 年	水质目标/(mg/L)		0.945	0.40	0.5	1.0	1.5
	水环境容量/(t/a)	Dillion 模型	45.36	19.2	24.00	48.00	72.00
		OECD 模型	74.46	31.52	39.40	78.80	118.19
		合田健模型	137.90	58.37	72.96	145.92	218.88
		平均	85.91	36.36	45.45	90.91	136.36

2017 年应当消减 TN 为 47.3%、40.5%，47.1%。水质达到Ⅲ类水质目标情况下（水体中 NH_3-N 的浓度达到水质标准，在此不作对比），TN 水环境容量为 90.91t/a。现状水体中 TN 的负荷均略低于目标要求的环境容量，达到水质标准。

4.5.2.3　阅海湖 TP 水环境容量的计算与分析

阅海湖 TP 水环境容量计算结果见表 4-10。水质保持现状情况下，2015—2017 年阅海湖 TP 水环境容量为 7.00t/a、8.09t/a、7.82t/a。水质达到Ⅱ类水质目标情况下 TP 的水环境容量为 2.27t/a，与情景一相比，现状水体中 TP 浓度高于目标浓度，为达到水质标准，2015—2017 年应当削减 TP 67.6%、71.9%、71.0%。水质达到Ⅲ类水质目标情况下 TP 环境容量为 4.55t/a，现状水体中 TP 负荷高于目标要求的环境容量，为达到水质标准，应当削减 TP 为 35.0%、42.6%、41.8%。水质达到Ⅳ类水质目标情况下，TP 环

表 4-10　2015—2017 年不同水质目标情景下阅海湖 TP 水环境容量

项　目			情景一：保持现状水质	情景二：Ⅱ类水质目标	情景三：Ⅲ类水质目标	情景四：Ⅳ类水质目标
2015 年	水质目标/(mg/L)		0.077	0.025	0.05	0.10
	水环境容量/(t/a)	Dillion 模型	3.70	1.20	2.40	4.80
		OECD 模型	6.07	1.97	3.94	7.88
		合田健模型	11.24	3.65	7.30	14.59
		平均	7.00	2.27	4.55	9.09
2016 年	水质目标/(mg/L)		0.089	0.025	0.05	0.10
	水环境容量/(t/a)	Dillion 模型	4.27	1.20	2.40	4.80
		OECD 模型	7.01	1.97	3.94	7.88
		合田健模型	12.99	3.65	7.30	14.59
		平均	8.09	2.27	4.55	9.09
2017 年	水质目标/(mg/L)		0.086	0.025	0.05	0.10
	水环境容量/(t/a)	Dillion 模型	4.13	1.20	2.40	4.80
		OECD 模型	8	1.97	3.94	7.88
		合田健模型	12.55	3.65	7.30	14.59
		平均	7.82	2.27	4.55	9.09

境容量均值为9.09t/a，现状水体中TP的负荷低于目标要求的环境容量，达到水质标准，且具有剩余环境容量。

阅海湖水质总体为地表水Ⅱ～Ⅳ类，各污染物指标浓度逐年上升，水质逐年恶化是导致水环境容量减小的根本原因。保持现状水质标准条件下，阅海湖对COD_{Cr}、COD_{Mn}、BOD_5具有相对较大的环境容量，对NH_3-N、TN、TP具有相对较小的环境容量，阅海湖对各污染物指标限值不同，入湖污水中各因子含量不同、扩散及稀释过程不同、对水体产生的影响不同是造成各因子水环境容量差异的主要原因。

以COD_{Cr}、COD_{Mn}、BOD_5为有机物污染指标进行分析，结果表明，水体中三项指标的浓度年度间有小幅波动且变化不同，但总体呈上升趋势，说明有机污染物排入总量在增加。其中，按照COD_{Cr}，2015—2016年水质从Ⅲ类降为Ⅳ类，水质下降一个等级；COD_{Mn}的浓度逐年上升，虽变化幅度较小，但污染物排入总量较大，若排入量不受约束将造成水质进一步恶化。BOD_5的浓度在2016年下降后2017年又迅速上升，说明2017年阅海湖有机污染物排入总量增加且入湖污染因子含量也在发生变化，即可被微生物降解的有机物排入量有不确定性。造成这种现象的主要原因是沿岸农灌退水、生活用水排入量不受约束且排入总量增加，同时也与阅海湖水产养殖规模的变化有关。

以TN、NH_3-N、TP为营养物质指标分析结果来看，其中NH_3-N达到Ⅱ类水质标准，可满足阅海湖生态湿地保护等功能，但其环境容量逐年减小，入湖污染物中NH_3-N总量逐年增加，若不加以控制将降至Ⅱ类水质以下。TN浓度变化与BOD_5浓度变化趋势一致，说明BOD_5与TN浓度变化具有一定的正相关性，即入湖污水中可被微生物降解的部分含氮量较高，生活污水携带含氮物质的排入是造成TN浓度变化的主要原因。2015—2016年TP的浓度呈上升趋势，2017年有小幅降低，其浓度接近Ⅳ类水质限值，若不削减TP排入量，其水质将降为劣Ⅴ类。农业退水及水土流失是导致水质恶化的主要原因。

综上所述，阅海湖对各污染物指标的环境容量不同，其水质总体为地表水Ⅱ～Ⅳ类。2015—2017年BOD_5、NH_3-N达到二类水质标准，剩余环境容量分别为37.7%～21.6%、64.0%～20.0%；TN达到Ⅲ类水质标准，剩余环境容量为5.1%～5.0%；COD_{Cr}、TP、COD_{Mn}达到Ⅳ水质标准且剩余环境容量呈减小趋势。除TP外其他水质指标整体呈恶化趋势，入湖污染物总量逐年增加；TP浓度变化无明显规律，接近Ⅳ类水质标准限值，是阅海湖最主要污染因子。阅海湖具有生态湿地等功能要求，水质应达到地表水Ⅲ类为宜，根据阅海湖不同水质目标情景下环境容量评估结果，应对有机物、营养物质排入量采取相应削减措施，使水质逐步达标。

4.6 星海湖水环境容量分析

4.6.1 星海湖有机污染物水环境容量

4.6.1.1 水质标准与模型参数的确定

采用沃伦威德（Vollenweider）模型分析计算星海湖COD_{Cr}、COD_{Mn}、BOD_5的水环

境容量。

目前尚未明确星海湖水环境功能，为充分了解湖体在不同水质目标情景下的环境容量，共设置以下4种水质目标情景。情景一：保持现状水质不再恶化，即水质控制目标等于现状水质；情景二：达到Ⅱ类水质目标；情景三：达到饮用水源地最低水质目标要求，即达到Ⅲ类水质目标；情景四：达到Ⅳ类水质目标。

Δt 按一般情况下的30d计算；C_0 取年月平均值；K 值的确定方法采用类比法确定，COD(BOD_5) 的 K 值按保守的 $0.004d^{-1}$ 进行估计；星海湖水面面积多年平均 $24.00km^2$，平均水深1.80m，按此计算，相应蓄水量约为 $43.2\times10^6m^3$；$Q_出$ 按保守估计值为 $51.84\times10^6m^3/a$，即平均 $14.20\times10^4m^3/d$。

4.6.1.2　星海湖 COD_{Cr} 水环境容量的计算与分析

星海湖 COD_{Cr} 水环境容量计算结果见表4-11。星海湖 COD_{Cr} 水环境容量受目标情景影响大，最小影响为762.21t/a；同一年度不同情景的环境容量大小排序依次为情景四、情景三、情景一、情景二；在4种设置情景下，2015—2017年 COD_{Cr} 环境容量平均值分别为2058.08t/a、194.19t/a、3396.75t/a、9801.87t/a；最小环境容量状况出现在2017年情景二，为−646.78t/a；最大环境容量出现在2015年情景四，为10705.90t/a。

表4-11　　2015年不同水质目标下星海湖 COD_{Cr} 水环境容量

项　目			情景一：保持现状水质	情景二：Ⅱ类水质目标	情景三：Ⅲ类水质目标	情景四：Ⅳ类水质目标
2015年	水质目标/(mg/L)		16.19	15	20	30
	水环境容量/(t/a)	稀释容量	0	−625.46	2002.54	7258.54
		自净容量	1021.14	946.08	1261.44	1892.16
		迁移容量	839.29	777.60	1036.80	1555.20
		理论环境总容量	1860.43	1098.22	4300.78	10705.90
2016年	水质目标/(mg/L)		18.03	15	20	30
	水环境容量/(t/a)	稀释容量	0	−1592.57	1035.43	6291.432
		自净容量	1137.19	946.08	1261.44	1892.16
		迁移容量	934.68	777.60	1036.80	1555.20
		理论环境总容量	2071.87	131.11	3333.67	9738.79
2017年	水质目标/(mg/L)		19.51	15	20	30
	水环境容量/(t/a)	稀释容量	0	−2370.47	257.54	5513.54
		自净容量	1230.54	946.08	1261.44	1892.16
		迁移容量	1011.40	777.60	1036.80	1555.20
		理论环境总容量	2241.93	−646.78	2555.78	8960.90

4.6.1.3　星海湖 COD_{Mn} 水环境容量的计算与分析

星海湖 COD_{Mn} 水环境容量计算结果见表4-12。在取样监测期间，星海湖高锰酸盐指数在多个控制目标下均发生超载状况，其中情景三的最大环境容量为−140.98t/a，情景

二的最大环境容量为－1422.00t/a，情景一及情景四控制目标下还存在部分环境容量；相同控制目标下不同年度的环境容量变化幅度较小，以情景一进行分析，2016年环境容量较2015年减少1.41%，2017年环境容量较2016年减少1.30%。

表4-12　　2015—2017年不同水质目标下星海湖COD_{Mn}水环境容量

项　目			情景一：保持现状水质	情景二：Ⅱ类水质目标	情景三：Ⅲ类水质目标	情景四：Ⅳ类水质目标
2015年	水质目标/(mg/L)		7.79	4	6	10
	水环境容量/(t/a)	稀释容量	0	－1992.02	－940.82	1161.58
		自净容量	491.3309	252.29	378.43	630.72
		迁移容量	403.83	207.36	311.04	518.40
		理论环境总容量	895.16	－1532.38	－251.35	2310.70
2016年	水质目标/(mg/L)		7.68	4	6	10
	水环境容量/(t/a)	稀释容量	0	－1934.21	－883.01	1219.39
		自净容量	484.39	252.29	378.43	630.72
		迁移容量	398.13	207.36	311.04	518.40
		理论环境总容量	882.52	－1474.56	－193.54	2368.51
2017年	水质目标/(mg/L)		7.58	4	6	10
	水环境容量/(t/a)	稀释容量	0	－1881.65	－830.45	1271.95
		自净容量	478.09	252.29	378.43	630.72
		迁移容量	392.95	207.36	311.04	518.40
		理论环境总容量	871.03	－1422.00	－140.98	2421.07

4.6.1.4　星海湖BOD_5水环境容量的计算与分析

星海湖BOD_5水环境容量计算结果见表4-13。星海湖BOD_5水环境容量在2015—2017年间波动明显，最小波动出现在2016年情景一，环境容量较上一年减少71.25t/a；监测期间情景一控制目标下BOD_5水环境容量波动范围为276.94～127.01t/a，情景二为980.71～155.52t/a，情景三为1621.22～207.36t/a，情景四为2902.25～311.04t/a，不同情景的环境容量波动范围大小排序依次为情景四、情景三、情景二、情景一。

表4-13　　2015—2017年不同水质目标下星海湖BOD_5水环境容量

项　目			情景一：保持现状水质	情景二：Ⅱ类水质目标	情景三：Ⅲ类水质目标	情景四：Ⅳ类水质目标
2015年	水质目标/(mg/L)		2.41	3	4	6
	水环境容量/(t/a)	稀释容量	0	310.10	835.70	1886.90
		自净容量	152.00	189.22	252.29	378.43
		迁移容量	124.93	155.52	207.36	311.04
		理论环境总容量	276.94	654.84	1295.35	2576.38

续表

项　　目			情景一：保持现状水质	情景二：Ⅱ类水质目标	情景三：Ⅲ类水质目标	情景四：Ⅳ类水质目标
2016年	水质目标/(mg/L)		1.79	3	4	6
	水环境容量/(t/a)	稀释容量	0	635.98	1161.58	2212.78
		自净容量	112.90	189.22	252.29	378.43
		迁移容量	92.79	155.52	207.36	311.04
		理论环境总容量	205.69	980.71	1621.22	2902.25
2017年	水质目标/(mg/L)		2.45	3	4	6
	水环境容量/(t/a)	稀释容量	0	289.08	814.68	1865.88
		自净容量	154.53	189.22	252.29	378.43
		迁移容量	127.01	155.52	207.36	311.04
		理论环境总容量	281.53	633.82	1274.33	2555.35

星海湖对以化学需氧量为代表的有机污染物的水环境容量，在保持水质现状控制目标下，2015—2017年呈递增趋势，在其他控制目标下呈递减趋势；以BOD_5为代表指标的水环境容量存在明显减少趋势；以COD_{Mn}为代表的评估容量波动较小，情景一目标下2015—2017年环境容量依次递减，其他目标下依次递增。对比星海湖入湖有机污染物特征，黄河补水、渔业养殖和生活污水为有机污染物的三大主要来源，黄河补水占比为44%，渔业养殖占比28%，生活污水占比16%；黄河补水水质状况及星海湖渔业养殖规模比较稳定，该情况与以COD_{Cr}、COD_{Mn}为指标的水环境容量波动较小情况一致；同时有机污染物来源中旅游功能带来的生活污水呈增加趋势，生活污水由于具备较高浓度的可降解有机污染物，因此会引起BOD_5的环境容量波动，但由于生活污水占星海湖总有机污染较小，能引起的COD_{Cr}及COD_{Mn}指标波动不明显。因此，有机污染物指标水环境容量变化趋势与星海湖入湖污染特征保持一致。

4.6.2　星海湖氮、磷水环境容量

4.6.2.1　估算模型

本书先利用3种模型进行计算，然后取其平均值作为最终评估结果。设置以下4种目标情景。情景一：保持现状水质不再恶化，即水质控制目标等于现状水质；情景二：达到Ⅱ类水质目标；情景三：达到饮用水源地最低水质目标要求，即达到Ⅲ类水质目标；情景四：达到Ⅳ类水质目标。

4.6.2.2　星海湖TN与NH_3-N水环境容量的计算与分析

星海湖TN与NH_3-N水环境容量计算结果见表4-14。氮、磷环境容量模型结果与水质指标的目标控制浓度有关，而与水体污染物现状浓度无关。由于情景二、情景三、情景四条件下，NH_3-N和TN控制目标相同，故在此三个控制情景下星海湖NH_3-N和TN环境容量相等，分别为90.91t/a、181.81t/a、272.72t/a；情景一控制目标下TN三

年平均容量为 302.41t/a，超过情景四控制目标下的环境容量，环境容量变化范围为 254.54～367.26t/a；情景一下 NH_3-N 环境容量变化范围为 78.18～123.63t/a，三年平均容量为 94.54t/a，介于情景一与情景二的环境容量之间。

表 4-14　2015—2017 年不同水质目标情景下星海湖 TN 与 NH_3-N 水环境容量

项目			情景一：保持现状水质（TN）	情景一：保持现状水质（NH_3-N）	情景二：Ⅱ类水质目标（TN、NH_3-N）	情景三：Ⅲ类水质目标（TN、NH_3-N）	情景四：Ⅳ类水质目标（TN、NH_3-N）
2015 年	水质目标/(mg/L)		1.57	0.68	0.5	1.0	1.5
	水环境容量/(t/a)	Dillion 模型	150.72	65.28	48.00	96.00	144.00
		OECD 模型	247.42	107.16	78.80	157.59	236.39
		合田健模型	458.19	198.45	145.92	291.84	437.76
		平均	285.44	123.63	90.91	181.81	272.72
2016 年	水质目标/(mg/L)		2.02	0.45	0.5	1.0	1.5
	水环境容量/(t/a)	Dillion 模型	193.92	43.20	48.00	96.00	144.00
		OECD 模型	318.34	70.92	78.80	157.59	236.39
		合田健模型	589.52	131.33	145.92	291.84	437.76
		平均	367.26	81.82	90.91	181.81	272.72
2017 年	水质目标/(mg/L)		1.4	0.43	0.5	1.0	1.5
	水环境容量/(t/a)	Dillion 模型	134.4	41.28	48.00	96.00	144.00
		OECD 模型	220.63	67.76	78.80	157.59	236.39
		合田健模型	408.58	125.49	145.92	291.84	437.76
		平均	254.54	78.18	90.91	181.81	272.72

4.6.2.3　星海湖 TP 水环境容量的计算与分析

星海湖 TP 水环境容量计算结果见表 4-15。以保持现状为控制目标的营养物质环境容量可反应湖体负载现状，故可通过比较情景一与其他控制目标下的水环境容量大小来确定湖泊对氮、磷物质的负载状况。在保持现状水质目标下，2015—2017 年星海湖对 TP 的水环境容量分别为 27.09t/a、38.73t/a、35.45t/a，三年平均容量为 33.76t/a，高于情景四的环境容量；表明星海湖对 TP 的负载现状已经超过其在Ⅳ类水质控制目标下的纳污能力。

表 4-15　2015—2017 年不同水质目标情景下星海湖 TP 水环境容量

项目			情景一：保持现状水质	情景二：Ⅱ类水质目标	情景三：Ⅲ类水质目标	情景四：Ⅳ类水质目标
2015 年	水质目标/(mg/L)		0.149	0.025	0.05	0.10
	水环境容量/(t/a)	Dillion 模型	14.30	2.40	4.80	9.60
		OECD 模型	23.48	3.94	7.88	15.76
		合田健模型	43.48	7.30	14.59	29.18
		平均	27.09	4.55	9.09	18.18

续表

项目			情景一：保持现状水质	情景二：Ⅱ类水质目标	情景三：Ⅲ类水质目标	情景四：Ⅳ类水质目标
2016 年	水质目标/(mg/L)		0.213	0.025	0.05	0.10
	水环境容量/(t/a)	Dillion 模型	20.45	2.40	4.80	9.60
		OECD 模型	33.57	3.94	7.88	15.76
		合田健模型	62.16	7.30	14.59	29.18
		平均	38.73	4.55	9.09	18.18
2017 年	水质目标/(mg/L)		0.195	0.025	0.05	0.10
	水环境容量/(t/a)	Dillion 模型	18.72	2.40	4.80	9.60
		OECD 模型	30.73	3.94	7.88	15.76
		合田健模型	56.91	7.30	14.59	29.18
		平均	35.45	4.55	9.09	18.18

星海湖对以 TN 为指标的污染物负载在 2015—2017 年的变化趋势为先增后减，对氨、氮负载呈递减趋势，对 TP 的水环境负载先在 2016 年增加，增加了 11.64t/a，而后在 2017 年小幅减小，减小了 3.28t/a。对比星海湖氮、磷主要污染源情况，TN 污染来源中，生活污水占比 39%，干湿沉降为 26%，渔业养殖占 20%，黄河补水 15%，而 TN 污染来源中，渔业养殖占比 39%，生活污水占比 38%，黄河补水占比 22%，干湿沉降仅占比 1%。渔业养殖产生的氮、磷污染来源于渔业养殖中的尿素投放和渔业养殖排放，产生的污染量主要受养殖规划影响，年度变化小。生活污水入湖量占 TN 及 TP 污染来源比重都较大，生活污水入湖量产生变化，使氮、磷环境容量波动趋势一致。星海湖 NH_3-N、TN 和 TP 皆已出现超载状况，急需对其进行削减，不同污染物指标的削减量（负载现状与环境容量的差值）受目标浓度影响而存在差异。

星海湖对不同污染物指标的水环境容量差异大，结合污染物指标状况，湖体水质以单因子评价劣于Ⅳ类水质，水质控制因子为 TN、TP，该特征使得氮磷环境容量较有机物环境容量小；同时，以地表水Ⅳ类水质等级分析，星海湖对 BOD_5、COD_{Mn} 以及 COD_{Cr} 的允许浓度上限分别为 6mg/L、10mg/L 及 30mg/L；明显大于 NH_3-N 允许上限 1.5mg/L、TP0.1mg/L 以及 TN 允许上限 1.5mg/L，因此，星海湖水质特征和污染物排放限值差异共同使得水体对 BOD_5、COD_{Mn} 以及 COD_{Cr} 的容量较大，但对 TN、NH_3-N 以及 TP 的环境容量偏小。造成这种差异的主要原因是不同污染物在水体中的扩散及稀释过程不同，对水体产生的影响存在很大差异，进而使同一时段下水体对不同污染物有不同的环境容量，即星海湖对 BOD_5、COD_{Mn} 以及 COD_{Cr} 的允许浓度比 TN、NH_3-N、TP 大是造成不同代表性水质指标环境容量差异大的主要原因。

从 BOD_5、COD_{Mn} 及 COD_{Cr} 为有机污染物指标进行分析的环境容量结果来看，星海湖有机污染物环境容量年度之间存在波动，但不同指标的趋势不同；以 COD_{Cr} 为指标的有机污染物环境容量整体呈减少趋势，以 COD_{Mn} 为指标的有机污染物水环境容量变幅不大，以 BOD_5 为指标的环境容量在多个水质控制目标下于 2016 年小幅增加，而后在 2017 年发生突降。造成这种趋势差异的原因可能是 2015—2017 年星海湖有机污染物排放总量增加，但污染物组成存在差异，即星海湖入湖含氮有机污染物排放量增加幅度小于有机污染物排放总量增加幅度，这是造成以 COD_{Cr} 为指标的环境容量与以 COD_{Mn} 为指标的环境容量变化趋势存在差异的原因。以 BOD_5 为指标的有机污染物环境容量发生突降的原因可能是星海湖 2017 年入湖有机污染物组成比例发生大变，有机污染物中脂肪、碳水化合物、蛋白质以及以氨基酸形式组成的污染物大幅增加，主要增加来源可能为星海湖北域烧烤清洗废水及其他一些由于游客数量增加而导致的污水排放；同时，星海湖氮、磷含量长期处于较高状态，会刺激藻类及水草生长，进而也会推动以 BOD_5 为指标的有机污染物含量上涨和相应环境容量下降。

以 TN、NH_3-N 及 TP 为星海湖营养物质污染状况指标进行分析的结果来看，星海湖 NH_3-N 浓度处在合理范围内，监测期间 NH_3-N 环境负载最大为 123.63t/a，NH_3-N 负载小于Ⅲ类水质目标下的环境容量，水质现状可以满足星海湖生态、水产、湿地保护等功能定位的水质要求。星海湖 TN 环境容量紧缺，可能需要对其进行削减，参考湖体整体功能定位，水体水质整体应控制在Ⅳ类及以上为宜，故 2015 年对应的理论 NH_3-N 削减量应不少于 12.72t/a；2016 年对应的理论 NH_3-N 削减量应不少于 94.54t/a。TP 浓度超标导致星海湖对 TP 容量不足，致使水体对 TP 处于超载状态。

综合以上分析，星海湖水体对不同指标的环境容量及其趋势差异大，应根据具体指标采取对应措施：对入湖 TN 进行削减，削减量应不少于 94.54t/a，对 TP 削减量应不少于 20.55t/a，具体削减量应根据水质控制目标确定；对入湖有机污染物应进行适当控制，避免湖体对 COD_{Mn}、COD_{Cr} 及 BOD_5 的环境容量变化趋势往不利方向发展。

4.7 小结

三个典型湖泊监测期间的水质状况都比较严峻，其中沙湖与星海湖湖泊水质皆出现劣于Ⅳ类的状况，沙湖于 2015 年、2016 年出现该状况，星海湖 2015—2017 年皆出现该状况；沙湖和星海湖湖体水质出现该状况的水质控制因子皆为 TP 和 TN。阅海湖水体水质在监测期间皆为Ⅳ类，水质控制因子为 TP、COD_{Cr} 及 COD_{Mn}。

湖泊各个水质指标对应的环境容量状态不一致，氮磷营养盐水环境容量不足是三个湖泊环境容量稀缺的共同主要因素。沙湖 NH_3-N 环境容量充裕，BOD_5 及 TP、TN 环境容量波动较大；阅海湖、星海湖对应的 NH_3-N、BOD_5 环境容量充裕，同时，阅海湖 NH_3-N 环境容量波动明显，星海湖 BOD_5 环境容量波动明显，其他水质指标对应的水环境容量在不同程度上皆出现稀缺状况，但年度间波动幅度较小，环境容量相对稳定。

水环境容量评估包含模型选择、参数确定及水体功能定位等主要步骤，选择适宜的水环境容量模型是确保环境容量评估结果正确的基础，合理确定水环境容量水质模型参数是水环境容量研究的难点和容量评估的关键。所选或者构建的模型应能较客观真实地反映湖泊水体真实容量状况，其依据应明确。以此评估的容量结果及评估步骤应具有较强的代表性和应用性。

水环境容量按水环境目标分类一般分为自然水环境容量和管理水环境容量两大类，自然环境容量以环境基准值作为目标自然环境容量，反映水体污染物的客观性质，不受人为社会因素影响，反映了水环境容量的客观性；管理环境容量以环境标准值作为环境目标。管理环境容量以满足人为规定的水质标准为约束条件，不仅与自然属性有关，而且受社会因素影响；当前水环境容量研究的主要对象应该是管理环境容量。

本书在已有环境容量评估模型基础上，综合考虑研究区湖泊特征，以环境标准为水质目标，以管理环境容量为研究对象，选择沃伦威德（Vollenweider）水环境容量计算模型评估了湖泊有机污染物环境容量，综合利用狄龙（Dillion）模型、世界经济合作与发展组织（OECD）模型和合田健模型对氮、磷污染物环境容量进行了评估。通过构建以 COD_{Cr}、COD_{Mn}、BOD_5、TN、NH_3-N、TP 为指标的环境容量评价体系，有效地覆盖了入湖的主要污染物类型，使评估指标较为客观合理，具有较强的实际指导意义。评估模型的选择综合考虑了研究区湖泊形状、水力特征和利用现状，充分反映自然条件和水体自净等过程对环境容量评估的影响，使评估与湖泊实际情况相吻合。

第5章　生态环境需水量

水是生命之源，是人类生存和可持续发展的物质基础。湖泊作为地球水资源的重要组成部分，是自然界最富生物多样性的生态景观和人类最重要的生存环境之一，具有巨大的环境功能和效益，不仅为湖区周边的人民生活和社会经济的发展提供物质保障，同时在调节区域气候、维持生态系统平衡、保护生物多样性及农用灌溉、航运交通、城乡供水、休闲旅游、养殖发电等方面发挥着巨大的综合效益。

我国湖泊具有数量大、分布广、区域差异显著、生物多样性丰富等特点，但是，我国湖泊保护面临着严峻的挑战。长期以来，随着人口的快速增长和社会经济的迅猛发展，对湖泊水资源的需求量不断增加，使我国湖泊面临着洪涝灾害频繁、水资源短缺和水生态环境恶化三大水问题。与此同时，在功利最大化的驱动下，人们往往只重视生产和对水资源的索取，而忽视湖泊生态环境的保护，片面强调经济发展，追求短期经济效益，不顾长期的可持续发展和生态环境效益，致使区域生态环境恶化、水资源短缺和污染现象十分严重。

随着我国经济的快速发展，我国湖泊所面临的问题主要有湖泊水面面积加剧萎缩、富营养化严重、内陆淡水湖泊向咸水湖转化、“水华”现象频生、有机污染加重等。湖泊围垦降低了它的水量调蓄能力，至20世纪80年代末，江汉湖群围垦面积达5600km^2，调蓄容量减小了约$40\times10^8m^3$；洞庭湖因围垦，湖泊面积从建国初期的4350km^2缩小了近40%，鄱阳湖面积也由5200km^2缩小了42.5%。随着湖泊流域及其周边地区经济的快速发展，湖泊污染日益严重，2007年太湖梅梁湾暴发大规模水华，引发污水团入侵水厂。同时，湖泊富营养化的加剧，使生物多样性受损，滇池50年代有42种沉水植物，到80年代锐减至13种，土著鱼种类下降幅度高达96%。2015年《中国水资源公报》统计结果显示，在调查的116个湖泊中，51.7%的湖泊全年总体水质为Ⅳ～Ⅴ类，23.3%的湖泊全年总体水质为劣Ⅴ类，21.7%的湖泊处于中营养状态，78.3%的湖泊处于富营养状态。同年4月，《水污染防治行动计划》（“水十条”）提出了深化湖泊流域污染防治，“水十条”的颁布和实施不仅对改善我国水环境做出了具体规划，同时也标志着我国水环境管理由总量控制模式逐渐向质量目标管理模式转变，湖泊污染逐步缓解，富营养水平逐渐向好转方向发展。2016年12月，国家发展和改革委员会、水利部、住房和城乡建设部联合印发了《水利改革发展“十三五”规划》，提出科学确定江河湖泊生态流量和生态水位，将生态用水纳入流域水资源统一配置和管理，通过确定江河湖泊生态流量和生态水位、合理安排下泄水量、实施生态补水等方式来维持河湖、湿地及河口基本生态需水，改善水环境、生态环境状况。由此可见，在人类活动和自然因素的共同影响下，湖泊表现出不同的区域演化特征，生态安全面临着巨大威胁。缓解湖泊生态环境的恶化、解决湖泊生态环境问题是水利工作及相关工作者当前面临的一项重要任务。

生态环境是生态系统与环境系统有机结合不可分割的统一整体。生态环境需水量是指维持某一流域生态系统稳定且不使生态环境退化的最小水量，或者可以表述为维护生态环境不再恶化并逐渐改善所需要消耗的水资源总量。生态环境需水包括生态需水和环境需水两部分，生态需水是维持生态系统中生物群落栖息地环境动态稳定所需的水量，环境需水量是指为了保护和改善水环境，满足生态系统基本功能健康所需要的水量。水是维持河湖生态系统结构并发挥正常功能的介质和动力，保证有足够的水量以满足生态系统与环境的需要，对于水环境安全和水生生态系统健康具有十分重要的意义。

本章在实地调查分析典型植被分布特征的基础上，通过对现有湖泊生态环境需水量计算方法适用特点进行对比，结合银川平原湖泊实际情况，分析湖泊生态环境需水量的组成成分和研究范围，确定各需水分项的耦合关系，建立适合湖泊的最小生态环境需水总量的理论计算式，计算湖泊各个类型的生态环境需水量并进行耦合，为湖泊水生态恢复重建和湖泊区域水环境治理提供理论依据，并为其他湖泊生态环境需水研究提供借鉴。

5.1　湖泊生态环境需水量的概念及特征

5.1.1　湖泊生态环境需水量的概念

湖泊生态环境需水量的概念、计算标准和方法到目前还没有得到统一的认识，各研究学者由于研究角度和研究重点不同，对湖泊生态环境需水给出了不同的解释。

国外最早关于生态环境需水量的研究是河道枯水流量，将枯水流量定义为“在持续干旱天气下河流中的水流流量”。1996年Gleick提出基本生态需水量的概念，即稳定和维护天然生态系统，保护物种多样性和生态整合性所需的水量。Hughes认为生态需水量是河流、湿地等生态系统在特定的条件下能够保持稳定生态状态和水质目标的水量。随着河流水质污染和河流生态系统的结构遭到破坏、功能退化等问题，开始进行满足纳污功能的河流最小可接受流量的研究，以及生态可接受流量范围的研究。20世纪70年代初期，美国将河道需水量列入地方法案。Petts于1988年和1996年在其专著中深入阐述了生态环境需水的问题，Rashin等指出水资源的可持续利用必须保证有足够的水量来维持和稳定河流、湖泊等湿地生态系统的健康。英国、澳大利亚、新西兰等国在20世纪80年代开始进行河流生态环境需水量的研究。

国内自20世纪90年代末期开始引用和提出内容相关的“生态用水”“环境用水”“生态需水”“生态耗水”“生态环境需水”等概念。卞戈亚等将生态环境需水量定义为，在一定的生态环境标准下，特别是在干旱年份，为了维持河流系统正常的生态结构与基本的环境功能不受破坏，河流所必须保证的最小需水量。倪晋仁、崔树彬认为生态需水量应该是特定区域内生态系统需水量的总称，包括生物体自身的需水量和生物体赖以生存的环境需水量，生态需水量实质上就是维持生态系统生物群落和栖息环境动态稳定所需的用水量。金玲、赵业安将生态环境需水量定义为是在特定时间和空间为满足特定的河流系统功能所需的最小临界水量的总称，认为河流最小生态环境需水量是河流生态环境功能可能受损或遭受死亡的警戒信息，不是一个固定不变的值，而是一个与河流特性、河段位置和时段范

围相关的量。李丽娟、郑红星从水资源开发利用中的生态环境问题出发，探讨了河流系统生态环境需水量的内涵。中国可持续发展水资源战略研究综合报告及各专题报告认为，广义的生态环境需水量是指“维持全球生物地理生态系统水分平衡所需要的水”；狭义的生态环境需水量是指“维持生态环境不再恶化并逐渐改善所需消耗的水资源总量”。

综合近年来的研究成果，参考各家学者对生态环境需水量的不同定义，本书认为湖泊生态环境需水量可以定义为：在保证湖泊生态功能和生态环境目标不破坏的前提下，湖泊生态环境不再恶化并逐步得到恢复所需要的水资源量。

5.1.2　湖泊生态环境需水的特征

1. 时空性

湖泊系统的来水有年际的波动和季节的分配，需要从时间上合理分配生态环境需水量，保证生态功能的正常发挥；此外，除受自然因素的影响外，还会受到社会经济和社会文明等外在因素的影响，如它会随着人们娱乐、休闲时间的增多而增加。不同的地理分布区域其生态环境需水量具有差异性，如陆地和水域、干旱地区和湿润地区生态环境需水量均不同。因此，湖泊生态环境需水不仅仅要保证在一定时间内总量的需求，还必须要在区域空间上保证合理分布。

2. 动态性

湖泊生态环境需水既要满足整个湖泊生态系统内动植物生态需水，还要满足湖泊基本生态需水，湖泊生态系统在不同年际不同区域降雨量、蒸发量、径流量以及系统内的各生命要素都是不断变化的，因此湖泊生态环境需水也是动态变化的。

3. 阈值特征

湖泊生态环境需水量有一定的变化范围，存在上、下限两个阈值，当可供利用的水资源量过少时，达不到满足湖泊系统存在的基本要求，系统将会面临瓦解，此时表现为最小生态环境需水量的临界性，所导致的湖泊生态系统紊乱会使湖泊内的水体不再适合生物的生存、人类的利用。当所供利用的水资源过多，超过湖泊系统水资源承受范围，将出现系统突变。在这两种情况下，水都成为限制因子，水量超过最小和最大湖泊生态环境需水所规定的范围，湖泊生态系统将退化，造成不可逆转的破坏。

4. 水质水量一致性

水质与水量是水资源的两个最基本的特性，湖泊生态环境需水属于水资源的一部分，在计算湖泊生态环境需水量时应将水质与水量统一规划，为水资源优化配置提供基础。目前，由于湖泊水环境污染严重，水质已经成为湖泊生态系统的主要影响因素。在计算湖泊生态环境需水时既要满足对水量的需求，又要考虑对水质的要求。

5.2　湖泊生态环境需水的分类

由于研究的目的和重点不同，因此对湖泊生态环境需水的理解和划分方法与结果均不同。目前，对生态环境需水有两种观点：一种观点认为生态环境需水问题出现的区域一般是生态脆弱地区，尤其是水资源比较匮乏的地区，因此按生态系统划分生态环境需水；另一种观点是根据需水对象划分生态环境需水。

5.2.1　按湖泊生态系统好坏程度划分

按照湖泊生态系统的不同水平，即湖泊生态系统好坏程度的不同划分为以下 5 类：

（1）现状生态环境需水量，是指要维持湖泊生态系统现状所需的水量。由于该湖泊现状生态环境已经遭到恶化，未来生态需水量就要以现状的需水量为基准，今后开发要在维持现状的情况下有所改善。

（2）目标生态环境需水量，是指湖泊生态系统达到某一目标状况时所需的水量。根据发展的需要来制定湖泊生态系统的目标，有利于湖泊生态环境保护与水资源合理分配。

（3）最低生态环境需水量，是指湖泊生态系统完整性较差，但仍能继续维持湖泊生态系统完整所需的水量。最低生态环境需水给人们一种警示，要求生态环境配水量不能再低于此值。

（4）适宜生态环境需水量，即对应的湖泊生态系统完整，处于使社会经济与环境协调发展状态时所需的水量。

（5）生态环境恢复需水量，是指为了挽救退化的湖泊生态系统或者使湖泊生态系统恢复到一定的状态所需的水量。

5.2.2　按需水对象划分

综合近几年的研究成果，一般情况下，湖泊生态环境需水量应主要包括以下 8 个部分：

（1）湖泊基本生态需水量，是指维护湖泊系统最基本的生态环境功能所需要的最少水量。

（2）湖泊水盐平衡需水量，是指维持湖泊盐分动态平衡所需要的水量。

（3）湖泊水质净化需水量，是指为了改善湖泊水质所需要的水量。

（4）湖泊水面蒸发量，是指为维持湖泊正常的水环境和生态环境功能，需补充水面蒸发量大于降水量而损失的水量。

（5）维持湖泊水生生物生存的需水量。

（6）湖泊岸边带植被需水量，主要是保护天然植被及生态环境的林草植被建设所需水量。

（7）湖泊渗漏补给需水量，是维持合理的地下水位所必需的入渗补给水量。

（8）景观娱乐需水量，是为保持自然景观功能、绿地、水上娱乐面积和水环境良好条件等所需要保持的水量。

5.3　湖泊生态环境需水量的计算原则与方法

5.3.1　湖泊生态环境需水量的计算原则

（1）生态优先原则。湖泊生态环境需水研究的目的在于通过水量、水质等因素的调

整来维持湖泊生态系统健康，保证湖泊生态系统服务功能，实现湖泊生态系统的可持续发展。因此，在计算湖泊生态环境需水量时首先要考虑湖泊的生态效应。

（2）兼容性原则。湖泊具有防止湖水盐化、稀释降解污染物、提供生物生存栖息地、维护湖泊生物多样性、航运和水上娱乐等多种生态系统服务功能。湖泊水体在满足某一方面的生态系统服务功能的同时也要满足其他方面的功能要求。因此，在计算时应认真区分，给出合理可行的湖泊生态需水量，以免重复计算。

（3）最大值原则。对于各项具有兼容性的需水量的计算，应比较相互兼容的各项，以最大值为最终的需水量。

（4）阈值性原则。湖泊生态环境需水具有耐性限度，存在着最低、最适宜和最大生态需水三个基点：当湖泊生态环境需水量等于最适宜的水量时，湖泊生态系统能维持现状，系统具有最大的生物量，生态功能也达到最佳值；当湖泊生态环境需水量低于最适宜的水量时，湖泊生态系统的结构将变得简单，生态功能降低，甚至退化；超过湖泊最大生态环境需水量时可能导致水漫堤岸，发生洪涝灾害，可能导致植物根系缺氧、烂根等而影响它们的生长发育，最终影响湖泊生态系统的健康发展。

（5）水量与水质耦合原则。湖泊生态环境需水是水质和水量的耦合。在计算湖泊生态环境需水时不仅要考虑一定的水量，而且还要满足一定的水质要求。

5.3.2 湖泊生态环境需水量的计算方法

目前对湖泊生态环境需水量的计算方法主要有以下几种。

（1）水量平衡法：

$$\frac{\mathrm{d}V}{\mathrm{d}t}=(R+P+G_i)-(D+E+G_0) \tag{5-1}$$

式中：$\frac{\mathrm{d}V}{\mathrm{d}t}$为湖泊在一段时间内容积随时间的变化量；$V$ 为容积；t 为时间；P 为降水量，m^3；R 为地表径流入湖量，m^3；G_i 为地下径流入湖量，m^3；D 为地表径流出湖量，m^3；G_0 为地下径流出湖量，m^3；E 为湖泊水面蒸散量，m^3。如果是封闭湖，式（5-1）可以简化为

$$\frac{\mathrm{d}V}{\mathrm{d}t}=(P+G_i)-(E+G_0) \tag{5-2}$$

（2）换水周期法：

$$\left.\begin{aligned} W_{\min}&=\frac{W_{枯}}{T} \\ T&=\frac{W}{Q}\text{或 }T=\frac{W_{枯}}{W_q} \end{aligned}\right\} \tag{5-3}$$

式中：$W_{\min}$为湖泊最小生态环境需水量，m^3；$W_{枯}$为枯水期的出湖水量，m^3；T 为换水周期，s；W 为多年平均蓄水量，m^3；Q 为多年平均出湖流量，m^3/s；W_q 为多年平均出湖水量，m^3。

（3）最小水位法：

$$W_{\min}=H_{\min}\cdot S \tag{5-4}$$

式中：$W_{\min}$为湖泊最小生态环境需水量，m^3；$H_{\min}$为维持湖泊生态系统各组成分和满足

湖泊主要生态环境功能的最小水位最大值，m；S 为水面面积，m^2。

(4) 功能法。根据生态系统生态学的基本理论和湖泊生态系统的特点，从维持和保证湖泊生态系统正常的生态环境功能的角度，对湖泊最小生态环境需水量进行估算的计算方法。根据湖泊生态系统生态环境功能进行划分，目前湖泊生态环境需水量类型主要有如下几种：

1) 湖泊植被蒸散需水量。对于以挺水植物和浮水植物为主的湖泊，湖泊蒸散需水量是湖泊水生植物蒸散需水量和水面蒸发需水量之和；对于水生植物不发达的藻型湖泊，湖泊蒸散需水量只需要计算水面蒸发需水量。

2) 湖泊水生生物及其栖息地需水量。湖泊水生生物及其栖息地需水量是湖泊中鱼类、鸟类等栖息、繁殖需要的基本水量。计算时以湖泊的不同类型为基础，找出关键保护物种，如鱼类或鸟类，根据正常年份鸟类或鱼类在该区栖息、繁殖的范围内计算其正常水量。

3) 湖泊渗漏需水量。在不考虑地下水过度开采形成的地下漏斗，且假设地表水与地下水保持平衡状态的前提下可通过将研究区的渗透系数与湖泊渗漏面积相乘，乘积即为湖泊渗漏需水量。

4) 水质净化需水量。我国大部分湖泊的污染（特别是富营养化）非常严重，因此，在计算生态环境需水时既要控制污染源，又要把湖泊环境稀释需水量考虑进去。

5) 景观娱乐需水量。我国一般根据研究区旅游人数、娱乐项目和附属设施确定相关指标，计算娱乐需水量。

6) 湖泊岸边带植被需水量。主要是为了保护湖泊岸边带天然植被以及生态环境的林草植被建设所需水量。

5.4 湖泊生态环境需水研究现状

5.4.1 国外研究进展

在国外，生态环境需水方面的研究最早开始于20世纪40年代，美国鱼类和野生动物保护协会以预防河流生态系统退化为出发点，对河道内流量进行研究，提出河道要保持河流最小生态流量的理念，这是生态环境需水量概念的雏形。20世纪60年代，国外学者开展了大量关于生态需水量的研究，并结合相关实验和理论给出了不同的计算方法。20世纪80年代初，美国开始全面调整流域的开发和管理，初步形成了生态和环境需水分配的研究，特别在河道内流量求解方面已形成了较为完善的计算方法。继此之后，国外学者不断提出经典的计算方法和计算模型，并将生态需水的相关概念和原理融入流域管理和水资源规划等方面，为以后更深一步研究生态需水理论奠定了坚实的基础。

国外对生态环境需水量的研究中最具代表性的是：Ngana等提出，需要一定水量来维持湖泊生态系统的稳定，是为了经济和生态可持续发展目的；Ruley等指出，需要配置一定量的生态用水来修复城市湖泊，并提出了一个评价湖泊长期健康的模型；Shrestha等估算了美国佛罗里达州南部的Okeechobee湖的生态环境需水量，这些水量对维护该湖泊发

挥正常水资源功能起着非常重要的作用；Zacharias 等在研究 Trichonis 湖时提出，为了满足湖泊系统水生生物生长发育需要，提供有利的栖息地场所，降低湖泊的富营养化，使湖泊湿地保持动态平衡、不受外来物种的入侵等，在水资源配置中必须考虑这部分需水。

国外对生态环境需水量较常用的研究方法主要有以下 3 种：

（1）标准流量法。有些学者将标准流量法称为水文学方法，主要有 Tennant 法、7Q10 法、得克萨斯法（Texas）、流量历时曲线法（NGPRP）法、基本流量法（Basic Flow）、RCHARC 法、Basque 法等。Tennant 法，在历史流量统计的基础上，以预先确定的多年平均流量百分数作为满足鱼类和其他水生生物生存需要的推荐流量。7Q10 法也称作枯水频率法，主要用于河流水质污染稀释自净需水量的计算和分析，采用 90%保证率下河流最枯连续 7 天的平均水量，作为满足污水稀释功能并达到一定水质目标时河流的所需流量。得克萨斯法在考虑区域鱼类和其他水生生物特性、生存状态以及区域水文特征的基础上，将 50%保证率下月平均流量来表征基础生态流量。NGPRP 法将年份分为干旱年、湿润年、标准年，取标准年组 90%保证率流量作为最小流量。基本流量法选取平均年的最小 100 天流量系列，计算每相邻两天的流量变化值，取相对变化最大值为河流基本流量，也就是将相对流量变化最大点的流量设定为河流所需基本流量。RCHARC 法是根据水深和流速与鱼类种群变化的关系，将河流的生态可接受流量作为生态环境需水流量的推荐值。Basque 法是通过建立河流流量-湿周-生物种群多样性的回归变化关系，以物种多样性随着流量的增加而增加的思想来确定河流的最小和最优流量。

（2）水力学方法。该法是根据实测或曼宁公式计算获得的河道水力参数确定河流所需流量，代表方法有湿周法和 R2 - Cross 法等。湿周法就是通过河道的几何尺寸和流量数据，确定湿周与流量之间的关系，计算得出的流量一般适用于确定最小生态需水量。R2 - Cross 法以曼宁公式为基础，将河流平均深度、平均流速和湿周百分数作为鱼类栖息地指数，以此来计算维持鱼类及其他水生无脊椎动物正常生存所需的水量，适用于一般浅滩式的河流栖息地类型。

（3）栖息地法。栖息地法又称生境模拟法或生境法。该法是根据指示物种所需要的水力条件确定河流流量，代表方法有 IFIM 法（Instream Flow Incremental Methodology）和 CASIMIR 法（Computer Aided Simulation Model for Instream Flow Regulations）等。河道内流量增加法把大量的水文、水质数据与目标水生生物不同生长阶段的生物学信息相结合，确定适合目标水生生物及栖息地的流量。CASIMIR 法基于现场监测的水文、水质数据与流量的时空变化，构建水力学模型，分析流量与水生生物之间的关系，估算主要水生生物的数量、规模，确定最小生态需水量。

5.4.2 国内研究进展

我国对于生态环境需水、用水等方面的研究起步较晚，对其计算方法的研究也并不深入和完善，多以定性和宏观定量相结合的方法为主。我国对生态环境需水方面代表性的研究成果简要介绍如下。

贾保全等认为湖泊面积缩小以至干涸是干旱区平原地区环境本底中变化最大、给人印象最直观的生态环境问题之一，其生态用水定额应为湖泊水面蒸发量减去湖区降水量后的差值。李丽娟等以海滦河流域白洋淀和北大港水库为例计算生态需水，认为在持续干旱和入湖的地表径流除降雨外几乎为零的情况下，湖泊生态环境需水量只与水面、蒸发能力和降雨量有关。刘燕华对西北地区湖泊生态环境进行了宏观定量研究，根据区域的气候，按照湖泊水面的蒸发量的百分比划分了高、中、低三个等级，估算了需水量。王效科等提出了在水量、水质、改善水质三个层面的湖泊湿地保护目标下生态环境需水量计算方法，并选择合适的方法，对乌梁素海不同保护目标下的生态环境需水量进行了估算。汤洁等总结了河流、植被、湖泊、湿地和城市生态系统生态环境需水量计算的理论基础和方法，并从区域水资源优化配置和可持续发展的角度，对今后生态环境需水研究的方向与技术、区域性范围以及水资源优化配置等问题进行了讨论。涂向阳等从湿地水生态系统功能入手，建立了湿地生态系统健康指标体系，构建了包括基本生态环境需水量和年均补水量在内的湿地生态环境需水量模型，并以白洋淀湿地水生态演变状况为例，对海河流域各重要湿地的生态环境需水量进行研究。王会肖等在探讨河流系统生态环境需水量内涵的基础上，系统地阐述了生态环境需水各分项的计算方法，并以黄河中游为例，计算了研究区主要支流的生态环境需水量。常福宣等将长江流域的河流分为3种类型，从生态环境缺水量的角度对河道生态环境需水满足程度重新定义，对不同的河流（或河段）类型采用不同的计算方法，并计算了长江流域各河段生态环境需水量。孙栋元等在流域平原区生态环境需水类型的基础上，构建了台兰河流域平原区生态环境需水定量模型，并估算了流域平原区生态环境的规模，提出了在确定流域生态环境需水量时，必须考虑研究区环境状况和生态保护目标。何萍等以新疆台兰河为例，将生态环境需水量分为河流基本生态需水量、河流输沙需水量、河流渗漏补给地下水量和河流下游天然植被生态需水量，分别阐述了各项的计算方法，并计算了其生态环境需水量。邱小琮等在对银川市爱伊河水环境因子调查的基础上，对爱伊河河道内生态环境需水量进行了分析研究，爱伊河河道内生态环境需水量为水质净化需水量加上蒸发渗漏需水量。孙栋元等以疏勒河中游绿洲为研究对象，根据其生态环境需水特征，建立了基于天然植被、河流、湿地和防治耕地盐碱化的疏勒河中游绿洲生态环境需水定量化模型，并估算了现状和保护目标下流域中游绿洲生态需水量。

在我国，生态环境用水估算的区域主要是水资源缺乏的西北干旱半干旱区和黄河、海滦河流域。国内生态环境需水量的计算方法主要有以下几种。

（1）水质净化需水量计算。水质净化需水量是指为了改善河流水质所需要的水量，主要计算方法有最小月平均流量法、水质目标约束法、水环境功能设定法等。最小月平均流量法又称10年最枯月平均流量法，《制定地方水污染物排放标准的技术原则和方法》（GB 3839—83）中规定：一般河流采用近10年最小月平均流量或90%保证率最小月平均流量，一般湖泊采用近10年最低平均水位或90%保证率最低月平均水位相应的蓄水量作为水源保护区的设计水量，即为河流水质改善需水量。水质目标约束法通常将河流分段，以控制段首或段末的水质为目标，依据水环境容量的基本原理，以水质目标为约束的方法，主要计算污染水体水质稀释自净的需水量，作为满足环境质量目标约束的河道最小流量值。水环境功能设定法首先将河流分段，把每一小段看作闭合汇水区，

计算每一段的环境需水量，然后，将每小段需水量加起来即可得到整个河流（河段）的环境需水量。

（2）基础生态需水量计算。基础生态需水量是维持河流系统水生生物生存的最小生态环境需水量，主要方法有最小月平均流量法、月（年）保证率设定法等。最小月平均流量法，以河流最小月平均实测径流量的多年平均值作为河流基本生态环境需水量。月（年）保证率设定法根据系列水文统计资料，在不同的月（年）保证率前提下，以不同的天然年径流量百分比作为河道环境需水量的等级，分别计算不同保证率、不同等级下的月（年）河道基本需水量。

（3）水面蒸发需水量计算。水面蒸发需水量是指为维持河流正常的水环境和生态环境功能，需补充因水面蒸发量高于降水量时的水量，即为河道蒸发需水量。当水面蒸发高于降水时，必须从流域河道水面系统接纳以外的水体来弥补；当降水量大于蒸发量时，蒸发生态需水量为零。采用水量补充法，根据水面面积、降水量、水面蒸发量，可以求得相应时间段的水面蒸发需水量。

（4）河流输沙水量计算。对于多泥沙河流，为了输沙排沙，维持冲刷与淤积的动态平衡，需要一定的生态水量与之匹配，这部分水量就称为输沙平衡需水量。严登华等将河流的各月平均输沙量与历年最大平均含沙量的比值作为各月的排沙需水量；郑冬燕等通过输沙率法或断面法等确定河道冲淤量，再进行水流挟沙能力的分析，最后通过确定防淤的最小挟沙能力来反推所需径流量。

（5）河道渗漏补给需水量计算。当河道水位高于河岸区地下水位时，河水在重力作用下下渗部分的水量称为河道渗漏需水量，河道渗漏需水量一般按照达西定律计算。

（6）景观、娱乐需水量计算。景观、娱乐需水量是为保持自然景观功能、绿地、水上娱乐面积和水环境良好条件等所需要保持的水量。在我国，部分城市进行规划时，常采用人均水面面积指标来衡量和确定维持景观、娱乐的水面面积和河流流量。

（7）河道外生态环境需水量计算。河道外生态环境需水量主要指保护和恢复河流下游的天然植被及生态环境、水土保持及水保范围之外的林草植被建设所需水量。植被是生态系统中最基本的组成部分，具有蓄水、防风、固沙、防治碱化等重要作用，只有保证植被生态用水才能使生态系统保持平衡。植被生态环境需水量可采用面积定额法计算，可分为直接法和间接法两类：直接法是根据某一类型植被的面积乘以其相应的生态环境用水定额，计算得到的水量即为生态需水量；间接法是用某一植被类型在某一潜水位的面积乘以该潜水位下潜水蒸发量与植被系数，得到的乘积即为生态环境需水量。

5.4.3 研究中存在的问题

迄今为止，湖泊生态环境需水的概念仍然没有形成一个统一的认识，没有人给出较为完整的表述湖泊生态环境需水科学内涵和外延的解释。对湖泊生态环境需水计算方法没有形成统一完善的计算体系，各项生态环境需水量之间的计算必然存在重复、交叉，计算结果准确性缺乏定性的衡量标准，且缺乏对生态环境现状的合理性分析与诊断的标准。我国目前湖泊生态环境需水研究多集中于西北内陆或北方干旱半干旱地区，主要解决的问题是防止湖泊萎缩和干涸等，且我国湖泊生态环境需水主要注重计算的是水量，而水量与水质耦合研究较少。

5.5　湖泊水质-水量耦合模型

为了改善湖泊水质而从不同区域引来水源进行湖泊冲洗，称为生态调水，也叫引清补水，是水资源调度的简称。引清补水是水资源调度中快速改善湖泊水质的最有效的措施。引清补水是指通过利用水利工程将清水合理地引入湖泊，使湖泊原有的水体由静变动，水体流动由慢变快，使湖泊水体自净能力增强，从而使水环境容量增加，使原有湖泊的水环境质量得到改善。引清补水能够在较短时间内降低湖泊的污染物浓度，直接改善湖泊水质、盘活水体，并且能同时提高湖泊水环境的自净能力。

5.5.1　水质-水量耦合模型建模思路

银川平原湖泊地处干旱地区，降雨少，蒸发强烈，缺乏天然的补给水源，人工补水成为维持湖泊水量平衡和生态系统健康的重要方式。但由于银川平原湖泊水深浅、面积大，目前已有的研究主要停留在水量调度方面，而水质-水量耦合调度补给的研究相对较少。在科学合理地利用水资源和保证湖泊生态系统及服务功能正常发挥的前提下所需的适宜水量和良好水质，需通过推算黄河水向湖泊各月的最优补水量来满足，使补水后的湖泊在量和质上同时满足水质标准和需水要求，从而有效改善湖泊水环境质量，维持湖泊可持续发展。

在将湖泊多年地下补给水量、地下渗漏水量和湖泊蒸发量视为平衡的条件下，湖泊引水量越大，湖泊的蓄水量也越大，水质也越好，但这不符合水资源科学合理利用的要求。引水量越大越好，但这受到水资源科学合理利用的条件限制，所以问题归结为在保证湖泊生态系统和服务功能正常发挥前提下的最优引水量。湖泊发挥正常的生态系统和服务功能，要求其水量和水质都同时达到标准和要求。湖泊众多的入湖水量和出湖水量中，入湖水量中的湖面降雨、降雨径流和出湖水量中的蒸发和渗漏损失都是不可控的，只有入湖水量中的黄河引水量是可控的，所以通过调节黄河引水量来达到湖泊生态系统和服务功能正常发挥作用的目标。综上，湖泊水质-水量耦合模型构建思路如图5-1所示。

5.5.2　水质-水量耦合模型建模过程

5.5.2.1　水质-水量耦合模型介绍

计算时间尺度取为月，以污染物总氮（TN）为例，湖泊的水量与水质平衡关系如图5-2所示。

图5-2中：W_{Pi}、W_{Ri}、W_{Ei}和W_{Ci}分别为第i月湖泊的湖面降水量、从黄河的引水量、蒸发量和渗漏量，单位为m^3；C_{Pi}、C_{Ri}、C_{Ei}和C_{Ci}分别为第i月湖泊的上述各对应水量中所含污染物TN的浓度，单位为mg/L。

（1）湖泊水量平衡方程。由质量守恒原理可得湖泊的水量平衡方程为

$$\Delta V_i = W_{Pi} + W_{Ri} - W_{Ei} - W_{Ci} \tag{5-5}$$

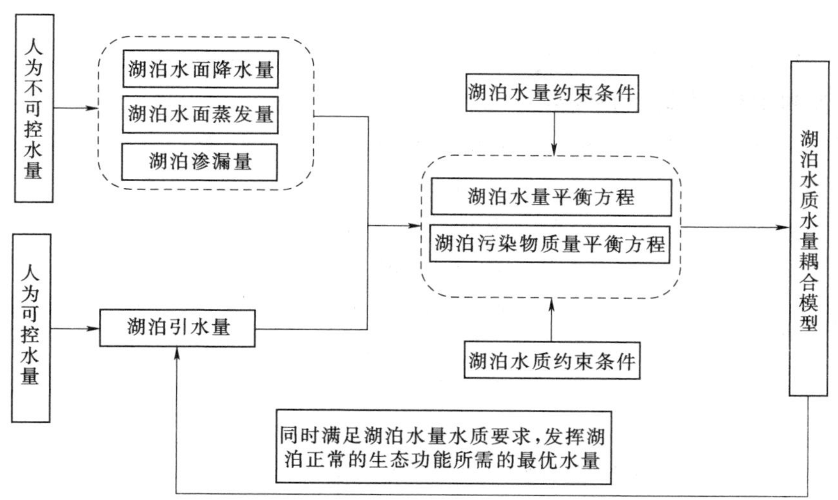

图 5-1 湖泊水质-水量耦合模型构建思路

式中：ΔV_i 为湖泊第 i 月的需水变化量，m^3；其他符号意义同前。

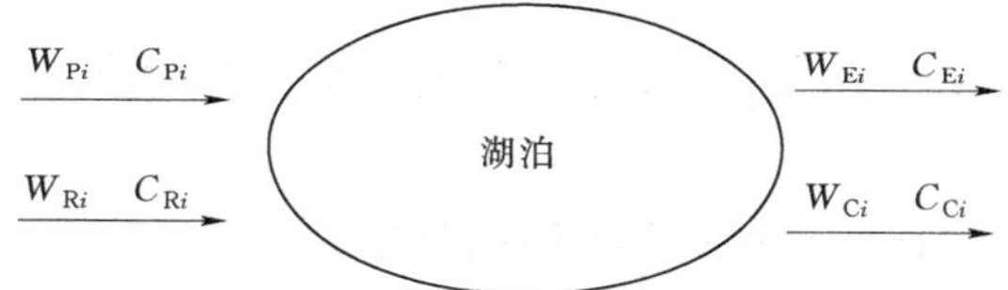

图 5-2 湖泊水量与水质平衡关系图

(2) 湖泊污染物质量平衡方程。根据污染物指标 TN 在湖泊水体中运动的特征，由污染物源与汇的变化规律以及污染物指标的质量守恒原理，得到湖泊的水质模型为

$$W_{Pi}C_{Pi}+W_{Ri}C_{Ri}=\Delta C_iV_i+W_{Ei}C_{Ei}+W_{Ci}C_{Ci}+\Delta V_iC_{Ci}+KC_{Ci}V_i \tag{5-6}$$

式中：K 为污染物 TN 的降解系数；V_i 为第 i 月湖泊的平均蓄水量，m^3；ΔC_i 为第 i 月湖泊污染物 TN 的浓度变化值；其他符号意义同前。

假设湖泊一个月内 TN 的浓度变化是稳定的，即 TN 的浓度保持不变，不随时间的变化而变化，TN 的浓度变化仅仅与出入湖的污染物和边界条件有关，则令上式中的 $\Delta C_i=0$。假定湖泊蒸发量中 TN 的浓度是零，即 $C_{Ei}=0$，则有

$$C_{Ci}=\frac{W_{Pi}C_{Pi}+W_{Ri}C_{Ri}}{W_{Ci}+\Delta V_i+KV_i} \tag{5-7}$$

式 (5-7) 则为湖泊水质-水量耦合模型的表达式。

5.5.2.2 湖泊水质-水量耦合模型约束条件

根据对湖泊生态系统良性循环的分析，为使湖泊发挥正常的生态系统和服务功能的作用，建立以下目标控制方程。

(1) 湖泊水量约束条件：

$$|\Delta V_i|\leqslant V_u-V_l \tag{5-8}$$

$$V_l\leqslant V_i\leqslant V_u \tag{5-9}$$

式中：V_u、V_l 分别为湖泊蓄水量的上、下限值，m^3。

(2) 湖泊水质约束条件：

$$C_{Ci} \leqslant C_{sl} \tag{5-10}$$

式中：C_{sl}为湖泊水质标准，mg/L。

5.5.2.3 湖泊水质-水量耦合模型

综上所述，由污染物 TN 决定的湖泊水质-水量耦合模型为

目标函数：

$$\min(W_i)$$

约束条件：

$$\begin{cases} \Delta V_i = W_{Pi} + W_{Ri} - W_{Ei} - W_{Ci} \\ C_{Ci} = \dfrac{W_{Pi} C_{Pi} + W_{Ri} C_{Ri}}{W_{Ci} + \Delta V_i + K V_i} \\ |\Delta V_i| \leqslant V_{max} - V_{min} \\ V_{min} \leqslant V_i \leqslant V_{max} \\ C_{Ci} \leqslant C_s \end{cases}$$

湖泊其他污染物均可利用该模型计算从黄河的引水量。为使湖泊发挥正常的生态系统和服务功能的作用，计算每种污染物对应的黄河引水量，计算得到的各污染物黄河引水量中的最大值即为该月需要从黄河的引水量。

5.6 湖泊生态环境需水量分析

5.6.1 生态环境需水量构成与计算方法选择

1. 生态环境需水量构成

生态环境需水量包括生态需水量和环境需水量两部分：生态需水量是为了维持生态系统中生物生存和生活环境稳定所需的水量；环境需水量是为了保护和改善水环境，并维持生态系统基本功能所需的水量。刘静玲等将湖泊生态环境需水量分为湖泊蒸散需水量、湖泊水生生物及其栖息地需水量、湖泊出湖地表径流需水量、湖泊出湖地下径流需水量、能源生产需水量、环境稀释需水量、航运需水量、湖泊防盐化需水量、景观保护与建设需水量和娱乐需水量。王俊等将东平湖老湖区生态环境需水量分为本底需水量、蒸散发需水量、渗漏需水量、水生生物栖息地需水量、景观娱乐需水量、稀释净化需水量和航运需水量。赵晓瑜等在研究内蒙古河套灌区湖泊湿地生态环境需水量时，将湖泊湿地生态环境需水量分为湿地植被需水量、湿地土壤需水量、生物栖息地需水量、水面蒸发蓄水量、补给地下需水量和净化污染物需水量。因此，根据湖泊生态系统的组成、结构以及自然环境等特征，将银川平原湖泊的生态环境需水分为湖泊生物及其栖息地需水量、水质净化需水量、湖泊水面蒸散需水量、湖泊渗漏需水量、景观娱乐需水量和湖泊岸边带植被需水量等几部分。

本书将湖泊生态环境需水量归纳为三大类，分别为湖泊水体基本需水量（$Q_{基}$）、湖泊水体生态环境改善需水量（$Q_{改}$）和湖泊岸边带植被及景观娱乐需水量（$Q_{植+景}$），具体如图 5-3 所示。湖泊生态环境需水量的构成为

$$Q_R = Q_V + Q_J + Q_Z + Q_L + Q_Y + Q_A = Q_{基} + Q_{改} + Q_{植+景} \tag{5-11}$$

式中：Q_R 为湖泊生态环境需水量，m^3；Q_V 为湖泊水生生物及其栖息地需水量，m^3；Q_J 为湖泊自净需水量，m^3；Q_Z 为湖泊蒸发需水量，m^3；Q_L 为河流渗漏需水量，m^3；Q_Y 为

景观娱乐需水量；Q_A 为湖泊岸边带植被需水量。

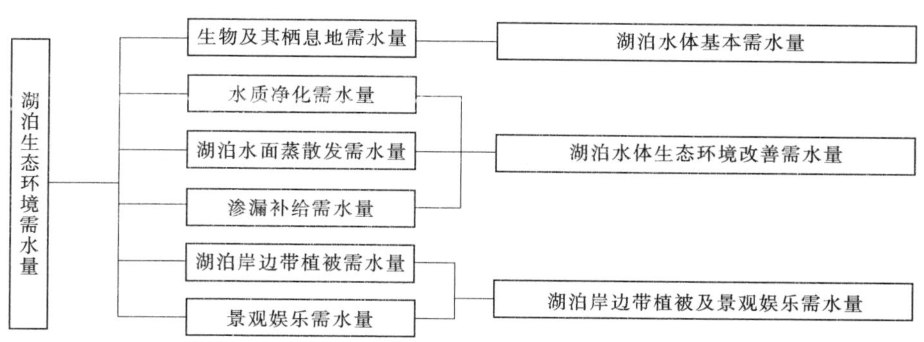

图 5-3 湖泊生态环境需水量的构成

2. 湖泊生态环境需水量计算方法选择

水量平衡法和换水周期法是根据湖泊水量平衡的原理和出入湖水量交换的规律来计算湖泊生态环境需水量，通常适用于人为干扰较小的闭流型湖泊和来水量充沛的吞吐型湖泊，同时对人工湖泊也适用。最小水位法用来计算湖泊最小生态环境需水量，保证维持湖泊生态系统和湖泊生物栖息地所需要的最小数量，来减缓湖泊生态系统的恶化趋势，一般适用于干旱缺水严重区域、人为干扰严重、入湖来水少、存在季节型缺水或水质型缺水的湖泊，通常在自然情况下很难维持水量平衡和换水周期。功能法根据生态学的基本理论和湖泊生态系统的特点，从维持和保证湖泊生态系统正常的生态环境功能的角度，以保护湖泊生态系统的生物多样性和完整性为目的，对湖泊最小生态环境需水量进行估算。依据本书的研究目的，采用功能法估算银川平原湖泊的生态环境需水量。

5.6.2 生态环境需水量计算

5.6.2.1 湖泊水体基本需水量估算

湖泊水体基本需水量是维持湖泊系统生物生存的最小生态环境需水量，是保证湖泊正常存在及功能发挥，在水位略有变化的情况下，保持常年湖泊存蓄一定的水量。湖泊水体基本需水量主要是计算湖泊水生生物及其栖息地需水量。一般来说，假如湖泊系统中有珍稀的鱼类或者鸟类，需根据湖泊中的生物量、生存及繁殖需要来确定生物栖息地的需水量。根据水面面积百分比和水深要素划定需水量级别来确定生物栖息地的需水量，计算公式为

$$Q_{基}=A\cdot\beta\cdot h \tag{5-12}$$

式中：$Q_{基}$ 为湖泊水体基本需水量，m^3；A 为湖泊面积，m^2；β 为淹水面面积百分比；h 为湖泊水深，m。

银川平原湖泊生长着具有各种不同生活型的湿地植物，给鸟类创造了天然的栖息、觅食、繁衍环境，给鱼类创造了一个理想的避敌和索饵场所，形成了一个以水环境为主体的良好生物圈。淹水面面积占湖泊面积的 40%～50% 的湿地比较适合生物栖息，水深在 0.5～1.0m 之间适合芦苇生长，同时也能达到鱼类的生长繁殖需要。崔保山和齐拓野认

为湖泊水生生物及其栖息地最大需水量的淹水面面积百分比为90%～100%。本书取湖泊水体基本最小、适宜和最大需水量的淹水面面积百分比分别为40%、50%和90%，其所对应的水深分别为0.88m、1.10m和1.98m。根据式（5-12）分别计算湖泊水体基本最小、适宜和最大需水量。

5.6.2.2　水体生态环境改善需水量估算

湖泊水体生态环境改善需水量是指为了保证湖泊发挥正常的水环境和生态环境功能，改善湖泊水质、维持合理的地下水位以及需补充因水面蒸发量高于降水量时的水量。湖泊水体生态环境改善需水量主要是引黄河水，这部分水量可用湖泊水质-水量耦合模型确定。

分析湖泊入湖和出湖水量，湖泊引水量越大水质越好，但受到水资源科学合理利用的限制，所以问题归结为在保证湖泊生态系统和服务功能正常发挥的前提下的最优引水量。本书取湖泊水面蒸发最小、适宜需水量所对应的淹水面面积比例分别为40%和50%，湖泊水面蒸发最大需水量所对应的淹水面面积比例为90%，分别以TN、TP、COD_{Mn}和COD_{Cr}四种污染物为例，计算湖泊生态环境改善最小、适宜和最大生态环境需水量。

5.6.2.3　岸边带植被及景观娱乐需水量估算

1. 岸边带植被需水量估算

据调查，银川平原湖泊主要分布的植被物种为芦苇，因此选取芦苇为代表物种。依据芦苇的覆盖度对湖泊岸边带植被最优需水量和湖泊岸边带植被最小需水量进行计算：

$$Q_A = A \cdot ET_m \tag{5-13}$$

$$ET_m = ET_0 \cdot K_c \cdot K_s \tag{5-14}$$

式中：Q_A为湖泊岸边带植被需水量，m^3；A为湖泊岸边带植被面积，m^2；ET_m为湖泊岸边带植被实际蒸散发量，mm；ET_0为湖泊岸边带植被潜在蒸散发量，mm；K_c为植物系数；K_s为土壤水分修正系数。

目前国内外常用的适用于干旱半干旱地区确定植被潜在蒸散量的方法主要有改进后的彭曼模型、桑斯维特模型、彭曼-蒙特斯法。改进后的彭曼模型是由1948年彭曼由能量平衡原理、水汽扩散原理和空气热定律提出的计算模型，将彭曼模型经过多次修正形成的计算模型。桑斯维特模型计算方便，所需气象资料少，只需要当地各月的气温资料即可，该方法主要适用于干旱、半干旱地区，计算结果对于春季、夏季比较准确。1992年国际粮农组织和国际灌排委员会等组织推荐采用彭曼-蒙特斯法方法进行计算植被潜在蒸散量。该方法计算植被潜在蒸散量只需气象资料即可，所需气象资料有气象站地理位置（经度、纬度、高程）、日最高气温、日最低气温、日平均相对湿度、日照时数、2m处风速、多年平均降水量。

改进的彭曼公式和彭曼-蒙特斯法估算植被潜在蒸散量，涉及的气象参数较多。气象因素实地监测或收集难度很大，因此本书采用桑斯维特模型计算湖泊岸边带植被潜在蒸散发量。

根据桑斯维特模型，收集湖泊区域的气象和气温资料，进而依据湖泊纬度查专用表得到时间改正系数，计算出湖泊岸边带植被月平均潜在蒸散量，其计算公式为

$$ET_0 = k \times 16.2\left(10\frac{T}{H}\right)^A \tag{5-15}$$

$$h=\left(\frac{T}{5.0}\right)^{1.514} \tag{5-16}$$

$$H=\sum_{i=1}^{12}h_i \tag{5-17}$$

其中 $$A=6.75\times10^{-7}\times H^3-7.71\times10^{-5}\times H^2+1.79\times10^{-2}\times H+0.49 \tag{5-18}$$

式中：ET_0为植被潜在蒸散发量，mm；H 为年热量指数，等于一年 12 个月的和；h_i 为月热量指数，当 $T\leqslant0$℃时，$h=0$；T 为月平均气温，℃；A 为指数，是年热量指数的非线性函数；k 为时间修正系数，根据纬度专用表来确定。

2. 景观娱乐需水量估算

相对于前面几项需水量，湖泊景观娱乐需水量很小，同时生物及其栖息地需水量和景观娱乐需水量二者又有兼容的成分，故主要考虑在满足前面几项需水量基础上，又可以满足景观娱乐需水。

5.7 沙湖生态环境需水量分析

5.7.1 沙湖水体基本需水量估算

沙湖自然保护区生长着具有各种不同生活型的湿地植物，给鸟类创造了天然的栖息、觅食、繁衍环境，给鱼类创造了一个理想的避敌和索饵场所，形成了一个以水环境为主体的良好生物圈。本书取沙湖水体基本最小、适宜和最大需水量的淹水面面积百分比为40%、50%和90%，其所对应的水深分别为0.88m、1.10m 和 1.98m。根据式（5－12）分别计算沙湖水体基本最小、适宜和最大需水量。计算结果见表5－1和图5－4。

表5－1 沙湖水体基本需水量计算结果

需水量级别	年需水量/($\times10^6m^3$)
最小需水量	2.89
适宜需水量	4.51
最大需水量	14.61

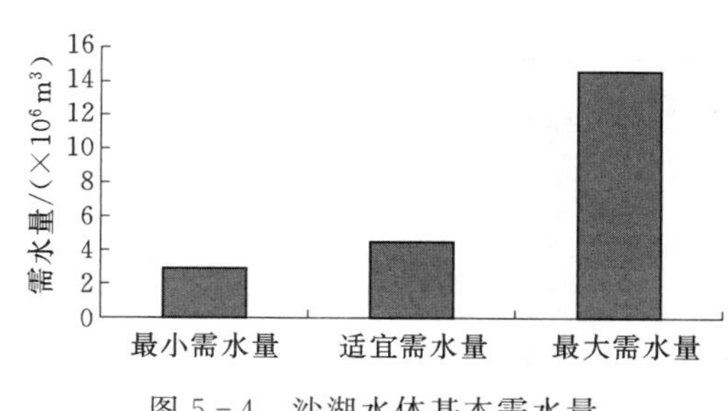

图5－4 沙湖水体基本需水量

5.7.2 沙湖水体生态环境改善需水量估算

分别以 TN、TP、COD_{Mn}和 COD_{Cr}四种污染物指标为例，计算沙湖各月污染物指标对应的黄河引水量。取沙湖各月的平均水深 $h=2.2m$，沙湖多年水面面积 8.2km²，则蓄水量 $V=18.04\times10^6m^3$。K 值的确定方法有试验法、反推法和类比法，本书采用类比法确定，综合考虑已有类似研究后，COD_{Mn}和 COD_{Cr}的 K 值按保守的 $0.004d^{-1}$进行估计，TN 和 TP 的 K 值按保守的 $0.01d^{-1}$进行估计。假定湖面降雨的水质（C_{Pi}）为Ⅰ类，黄河补水的水质（C_{Ri}）为Ⅱ类。分别计算沙湖水质保持现状水质不再恶化、达到国家《地表水环境质量标准》（GB 3838—2002）中规定的Ⅳ类和Ⅲ类水时所需要的引水量。取湖泊水面蒸发最小、适宜需水量所对应的淹水面面积比例为40%和50%，湖泊水面蒸发最大需水量所对应的淹水面面积比例为90%，计算沙湖水体生态环境改善最小、适宜和最大需水量。

5.7.2.1　沙湖水质保持现状引水量

根据2017年沙湖监测数据可知，沙湖主要超标水质指标为TN、TP、COD_{Cr}和COD_{Mn}。因此以TN、TP、COD_{Cr}和COD_{Mn}为例，计算沙湖各月水质保持现状不再恶化所需的引水量，计算结果见表5-2和图5-5。分析表5-2和图5-5可知，满足污染物指标TN、TP、COD_{Cr}和COD_{Mn}的各月引水量中，达到污染物指标COD_{Mn}要求的各月引水量均比达到污染物指标TN、TP和COD_{Cr}要求的各月引水量大，故沙湖水质保持现状不再恶化所需的引水量由污染物指标COD_{Mn}决定，全年所需的引水量为$27.32\times10^6m^3$，其中各月引水量中最大的是5月（$4.19\times10^6m^3$），最小的是1月（$0.39\times10^6m^3$）。

表5-2　沙湖水质保持现状各月引水量计算结果

指标	引水量/($\times10^6m^3$)												
	1月	2月	3月	4月	5月	6月	7月	8月	9月	10月	11月	12月	全年合计
降雨量	0.01	0.01	0.04	0.05	0.16	0.24	0.36	0.28	0.19	0.06	0.01	0.01	1.42
蒸发量	0.27	0.48	1.08	1.74	2.20	2.08	1.97	1.69	1.16	0.88	0.52	0.34	14.41
TN	0.15	0.58	1.73	3.05	3.00	2.23	1.85	1.63	1.15	0.97	0.52	0.27	17.13
TP	0	0.73	1.28	2.05	2.64	2.69	2.63	2.11	1.26	0.96	0.55	0.47	17.37
COD_{Cr}	0.37	0.79	1.83	2.98	3.78	3.64	3.40	3.05	2.32	1.93	1.03	0.54	25.66
COD_{Mn}	0.39	0.85	2.03	3.35	4.19	3.94	3.59	3.17	2.29	1.90	1.05	0.57	27.32

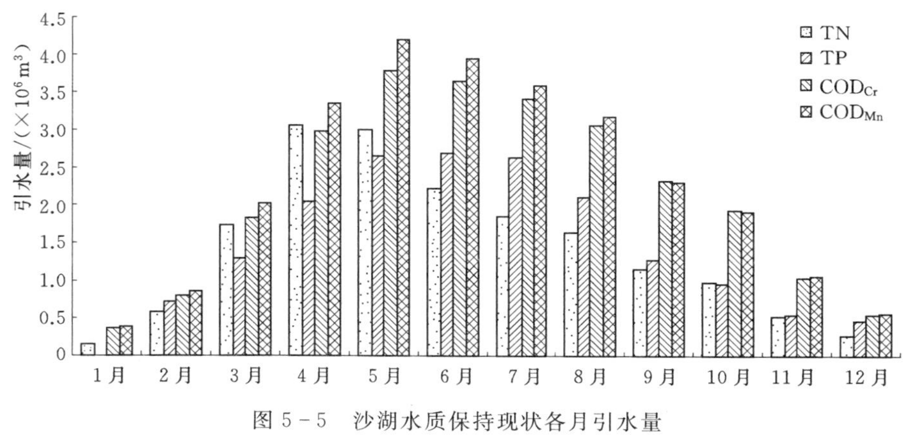

图5-5　沙湖水质保持现状各月引水量

5.7.2.2　沙湖水质达到Ⅳ类水的引水量

沙湖水质达到地表水水质标准中规定的Ⅳ类水时，各月最优引水量计算结果见表5-3和图5-6。分析表5-3和图5-6可知，满足污染物指标TN、TP、COD_{Cr}和COD_{Mn}

的各月引水量中，达到污染物指标 COD_{Cr} 要求的各月引水量均比达到污染物指标 TN、TP 和 COD_{Mn} 要求的各月引水量大，故沙湖水质达到地表水水质标准中规定的Ⅳ类水时所需的引水量由污染物指标 COD_{Cr} 决定，全年引水量为 $25.65\times10^6 m^3$，各月引水量中最大的是 5 月，最小的是 1 月，5 月引水量为 $4.09\times10^6 m^3$，1 月引水量为 $0.38\times10^6 m^3$。

表 5－3　　沙湖水质Ⅳ类水时各月引水量计算结果　　单位：$10^6 m^3$

指标	1月	2月	3月	4月	5月	6月	7月	8月	9月	10月	11月	12月	合计
降雨量	0.01	0.01	0.04	0.05	0.16	0.24	0.36	0.28	0.19	0.06	0.01	0.01	1.42
蒸发量	0.27	0.48	1.08	1.74	2.20	2.08	1.97	1.69	1.16	0.88	0.52	0.34	14.41
TN	0.11	0.44	1.30	2.28	2.82	2.53	2.22	1.89	1.23	0.97	0.50	0.23	16.52
TP	0.10	0.39	1.16	2.02	2.50	2.24	1.96	1.67	1.08	0.86	0.44	0.20	14.62
COD_{Cr}	0.38	0.81	1.98	3.29	4.09	3.77	3.44	2.94	1.99	1.55	0.89	0.52	25.65
COD_{Mn}	0.31	0.67	1.63	2.72	3.33	3.02	2.69	2.31	1.56	1.26	0.74	0.43	20.67

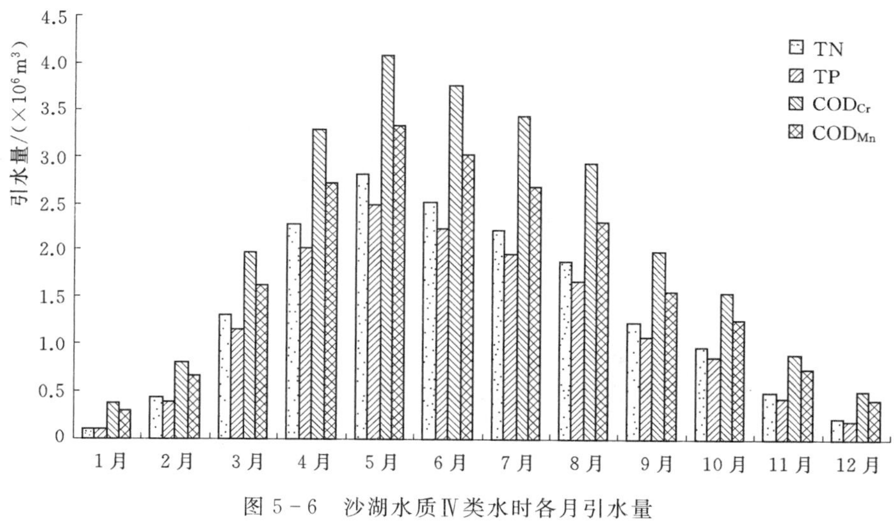

图 5－6　沙湖水质Ⅳ类水时各月引水量

5.7.2.3　沙湖水质达到Ⅲ类水的引水量

沙湖水质达到地表水水质标准中规定的Ⅲ类水时，各月最优引水量计算结果见表 5－4 和图 5－7。分析表 5－4 和图 5－7 可知，满足污染物指标 TN、TP、COD_{Cr} 和 COD_{Mn} 的各月引水量中，达到污染物指标 COD_{Cr} 要求的各月引水量均比污染物指标 TN、TP 和 COD_{Mn} 要求的各月引水量大，故沙湖水质达到地表水水质标准中规定的Ⅲ类水时所需的引水量由污染物指标 COD_{Cr} 决定，全年引水量为 $52.75\times10^6 m^3$，各月引水量中最大的是 5 月，最小的是 1 月，5 月引水量为 $8.34\times10^6 m^3$，1 月引水量为 $0.77\times10^6 m^3$。

表 5－4　　沙湖水质Ⅲ类水时各月引水量计算结果　　单位：$10^6 m^3$

指标	1月	2月	3月	4月	5月	6月	7月	8月	9月	10月	11月	12月	合计
降雨量	0.01	0.01	0.04	0.05	0.16	0.24	0.36	0.28	0.19	0.06	0.01	0.01	1.42

续表

指标	1月	2月	3月	4月	5月	6月	7月	8月	9月	10月	11月	12月	合计
蒸发量	0.27	0.48	1.08	1.74	2.20	2.08	1.97	1.69	1.16	0.88	0.52	0.34	14.41
TN	0.15	0.59	1.74	3.04	3.78	3.41	3.01	2.56	1.66	1.30	0.67	0.30	22.21
TP	0.15	0.59	1.74	3.04	3.78	3.41	3.01	2.56	1.66	1.30	0.67	0.30	22.21
COD_{Cr}	0.77	1.64	4.00	6.64	8.34	7.78	7.25	6.17	4.16	3.16	1.79	1.05	52.75
COD_{Mn}	0.56	1.22	2.95	4.91	6.06	5.53	4.98	4.27	2.89	2.30	1.33	0.78	37.78

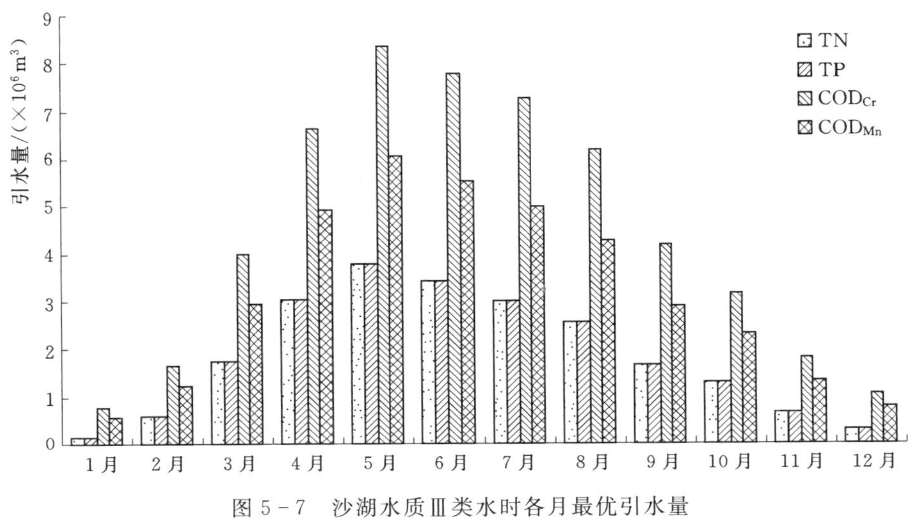

图 5-7　沙湖水质Ⅲ类水时各月最优引水量

比较沙湖水质保持现状水质不再恶化、达到国家《地表水环境质量标准》(GB 3838—2002) 中规定的Ⅳ类和Ⅲ类水时所需要的各月引水量以及各月蒸发量和降雨量发现，各月蒸发量决定该月引水量大小。

5.7.2.4 沙湖水体生态环境改善最小需水量

沙湖水体生态环境改善最小需水量对应的湖泊水面蒸发面积是沙湖水面面积的 40%，沙湖水深则是 0.88m，水质达到地表水水质标准中规定的Ⅳ类水时，各月 TN、TP、COD_{Mn}和 COD_{Cr}四种污染物指标中最大引水量计算结果见表 5-5 和图 5-8。分析表 5-5 和图 5-8 可知，满足污染物指标 TN、TP、COD_{Cr}和 COD_{Mn}的各月引水量中，达到污染物指标 COD_{Cr}要求的各月引水量均比污染物指标 TN、TP 和 COD_{Mn}要求的各月引水量大。沙湖水体生态环境改善最小需水量 $10.68\times10^6m^3$，其中各月需水量中 5 月需水量最大，1 月需水量最小，5 月需水量为 $1.67\times10^6m^3$，1 月需水量为 $0.19\times10^6m^3$。

表 5-5　　沙湖水体生态环境改善最小需水量计算结果　　单位：10^6m^3

指标	1月	2月	3月	4月	5月	6月	7月	8月	9月	10月	11月	12月	合计
降雨量	0.005	0.004	0.014	0.021	0.063	0.097	0.145	0.113	0.074	0.022	0.005	0.002	0.565
蒸发量	0.107	0.194	0.432	0.698	0.879	0.831	0.790	0.674	0.464	0.350	0.209	0.134	5.762

续表

指标	1月	2月	3月	4月	5月	6月	7月	8月	9月	10月	11月	12月	合计
TN	0.11	0.24	0.59	0.98	1.19	1.08	0.95	0.82	0.56	0.45	0.26	0.16	7.39
TP	0.10	0.21	0.52	0.87	1.06	0.95	0.84	0.72	0.49	0.40	0.23	0.14	6.53
COD_{Cr}	0.19	0.36	0.83	1.35	1.67	1.54	1.41	1.21	0.83	0.66	0.39	0.24	10.68
COD_{Mn}	0.15	0.30	0.68	1.12	1.36	1.24	1.10	0.95	0.65	0.53	0.32	0.20	8.6

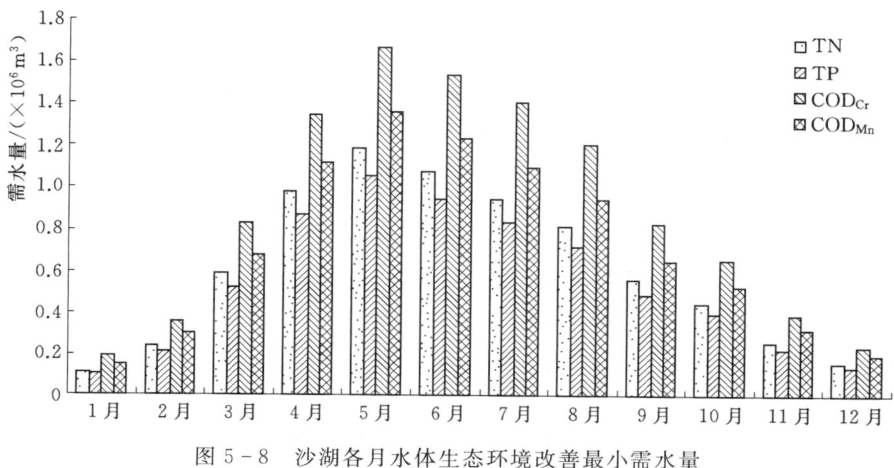

图 5-8　沙湖各月水体生态环境改善最小需水量

5.7.2.5　沙湖水体生态环境改善适宜需水量

沙湖水体生态环境改善适宜需水量对应的湖泊水面蒸发面积是沙湖水面面积的 50%，而沙湖水深则是 1.10m，水质达到地表水水质标准中规定的Ⅲ类水时，各月 TN、TP、COD_{Mn}和 COD_{Cr}四种污染物指标最大引水量计算结果见表 5-6 和图 5-9。分析表 5-6 和图 5-9 可知，满足污染物指标 TN、TP、COD_{Cr}和 COD_{Mn}的各月引水量中，达到污染物指标 COD_{Cr}要求的各月引水量均比污染物指标 TN、TP 和 COD_{Mn}要求的各月引水量大。沙湖水体生态环境改善适宜需水量 27.24×10^6 m^3，其中各月需水量中 5 月需水量最大，1 月需水量最小，5 月需水量为 4.24×10^6 m^3，1 月需水量为 0.46×10^6 m^3。

表 5-6　　沙湖水体生态环境改善适宜需水量计算结果　　单位：10^6 m^3

指标	1月	2月	3月	4月	5月	6月	7月	8月	9月	10月	11月	12月	合计
降雨量	0.006	0.005	0.018	0.026	0.079	0.121	0.181	0.141	0.093	0.028	0.006	0.003	0.707
蒸发量	0.133	0.242	0.540	0.872	1.099	1.039	0.987	0.843	0.580	0.438	0.262	0.168	7.203
TN	0.17	0.39	0.96	1.61	1.98	1.79	1.60	1.37	0.92	0.74	0.42	0.24	12.19
TP	0.17	0.39	0.96	1.61	1.98	1.79	1.60	1.37	0.92	0.74	0.42	0.24	12.19
COD_{Cr}	0.46	0.89	2.07	3.39	4.24	3.96	3.70	3.16	2.15	1.65	0.97	0.60	27.24
COD_{Mn}	0.33	0.66	1.53	2.51	3.08	2.82	2.55	2.19	1.50	1.20	0.72	0.44	19.54

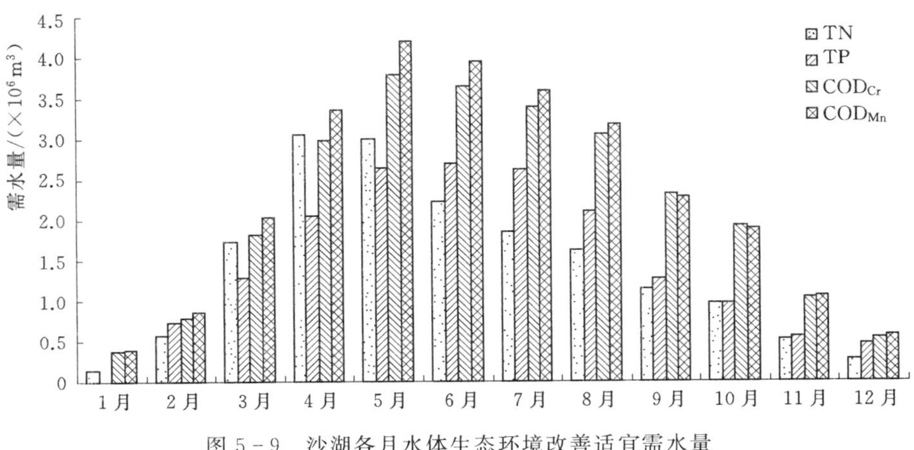

图 5-9　沙湖各月水体生态环境改善适宜需水量

5.7.2.6　沙湖水体生态环境改善最大需水量

沙湖水体生态环境改善适宜需水量对应的湖泊水面蒸发面积是沙湖水面面积的 90%，而沙湖水深则是 1.98m，水质达到地表水水质标准中规定的Ⅲ类水时，各月 TN、TP、COD_{Mn}和 COD_{Cr}四种污染物指标中最大引水量计算结果见表 5-7 和图 5-10。分析表 5-7 和图 5-10 可知，满足污染物指标 TN、TP、COD_{Cr}和 COD_{Mn}的各月引水量中，达到污染物指标 COD_{Cr}要求的各月引水量均比污染物指标 TN、TP 和 COD_{Mn}要求的各月引水量大。沙湖水体生态环境改善适宜需水量 $47.79\times10^6 m^3$，其中各月需水量中 5 月需水量最大，1 月需水量最小，5 月需水量是 $7.54\times10^6 m^3$，1 月需水量是 $0.72\times10^6 m^3$。

表 5-7　　沙湖水体生态环境改善最大需水量计算结果　　单位：$10^6 m^3$

指标	1月	2月	3月	4月	5月	6月	7月	8月	9月	10月	11月	12月	合计
降雨量	0.010	0.010	0.032	0.046	0.142	0.218	0.325	0.255	0.168	0.050	0.011	0.005	1.272
蒸发量	0.240	0.436	0.972	1.570	1.978	1.871	1.777	1.517	1.044	0.788	0.471	0.303	12.967
TN	0.17	0.56	1.60	2.77	3.44	3.10	2.74	2.33	1.53	1.20	0.63	0.30	20.37
TP	0.17	0.56	1.60	2.77	3.44	3.10	2.74	2.33	1.53	1.20	0.63	0.30	20.37
COD_{Cr}	0.72	1.50	3.62	6.00	7.54	7.03	6.55	5.58	3.77	2.87	1.64	0.97	47.79
COD_{Mn}	0.52	1.11	2.68	4.44	5.47	5.00	4.51	3.87	2.62	2.09	1.22	0.72	34.25

沙湖水体生态环境改善需水量见表 5-8 和图 5-11。沙湖水体生态环境改善需水量中 4—9 月需水量占全年的大部分，主要是因为沙湖全年蒸发主要集中在每年的 4—9 月。通过对比沙湖各月水体生态环境改善最小、适宜和最大需水量以及沙湖水体生态环境改善最小、适宜和最大需水量所对应的各月蒸发量和降雨量发现，各月蒸发量大小决定该月需水量。

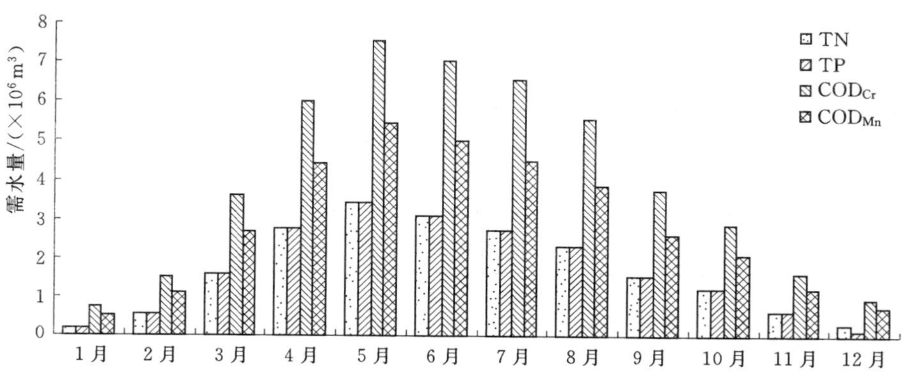

图 5-10 沙湖各月水体生态环境改善最大需水量

表 5-8 沙湖水体生态环境改善需水量计算结果 单位：$10^6 m^3$

需水量级别	1月	2月	3月	4月	5月	6月	7月	8月	9月	10月	11月	12月	合计
最小需水量	0.19	0.36	0.83	1.35	1.67	1.54	1.41	1.21	0.83	0.66	0.39	0.24	10.68
适宜需水量	0.46	0.89	2.07	3.39	4.24	3.96	3.70	3.16	2.15	1.65	0.97	0.60	27.24
最大需水量	0.72	1.50	3.62	6.00	7.54	7.03	6.55	5.58	3.77	2.87	1.64	0.97	47.79

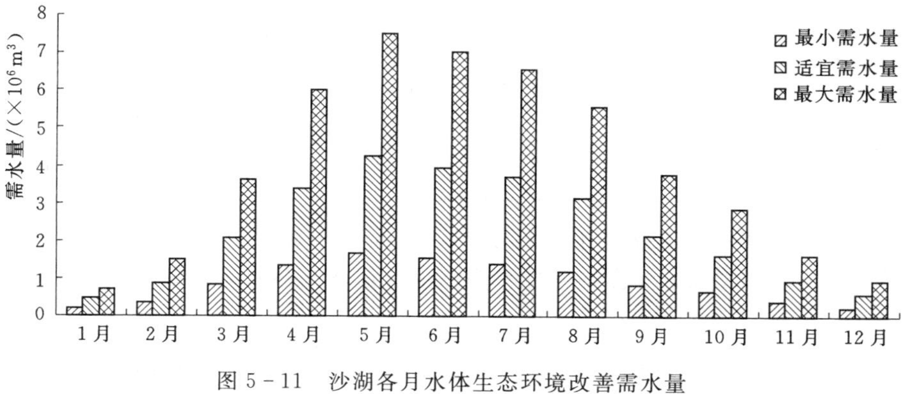

图 5-11 沙湖各月水体生态环境改善需水量

5.7.3 沙湖岸边带植被及景观娱乐需水量估算

5.7.3.1 沙湖岸边带植被需水量估算

(1) 月平均气温 T、年热量指数 H、指数 A 和时间修正系数 k 的确定。根据沙湖实测气象水文资料，沙湖月平均气温见表 5-9。利用公式推测出月热量指数 h（当 $T \leqslant 0℃$ 时，$h=0$），通过加和得到年热量指数 H，进一步根据公式 $A=6.75\times10^{-7}\times H^3-7.71\times10^{-5}\times H^2+1.79\times10^{-2}\times H+0.49$，计算出指数 A 值，结果见表 5-10。时间改正系数 k 值主要取决于所处区域的维度，该值与维度的关系见表 5-11。依据《宁夏回族自治区第二次土地调查》中沙湖的地理纬度，由表5-11推测出沙湖各月时间改正系数值，见表5-12。

表5-9 沙湖月平均气温统计表 单位：℃

1月	2月	3月	4月	5月	6月	7月	8月	9月	10月	11月	12月
−7.9	−3.4	4.8	12	18.7	22.9	24.7	22.3	17.1	10.4	1.1	−5.6

表5-10 沙湖热量指数及 A 值计算表 单位：℃

月热量指数 h												H	A
1月	2月	3月	4月	5月	6月	7月	8月	9月	10月	11月	12月		
0	0	0.94	3.76	7.37	10.01	11.23	9.62	6.43	3.03	0.10	0	52.50	1.31

表5-11 各地月时间改正系数 k

纬度	1月	2月	3月	4月	5月	6月	7月	8月	9月	10月	11月	12月
0°	1.04	0.94	1.04	1.01	1.04	1.01	1.04	1.04	1.01	1.04	1.01	1.04
10°	1.00	0.91	1.03	1.03	1.08	1.06	1.08	1.07	1.02	1.02	0.98	0.89
20°	0.95	0.89	1.03	1.05	1.13	1.11	1.14	1.11	1.02	1.00	0.93	0.94
30°	0.90	0.87	1.03	1.08	1.18	1.17	1.20	1.14	1.03	0.98	0.89	0.88
35°	0.87	0.85	1.03	1.09	1.18	1.17	1.20	1.14	1.03	0.97	0.86	0.85
40°	0.84	0.83	1.03	1.11	1.24	1.25	1.27	1.18	1.04	0.96	0.87	0.81
45°	0.80	0.81	1.02	1.13	1.28	1.29	1.31	1.21	1.04	0.94	0.79	0.75
50°	0.74	0.78	1.02	1.15	1.32	1.31	1.37	1.26	1.06	0.92	0.76	0.70

表5-12 沙湖月时间改正系数 k

1月	2月	3月	4月	5月	6月	7月	8月	9月	10月	11月	12月
0.855	0.84	1.03	1.1	1.21	1.21	1.235	1.16	1.035	0.965	0.865	0.83

（2）沙湖各月岸边带植被潜在蒸散量 ET_0。利用沙湖月均气温 T、年热量指数 H、指数 A 及时间修正系数 k，根据桑斯维特模型可求得沙湖各月平均潜在蒸散量，计算结果见表5-13。

表5-13 沙湖各月岸边带植被潜在蒸散量及全年岸边带植被潜在蒸散量 单位：mm

1月	2月	3月	4月	5月	6月	7月	8月	9月	10月	11月	12月	合计
0	0	14.84	52.63	103.52	134.98	152.13	124.98	78.75	38.28	1.81	0	701.91

（3）沙湖各月岸边带植被实际蒸散发量 ET_m。根据得到的沙湖各月岸边带植被潜在蒸散量 ET_0，利用芦苇的植物系数 K_c 以及沙湖土壤水分修正系数 K_s，由式（5-10）得到沙湖各月岸边带植被实际蒸散发量 ET_m。冉新军等在博斯腾湖沼泽芦苇需水规律研究时，得出芦苇的植物系数为1.33。对应 K_s，在土壤水分不是作物蒸发蒸腾的限制因素时，可近似取为1.0。本书取 $K_c=1.33$，$K_s=1.0$，沙湖各月岸边带植被实际蒸散发量 ET_m 见表5-14。

表 5-14　　沙湖各月岸边带植被实际蒸散量及全年岸边带植被实际蒸散量　　单位：mm

1月	2月	3月	4月	5月	6月	7月	8月	9月	10月	11月	12月	合计
0	0	19.73	70.00	137.68	179.53	202.33	166.22	104.74	50.91	2.41	0	933.54

（4）沙湖岸边带植被需水量估算。选取芦苇为湖岸边带植被代表物种，2017 年监测资料，沙湖芦苇分布面积为 1860 亩，依据式（5-9）计算沙湖岸边带植被需水量。苏雨洁认为芦苇的生长期为一年的 4—10 月，湖泊最小芦苇覆盖度应站湖泊面积的 0.4 左右，适宜覆盖度应站到湖泊面积的 0.6 左右，最大覆盖度应达到湖泊面积的 0.9 以上。本书取湖泊最小、适宜和最大芦苇覆盖度 40%、60%和 90%，对沙湖岸边带植被 4—10 月的最小、适宜和最大需水量进行计算，结果见表 5-15 和图 5-12。沙湖岸边带植被最小需水量为 $45.21\times10^4m^3$，各月需水量最大的是 7 月（$10.04\times10^4m^3$），需水量最小的是 10 月（$2.53\times10^4m^3$）；沙湖岸边带植被适宜需水量为 $67.81\times10^4m^3$，各月需水量最大的是 7 月（$15.05\times10^4m^3$），需水量最小的是 10 月（$3.79\times10^4m^3$）；沙湖岸边带植被最大需水量为 $101.72\times10^4m^3$，各月需水量最大的是 7 月（$22.58\times10^4m^3$），需水量最小的是 10 月（$5.68\times10^4m^3$）。

表 5-15　　沙湖岸边带植被需水量计算结果　　单位：10^4m^3

需水量级别	植被覆盖度	4月	5月	6月	7月	8月	9月	10月	合计
最小需水量	40%	3.47	6.83	8.90	10.04	8.25	5.20	2.53	45.21
适宜需水量	60%	5.21	10.24	13.36	15.05	12.37	7.79	3.79	67.81
最大需水量	90%	7.81	15.37	20.04	22.58	18.55	11.69	5.68	101.72

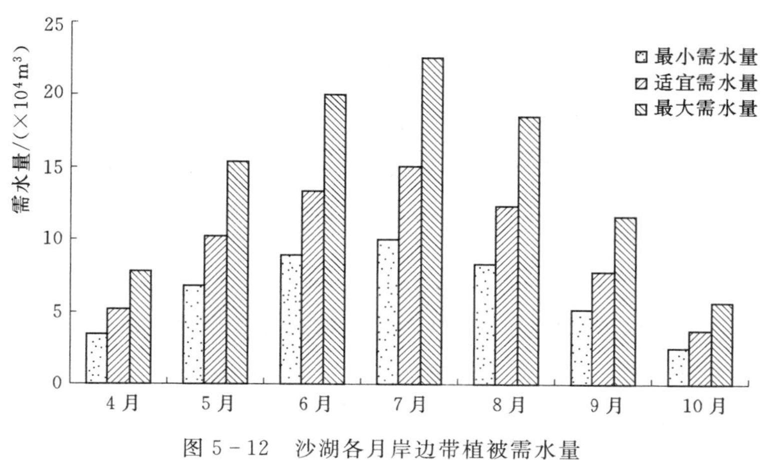

图 5-12　沙湖各月岸边带植被需水量

5.7.3.2　沙湖景观娱乐需水量估算

相对于前面几项需水量，景观娱乐需水量很小，同时生物及其栖息地需水量和景观娱乐需水量二者又有兼容的成分，故主要考虑在满足前面几项需水量基础上，又可以满足景观娱乐需水。

5.7.4 沙湖生态环境需水量

将沙湖水体基本需水量、沙湖水体生态环境改善需水量和沙湖岸边带植被及景观娱乐需水量三者求和得到沙湖生态环境需水量。沙湖生态环境需水量计算结果见表5-16和图5-13。沙湖生态环境最小需水量为$14.02\times10^6m^3$，沙湖生态环境适宜需水量为$32.43\times10^6m^3$，生态环境最大需水量为$63.41\times10^6m^3$，沙湖生态环境需水量中沙湖水体基本需水量和沙湖水体生态环境改善需水量占总需水量的绝大部分。

表5-16　　沙湖生态环境需水量计算结果　　单位：10^6m^3

需水量级别	沙湖水体基本需水量	沙湖水体生态环境改善需水量	沙湖岸边带植被及景观娱乐需水量	合计
最小需水量	2.89	10.68	0.45	14.02
适宜需水量	4.51	27.24	0.68	32.43
最大需水量	14.61	47.78	1.02	63.41

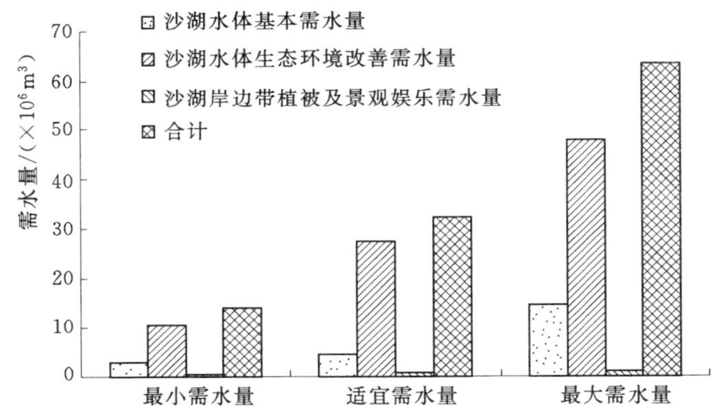

图5-13　沙湖不同等级、不同组分的生态环境需水量

计算沙湖生态环境需水量时采用功能法。沙湖生态环境需水量主要由沙湖水体基本需水量、沙湖水体生态环境改善需水量和沙湖岸边带植被及景观娱乐需水量3部分组成。分别计算沙湖水体基本需水量、沙湖水体生态环境改善需水量和沙湖岸边带植被及景观娱乐需水量：根据水面面积百分比和水深要素划定需水量级别，计算沙湖水体基本需水量；运用建立的沙湖水质-水量耦合模型计算沙湖水体生态环境改善需水量；计算沙湖岸边带植被及景观娱乐需水量时，先运用桑斯维特模型计算沙湖岸边带植被潜在蒸散发量，再计算沙湖岸边带植被需水量。综合以上各方法的计算结果，得出了沙湖生态环境需水量，沙湖生态环境最小需水量为$14.02\times10^6m^3$，沙湖生态环境适宜需水量为$32.43\times10^6m^3$，生态环境最大需水量为$63.41\times10^6m^3$。在沙湖生态环境需水量中沙湖水体基本需水量和沙湖水体生态环境改善需水量占绝大部分。

5.8 阅海湖生态环境需水量分析

5.8.1 阅海湖水体基本需水量估算

阅海湖平均水深 $h=2.0\text{m}$，沙湖多年水面面积 12km^2，则蓄水量 $V=24\times10^6\text{m}^3$。根据水面面积百分比和水深要素划定需水量级别来确定阅海湖生物栖息地的需水量。取阅海湖水体基本最小、适宜和最大需水量的淹水面面积百分比为 40%、50%和 90%，其所对应的水深分别为 0.8m、1.0m 和 1.8m。根据式（5-12）分别计算阅海湖水体基本最小、适宜和最大需水量。计算结果见表 5-17 和图 5-14。

表 5-17 阅海湖水体基本需水量计算结果

需水量级别	年需水量/($\times10^6\text{m}^3$)
最小需水量	3.84
适宜需水量	6.00
最大需水量	19.44

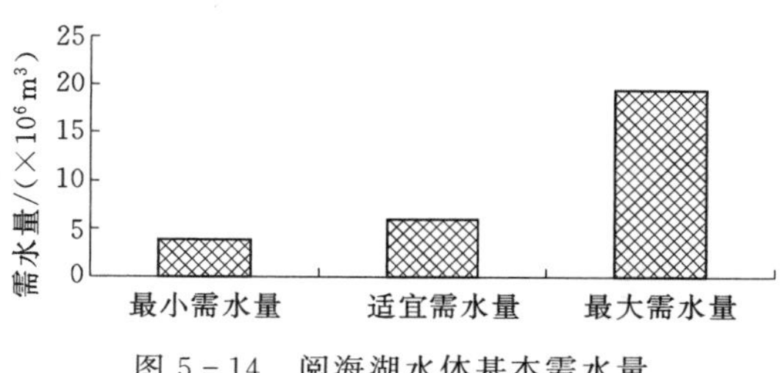

图 5-14 阅海湖水体基本需水量

5.8.2 阅海湖水体生态环境改善需水量估算

分别以 TN、TP、COD_{Mn}和 COD_{Cr}四种污染物为例，计算阅海湖水质保持现状水质不再恶化、达到国家《地表水环境质量标准》（GB 3838—2002）中规定的Ⅳ类和Ⅲ类水时所需要的引水量。分别取湖泊水面蒸发最小、适宜需水量所对应的淹水面面积比例为 40%和 50%，湖泊水面蒸发最大需水量所对应的淹水面面积比例为 90%，计算阅海湖水体生态环境改善最小、适宜和最大需水量。

5.8.2.1 阅海湖水质保持现状引水量

据 2017 年阅海湖监测数据可知，阅海湖主要超标水质指标为 TN、TP、COD_{Cr}和 COD_{Mn}。因此以 TN、TP、COD_{Cr}和 COD_{Mn}为例，计算阅海湖各月水质保持现状不再恶化所需的引水量，计算结果见表 5-18 和图 5-15。分析表 5-18 和图 5-15 可知，1 月满足污染物指标 TN、TP、COD_{Cr}和 COD_{Mn}的各月引水量中，达到污染物指标 TP 要求的各月引水量均比达到污染物指标 TN、COD_{Cr}和 COD_{Mn}要求的各月引水量大，2 月和 12 月满足污染物指标 TN、TP、COD_{Cr}和 COD_{Mn}的各月引水量中，达到污染物指标 COD_{Cr}要求的各月引水量均比达到污染物指标 TN、TP 和 COD_{Mn}要求的各月引水量大，3—11 月满足污染物指标 TN、TP、COD_{Cr}和 COD_{Mn}的各月引水量中，达到污染物指标 COD_{Cr}要求的各月引水量均比达到污染物指标 TN、TP 和 COD_{Mn}要求的各月引水量大，故阅海湖水质保持现状不再恶化所需的引水量由污染物指标 TP、COD_{Cr}和 COD_{Mn}决定，全年所需的引水量为 $38.12\times10^6\text{m}^3$，其中各月引水量中最大的是 3 月，最小的是 1 月，3 月引水量为 $6.89\times10^6\text{m}^3$，1 月引水量为 $0.41\times10^6\text{m}^3$。

表5-18 阅海湖水质保持现状各月引水量计算结果 单位：$10^6 m^3$

指标	1月	2月	3月	4月	5月	6月	7月	8月	9月	10月	11月	12月	合计
降雨量	0.01	0.07	0.13	0.26	0.19	0.35	0.72	0.39	0.34	0.14	0.11	0.04	2.75
蒸发量	0.48	0.71	1.81	1.60	2.02	2.03	1.96	1.78	1.28	1.10	0.76	0.51	16.04
TN	0.00	0.00	0.00	0.00	4.47	2.30	1.53	1.75	1.20	1.25	0.88	2.19	15.57
TP	0.41	0.83	3.92	4.11	2.61	1.82	1.24	1.43	0.95	0.99	0.61	0.38	19.30
COD_{Cr}	0.00	0.00	6.89	4.60	4.24	3.61	2.87	2.99	2.25	2.32	1.88	0.00	31.65
COD_{Mn}	0.00	3.53	4.81	3.15	3.75	2.96	2.18	2.39	1.73	1.74	1.39	2.30	29.93

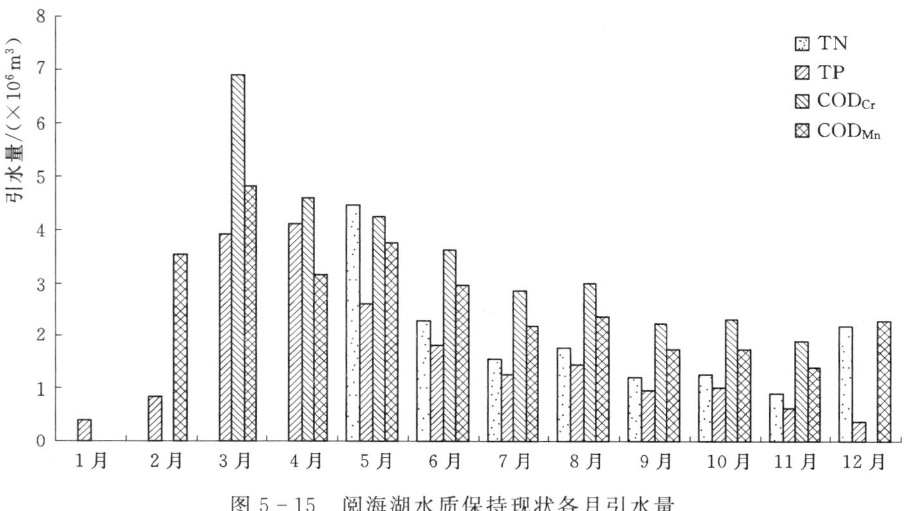

图5-15 阅海湖水质保持现状各月引水量

5.8.2.2 阅海湖水质达到Ⅳ类水的引水量

阅海湖水质达到地表水水质标准中规定的Ⅳ类水时，各月最优引水量计算结果见表5-19和图5-16。分析表5-19和图5-16可知，满足污染物指标TN、TP、COD_{Cr}和COD_{Mn}的各月引水量中，达到污染物指标COD_{Cr}要求的各月引水量均比达到污染物指标TN、TP和COD_{Mn}要求的各月引水量大，故阅海湖水质达到地表水水质标准中规定的Ⅳ类水时所需的引水量由污染物指标COD_{Cr}决定，全年引水量为$27.03\times10^6 m^3$，各月引水量中最大的是5月，最小的是1月，5月引水量为$3.67\times10^6 m^3$，1月引水量为$0.75\times10^6 m^3$。

表5-19 阅海湖水质Ⅳ类水时各月引水量计算结果 单位：$10^6 m^3$

指标	1月	2月	3月	4月	5月	6月	7月	8月	9月	10月	11月	12月	合计
降雨量	0.01	0.07	0.13	0.26	0.19	0.35	0.72	0.39	0.34	0.14	0.11	0.04	2.75
蒸发量	0.48	0.71	1.81	1.60	2.02	2.03	1.96	1.78	1.28	1.10	0.76	0.51	16.04
TN	0.34	0.61	2.18	1.70	2.43	2.23	1.65	1.81	1.12	1.10	0.64	0.35	16.16

续表

指标	1月	2月	3月	4月	5月	6月	7月	8月	9月	10月	11月	12月	合计
TP	0.30	0.54	1.94	1.50	2.15	1.97	1.43	1.59	0.98	0.97	0.57	0.31	14.25
COD_{Cr}	0.75	1.16	3.29	2.75	3.67	3.52	3.01	2.98	2.03	1.86	1.23	0.79	27.03
COD_{Mn}	0.62	0.93	2.68	2.16	2.96	2.76	2.15	2.29	1.53	1.48	0.97	0.63	21.16

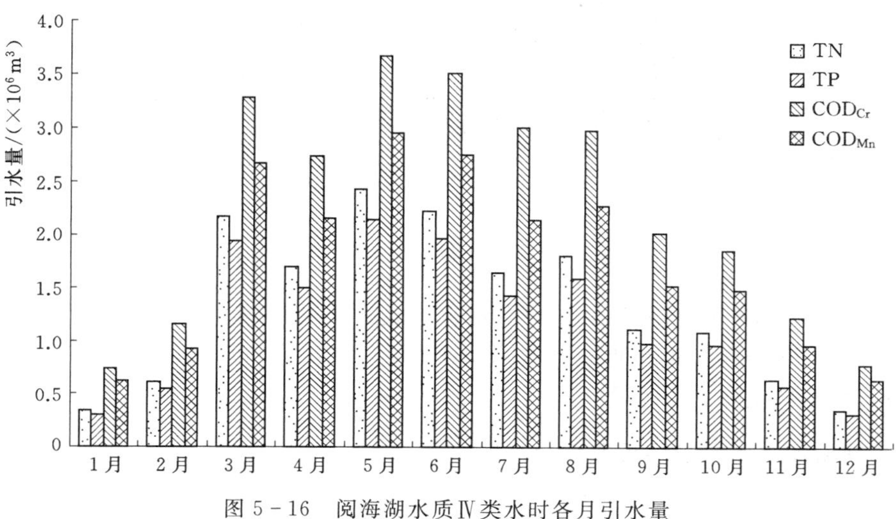

图 5-16 阅海湖水质Ⅳ类水时各月引水量

5.8.2.3 阅海湖水质达到Ⅲ类水的引水量

阅海湖水质达到地表水水质标准中规定的Ⅲ类水时，各月最优引水量计算结果见表5-20和图5-17。分析表5-20和图5-17可知，满足污染物指标TN、TP、COD_{Cr}和COD_{Mn}的各月引水量中，达到污染物指标COD_{Cr}要求的各月引水量均比污染物指标TN、TP和COD_{Mn}要求的各月引水量大，故阅海湖水质达到地表水水质标准中规定的Ⅲ类水时所需的引水量由污染物指标COD_{Cr}决定，全年引水量为$37.95\times10^6m^3$，各月引水量中最大的是5月，最小的是12月，5月引水量为$5.02\times10^6m^3$，12月引水量为$0.98\times10^6m^3$。

表5-20　阅海湖水质Ⅲ类水时各月引水量计算结果　单位：10^6m^3

指标	1月	2月	3月	4月	5月	6月	7月	8月	9月	10月	11月	12月	合计
降雨量	0.01	0.05	0.09	0.17	0.13	0.24	0.49	0.27	0.23	0.10	0.07	0.03	1.88
蒸发量	0.48	0.48	1.23	1.09	1.38	1.39	1.34	1.22	0.88	0.75	0.52	0.35	11.11
TN	0.45	0.41	1.85	1.42	2.08	1.91	1.42	1.53	0.90	0.86	0.44	0.17	13.44
TP	0.45	0.41	1.85	1.42	2.08	1.91	1.42	1.53	0.90	0.86	0.44	0.17	13.44
COD_{Cr}	1.51	1.50	4.46	3.81	5.02	4.93	4.49	4.22	2.89	2.51	1.63	0.98	37.95
COD_{Mn}	1.11	1.07	3.24	2.64	3.61	3.39	2.75	2.83	1.88	1.76	1.13	0.70	26.11

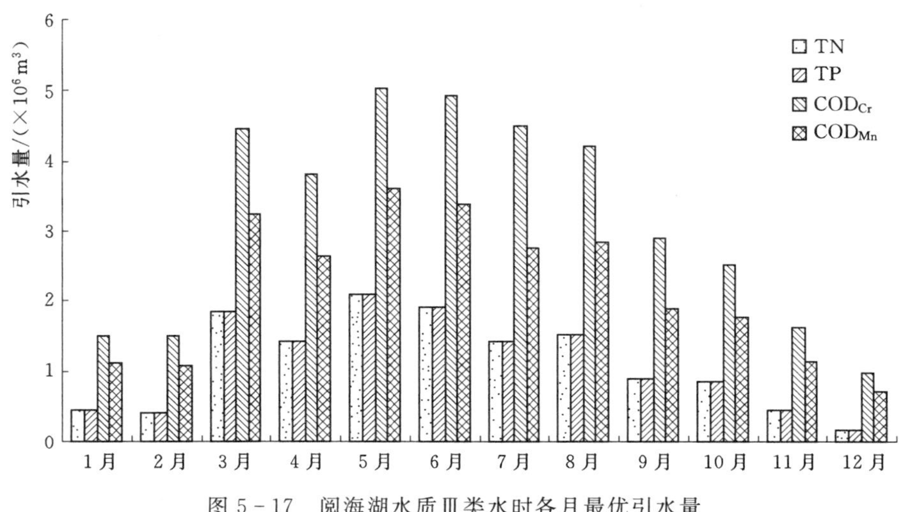

图5-17 阅海湖水质Ⅲ类水时各月最优引水量

比较阅海湖水质保持现状水质不再恶化、达到国家《地表水环境质量标准》(GB 3838—2002)中规定的Ⅳ类和Ⅲ类水时所需要的各月引水量以及各月蒸发量和降雨量发现，各月蒸发量决定该月引水量大小。

5.8.2.4 阅海湖水体生态环境改善最小需水量

阅海湖水体生态环境改善最小需水量对应的湖泊水面蒸发面积是沙湖水面面积的40%，阅海湖水深则是0.8m，水质达到地表水水质标准中规定的Ⅳ类水时，各月TN、TP、COD_{Mn}和COD_{Cr}四种污染物指标中最大引水量计算结果见表5-21和图5-18。分析表5-21和图5-18可知，满足污染物指标TN、TP、COD_{Cr}和COD_{Mn}的各月引水量中，达到污染物指标COD_{Cr}要求的各月引水量均比污染物指标TN、TP和COD_{Mn}要求的各月引水量大。阅海湖水体生态环境改善最小需水量$11.37\times10^6m^3$，其中各月需水量中5月需水量最大，1月需水量最小，5月需水量为$1.51\times10^6m^3$，1月需水量为$0.34\times10^6m^3$。

表5-21 阅海湖水体生态环境改善最小需水量计算结果 单位：10^6m^3

指标	1月	2月	3月	4月	5月	6月	7月	8月	9月	10月	11月	12月	合计
降雨量	0.00	0.03	0.05	0.10	0.07	0.14	0.29	0.16	0.13	0.06	0.04	0.02	1.10
蒸发量	0.19	0.28	0.72	0.64	0.81	0.81	0.78	0.71	0.51	0.44	0.31	0.20	6.41
TN	0.22	0.33	0.96	0.77	1.06	0.98	0.75	0.81	0.54	0.53	0.34	0.23	7.51
TP	0.20	0.29	0.85	0.68	0.94	0.86	0.65	0.71	0.47	0.46	0.30	0.20	6.62
COD_{Cr}	0.34	0.51	1.36	1.15	1.51	1.45	1.25	1.24	0.86	0.79	0.54	0.36	11.37
COD_{Mn}	0.29	0.41	1.11	0.90	1.22	1.14	0.90	0.95	0.65	0.63	0.43	0.29	8.92

5.8.2.5 阅海湖水体生态环境改善适宜需水量

阅海湖水体生态环境改善适宜需水量对应的湖泊水面蒸发面积是沙湖水面面积的

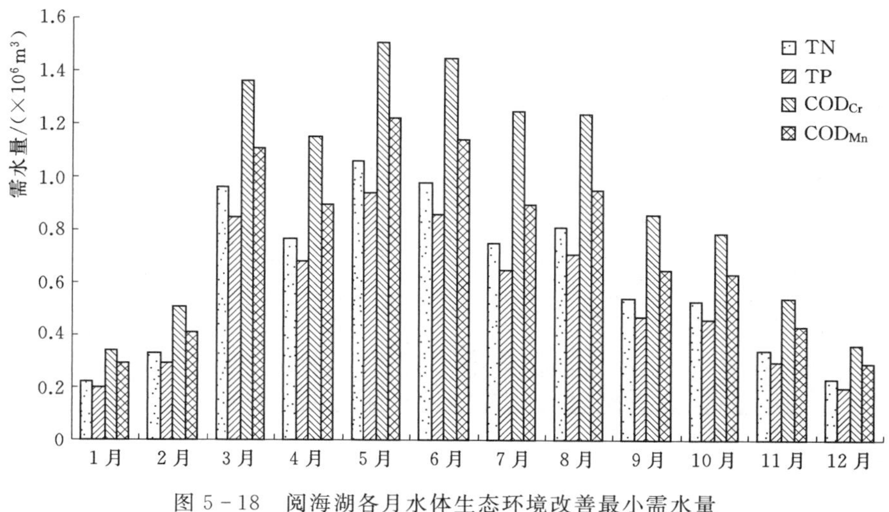

图 5-18 阋海湖各月水体生态环境改善最小需水量

50%，而阋海湖水深则是 1.0m，水质达到地表水水质标准中规定的Ⅲ类水时，各月 TN、TP、COD_{Mn}和 COD_{Cr}四种污染物指标中最大引水量计算结果见表 5-22 和图 5-19。分析表 5-22 和图 5-19 可知，满足污染物指标 TN、TP、COD_{Cr}和 COD_{Mn}的各月引水量中，达到污染物指标 COD_{Cr}要求的各月引水量均比污染物指标 TN、TP 和 COD_{Mn}要求的各月引水量大。阋海湖水体生态环境改善适宜需水量 $20.13\times10^6m^3$，其中各月需水量中 5 月需水量最大（$2.61\times10^6m^3$），12 月需水量最小（$0.59\times10^6m^3$）。

表 5-22　　阋海湖水体生态环境改善适宜需水量计算结果　　单位：10^6m^3

指标	1月	2月	3月	4月	5月	6月	7月	8月	9月	10月	11月	12月	合计
降雨量	0.01	0.02	0.04	0.09	0.06	0.12	0.25	0.13	0.12	0.05	0.04	0.01	0.94
蒸发量	0.24	0.24	0.62	0.55	0.69	0.69	0.67	0.61	0.44	0.37	0.26	0.17	5.55
TN	0.35	0.33	1.05	0.83	1.16	1.08	0.83	0.88	0.57	0.55	0.34	0.21	8.17
TP	0.35	0.33	1.05	0.83	1.16	1.08	0.83	0.88	0.57	0.55	0.34	0.21	8.17
COD_{Cr}	0.85	0.85	2.33	2.00	2.61	2.56	2.34	2.21	1.54	1.35	0.91	0.59	20.13
COD_{Mn}	0.63	0.61	1.69	1.39	1.87	1.77	1.45	1.49	1.01	0.95	0.64	0.42	13.92

5.8.2.6 阋海湖水体生态环境改善最大需水量

阋海湖水体生态环境改善最大需水量对应的湖泊水面蒸发面积是阋海湖水面面积的 90%，而阋海湖水深则是 1.8m，水质达到地表水水质标准中规定的Ⅲ类水时，各月 TN、TP、COD_{Mn}和 COD_{Cr}四种污染物指标中最大引水量计算结果见表 5-23 和图 5-20。分析表 5-23 和图 5-20 可知，满足污染物指标 TN、TP、COD_{Cr}和 COD_{Mn}的各月引水量中，达到污染物指标 COD_{Cr}要求的各月引水量均比污染物指标 TN、TP 和 COD_{Mn}要求的各月引水量大。阋海湖水体生态环境改善适宜需水量 $34.57\times10^6m^3$，其中各月需水量中 5 月

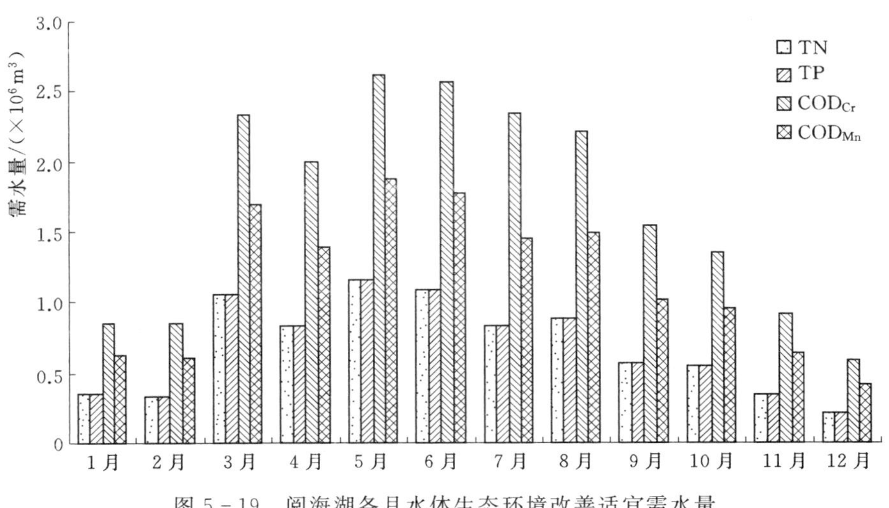

图5-19 阅海湖各月水体生态环境改善适宜需水量

需水量最大，12月需水量最小，5月需水量为$4.55\times10^6\,m^3$，12月需水量为$0.92\times10^6\,m^3$。

表5-23 阅海湖水体生态环境改善最大需水量计算结果 单位：$10^6\,m^3$

指标	1月	2月	3月	4月	5月	6月	7月	8月	9月	10月	11月	12月	合计
降雨量	0.01	0.04	0.08	0.16	0.11	0.22	0.44	0.24	0.21	0.09	0.07	0.03	1.69
蒸发量	0.43	0.44	1.11	0.98	1.24	1.25	1.21	1.10	0.79	0.67	0.47	0.31	10.00
TN	0.45	0.42	1.71	1.33	1.92	1.76	1.32	1.42	0.86	0.82	0.44	0.20	12.63
TP	0.45	0.42	1.71	1.33	1.92	1.76	1.32	1.42	0.86	0.82	0.44	0.20	12.63
COD_{Cr}	1.39	1.39	4.05	3.46	4.55	4.47	4.07	3.83	2.63	2.30	1.50	0.92	34.57
COD_{Mn}	1.03	0.99	2.94	2.40	3.27	3.08	2.50	2.58	1.72	1.61	1.04	0.66	23.82

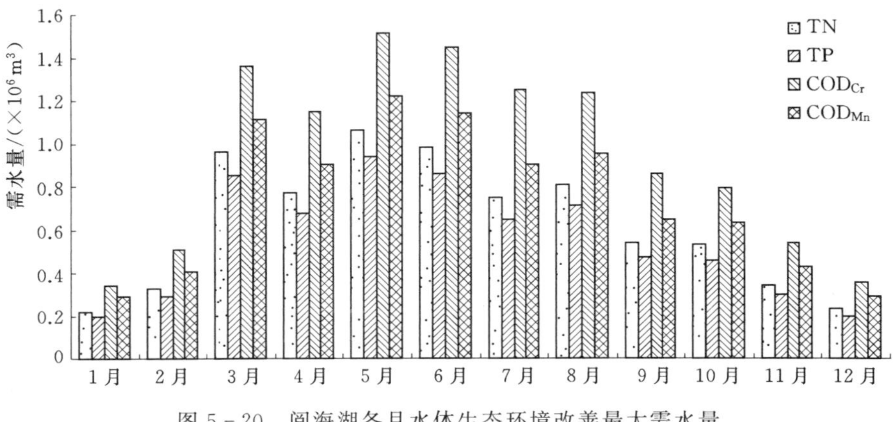

图5-20 阅海湖各月水体生态环境改善最大需水量

阅海湖水体生态环境改善需水量见表5-24和图5-21。阅海湖水体生态环境改善需水量中4—9月需水量占全年的大部分，主要是因为阅海湖全年蒸发主要集中在每年的4—9月。通过对比阅海湖各月水体生态环境改善最小、适宜和最大需水量以及阅海湖水

体生态环境改善最小、适宜和最大需水量所对应的各月蒸发量和降雨量发现，各月蒸发量大小决定该月需水量。

表 5-24 阅海湖水体生态环境改善需水量计算结果 单位：$10^6 m^3$

需水量级别	1月	2月	3月	4月	5月	6月	7月	8月	9月	10月	11月	12月	合计
最小需水量	0.34	0.51	1.36	1.15	1.51	1.45	1.25	1.24	0.86	0.79	0.54	0.36	11.37
适宜需水量	0.85	0.85	2.33	2.00	2.61	2.56	2.34	2.21	1.54	1.35	0.91	0.59	20.13
最大需水量	1.39	1.39	4.05	3.46	4.55	4.47	4.07	3.83	2.63	2.30	1.50	0.92	34.57

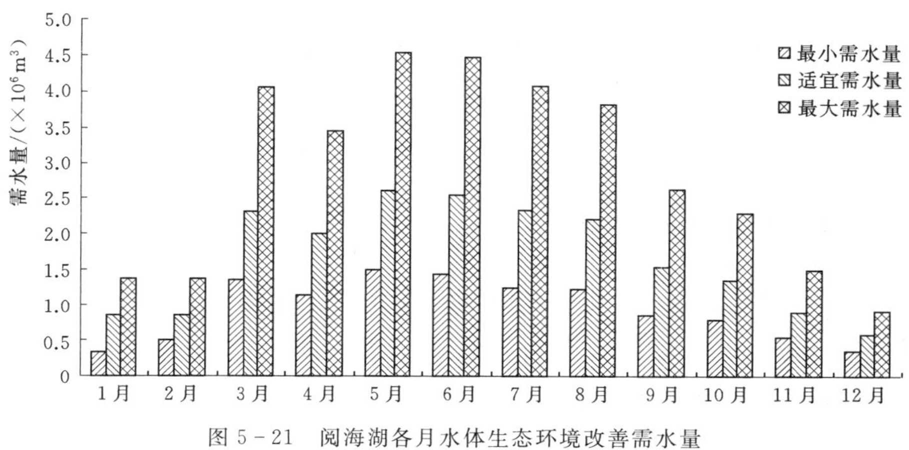

图 5-21 阅海湖各月水体生态环境改善需水量

5.8.3 阅海湖岸边带植被及景观娱乐需水量估算

5.8.3.1 阅海湖岸边带植被需水量估算

选取芦苇为阅海湖岸边带植被代表物种，据 2017 年监测资料，阅海湖芦苇分布面积为 140hm^2，依据式（5-9）计算阅海湖岸边带植被需水量。取湖泊最小、适宜和最大芦苇覆盖度为 40%、60%和 90%，对阅海湖岸边带植被 4—10 月的最小、适宜和最大需水量进行计算，结果见表 5-25 和图 5-22。阅海湖岸边带植被最小需水量为 52.98×$10^4 m^3$，各月需水量最大的是 7 月（11.36×$10^4 m^3$），需水量最小的是 10 月（3.16×$10^4 m^3$）。阅海湖岸边带植被适宜需水量为 79.47×$10^4 m^3$，各月需水量最大的是 7 月（17.03×$10^4 m^3$），需水量最小的是 10 月（4.75×$10^4 m^3$）。阅海湖岸边带植被最大需水量为 119.21×$10^4 m^3$，各月需水量最大的是 7 月（25.55×$10^4 m^3$），需水量最小的是 10 月（7.12×$10^4 m^3$）。

表 5-25 阅海湖岸边带植被需水量计算结果 单位：$10^4 m^3$

需水量级别	植被覆盖度	4月	5月	6月	7月	8月	9月	10月	合计
最小需水量	40%	4.98	7.70	10.02	11.36	9.68	6.08	3.16	52.98
适宜需水量	60%	7.47	11.55	15.03	17.03	14.52	9.12	4.75	79.47
最大需水量	90%	11.20	17.32	22.54	25.55	21.79	13.69	7.12	119.21

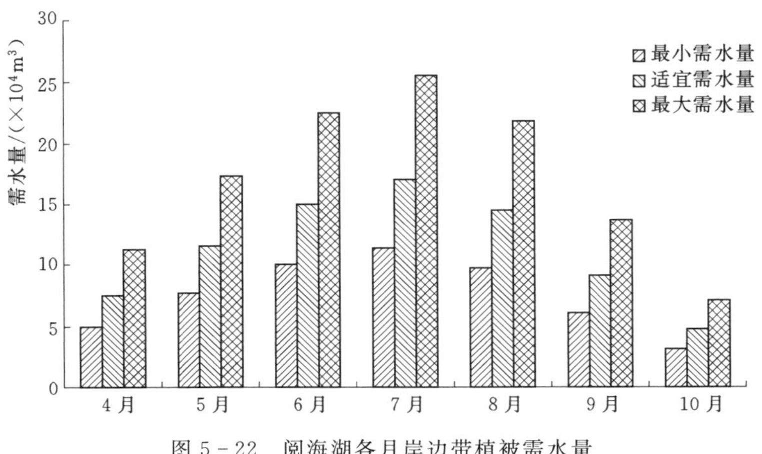

图 5－22　阅海湖各月岸边带植被需水量

5.8.3.2　阅海湖景观娱乐需水量估算

相对于前面几项需水量，景观娱乐需水量很小，同时生物及其栖息地需水量和景观娱乐需水量二者又有兼容的成分，故主要考虑在满足前面几项需水量基础上，又可以满足景观娱乐需水。

5.8.4　阅海湖生态环境需水量

将阅海湖水体基本需水量、阅海湖水体生态环境改善需水量和阅海湖岸边带植被及景观娱乐需水量三者求和得到阅海湖生态环境需水量。阅海湖生态环境需水量计算结果见表 5－26 和图 5－23。阅海湖生态环境最小需水量为 $15.73\times10^6\,m^3$，阅海湖生态环境适宜需水量为 $26.92\times10^6\,m^3$，生态环境最大需水量为 $55.20\times10^6\,m^3$，阅海湖生态环境需水量中阅海湖水体基本需水量和阅海湖水体生态环境改善需水量占总需水量的绝大部分。

表 5－26　　阅海湖生态环境需水量计算结果　　单位：$10^6\,m^3$

需水量级别	阅海湖水体基本需水量	阅海湖水体生态环境改善需水量	阅海湖岸边带植被及景观娱乐需水量	合计
最小需水量	3.84	11.37	0.52	15.73
适宜需水量	6.00	20.13	0.79	26.92
最大需水量	19.44	34.57	1.19	55.20

计算阅海湖生态环境需水量时采用功能法。阅海湖生态环境需水量主要由阅海湖水体基本需水量、阅海湖水体生态环境改善需水量和阅海湖岸边带植被及景观娱乐需水量三部分组成。分别计算阅海湖水体基本需水量、阅海湖水体生态环境改善需水量和阅海湖岸边带植被及景观娱乐需水量：根据水面面积百分比和水深要素划定需水量级别，计算阅海湖水体基本需水量；运用建立的阅海湖水质-水量耦合模型计算阅海湖水体生态环境改善需水量；计算阅海湖岸边带植被及景观娱乐需水量时，先运用桑斯维特模型计算阅海湖岸边带植被潜在蒸散发量，再计算阅海湖岸边带植被需水量。综合以上各方法的计算结果，得

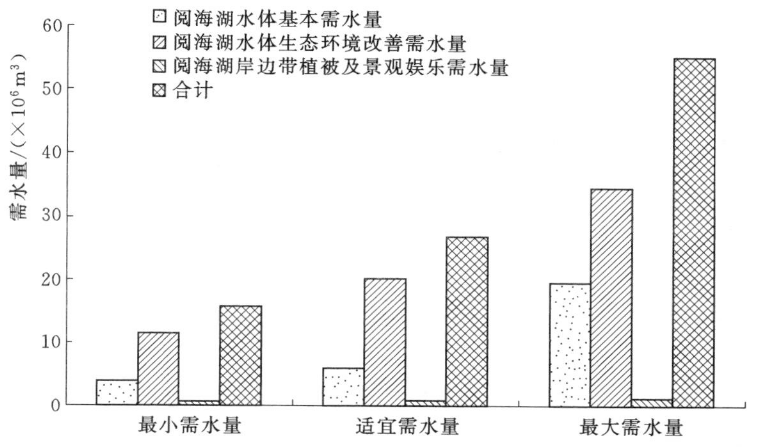

图 5-23 阅海湖不同等级、不同组分的生态环境需水量

出了阅海湖生态环境需水量，阅海湖生态环境最小需水量为 $15.73\times10^6m^3$，阅海湖生态环境适宜需水量为 $26.92\times10^6m^3$，生态环境最大需水量为 $55.20\times10^6m^3$。在沙湖生态环境需水量中沙湖水体基本需水量和沙湖水体生态环境改善需水量占绝大部分。

5.9 星海湖生态环境需水量分析

5.9.1 星海湖水体基本需水量估算

星海湖平均水深 $h=1.8$m，多年水面面积 $23.42km^2$，则蓄水量 $V=42.16\times10^6m^3$。根据水面面积百分比和水深要素划定需水量级别来确定星海湖生物栖息地的需水量。取星海湖水体基本最小、适宜和最大需水量的淹水面面积百分比为40%、50%和90%，其所对应的水深分别为0.72m、0.9m和1.62m。根据式（5-12）分别计算星海湖水体基本最小、适宜和最大需水量。计算结果见表5-27和图5-24。

表 5-27 星海湖水体基本需水量计算结果

需水量级别	年需水量/($\times10^6m^3$)
最小需水量	6.74
适宜需水量	10.54
最大需水量	34.15

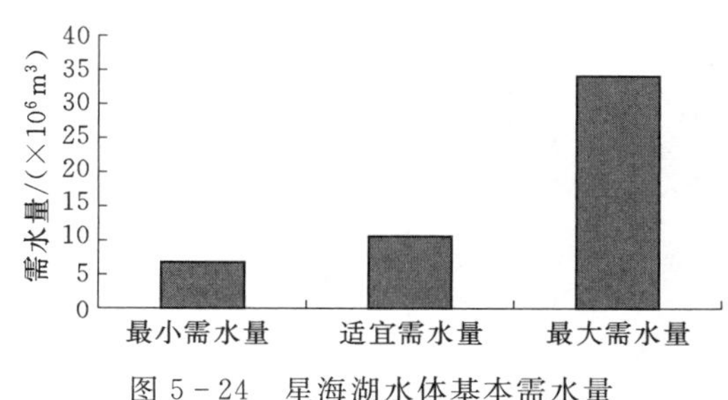

图 5-24 星海湖水体基本需水量

5.9.2 星海湖水体生态环境改善需水量估算

分别以TN、TP、COD_{Mn}和COD_{Cr}四种污染物为例，计算星海湖水质保持现状水质不再恶化、达到国家《地表水环境质量标准》（GB 3838—2002）中规定的Ⅳ类和Ⅲ类水

时所需要的引水量。分别取湖泊水面蒸发最小、适宜需水量所对应的淹水面面积比例为 40%和 50%，湖泊水面蒸发最大需水量所对应的淹水面面积比例为 90%，计算星海湖水体生态环境改善最小、适宜和最大需水量。

5.9.2.1　星海湖水质保持现状引水量

据 2017 年星海湖监测数据可知，星海湖主要超标水质指标为 TN、TP、COD_{Cr}和 COD_{Mn}。因此以 TN、TP、COD_{Cr}和 COD_{Mn}为例，计算星海湖各月水质保持现状不再恶化所需的引水量，计算结果见表 5－28 和图 5－25。分析表 5－28 和图 5－25 可知，1 月和 12 月满足污染物指标 TN、TP、COD_{Cr}和 COD_{Mn}的各月引水量中，达到污染物指标 COD_{Mn}要求的各月引水量均比达到污染物指标 TN、TP 和 COD_{Cr}要求的各月引水量大，2—11 月满足污染物指标 TN、TP、COD_{Cr}和 COD_{Mn}的各月引水量中，达到污染物指标 COD_{Cr}要求的各月引水量均比达到污染物指标 TN、TP 和 COD_{Mn}要求的各月引水量大，故星海湖水质保持现状不再恶化所需的引水量由污染物指标 COD_{Cr}和 COD_{Mn}决定，全年所需的引水量为 $132.86\times10^6\,m^3$，其中各月引水量中最大的是 4 月，最小的是 1 月，4 月引水量为 $28.93\times10^6\,m^3$，1 月引水量为 $1.98\times10^6\,m^3$。

表 5－28　　星海湖水质保持现状各月引水量计算结果　　单位：$10^6\,m^3$

指标	1月	2月	3月	4月	5月	6月	7月	8月	9月	10月	11月	12月	合计
降雨量	0.03	0.03	0.10	0.15	0.45	0.69	1.03	0.81	0.53	0.16	0.04	0.02	4.04
蒸发量	0.76	1.38	3.08	4.98	6.28	5.94	5.64	4.81	3.31	2.50	1.49	0.96	41.13
TN	0.79	2.18	5.32	8.71	8.69	6.51	5.43	4.80	3.49	3.03	1.73	1.08	51.76
TP	0.43	1.22	3.12	5.26	6.23	5.35	4.60	3.96	2.64	2.16	1.19	0.65	36.81
COD_{Cr}	0.00	0.00	22.31	28.93	20.75	14.42	12.37	10.21	6.68	5.43	3.86	0.00	124.96
COD_{Mn}	1.98	3.62	7.10	10.93	11.76	9.00	7.56	6.87	5.44	4.90	3.11	2.31	74.58

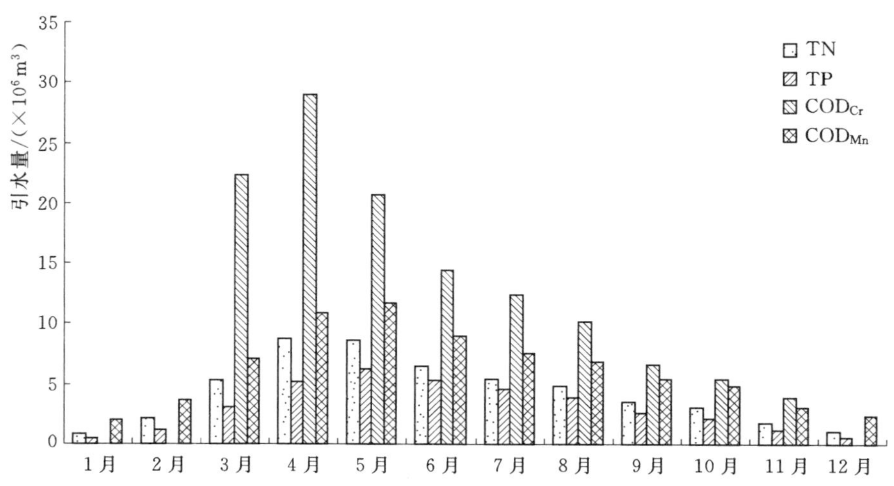

图 5－25　星海湖水质保持现状各月引水量

5.9.2.2 星海湖水质达到Ⅳ类水的引水量

星海湖水质达到地表水水质标准中规定的Ⅳ类水时，各月最优引水量计算结果见表5-29和图5-26。分析表5-29和图5-26可知，满足污染物指标TN、TP、COD_{Cr}和COD_{Mn}的各月引水量中，达到污染物指标COD_{Cr}要求的各月引水量均比达到污染物指标TN、TP和COD_{Mn}要求的各月引水量大，故星海湖水质达到地表水水质标准中规定的Ⅳ类水时所需的引水量由污染物指标COD_{Cr}决定，全年引水量为$74.20\times10^6m^3$，各月引水量中最大的是5月，最小的是1月，5月引水量为$11.76\times10^6m^3$，1月引水量为$1.15\times10^6m^3$。

表5-29　星海湖水质Ⅳ类水时各月引水量计算结果　单位：10^6m^3

指标	1月	2月	3月	4月	5月	6月	7月	8月	9月	10月	11月	12月	合计
降雨量	0.03	0.03	0.10	0.15	0.45	0.69	1.03	0.81	0.53	0.16	0.04	0.02	4.04
蒸发量	0.76	1.38	3.08	4.98	6.28	5.94	5.64	4.81	3.31	2.50	1.49	0.96	41.14
TN	0.47	1.40	3.86	6.65	8.19	7.37	6.48	5.54	3.64	2.91	1.56	0.79	48.88
TP	0.41	1.25	3.43	5.90	7.26	6.52	5.72	4.89	3.22	2.58	1.39	0.70	43.27
COD_{Cr}	1.15	2.40	5.73	9.48	11.76	10.84	9.91	8.48	5.75	4.51	2.62	1.57	74.20
COD_{Mn}	0.94	1.99	4.73	7.82	9.58	8.69	7.74	6.66	4.53	3.68	2.16	1.30	59.81

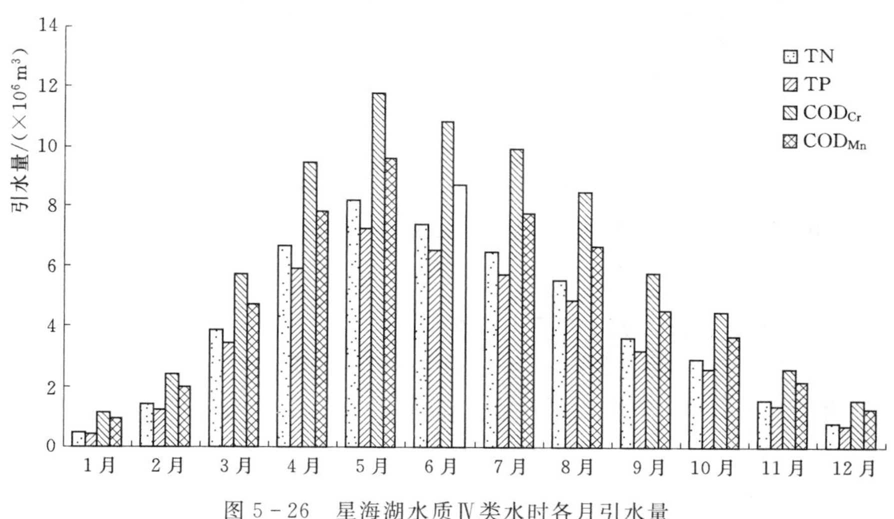

图5-26　星海湖水质Ⅳ类水时各月引水量

5.9.2.3 星海湖水质达到Ⅲ类水的引水量

星海湖水质达到地表水水质标准中规定的Ⅲ类水时，各月最优引水量计算结果见表5-30和图5-27。分析表5-30和图5-27可知，满足污染物指标TN、TP、COD_{Cr}和COD_{Mn}的各月引水量中，达到污染物指标COD_{Cr}要求的各月引水量均比污染物指标TN、TP和COD_{Mn}要求的各月引水量大，故星海湖水质达到地表水水质标准中规定的Ⅲ类水时所需的引水量由污染物指标COD_{Cr}决定，全年引水量为$152.44\times10^6m^3$，各月引水量中最大的是5月，最小的是1月，5月引水量为$23.98\times10^6m^3$，1月引水量为$2.34\times10^6m^3$。

表5-30　星海湖水质Ⅲ类水时各月引水量计算结果　单位：$10^6 m^3$

指标	1月	2月	3月	4月	5月	6月	7月	8月	9月	10月	11月	12月	合计
降雨量	0.03	0.03	0.10	0.15	0.45	0.69	1.03	0.81	0.53	0.16	0.04	0.02	4.04
蒸发量	0.76	1.38	3.08	4.98	6.28	5.94	5.64	4.81	3.31	2.50	1.49	0.96	41.14
TN	0.63	1.88	5.16	8.88	10.99	9.92	8.78	7.49	4.93	3.90	2.09	1.05	65.71
TP	0.63	1.88	5.16	8.88	10.99	9.92	8.78	7.49	4.93	3.90	2.09	1.05	65.71
COD_{Cr}	2.34	4.83	11.56	19.10	23.98	22.38	20.85	17.77	12.04	9.17	5.27	3.15	152.44
COD_{Mn}	1.71	3.59	8.55	14.14	17.42	15.92	14.35	12.32	8.37	6.68	3.91	2.34	109.28

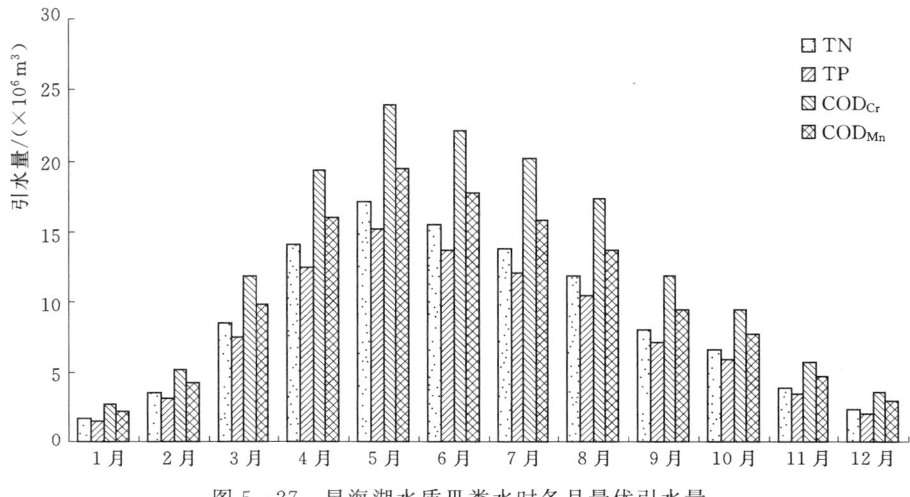

图5-27　星海湖水质Ⅲ类水时各月最优引水量

比较星海湖水质保持现状水质不再恶化、达到国家《地表水环境质量标准》（GB 3838—2002）中规定的Ⅳ类和Ⅲ类水时所需要的各月引水量以及各月蒸发量和降雨量发现，各月蒸发量决定该月引水量大小。

5.9.2.4　星海湖水体生态环境改善最小需水量

星海湖水体生态环境改善最小需水量对应的湖泊水面蒸发面积是沙湖水面面积的40%，星海湖水深则是0.72m，水质达到地表水水质标准中规定的Ⅳ类水时，各月TN、TP、COD_{Mn}和COD_{Cr}四种污染物指标中最大引水量的和的计算结果见表5-31和图5-28。分析表5-31和图5-28可知，满足污染物指标TN、TP、COD_{Cr}和COD_{Mn}的各月引水量中，达到污染物指标COD_{Cr}要求的各月引水量均比污染物指标TN、TP和COD_{Mn}要求的各月引水量大。星海湖水体生态环境改善最小需水量$30.65\times10^6 m^3$，其中各月需水量中5月需水量最大，1月需水量最小，5月需水量为$4.79\times10^6 m^3$，1月需水量为$0.54\times10^6 m^3$。

表5-31　星海湖水体生态环境改善最小需水量计算结果　单位：$10^6 m^3$

指标	1月	2月	3月	4月	5月	6月	7月	8月	9月	10月	11月	12月	合计
降雨量	0.01	0.01	0.04	0.06	0.18	0.28	0.41	0.32	0.21	0.06	0.01	0.01	1.62
蒸发量	0.30	0.55	1.23	1.99	2.51	2.37	2.26	1.93	1.32	1.00	0.60	0.38	16.46

续表

指标	1月	2月	3月	4月	5月	6月	7月	8月	9月	10月	11月	12月	合计
TN	0.34	0.71	1.70	2.81	3.43	3.10	2.75	2.37	1.61	1.32	0.78	0.47	21.37
TP	0.30	0.63	1.51	2.50	3.04	2.74	2.42	2.09	1.42	1.17	0.69	0.41	18.93
COD_{Cr}	0.54	1.04	2.37	3.87	4.79	4.42	4.04	3.47	2.38	1.88	1.13	0.71	30.65
COD_{Mn}	0.45	0.86	1.96	3.20	3.90	3.54	3.16	2.73	1.88	1.54	0.93	0.59	24.74

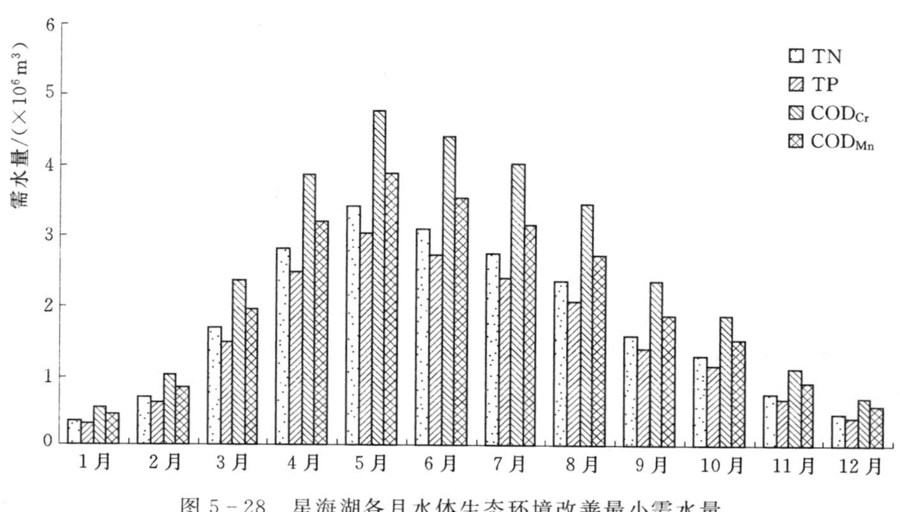

图 5-28 星海湖各月水体生态环境改善最小需水量

5.9.2.5 星海湖水体生态环境改善适宜需水量

星海湖水体生态环境改善适宜需水量对应的湖泊水面蒸发面积是沙湖水面面积的50%，而星海湖水深则是0.9m，水质达到地表水水质标准中规定的Ⅲ类水时，各月TN、TP、COD_{Mn}和COD_{Cr}四种污染物指标中最大引水量的和的计算结果见表5-32和图5-29。分析表5-32和图5-29可知，满足污染物指标TN、TP、COD_{Cr}和COD_{Mn}的各月引水量中，达到污染物指标COD_{Cr}要求的各月引水量均比污染物指标TN、TP和COD_{Mn}要求的各月引水量大。星海湖水体生态环境改善适宜需水量78.24×10^6 m^3，其中各月需水量中5月需水量最大，1月需水量最小，5月需水量为12.16×10^6 m^3，1月需水量为1.34×10^6 m^3。

表 5-32　　星海湖水体生态环境改善适宜需水量计算结果　　单位：10^6 m^3

指标	1月	2月	3月	4月	5月	6月	7月	8月	9月	10月	11月	12月	合计
降雨量	0.02	0.02	0.05	0.07	0.23	0.35	0.52	0.40	0.27	0.08	0.02	0.01	2.02
蒸发量	0.38	0.69	1.54	2.49	3.14	2.97	2.82	2.41	1.66	1.25	0.75	0.48	20.57
TN	0.52	1.15	2.79	4.65	5.70	5.17	4.60	3.96	2.68	2.16	1.26	0.74	35.38
TP	0.52	1.15	2.79	4.65	5.70	5.17	4.60	3.96	2.68	2.16	1.26	0.74	35.38
COD_{Cr}	1.34	2.58	5.95	9.72	12.16	11.36	10.59	9.05	6.19	4.75	2.80	1.74	78.24
COD_{Mn}	0.98	1.92	4.40	7.20	8.84	8.09	7.30	6.28	4.31	3.47	2.08	1.30	56.16

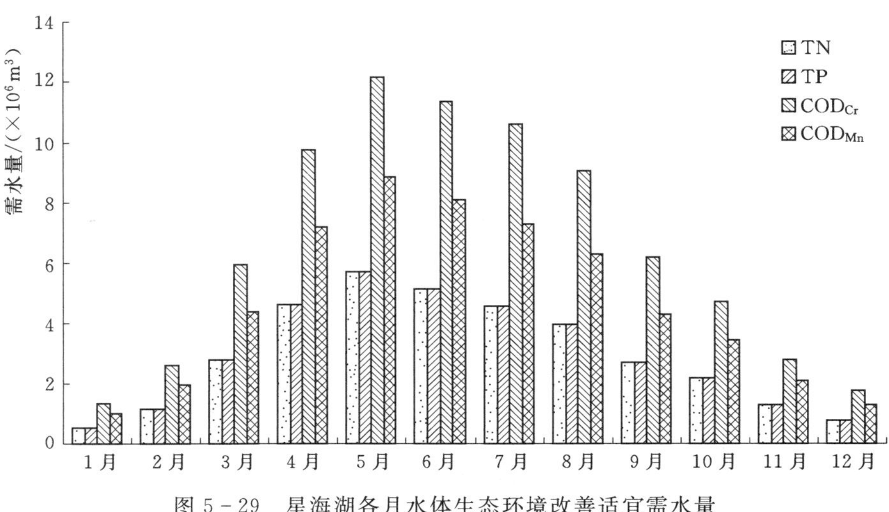

图5-29 星海湖各月水体生态环境改善适宜需水量

5.9.2.6 星海湖水体生态环境改善最大需水量

星海湖水体生态环境改善适宜需水量对应的湖泊水面蒸发面积是星海湖水面面积的90%，而星海湖水深则是1.62m，水质达到地表水水质标准中规定的Ⅲ类水时，各月TN、TP、COD_{Mn}和COD_{Cr}四种污染物指标中最大引水量的和的计算结果见表5-33和图5-30。分析表5-33和图5-30可知，满足污染物指标TN、TP、COD_{Cr}和COD_{Mn}的各月引水量中，达到污染物指标COD_{Cr}要求的各月引水量均比污染物指标TN、TP和COD_{Mn}要求的各月引水量大。星海湖水体生态环境改善最大需水量137.93×10^6 m^3，其中各月需水量中5月需水量最大，1月需水量最小，5月需水量为21.64×10^6 m^3，1月需水量为2.16×10^6 m^3。

表5-33 星海湖水体生态环境改善最大需水量计算结果 单位：10^6 m^3

指标	1月	2月	3月	4月	5月	6月	7月	8月	9月	10月	11月	12月	合计
降雨量	0.03	0.03	0.09	0.13	0.41	0.62	0.93	0.73	0.48	0.14	0.03	0.01	3.64
蒸发量	0.69	1.25	2.78	4.48	5.65	5.34	5.08	4.33	2.98	2.25	1.34	0.86	37.03
TN	0.64	1.76	4.72	8.07	9.96	9.01	7.98	6.82	4.51	3.59	1.96	1.02	60.05
TP	0.64	1.76	4.72	8.07	9.96	9.01	7.98	6.82	4.51	3.59	1.96	1.02	60.05
COD_{Cr}	2.16	4.41	10.47	17.25	21.64	20.20	18.83	16.05	10.90	8.31	4.80	2.90	137.93
COD_{Mn}	1.59	3.27	7.74	12.77	15.72	14.37	12.96	11.13	7.57	6.06	3.56	2.15	98.90

星海湖水体生态环境改善需水量见表5-34和图5-31。星海湖水体生态环境改善需水量中4—9月需水量占全年的大部分，主要是因为星海湖全年蒸发主要集中在每年的4—9月。通过对比星海湖各月水体生态环境改善最小、适宜和最大需水量以及星海湖水体生态环境改善最小、适宜和最大需水量所对应的各月蒸发量和降雨量发现，各月蒸发量大小决定该月需水量。

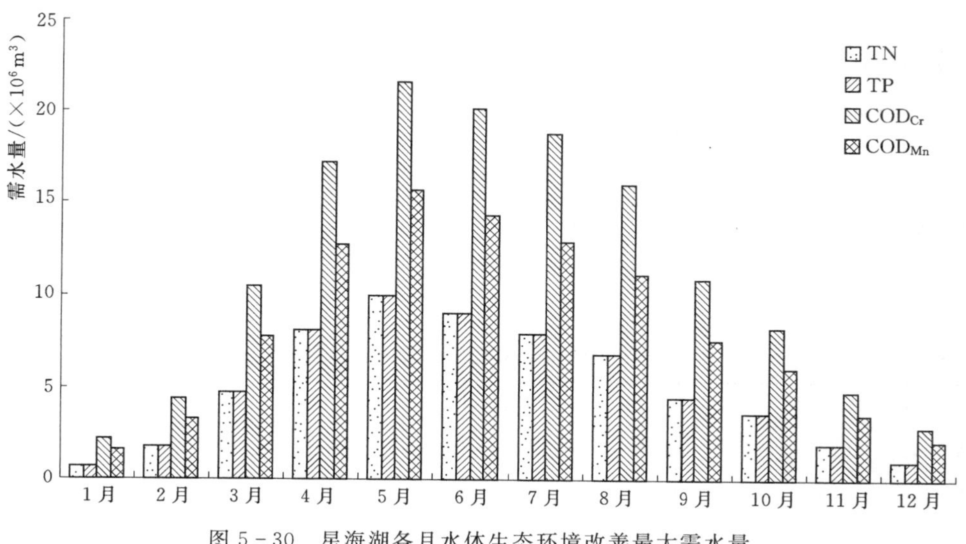

图 5-30 星海湖各月水体生态环境改善最大需水量

表 5-34 星海湖水体生态环境改善需水量计算结果 单位：$10^6 m^3$

需水量级别	1月	2月	3月	4月	5月	6月	7月	8月	9月	10月	11月	12月	合计
最小需水量	0.54	1.04	2.37	3.87	4.79	4.42	4.04	3.47	2.38	1.88	1.13	0.71	30.65
适宜需水量	1.34	2.58	5.95	9.72	12.16	11.36	10.59	9.05	6.19	4.75	2.80	1.74	78.24
最大需水量	2.16	4.41	10.47	17.25	21.64	20.20	18.83	16.05	10.90	8.31	4.80	2.90	137.93

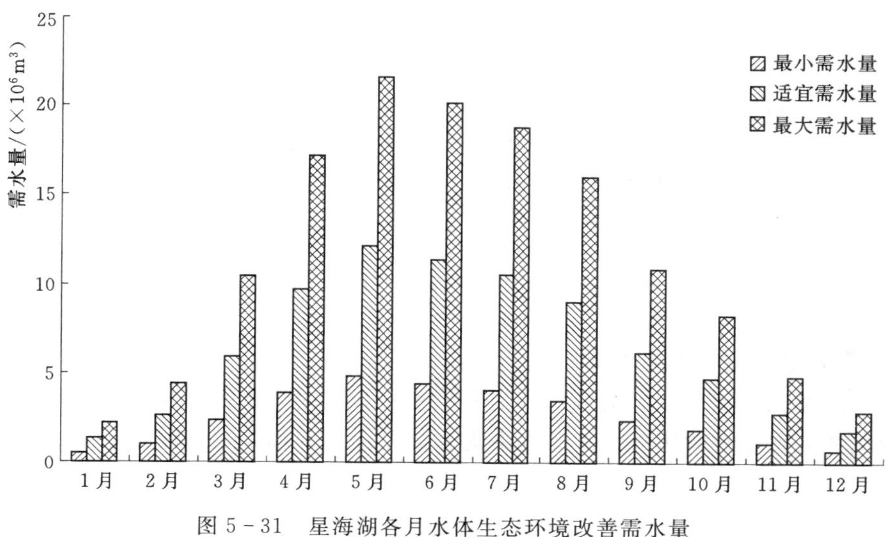

图 5-31 星海湖各月水体生态环境改善需水量

5.9.3 星海湖岸边带植被及景观娱乐需水量估算

5.9.3.1 星海湖岸边带植被需水量估算

选取芦苇为星海湖岸边带植被代表物种，据 2017 年监测资料，星海湖芦苇分布面积为 100hm^2，依据式（5－9）计算星海湖岸边带植被需水量。取湖泊最小、适宜和最大芦苇覆盖度为 40%、60%和 90%，对星海湖岸边带植被 4—10 月的最小、适宜和最大需水量进行计算，结果见表 5－35 和图 5－32。星海湖岸边带植被最小需水量为 36.46×10^{4}m^3，各月需水量最大的是 7 月（8.09×10^{4}m^3），需水量最小的是 10 月（2.04×10^{4}m^3）。星海湖岸边带植被适宜需水量为 54.69×10^{4}m^3，各月需水量最大的是 7 月（12.14×10^{4}m^3），需水量最小的是 10 月（3.05×10^{4}m^3）。星海湖岸边带植被最大需水量为 82.03×10^{4}m^3，各月需水量最大的是 7 月（18.21×10^{4}m^3），需水量最小的是 10 月（4.58×10^{4}m^3）。

表 5－35　　星海湖岸边带植被需水量计算结果　　单位：10^{4}m^3

需水量级别	植被覆盖度	4 月	5 月	6 月	7 月	8 月	9 月	10 月	合计
最小需水量	40%	2.80	5.51	7.18	8.09	6.65	4.19	2.04	36.46
适宜需水量	60%	4.20	8.26	10.77	12.14	9.97	6.28	3.05	54.69
最优需水量	90%	6.30	12.39	16.16	18.21	14.96	9.43	4.58	82.03

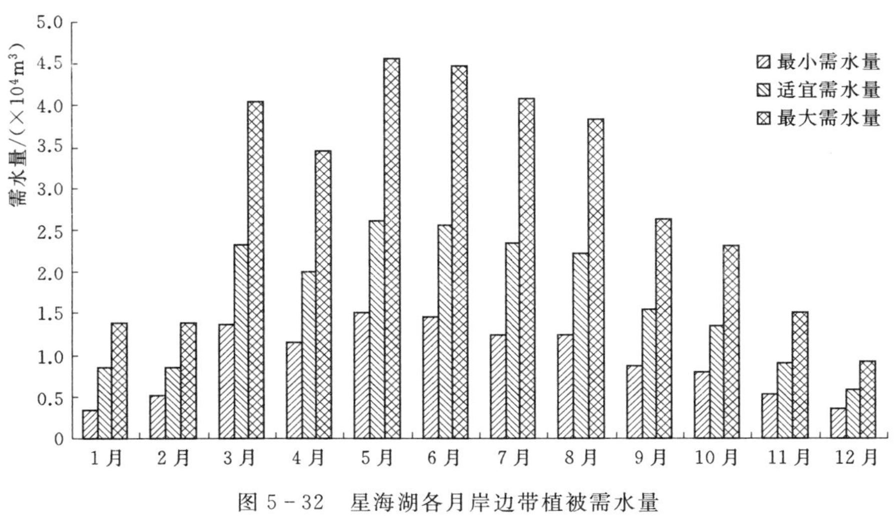

图 5－32　星海湖各月岸边带植被需水量

5.9.3.2　星海湖景观娱乐需水量估算

相对于前面几项需水量，景观娱乐需水量很小，同时生物及其栖息地需水量和景观娱乐需水量二者又有兼容的成分，故主要考虑在满足前面几项需水量基础上，又可以满足景观娱乐需水。

5.9.4　星海湖生态环境需水量

将星海湖水体基本需水量、星海湖水体生态环境改善需水量和星海湖岸边带植被及景观娱乐需水量三者求和得到星海湖生态环境需水量。星海湖生态环境需水量计算结果见表 5－36 和图 5－33。星海湖生态环境最小需水量为 37.76×10^{6}m^3，星海湖生态环境适宜需水量为 89.33×10^{6}m^3，生态环境最大需水量为 172.90×10^{6}m^3，星海湖生态环境需水量

中星海湖水体基本需水量和星海湖水体生态环境改善需水量占总需水量的绝大部分。

表 5-36　　星海湖生态环境需水量计算结果　　单位：$10^6 m^3$

需水量级别	星海湖水体基本需水量	星海湖水体生态环境改善需水量	星海湖岸边带植被及景观娱乐需水量	合计
最小需水量	6.74	30.65	0.36	37.76
适宜需水量	10.54	78.24	0.55	89.33
最大需水量	34.15	137.93	0.82	172.90

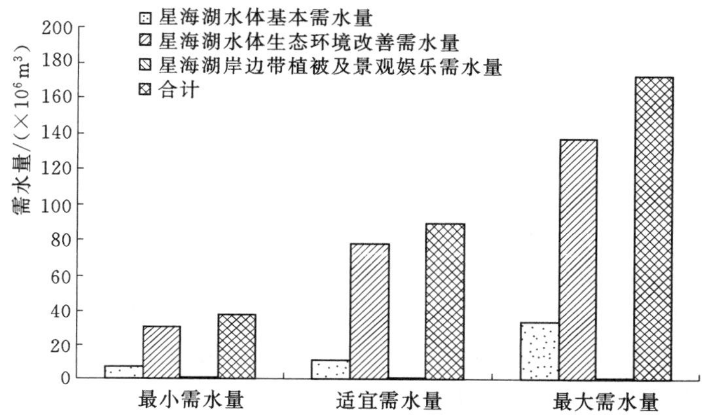

图 5-33　星海湖不同等级、不同组分的生态环境需水量

计算星海湖生态环境需水量时采用功能法。星海湖生态环境需水量主要由星海湖水体基本需水量、星海湖水体生态环境改善需水量和星海湖岸边带植被及景观娱乐需水量三部分组成。分别计算星海湖水体基本需水量、星海湖水体生态环境改善需水量和星海湖岸边带植被及景观娱乐需水量：根据水面面积百分比和水深要素划定需水量级别，计算星海湖水体基本需水量；运用建立的星海湖水质-水量耦合模型计算星海湖水体生态环境改善需水量；计算星海湖岸边带植被及景观娱乐需水量时，先运用桑斯维特模型计算星海湖岸边带植被潜在蒸散发量，再计算星海湖岸边带植被需水量。综合以上各方法的计算结果，得出了星海湖生态环境需水量，星海湖生态环境最小需水量为 $37.76\times10^6 m^3$，星海湖生态环境适宜需水量为 $89.33\times10^6 m^3$，生态环境最大需水量为 $172.90\times10^6 m^3$。在星海湖生态环境需水量中星海湖水体基本需水量和星海湖水体生态环境改善需水量占绝大部分。

5.10　小结

本书以银川平原典型湖泊为研究对象，采用理论研究与实际应用相结合的方法，开展干旱区域湖泊生态环境需水研究。结合区域特点界定了银川平原典型湖泊生态环境需水类型，并选取了适用于宁夏典型湖泊生态环境需水量计算的方法，通过对“生态用水”“环境用水”“生态需水”“生态耗水”“生态环境需水”等概念进行辨析，综合近年来的研究成果，参考各家学者对生态环境需水的不同定义，本书将湖泊生态环境需水定义为：在保证湖泊生态功能和生态环境目标不破坏的前提下，湖泊生态环境不再恶化并逐步得到恢复所需要的水资源量。

在考虑银川平原典型湖泊生态环境、旅游和景观等功能对水量、水质要求的基础上，构建了湖泊水质-水量耦合模型，分别计算了湖泊水质保持现状水质不再恶化、达到国家《地表水环境质量标准》（GB 3838—2002）中规定的Ⅳ类和Ⅲ类水时所需要的最优引水量。根据生态功能要求，将银川平原典型湖泊生态环境需水量分为水体基本需水量、水体生态环境改善需水量和岸边带植被及景观娱乐需水量。根据水面面积百分比和水深要素划定需水量级别，计算湖泊水体基本最小、适宜和最大需水量；计算湖泊水体生态环境改善需水量时，引入湖泊水质-水量耦合模型，计算湖泊水体生态环境改善最小、适宜和最大需水量；计算湖泊岸边带植被需水量时，以芦苇为例，首先用桑斯维特模型计算湖泊岸边带植被潜在蒸散发量，进而依据芦苇的覆盖度计算出了湖泊岸边带植被最小、适宜和最大需水量。湖泊生态环境需水量是湖泊水体基本需水量、湖泊水体生态环境改善需水量和湖泊岸边带植被及景观娱乐需水量三项需水量之和。

湖泊生态需水量是一个参数众多、复杂、随时间和空间变化而变化的量，采用功能法计算湖泊的生态需水量，没有考虑湖泊的空间性；又由于资料和时间所限，在计算岸边带植被需水量时，采用桑斯维特模型计算湖泊岸边带植被潜在蒸散量，该计算方法结果对于春季、夏季来讲比较准确，故计算的岸边带植被需水量有误差，用彭曼-蒙特斯法计算湖泊岸边带植被潜在蒸散量使结果更可靠；在计算植被面积时，只计算了一年的资料，采用多年遥感图像估算结果会更理想。

采用水质-水量耦合模型计算湖泊水体生态环境改善需水量，构建的水质-水量耦合模型是没有考虑污染物在水体中迁移、扩散的零维模型，会使结果不太理想。在构建的水质-水量耦合模型时，考虑水动力特性，采用二维水质模型对水质进行模拟，再计算水体生态环境改善需水量，会使结果更可靠。根据湖泊生态功能要求，将生态环境需水量分为水体基本需水量、水体生态环境改善需水量和岸边带植被及景观娱乐需水量，在对景观娱乐需水量进行计算时，认为相对于前面几项需水量，此项需水量很小，在满足前面几项需水量基础上，又可以满足景观娱乐需水；但对于以景观旅游为主要功能的湖泊，此项需水量随季节变化较大，如旅游旺季需水量就大一些，旅游淡季则低一些，忽略此项需水量欠妥，需深入研究。同时，未考虑地下水补充、农田渗漏等对湖泊的补水，也会使结果有误差，在今后计算湖泊生态环境需水量时应进一步考虑地下水补充、农田渗漏等的影响。

第6章 水生态承载力

水资源短缺和水环境恶化已经成为当前我国经济社会可持续发展的主要制约因素，水生态环境作为社会、经济系统存在和发展的基本因素，它的承载力状况对地区发展起着重要作用。研究水生态承载力，对优化水资源的配置、保护水生态环境、协调生活生产与水资源和水生态环境的关系，实现区域可持续发展，具有重要的意义。湖泊作为一种独特的自然系统，是人类最重要的环境资源之一。

水生态承载力是水资源和水环境承载力的有机结合和深化，是近年来针对水生态服务功能提出的新兴概念，属于典型的交叉学科课题。水生态承载力作为可持续发展的一个重要判断指标，越来越多地成为当下环境与生态研究的热点问题。水生态承载力的研究将有助于政府决策部门更好地做好水资源的调控和管理，协调好人口、经济、生态环境之间日益突出的矛盾。

随着科学技术的不断进步和生产力水平的逐渐提高，人类社会利用自然资源以创造更快经济发展和更好生活方式的水平不断提高。在这一进程中，自然资源与自然环境所承受的压力越来越大，湖泊面临着严峻的水环境问题，湖泊水面面积萎缩、富营养化程度加重、内陆淡水湖向咸水湖转化、有机物污染加重等。因此，研究和评价湖泊水环境乃至整个生态系统的承载能力，对维持湖泊生态功能及促进湖区社会经济可持续发展战略的制定和实施具有现实的指导意义和应用前景。基于这一研究背景，本书以银川平原湖泊为研究案例，从水环境、水生态等方面界定银川平原湖泊水生态承载力的内涵，并分析湖泊水生态承载力所具有的特性；根据银川平原湖泊水生态承载力的内涵、特性确定评价指标体系，结合银川平原湖泊自然资源和生态环境的实际情况，构建水生态承载力评价指标体系；运用主成分分析法和层次分析法对银川平原湖泊的压力系统和承载力系统进行分级评价并计算权重，得到湖泊水生态承载力；根据水生态承载力评价结果，提出保护银川平原湖泊环境的相关建议和提高承载力的有效途径，以期为银川平原湖泊的水环境保护与治理提供依据。

6.1 承载力概念的演变与发展

承载力一词为物理学中的力学概念，指研究对象在不产生破坏时需要承受的最大负荷。随着研究需要，承载力已经在人口、资源、环境、生态、经济等方面得到延伸。1921年，Park和Burgess首次将承载力用于研究人口问题，他们认为在某一特定的区域内由于空间、气候、补给等因素的限制，区域人口数量达到最大值，其人口承载力可以通过食物资源来确定。

6.1.1 水资源承载力

随着人口的增长，有限的资源愈发短缺。水资源承载力就是承载力与资源科学领域的具体结合。20世纪80年代初，联合国教科文组织、联合国粮农组织提出了“资源承载力”的概念：“一个国家或地区的资源承载力是指在可以预见到的期间内，利用本地能源及其自然资源和智力、技术等条件，在保证符合其社会文化准则的物质生活水平条件下，该国家或地区能持续供养的人口数量。”之后，Joardo、Rijsberman、Harris等学者相继从城市供水角度、城市水资源安全保障、农业生产等水资源承载力进行相关研究。

在我国，针对水资源承载力概念及应用的相关研究起步相对较晚，新疆水资源课题组最早针对水资源承载力进行研究，之后国内学者根据研究区域与研究程度的不同，结合各自的理解给出比较具体的定义。总体上看，国外的水资源承载力的定义是天然水资源量的开发利用极限即用水能力，而我国学者认为水资源承载力应从人口或者社会经济发展规模角度出发，为区域的经济发展规模战略提供理论及技术支撑。

6.1.2 水环境承载力

水环境承载力的概念是水环境和承载力领域的结合，其理论初期为水环境容量，在1968年由日本学者提出。

国外的研究更多关注与生态环境相关的水环境承载力，如水体纳污能力或水环境容量，表现为其使河流、湖泊等维持健康生态系统健康的能力，研究相对片面。国内学者拓展了水环境承载力的研究范围，从土地资源、湖泊、流域等方面延伸至城市、区域等方面，并丰富了水环境承载力的意义，认为水环境承载力研究涉及水环境、宏观经济、社会、人口等众多因素，各因素之间相互促进、相互制约，构成一个复杂的动态系统。国内学者将水环境承载力定量化，以具体值的形式展现出来，充分将定量与定性研究相结合，与国外的水环境承载力研究进行对比，国内的涉及面更广，研究程度也较深。

6.1.3 水生态承载力

水生态承载力是水资源和水环境承载力的有机结合和深化，是近年来针对水生态服务功能提出的新兴概念，属于典型的交叉学科课题。关于水生态承载力的内涵，国内学者也展开了很多探讨。李靖最早在叶尔羌河流域水生态承载力评估中提出水生态承载力的概念，指出水生态承载力必须是在“一定历史阶段，某一流域的水生态系统”和“一定的环境背景”下，并且是“可持续的”；“一定的环境”包括社会环境和自然环境，“可持续”包括水生态系统对社会经济系统的持续承载、社会经济可持续发展和水生态承载力持续增强。彭文启从水生态及水生态承载力特点考虑，指出“量-质-序”的综合递进限制决定了流域水生态承载力的复合特征，“分区、分期”属性是水生态承载力的固有属性，并且环境流量与环境容量控制是流域水生态承载力调控的两个关键变量。王西琴从水生态承载力概念出发，指出水生态承载力是复合承载力，且水生态具有弹性力，水生态系统与周围环境形成一个动态平衡，其承载力也发生着相应变化，并明确指出水生态承载力是以经济规模和人口数量为表征指标。水生态承载力受多种因素的制约，所以其研究理论和方法争议

较大，尚未形成成熟完善的理论体系。国内研究人员根据研究领域不同可分成流域水生态承载力和区域水生态承载力，其中流域范围涉及河流、湖泊、水库、海洋，区域范围涉及城市、景区。

6.2 水生态承载力的内涵及特点

6.2.1 水生态承载力的内涵

由于水生态系统的复杂多样性，尽管国内外学者水生态承载力研究诸多，但至今仍未形成成熟完整的理论体系，无论其内涵还是其评价分析方法一直存在争议。水生态承载力单从字面理解分为两部分内容，即水生态和承载力。水生态是指水环境因子对生物的影响和生物对各种水分条件的适应的全部内容，承载力则是被广泛用来描述发展限制的一个概念。

高吉喜认为生态承载力是指生态系统的自我维持、自我调节能力，资源与环境子系统的供容能力及其可维持的社会经济活动强度和具有一定生活水平的人口数量。本书所研究的银川平原湖泊水生态承载力的内涵包括三方面内容：一是生态系统的自我维持与自我调节能力，即生态系统支持力；二是生态系统内的资源和环境子系统的供容能力，即资源承载力和环境承载力；三是生态系统内的社会经济子系统的发展能力，即社会经济调节力。

生态系统支持力，是指生态系统的自我维持、自我调节以及抵抗外界各种压力和扰动的能力，其值越大说明人类活动的机会越多，抗自然灾害的能力越强，是区域生态承载力的支持条件。可概括为系统的弹性限度和弹性强度，类似于弹簧的弹性范围和弹性强度，其中生态系统弹性强度和弹性限度的大小受系统自身状态影响。环境承载力，是指特定生活水平和环境质量下，在未超出生态系统弹性阈值条件下的环境子系统的纳污能力以及可支撑的最大经济规模与人口数。人类活动消耗资源的同时会产生一部分废物，这些废物的量需要控制在环境的自净能力范围内，因此，环境承载力是生态承载力的约束条件，一般通过环境容量、环境标准和人类活动方式来界定。

目前我国对水生态承载力定义的研究依然处于探索阶段，学者们给出的定义仅代表自己研究范畴内的概念，相互之间并未达成共识。当前水生态承载力多以省、市、县为研究对象，主要以社会经济系统作为主要承载目标，缺少对水生生态环境和水生生物的考虑。本书将水生态承载力定义为：在不受人为干扰的情况下，湖泊水生态系统具有一定的调节能力的前提下，能够支撑生态系统的自我调节能力及污染物的容纳能力，并以此为依据进行分析研究。

6.2.2 水生态承载力的特点

由于水生态系统包罗万象，涉及资源、环境等自然属性要素，因此，水生态承载力具有以下几种特点。

1. 客观性和相对有限性

生态承载力的客观性是生态系统根本特征之一，主要表现为在某一状态下生态系统的功能是客观存在的，是不以人的意识而转移的，同时其生态承载力也是有限的，但是随着科学的发展其有限性也可以提高，所以生态系统的承载力具有客观存在性和相对有限性。

2. 动态可变性和开放性

生态系统是开放的复杂动态系统，各生态系统间或及其内部各要素间都是互相联系的，一般所说的生态平衡只是生态系统的某种相对稳定的状态，而非恒定不变的状态。

3. 整体性

整体性是生态系统本质的、重要的特性之一，表现为生态系统是一个整体的功能单元，具有复合有机性，整体性还体现在其存在方式、目标和功能上。因此，生态系统的承载力体现在资源、环境与人类社会经济整合与超越的过程中，尽管每一要素都有自己的阈值，在个别要素超越其阈值时生态系统可能局部不和谐，然而最终各要素之间通过互相转化与补充达到生态系统整体上的稳态。

4. 多尺度性

在空间尺度上，自然和社会经济的差异性共同决定了生态承载力的空间差异性，其空间差异性要求在研究时要因地制宜、立足实际；在时间尺度上，其时间特性表现为人类社会经济活动、资源、环境等要素均随时间变化而变化。生态系统是包含多个层次的系统，系统结构和生态类型不同，其生态承载力也不同。

6.3　水生态承载力的量化模型

近年来，水生态承载力量化的研究日益受到重视，国内外专家学者提出了很多直观的、易操作的定量分析方法及评价模式。由于承载力研究的角度和侧重点不同，因而出现的承载力的度量方法也带有各自领域的特点。国内外常用的承载力研究方法主要有资源供需平衡法、系统动力学法、人工神经网络、指标体系法。

6.3.1　资源供需平衡法

资源供需平衡法基于资源供给和需求在一定的社会经济发展规模下处于相对平衡状态的原理，具体包括生态足迹法、净第一性生产力估测法等。生态足迹法是由加拿大生态学家 William Ress 和他的学生 Wachemagel 在 1992 年提出，并在 1996 年由 Wachemagel 进一步完善。生态足迹法对判断人类社会是否生存于生态系统的承载力范围之内给出了一种简单但实用的计算方法。李金平、王志石等应用该方法对澳门 2001 年的生态足迹进行了计算和分析，表明澳门生态系统承受着较大的压力。黄新建、戴淑燕等比较了该方法与其他测度方法的异同且以鄱阳湖区为例计算了该区的生态占用情况，分析了该方法的不足之处。宋戈等也通过构建生态足迹模型对齐齐哈尔市的土地承载力进行了评价和分析。净第一性生产力估测法的基本思想是，特定的生态区域内第一性生产者的生产能力在一个中心位置上下波动，而这个生产能力是可以测定的，同时与背景数据进行比较，偏离中心位置的某一数据可视为生态承载力的阈值。王家骥、姚小红等以黑河流域为例，认为利用自然植被的净第一生产力数据可以反映自然体系的生产能力和受内外干扰后的恢复能力，是自然体系生态完整性维护的指示。

6.3.2 系统动力学法

系统动力学方法是一种定性与定量相结合的方法，从系统的内部要素和结构分析入手，通过一阶微分方程组来反映系统各个模块的变量之间的因果反馈关系，进而建立系统动力学模型。崔凤军采用系统动力学研究方法，选择了8个变量指标，对城市水环境承载力的概念、实质、功能及定量表达方法进行了分析，构建了水环境承载力，利用系统动力学模拟手段进行了实证研究。汪彦博、王嵩峰等利用系统动力学方法，建立了石家庄水环境承载力模型，并量化比较了南水北调工程对石家庄市水环境承载力的影响。潘军峰等利用系统动力学对山西桑干河流域永定河上游的水环境承载力进行了评估。

系统动力学方法具有分析速度快、模型构造简单、可以使用非线性方程等优点，能处理高阶次、非线性、多重反馈、复杂多变的系统问题，可操作性强；但用该方法对长期发展情况进行模拟时，由于参变量不好掌握，易导致不合理的结论，因而大多应用于中短期发展情况模拟。

6.3.3 人工神经网络

人工神经网络的主要特点是学习人脑存储信息和处理信息的思路，是一种理论化、系统化的数学模型，是以模仿大脑神经网络结构为基础，通过选取相对应的指标进行信息处理的系统。BP神经网络是人工神经网络的一种，具有理论简洁、结果直观的优点。李娜等选取象山港四个水质指标构建BP神经网络，对象山港不同月份、不同站点的水环境承载力进行计算，对承载力的差异性进行了合理性分析。杨丽花等应用BP神经网络方法计算出2004—2010年松花江流域水环境承载力状况。杨秀英等采用BP网络模型将水资源与社会经济因素巧妙地回避掉，对陕西省5个省辖地级市的7项指标进行了水资源承载力评价。人工神经网络技术可用于水生态承载力的研究，但国内相关研究相对较少。

6.3.4 指标体系法

指标体系法的基本思路是将能够描述研究系统的指标进行整合，将多个评价指标进行分级，并根据指标的重要性和关联程度计算权重，最终采用数学模型计算承载力数值以描述整个系统。

指标体系法计算简便、操作性强，在承载力计算时应用最广，主要包括模糊综合评价法、向量模法、主成分分析法、层次分析法。甘富万等基于二级模糊综合评价法理论，有效地减少了承载力评价的不确定性，得出南宁市两区五县的水资源承载力。邢有凯等采用向量模法从北京市用水情况、排水情况等9方面指标进行2000—2005年水环境承载力的评价。刘庄等依据祁连山自然保护区的生态特点选取森林、草地、农田3个系统，建立生态承载力综合评价模型，依据层次分析法和模糊模式识别计算生态承载力。唐文秀对汾河流域进行水环境承载力研究时，从工业、农业、人口、水资源、水污染建立水环境承载力评价指标体系，利用层次分析法理论基础确定了各个指标及子系统的权重。

6.4　水生态承载力评价指标体系的构建

6.4.1　水生态承载力评价指标体系的构建原则

为了能够准确地反映银川平原湖泊的水生态承载力，建立一套符合自己研究所需要的评价指标体系至关重要。评价指标体系的构建需要遵循以下原则：

（1）科学性原则。科学性要求指标概念必须明确，测算方法必须精确，统计手段必须规范，所选取的指标以及指标数值要能够实事求是地反映研究区域承载系统的基本状况。科学性原则是评价指标体系构建过程中的首要原则。

（2）可行性原则。水生态承载力是涉及多方面的复杂系统，要完全了解它存在难度，可行度不高。因此在建立指标体系的过程中应尽可能精简各方面的次要性指标，做到指标少而精。此外，要选择目标中的关键问题并尽量采用综合指标，这样才能使指标的计算不失科学性，又易于操作。

（3）层次性原则。水生态承载力具有层次鲜明的特点，在构建水生态承载力指标体系的时候应把它分为若干个层次，研究者可以直观地对评价指标进行分类，便于分析。在构建水生态承载力指标体系时准则层划分的量级会对评价结果的准确性产生影响，当划分的层数越多，承载力的综合性越强，但相对应的指标体系会变具体，前期准备变复杂，操作难度变大；当划分的层数较少时，便于操作，但不能完整的描述研究地区的承载力，一般承载力评价指标体系可由3～4层组成。

（4）综合性原则。所选取的指标应该具有比较好的代表性，应全面衡量诸多环境因子，进行综合分析和评价。

（5）动态性原则。要求所选取的指标能反映水生态承载力内在的发展规律，所选择的指标能反映系统的波动特征及未来的发展趋势。

6.4.2　评价指标体系的筛选

本书所研究的水生态承载力是不包含人类社会在内的自然生态系统所具有的客观承载力，即湖泊自我恢复与自我调节的能力，以水环境因子和水生态因子这两个子系统构建湖泊水生态承载力指标体系的框架。水环境因子包括10种水质常规指标，水生态因子从浮游植物、水生植物、浮游动物、底栖动物这四个方面全面涵盖了湖泊水生物指标。湖泊水生态承载力的候选指标体系见表6-1。

表6-1　水生态承载力候选指标体系

评价要素	指标类别	详细指标
水质指标	常规指标	pH、透明度、溶解氧、高锰酸盐指数、化学需氧量、氨氮、总氮、总磷、五日生化需氧量、叶绿素a
水生生物指标	浮游植物	密度、生物量、Margalef多样性指数、Shannon-Wiener多样性指数
	水生植物	密度、生物量、Margalef多样性指数、Shannon-Wiener多样性指数
	浮游动物	密度、生物量、Margalef多样性指数、Shannon-Wiener多样性指数
	底栖动物	密度、生物量、Margalef多样性指数、Shannon-Wiener多样性指数

根据水生态承载力指标体系构建时应尽可能精简各方面次要性指标的原则，在密度与生物量中选择密度作为评价指标，在 Margalef 多样性指数和 Shannon - Wiener 多样性指数中选择 Shannon - Wiener 多样性指数作为评价指标。密度与生物量、Margalef 多样性指数和 Shannon - Wiener 多样性指数是对同一现象不同方法的阐述，将两者都列入评价指标会给权重的判断带来困难。将湖泊调查所得的各项指标进行因子分析（除生物量与 Margalef 多样性指数），利用方差最大正交旋转法对因子载荷进行旋转，将旋转后载荷值大于 0.6 的指标作为水生态承载力的评价指标。

6.4.3 指标权重的确立

权重的确定是多指标综合评价中的一个重要环节，在一定程度上它也反映了各个指标因子在问题中的重要程度，权重的变化也会引起最终评价结果的变化，因此，指标权重的科学合理性在很大程度上也影响到综合评价结果的正确性。水生态承载力指标权重的确定方法有很多，主要分为主观赋权法和客观赋权法。主观赋权法是一种定性的分析方法，通过综合咨询的方式进行评分，然后综合计算标准化后的数据，包括层次分析法、德尔菲法、综合指数法、模糊综合评判法等。客观赋权法主要是依据评价指标之间的关系和变异程度，评判的结果较依赖于数据的丰富程度，主要包括聚类权法、最小二乘法、主成分分析法和基于熵值法确定指标权重等方法。

本书采用主成分分析法（客观赋权法）和层次分析法（主观赋权法）确定银川平原典型湖泊 2015—2017 年四季水生态承载力指标层所对应的权重。

6.5 基于层次分析法的水生态承载力

层次分析法是由美国运筹学家 T. L. Saaty 于 20 世纪 70 年代提出的一种适用于处理多目标、多准则、多层次的决策方法。它符合人们遇到复杂问题时的解决思维（分解—判断—综合），是一种定性与定量相结合的决策分析方法，在 1982 年被介绍到我国以后得到了广泛的应用，在解决各种的类型问题时彰显其实用性。

6.5.1 层次分析法的步骤

6.5.1.1 根据研究的实际问题，建立层次结构模型

应用层次分析法决策问题时，首先要把问题条理化、层次化，将复杂问题分解成若干个元素组成。这些层次可以分成 3 类：目标层、准则层、指标层。目标层中一般只有一个元素，一般是研究问题的目标；准则层中包含完成总目标所涉及的中间环节；指标层是最底层的，包含具体的数据、措施、方案。在构建模型时需要注意，高层次元素对低层次元素起支配作用，同时每一层中的元素所支配的元素一般不要超过 9 个，如果支配的元素过多，那么两两比较判断时误差会变大。

6.5.1.2 构造判断矩阵

判断矩阵是层次分析法的基本信息，反映了因素之间的相对重要程度，对同一层次的

元素关于上一层次中某一准则的重要性进行两两比较（表6-2）。判断矩阵设为$A(a_{ij})n\times n$，其中$a_{ij}>0$，且$a_{ji}=1/a_{ij}$ $(i,j=1,2,\cdots,n)$，用DPS（Data Processing System）软件可以求出判断矩阵的最大特征值λ_{max}与特征向量ω。

表6-2　判断矩阵的标度及其含义

标度	含义
1	表示两个因素相比，具有相同重要性
3	表示两个因素相比，前者比后者稍重要
5	表示两个因素相比，前者比后者明显重要
7	表示两个因素相比，前者比后者强烈重要
9	表示两个因素相比，前者比后者极端重要
2，4，6，8	表示上述相邻判断的中间值
倒数	若因素i与因素j的重要性之比为a_{ij}，那么因素j与i重要性之比为$a_{ji}=1/a_{ij}$

6.5.1.3　层次单排序及一致性检验

判断矩阵A对应于最大特征值λ_{max}及其对应的特征向量ω，经归一化后即为同一层次相应因素对于上一层次某因素相对重要性的排序权重，该过程称为层次单排序。

计算一致性比例CR，其定义为：$CR=CI/RI$

$CR<0.1$时，认为判断矩阵的一致性是可以接受的；相反，当$CR\geqslant 0.1$时，认为判断矩阵的一致性存在缺陷，需要对判断矩阵做出适当调整，重新对权重向量进行一致性的检验，直到达到满足一致性条件为止。

式中：CI为一致性指标，$CI=\dfrac{\lambda_{max}-n}{n-1}$。

RI为平均随机一致性指标，与阶数n存在相关性，经验公式为（也可查表6-3）

$$RI=\frac{-5.739303+4.303993n-1.281630n^2+0.241633n^3}{1.771704n-0.540019n^2+0.137736n^3}$$

表6-3　平均随机一致性指标*RI*

n	3	4	5	6	7	8	9	10
RI	0.58	0.90	1.12	1.24	1.32	1.41	1.45	1.49

6.5.1.4　层次总排序及一致性检验

虽然第三步已经得到了一组元素对其上一层中某元素的权重，并对单排序进行了一致性检验，仍需要对层次总排序进行一致性检验，由于综合考虑时，各层次的非一致性有可能会累积，最终导致分析结果出现较严重的一致性不统一问题。层次总排序也需要进行一致性检验，CI、RI的计算公式为

$$CI=\sum_{i=1}^{n}B_iCI_i\quad RI=\sum_{i=1}^{n}B_iRI_i$$

6.5.2　水生态承载力的计量与评价模型

本书采用指标综合评价法从水生态支持力和水环境压力两个方面来综合评价湖泊的水

生态承载力。

（1）压力系统。压力指数的计算公式为

$$EPI = \sum_{i=1}^{n} S_i \times W_i$$

式中：EPI 为压力指数；n 为指标要素数；S_i 为水环境压力所对应的各指标要素；W_i 为各指标对应权重。

压力系统的综合评价用压力指数来表示：压力指数得分越高，表示水环境所受压力越大。

（2）支持力系统。承载指数的计算公式为

$$ESI = \sum_{i=1}^{n} S_i \times W_i$$

式中：ESI 为压力指数；n 为指标要素数；S_i 为承载力指标所对应各指标的标准化值；W_i 为各指标对应权重。

支持力系统主要反映的是水体中动植物的承载状况：承载指数值越大，承载力越高；承载指数值越低，承载力越小。

（3）水生态承载力指数：

$$ECCI = \sum_{i=1}^{n} A_i \times W_i$$

式中：$ECCI$ 为水生态承载力指数；n 为指标要素数；A_i 为各项指标评价结果；W_i 为准则层对应权重。

计算承载力结果，参考韦居恒在研究武汉市城市湖泊生态承载力时所划分的分级标准、姚海雷讨论太子河流域水生态承载力时和孙佳乐对汉江流域水生态承载力评估时“可承载类型”的分类标准，制订水生态承载力评价标准，见表 6-4。

表 6-4　　水生态承载力分级评价标准

指数值	0～0.2	0.21～0.4	0.41～0.6	0.61～0.8	>0.8
压力评价	弱压	低压	中压	较高压	强压
支持力评价	弱承载	低承载	中等承载	较高承载	高承载
水生态承载力评价	不可承载	弱可承载	基本可承载	可承载	良好可承载

6.6 沙湖水生态承载力

6.6.1 沙湖水生态承载力评价指标体系的建立

将沙湖调查所得的各项指标进行因子分析（除生物量与 Margalef 多样性指数外），利用方差最大正交旋转法对因子载荷进行旋转（表 6-5），将旋转后载荷值大于 0.6 的指标作为水生态承载力的评价指标。

表 6-5　　2015—2017 年沙湖水环境因子旋转后因子载荷值

指　标		2015 年		2016 年		2017 年	
		F1	F2	F1	F2	F1	F2
pH		0.4214	−0.5662	0.1258	0.0149	−0.4263	0.6877
透明度		−0.7207	0.3607	−0.9187	0.0376	−0.7830	0.1065
DO		0.8075	−0.5129	0.3220	0.9289	−0.4697	0.7616
COD_{Mn}		0.9934	−0.1093	0.8038	0.0725	0.8553	0.5108
COD_{Cr}		0.9961	−0.0598	0.2827	0.9578	0.8423	0.4623
NH_3-N		0.4219	0.7891	0.1767	0.9370	−0.6140	0.7099
TN		0.3949	0.9123	−0.0155	0.5922	−0.2966	−0.9547
TP		−0.2081	0.8725	0.2483	0.9623	0.6847	0.6352
BOD_5		0.3713	−0.6305	0.7026	−0.4142	−0.0554	−0.1557
叶绿素 a		0.1022	0.9762	−0.2257	0.9603	0.3344	0.7982
浮游植物	密度	0.9827	0.1849	0.9068	0.4141	0.9519	0.3023
	Shannon - Wiener 指数	−0.7678	−0.6308	−0.3062	−0.9042	−0.7321	−0.6002
浮游动物	密度	0.9904	0.0573	0.9592	0.2821	0.9903	0.1345
	Shannon - Wiener 指数	0.9897	0.0757	0.9538	0.3001	0.9877	0.1499
底栖动物	密度	0.7468	−0.2662	0.9025	−0.0875	0.9979	−0.0357
	Shannon - Wiener 指数	−0.3323	0.9128	−0.5346	0.8449	−0.0915	0.8552
水生植物	密度	0.9884	0.0287	0.9670	0.2516	0.9851	0.1715
	Shannon - Wiener 指数	0.9936	−0.0686	0.9914	0.0667	0.9776	0.0501

从表 6-5 中可以看出，2015 年旋转后载荷值小于 0.6 的指标有 pH、透明度、BOD_5 和浮游植物 Shannon - Wiener 指数；2016 年旋转后载荷值小于 0.6 的指标有 pH、透明度、TN 和浮游植物 Shannon - Wiener 指数；2017 年旋转后载荷值小于 0.6 的指标有透明度、TN 和浮游植物 Shannon - Wiener 指数。综合考虑，将候选指标中的 pH、透明度、TN、BOD_5 和浮游植物 Shannon - Wiener 指数进行筛选，沙湖水生态承载力评价指标体系见图 6-1。

6.6.2　准则层、领域层、指标层权重设计

按照前述指标权重的确定过程，决策目标下分成 2 个准则层，分别为压力系统（B1）和支持力系统（B2），利用 DPS 软件构造 A - B*i*、B2 - C*i*、C1 - D*i*、C2 - D*i*、C3 - D*i* 判断矩阵，通过判断 *CR* 是否小于 0.1 来确定判断矩阵的一致性，若一致性检验合格，则归一化特征向量 W_i 的各个分量值就是各评价指标的权重。

（1）准则层权重确定（表 6-6）。

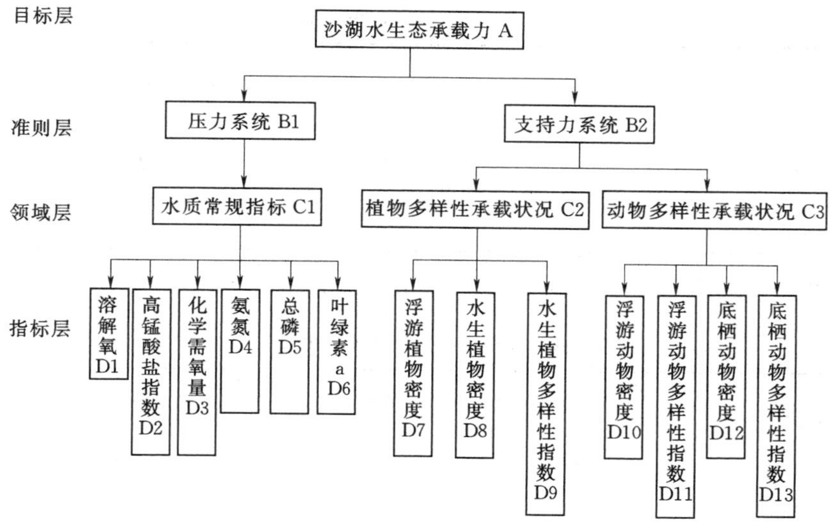

图 6-1　沙湖水生态承载力评价指标体系图

表 6-6　　沙湖 A-Bi 判断矩阵及权重

决策目标	压力系统（B1）	支持力系统（B2）	W_i
压力系统（B1）	1	3	0.75
支持力系统（B2）	1/3	1	0.25

一致性检验：$\lambda_{max}=2.000$，$CI=0.000$，$RI=0.000$，$CR=0.000$，$CR<0.1$。

（2）领域层权重确定。压力系统是指水质情况。支持力系统是指水生态环境，从植物多样性承载状况和动物多样性承载状况两方面进行分类（表 6-7）。

表 6-7　　沙湖 B2-Ci 判断矩阵及权重

支持力系统（B2）	植物多样性承载状况（C2）	动物多样性承载状况（C3）	W_i
植物多样性承载状况（C2）	1	2	0.667
动物多样性承载状况（C3）	1/2	1	0.333

一致性检验：$\lambda_{max}=2.000$，$CI=0.000$，$RI=0.000$，$CR=0.000$，$CR<0.1$。

（3）指标层权重确定（表 6-8～表 6-10）。

表 6-8　　沙湖 C1-Di 判断矩阵及权重

水质常规指标（C1）	溶解氧（D1）	高锰酸盐指数（D2）	化学需氧量（D3）	氨氮（D4）	总磷（D5）	叶绿素 a（D6）	W_i
溶解氧（D1）	1	1/3	1/3	1/3	1/3	1	0.076
高锰酸盐指数（D2）	3	1	1	1	2	1	0.216
化学需氧量（D3）	3	1	1	1	1/2	1	0.161
氨氮（D4）	3	1	1	1	1/3	1	0.155
总磷（D5）	3	1/2	2	3	1	1	0.236
叶绿素 a（D6）	1	1	1	1	1	1	0.156

一致性检验：$\lambda_{max}=6.420$，$CI=0.084$，$RI=1.248$，$CR=0.067$。

表 6-9 沙湖 C2-Di 判断矩阵及权重

植物多样性承载状况（C2）	浮游植物密度（D7）	水生植物密度（D8）	水生植物 Shannon-Wiener 多样性指数（D9）	W_i
浮游植物密度（D7）	1	1/2	1/2	0.200
水生植物密度（D8）	2	1	1	0.400
水生植物 Shannon-Wiener 多样性指数（D9）	2	1	1	0.400

一致性检验：$\lambda_{max}=3.000$，$CI=0.000$，$RI=0.518$，$CR=0.000$。

表 6-10 沙湖 C3-Di 判断矩阵及权重

动物多样性承载状况（C3）	浮游动物密度（D10）	浮游动物 Shannon-Wiener 多样性指数（D11）	底栖动物密度（D12）	底栖动物 Shannon-Wiener 多样性指数（D13）	W_i
浮游动物密度（D10）	1	1	1/3	1/3	0.128
浮游动物 Shannon-Wiener 多样性指数（D11）	1	1	1/2	1/3	0.142
底栖动物密度（D12）	3	2	1	1	0.348
底栖动物 Shannon-Wiener 多样性指数（D13）	3	3	1	1	0.383

一致性检验：$\lambda_{max}=4.021$，$CI=0.006$，$RI=0.886$，$CR=0.007$。

（4）层次总排序及其一致性检验。

$$CI=\sum_{i=1}^{n}B_i(C.I.)_i=0.75\times0.057+0.25\times0.000+0.25\times0.006=0.04425$$

$$RI=\sum_{i=1}^{n}B_i(R.I.)_i=0.75\times1.340+0.25\times0.886+0.25\times0.886=1.448$$

$CR=CI/RI=0.0645/1.287=0.050<0.1$

层次总排序的一致性检验合格，所求得的指标权重就是指标的最终权重（表 6-11）。

6.6.3 基于层次分析法的沙湖水生态承载力

（1）压力子系统评价。压力子系统的综合评价值是用压力指数来表示，沙湖 2015—2017 年四季压力指数、排序和分级结果见表 6-12 和图 6-2。

表 6-11 层次分析法确定的沙湖指标权重

目标层	准则层		领域层		指标层		指标总权重	重要性排序
	编号	权重	编号	权重	编号	权重		
沙湖水生态承载力 A	压力系统 B1	0.750	水质常规指标 C1	0.750	D1	0.076	0.057	8
					D2	0.216	0.162	2
					D3	0.161	0.121	3
					D4	0.155	0.116	5
					D5	0.236	0.177	1
					D6	0.156	0.117	4

续表

目标层	准则层		领域层		指标层		指标总权重	重要性排序
	编号	权重	编号	权重	编号	权重		
沙湖水生态承载力A	支持力系统B2	0.250	植物多样性承载状况C2	0.167	D7	0.200	0.033	9
					D8	0.400	0.067	6
					D9	0.400	0.067	7
			动物多样性承载状况C3	0.083	D10	0.128	0.011	13
					D11	0.142	0.012	12
					D12	0.348	0.029	11
					D13	0.383	0.032	10

表 6-12　　沙湖压力指数综合评价值

年份	季节	压力指数	排序	分级
2015	冬	0.259	3	低压
	春	0.148	4	弱压
	夏	0.508	1	中压
	秋	0.355	2	低压
2016	冬	0.290	2	低压
	春	0.073	4	弱压
	夏	0.563	1	中压
	秋	0.268	3	低压
2017	冬	0.214	3	低压
	春	0.145	4	弱压
	夏	0.499	1	中压
	秋	0.239	2	低压

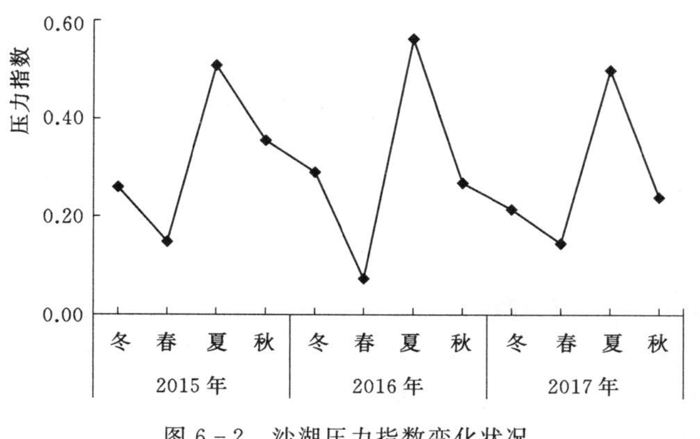

图 6-2　沙湖压力指数变化状况

从表 6-12 和图 6-2 可以看出，2015—2017 年沙湖压力指数的季节性变化趋势相同。由冬季到春季压力指数呈下降趋势，在春季取得最小，属于弱压区；由春季到夏季压力指数大幅增长，在夏季取得最大，属于中压区；由夏季到秋季压力指数呈下降趋势。从冬季到秋季沙湖压力系统的评价依次为低压、弱压、中压、低压。夏季压力指数最大的主要原因是，夏季是沙湖旅游旺季，人类活动导致水体中引进大量有机污染物，同时黄河补水及农田灌溉退水也会对水环境产生较大影响。秋冬两季旅游资源相对较弱，人类活动对湖水的干扰程度较少，其水环境压力相对较小。从年度变化上看，2015—2017年压力指数依次为0.32、0.30、0.27，呈逐年递减趋势。压力指数得分越小，沙湖水环境所受压力越小，表明沙湖水质有所改善。

（2）支持力子系统评价。沙湖承载指数及评价情况见表6-13和图6-3。

表6-13　沙湖承载指数综合评价值

年份	季节	承载指数	排序	分级
2015	冬	0.003	4	弱承载
	春	0.023	3	弱承载
	夏	0.06	1	弱承载
	秋	0.046	2	弱承载
2016	冬	0.003	4	弱承载
	春	0.023	3	弱承载
	夏	0.061	1	弱承载
	秋	0.047	2	弱承载
2017	冬	0.003	4	弱承载
	春	0.023	3	弱承载
	夏	0.063	1	弱承载
	秋	0.047	2	弱承载

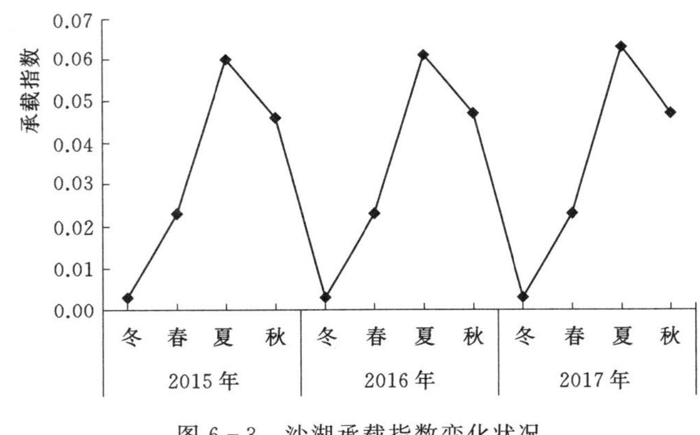

图6-3　沙湖承载指数变化状况

由表6-13可知，2015—2017年沙湖四季承载指数差别不大，承载指数是对沙湖水体中的植物与动物多样性承载状况的综合反映。从图6-3中可以看出，沙湖各年度的承载指数大致呈倒V形且季节性变化显著：夏季之前承载指数呈上升趋势，夏季之后开始下降，承载指数在夏季取得最大值，在冬季取得最小值。从年度变化上看，2015—2017年承载指数差异性不大，均属于弱承载。夏季承载指数最大，表明沙湖夏季生态系统稳定程度较高，当受到外界的干扰时，沙湖生态系统抗干扰能力和自我恢复能力比较强。在支持力系统中，水生植物密度和水生植物多样性指数的权重相对较高，主要原因是夏季温度适宜水生植物的生长，水生植物影响着水中的鱼类、浮游生物、底栖动物的组成和分布，而且可以对水体起到净化的作用。

（3）水生态承载力的指数评价。水生态承载力指数是压力指数和承载力指数共同作用的结果。从表6-14和图6-4可以看出，沙湖水生态承载力在夏季达到最大值，在春季

达到最小值，沙湖 2015—2017 年水生态承载力的季节变化趋势相同：从冬季到春季水生态承载力呈下降趋势，冬季沙湖水生态承载力呈弱可承载，春季沙湖水生态承载力呈不可承载；春季到夏季水生态承载力大幅增长并在夏季取得最大值，2015 年与 2017 年夏季水生态承载力处于基本可承载状态，2016 年夏季沙湖水生态承载指数为三年数据的峰值，达到 0.62，处于可承载状态；夏季到秋季水生态承载力呈下降趋势，秋季沙湖水生态承载力处于弱可承载状态。从年度变化上看，2015—2017 年沙湖水生态承载力指数依次为 0.35、0.33、0.31，呈逐年下降趋势，处于弱可承载状态，表明沙湖水生态系统对污染物的调节能力逐年减弱。

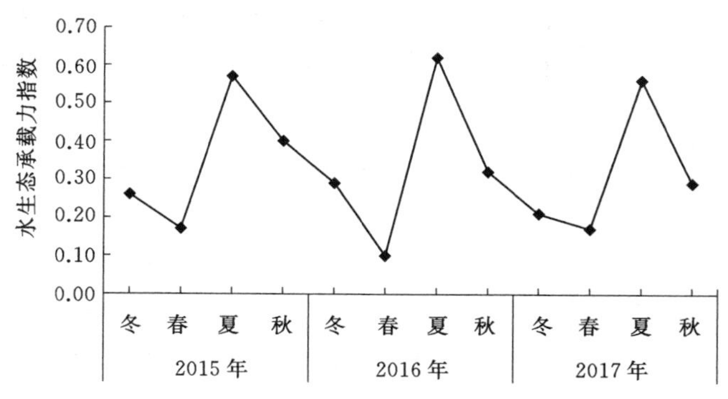

图 6-4 沙湖水生态承载力指数变化状况

表 6-14 沙湖水生态承载力指数综合评价值

年份	季节	水生态承载力指数	排序	分级
2015	冬	0.26	3	弱可承载
	春	0.17	4	不可承载
	夏	0.57	1	基本可承载
	秋	0.40	2	弱可承载
2016	冬	0.29	3	弱可承载
	春	0.10	4	不可承载
	夏	0.62	1	可承载
	秋	0.32	2	弱可承载
2017	冬	0.21	3	弱可承载
	春	0.17	4	不可承载
	夏	0.56	1	基本可承载
	秋	0.29	2	弱可承载

6.7 阅海湖水生态承载力

6.7.1 阅海湖水生态承载力评价指标体系的建立

将阅海湖调查所得的各项指标进行因子分析（除生物量与 Margalef 多样性指数），利用方差最大正交旋转法对因子载荷进行旋转，将旋转后载荷值大于 0.6 的指标作为水生态承载力的评价指标（表 6-15）。

表 6-15　　2015—2017 年阅海湖水环境因子旋转后因子载荷值

指　标		2015 年		2016 年		2017 年		
		F1	F2	F1	F2	F1	F2	F3
pH		−0.3490	−0.7407	−0.9135	0.4011	−0.4089	0.0253	0.9122
透明度		−0.8683	−0.4954	−0.8134	−0.0411	−0.9478	0.1481	−0.2825
DO		0.3517	0.7915	0.7608	−0.5705	0.0004	−0.4894	−0.8721
COD_{Mn}		0.8659	0.0893	0.8429	0.3942	0.7589	0.0633	0.6482
COD_{Cr}		0.7880	0.1170	0.6949	0.6645	0.7050	−0.0694	0.7058
NH_3-N		0.1933	0.9617	0.4134	0.8897	0.1909	0.9794	−0.0654
TN		0.8092	−0.4727	0.4077	0.8594	0.6167	−0.3481	0.7060
TP		0.1757	0.8177	0.6530	−0.6637	0.2512	0.9659	−0.0629
BOD_5		−0.1902	0.8743	0.2832	−0.8694	0.5707	−0.7961	−0.2014
叶绿素 a		0.8369	−0.4371	0.4274	0.8780	−0.0098	0.4891	−0.8722
浮游植物	密度	0.9774	0.0973	0.9109	0.3863	0.9973	0.0671	0.0293
	Shannon-Wiener 指数	−0.8306	−0.2128	−0.8390	−0.0825	−0.9355	0.1058	0.3371
浮游动物	密度	0.9914	0.1068	0.9210	0.3578	0.9899	−0.0433	0.1350
	Shannon-Wiener 指数	−0.5178	0.7706	−0.0880	−0.8027	−0.4137	0.9072	−0.0764
底栖动物	密度	0.8524	0.4599	0.9727	−0.0496	0.9572	0.2232	−0.1842
	Shannon-Wiener 指数	0.9671	−0.0343	0.8347	0.4216	0.9706	−0.2397	0.0228
水生植物	密度	0.9741	0.1641	0.9349	0.2812	0.9991	−0.0215	0.0379
	Shannon-Wiener 指数	0.9723	0.1793	0.9406	0.2690	0.9993	−0.0051	0.0372

从表 6-15 中可以看出，2015 年旋转后载荷值小于 0.6 的指标有 pH、透明度、浮游植物 Shannon-Wiener 指数；2016 年旋转后载荷值小于 0.6 的指标有 pH、透明度、总磷、BOD_5、浮游动、植物的 Shannon-Wiener 指数；2017 年旋转后载荷值小于 0.6 的指标有透明度、DO、BOD_5、叶绿素 a 和浮游植物 Shannon-Wiener 指数。综合考虑，将候选指标中的 pH、透明度、DO、TP、BOD_5、叶绿素 a 和浮游动植物的 Shannon-Wiener 指数进行筛选，阅海湖水生态承载力评价指标体系见图 6-5。

6.7.2　准则层、领域层、指标层权重设计

（1）准则层权重设计。阅海湖水生态承载力评价体系中的准则层与领域层的设定与沙湖相同，目标层下分成 2 个准则，分别为压力系统（B1）和支持力系统（B2），见表 6-6。

（2）领域层权重设计。压力系统是指水质常规指标。支持力系统是指水生态环境，包括植物多样性承载状况和动物多样性承载状况见表 6-7。

（3）指标层权重确定（表 6-16～表 6-18）。

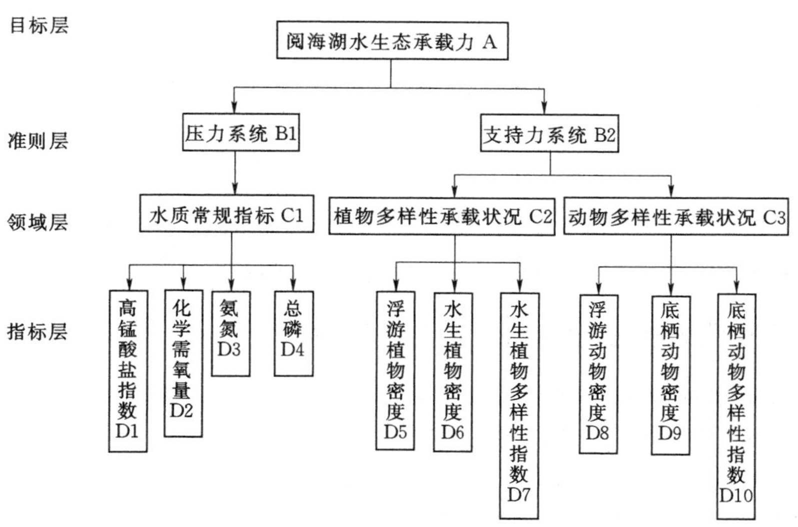

图 6-5 阅海湖水生态承载力评价指标体系图

表 6-16　　阅海湖 C1-D*i* 判断矩阵及权重

水质常规指标（C1）	高锰酸盐指数（D1）	化学需氧量（D2）	氨氮（D3）	总氮（D4）	W_i
高锰酸盐指数（D1）	1	1	1	1/2	0.195
化学需氧量（D2）	1	1	1	1/3	0.177
氨氮（D3）	1	1	1	1/2	0.195
总磷（D4）	2	3	2	1	0.433

一致性检验：$\lambda_{max}=4.021$，$CI=0.006$，$RI=0.886$，$CR=0.007$。

表 6-17　　阅海湖 C2-D*i* 判断矩阵及权重

植物多样性承载状况（C2）	浮游植物密度（D5）	水生植物密度（D6）	水生植物 Shannon-Wiener 多样性指数（D7）	W_i
浮游植物密度（D5）	1	1/2	1/2	0.200
水生植物密度（D6）	2	1	1	0.400
水生植物 Shannon-Wiener 多样性指数（D7）	2	1	1	0.400

一致性检验：$\lambda_{max}=3.000$，$CI=0.000$，$RI=0.518$，$CR=0.000$。

表 6-18　　阅海湖 C3-D*i* 判断矩阵及权重

动物多样性承载状况（C3）	浮游动物密度（D5）	底栖动物密度（D6）	底栖动物 Shannon-Wiener 多样性指数（D10）	W_i
浮游动物密度（D8）	1	1/3	1/3	0.143
底栖动物密度（D9）	3	1	1	0.429
底栖动物 Shannon-Wiener 多样性指数（D10）	3	1	1	0.429

一致性检验：$\lambda_{max}=3.000$，$CI=0.000$，$RI=0.518$，$CR=0.000$。

(4) 层次总排序及其一致性检验。

$$CI=\sum_{i=1}^{n}B_i(C.I.)_i=0.75\times0.006+0.25\times0.000+0.25\times0.000=0.0045$$

$$RI=\sum_{i=1}^{n}B_i(R.I.)_i=0.75\times0.886+0.25\times0.518+0.25\times0.518=0.9235$$

$$CR=CI/RI=0.0045/0.9235=0.005<0.1$$

层次总排序的一致性检验合格，所求得的指标权重就是指标的最终权重（表6-19）。

6.7.3　基于层次分析法的阋海湖水生态承载力

(1) 压力子系统评价。压力子系统的综合评价值是用压力指数来表示，阋海湖2015—2017年四季压力指数、排序和分级结果见表6-20和图6-6。

表6-19　层次分析法确定的阋海湖指标权重

目标层编号	准则层		领域层		指标层		指标总权重	重要性排序
	编号	权重	编号	权重	编号	权重		
阋海湖水生态承载力A	压力系统B1	0.750	水质常规指标C1	0.750	D1	0.195	0.1461	3
					D2	0.177	0.1326	4
					D3	0.195	0.1461	2
					D4	0.433	0.3252	1
	支持力系统B2	0.250	植物多样性承载状况C2	0.167	D5	0.200	0.0333	9
					D6	0.400	0.0667	5
					D7	0.400	0.0667	6
			动物多样性承载状况C3	0.083	D8	0.143	0.0119	10
					D9	0.429	0.0357	7
					D10	0.429	0.0357	8

表6-20　阋海湖压力指数综合评价值

年份	季节	压力指数	排序	分级
2015	冬	0.115	4	弱压
	春	0.387	2	低压
	夏	0.750	1	较高压
	秋	0.254	3	低压
2016	冬	0.123	4	弱压
	春	0.553	2	中压
	夏	0.752	1	较高压
	秋	0.198	3	弱压
2017	冬	0.131	4	弱压
	春	0.436	2	中压
	夏	0.750	1	较高压
	秋	0.264	3	低压

从表 6-20 和图 6-6 可以看出，2015—2017 年阅海湖压力指数的季节性变化规律明显。夏季压力指数达到最大值，属于较高压状态，且 2015 年至 2017 年的压力指数相差不大；冬季压力指数为最小值，属于弱压状态。阅海湖相邻两季之间呈不同的压力状态，压力指数由大到小的季节排序为夏季、春季、秋季、冬季。从年度变化上看，2015—2017 年阅海湖压力指数依次为 0.38、0.41、0.40，处于低中压状态。夏季压力指数为最大值的主要原因是，近年来渔业的过度发展和旅游业的盲目无序建设，加之沿途农业用水、洪水、少量生活和工业用水排入湖泊，导致水质逐步恶化。而秋冬两季人类活动对湖水的干扰程度较少，其水环境压力相对较小。李斌等于 2013 年至 2015 年对阅海湖进行水质监测，得出阅海湖水环境因子受季节的影响较大，阅海湖水体富营养化程度较高，因此降低外源性氮磷营养盐的含量是针对阅海湖的主要防治措施。

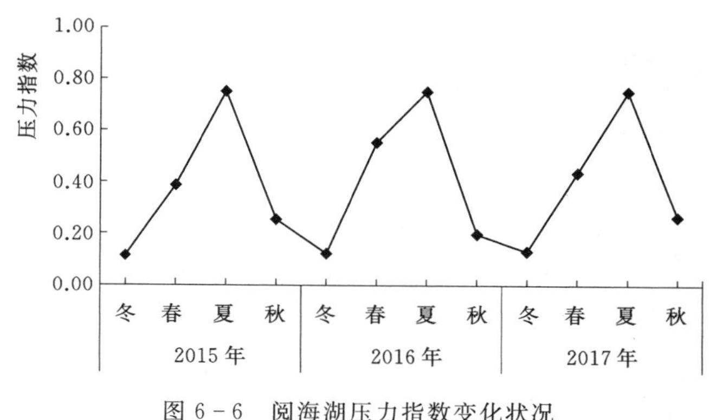

图 6-6 阅海湖压力指数变化状况

(2) 支持力子系统评价。阅海湖承载指数及评价情况见表 6-21 和图 6-7。

表 6-21 阅海湖承载指数综合评价值

年份	季节	承载指数	排序	分级
2015	冬	0.015	4	弱承载
	春	0.091	3	弱承载
	夏	0.250	1	低承载
	秋	0.204	2	低承载
2016	冬	0.023	4	弱承载
	春	0.091	3	弱承载
	夏	0.250	1	低承载
	秋	0.200	2	弱承载
2017	冬	0.033	4	弱承载
	春	0.086	3	弱承载
	夏	0.250	1	低承载
	秋	0.201	2	弱承载

2015—2017 年阅海湖四季承载指数差别不大，承载指数是对阅海湖水体中的植物与动物多样性承载状况的综合反映。从图 6-7 中可以看出，阅海湖各年度的承载指数大致呈倒 V 形且季节性变化显著：夏季之前承载指数呈上升趋势，夏季之后开始下降，承载

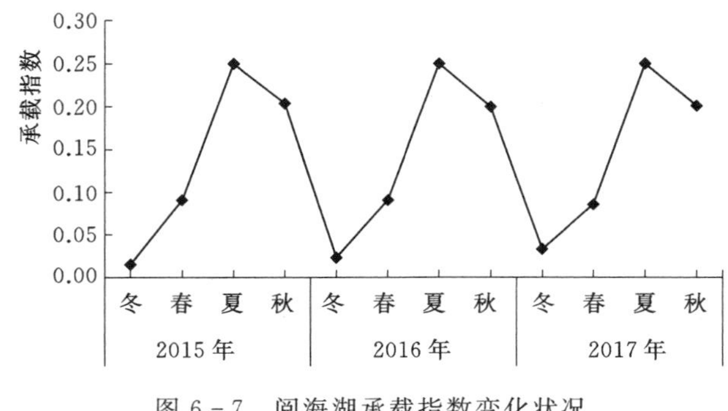

图6-7　阅海湖承载指数变化状况

指数在夏季取得最大值，在冬季取得最小值。夏季为低承载状态，表明阅海湖在夏季生态系统自我调节和抗干扰能力尚好，主要原因是阅海湖是我国西北地区鸟类迁徙的中转站之一，夏季大量鸟类聚集于此，产生的排泄物可以为浮游植物和水生植物提供营养，水体中的植物可以对水体起到净化的作用。春、秋、冬三季为弱承载状态，生态系统自我调节和抗干扰能力还有待于提高。

（3）水生态承载力的指数评价。水生态承载力指数是压力指数和承载力指数共同作用的结果。从表6-22和图6-8可以看出，阅海湖水生态承载力在夏季达到最大值，在冬季达到最小值，阅海湖2015—2017年水生态承载力的季节变化趋势相同：从冬季到夏季水生态承载力指数呈稳定上升趋势，夏季到秋季水生态承载力指数呈下降趋势。2015—2017年夏季阅海湖水生态承载力指数均为0.625，处于可承载状态；春季年均水生态承载力指数为0.366，处于弱可承载状态；秋季年均水生态承载力指数为0.229，处于弱可承载状态；冬季年均水生态承载力指数为0.098，处于不可承载状态。从季节变化上看阅海湖水生态承载力指数由大到小的季节为夏、春、秋、冬；从年度变化上看2015—2017年阅海湖水生态承载力指数依次为0.32、0.34、0.33，变化趋势不明显，处于弱可承载力状态。从源头控制氮、磷等营养盐进入水体，可以减少营养物质的堆积，改善阅海湖水体环境，进而提升水生态承载力能力。

表6-22　　阅海湖水生态承载力指数综合评价值

年份	季节	水生态承载力指数	排序	分级
2015	冬	0.090	4	不可承载
	春	0.313	2	弱可承载
	夏	0.625	1	可承载
	秋	0.241	3	弱可承载
2016	冬	0.098	4	不可承载
	春	0.438	2	基本可承载
	夏	0.625	1	可承载
	秋	0.198	3	不可承载
2017	冬	0.107	4	不可承载
	春	0.348	2	弱可承载
	夏	0.625	1	可承载
	秋	0.248	3	弱可承载

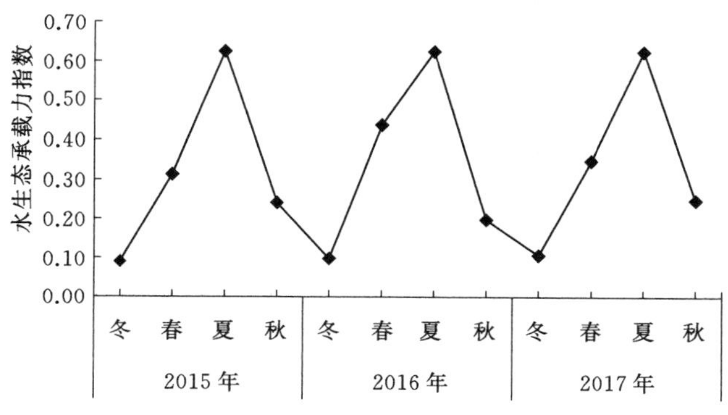

图 6-8 阅海湖水生态承载力指数变化状况

6.8 星海湖水生态承载力

6.8.1 基于层次分析法的星海湖水生态承载力

将星海湖调查所得的各项指标进行因子分析（除生物量与 Margalef 多样性指数），利用方差最大正交旋转法对因子载荷进行旋转，将旋转后载荷值大于 0.6 的指标作为水生态承载力的评价指标（表 6-23）。

表 6-23 2015—2017 年星海湖水环境因子旋转后因子载荷值

指标		2015 年			2016 年		2017 年	
		F1	F2	F3	F1	F2	F1	F2
pH		−0.1904	0.2396	−0.9520	−0.7152	−0.6227	0.3481	0.9087
透明度		−0.4998	−0.8473	−0.1794	−0.0598	−0.9300	−0.7231	0.4079
DO		0.1958	0.9755	−0.0998	0.7533	0.6050	0.1482	−0.9716
COD_{Mn}		0.7253	−0.6870	−0.0446	0.9405	−0.3367	0.7721	0.6059
COD_{Cr}		0.8764	0.2326	−0.4217	0.9132	−0.2614	0.0398	0.5666
NH_3-N		0.1297	0.7281	0.6731	0.9883	0.1468	0.6358	0.7716
TN		−0.0298	0.3188	0.9474	0.8236	−0.4077	0.6323	0.7314
TP		0.0077	0.9208	0.3899	0.0186	0.9231	0.6554	0.5335
BOD_5		−0.0606	0.4012	0.9140	−0.0859	0.8776	0.3328	0.8156
叶绿素 a		0.5265	0.4478	0.7227	0.0637	0.8697	0.4740	−0.8731
浮游植物	密度	0.9498	−0.1816	0.2548	0.9567	0.2851	0.9527	−0.0076
	Shannon-Wiener 指数	−0.9198	0.0761	−0.3850	−0.8619	−0.3622	−0.9243	−0.1037
浮游动物	密度	0.9917	0.1200	−0.0468	0.9399	0.2501	0.9137	−0.0152
	Shannon-Wiener 指数	−0.5461	0.7917	0.2739	−0.8859	0.1316	−0.8498	−0.4480

续表

指　标		2015年			2016年		2017年	
		F1	F2	F3	F1	F2	F1	F2
底栖动物	密度	0.9019	0.2834	0.3261	0.8771	0.4552	0.9781	−0.0227
	Shannon－Wiener 指数	0.9950	−0.0998	0.0068	0.9720	−0.0368	0.8713	0.4692
水生植物	密度	0.9924	0.1151	0.0439	0.9855	0.1365	0.9564	0.2854
	Shannon－Wiener 指数	0.9897	0.1310	0.0573	0.9828	0.1570	0.9619	0.2654

从表6－23中可以看出2015年旋转后载荷值小于0.6的指标有pH、透明度和浮游植物Shannon－Wiener指数；2016年旋转后载荷值小于0.6的指标有pH、透明度和浮游动植物Shannon－Wiener指数；2017年旋转后载荷值小于0.6的指标有透明度、DO、COD_{Cr}、叶绿素a和浮游动植物Shannon－Wiener指数，综合考虑将候选指标中的pH、透明度、DO、COD_{Cr}、叶绿素a和浮游动、植物Shannon－Wiener指数进行筛选，星海湖水生态承载力评价指标体系见图6－9。

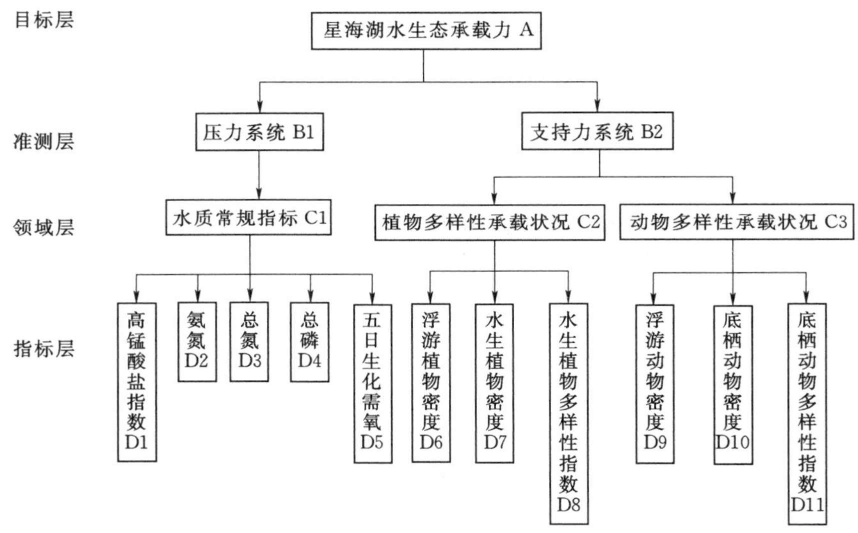

图6－9　星海湖水生态承载力评价指标体系图

6.8.2 准则层、领域层、指标层权重设计

（1）准则层权重设计。星海湖水生态承载力评价体系中的准则层与领域层的设定与沙湖相同，目标层下分成2个准则层，分别为压力系统（B1）和支持力系统（B2），见表6－6。

（2）领域层权重设计。压力系统是指星海湖的水质常规指标。支持力系统是指水生态环境，包括植物多样性承载状况和动物多样性承载状况，见表6－7。

（3）指标层权重确定（表6－24～表6－26）。

表 6-24　　星海湖 C1-Di 判断矩阵及权重

水质常规指标（C1）	高锰酸盐指数（D1）	氨氮（D2）	总氮（D3）	总磷（D4）	五日生化需氧量（D5）	W_i
高锰酸盐指数（D1）	1	1	2	1	1/3	0.171
氨氮（D2）	1	1	1/3	1	1/5	0.100
总氮（D3）	1/2	3	1	2	1/2	0.191
总磷（D4）	1	1	1/2	1	1/4	0.110
五日生化需氧量（D5）	1	5	2	4	1	0.428

一致性检验：$\lambda_{max}=5.296$，$CI=0.074$，$RI=1.108$，$CR=0.066$。

表 6-25　　星海湖 C2-Di 判断矩阵及权重

植物多样性承载状况（C2）	浮游植物密度（D6）	水生植物密度（D7）	水生植物 Shannon-Wiener 多样性指数（D8）	W_i
浮游植物密度（D7）	1	1/2	1/2	0.200
水生植物密度（D8）	2	1	1	0.400
水生植物 Shannon-Wiener 多样性指数（D9）	2	1	1	0.400

一致性检验：$\lambda_{max}=3.000$，$CI=0.000$，$RI=0.518$，$CR=0.000$。

表 6-26　　星海湖 C3-Di 判断矩阵及权重

动物多样性承载状况（C3）	浮游动物密度（D9）	底栖动物密度（D10）	底栖动物 Shannon-Wiener 多样性指数（D11）	W_i
浮游动物密度（D9）	1	1/3	1/3	0.143
底栖动物密度（D10）	3	1	1	0.429
底栖动物 Shannon-Wiener 多样性指数（D11）	3	1	1	0.429

一致性检验：$\lambda_{max}=3.000$，$CI=0.000$，$RI=0.518$，$CR=0.000$。

（4）层次总排序及其一致性检验。

$$CI=\sum_{i=1}^{n}B_i(C.I.)_i=0.75\times0.074+0.25\times0.000+0.25\times0.000=0.0555$$

$$RI=\sum_{i=1}^{n}B_i(R.I.)_i=0.75\times1.108+0.25\times0.518+0.25\times0.518=1.09$$

$$CR=CI/RI=0.0555/1.09=0.051<0.1$$

层次总排序的一致性检验合格，所求得的指标权重就是指标的最终权重（表 6-27）。

表 6-27　　层次分析法确定的星海湖指标权重

目标层编号	准则层		领域层		指标层		指标总权重	重要性排序
	编号	权重	编号	权重	编号	权重		
星海湖水生态承载力A	压力系统B1	0.750	水质常规指标C1	0.750	D1	0.171	0.128	3
					D2	0.100	0.075	5
					D3	0.191	0.143	2
					D4	0.110	0.083	4
					D5	0.428	0.321	1

续表

目标层编号	准则层		领域层		指标层		指标总权重	重要性排序
	编号	权重	编号	权重	编号	权重		
星海湖水生态承载力 A	支持力系统 B2	0.250	植物多样性承载状况 C2	0.167	D6	0.200	0.033	10
					D7	0.400	0.067	6
					D8	0.400	0.067	7
			动物多样性承载状况 C3	0.083	D9	0.143	0.012	11
					D10	0.429	0.036	8
					D11	0.429	0.036	9

6.8.3　基于层次分析法的沙湖水生态承载力

（1）压力子系统评价。压力子系统的综合评价值是用压力指数来表示，星海湖 2015—2017 年四季压力指数、排序和分级结果见表 6-28 和图 6-10。

表 6-28　星海湖压力指数综合评价值

年份	季节	压力指数	排序	分级
2015	冬	0.571	2	中压
	春	0.115	4	弱压
	夏	0.508	3	中压
	秋	0.707	1	较高压
2016	冬	0.328	3	低压
	春	0.227	4	低压
	夏	0.584	1	中压
	秋	0.552	2	中压
2017	冬	0.036	4	弱压
	春	0.615	1	较高压
	夏	0.595	2	中压
	秋	0.588	3	中压

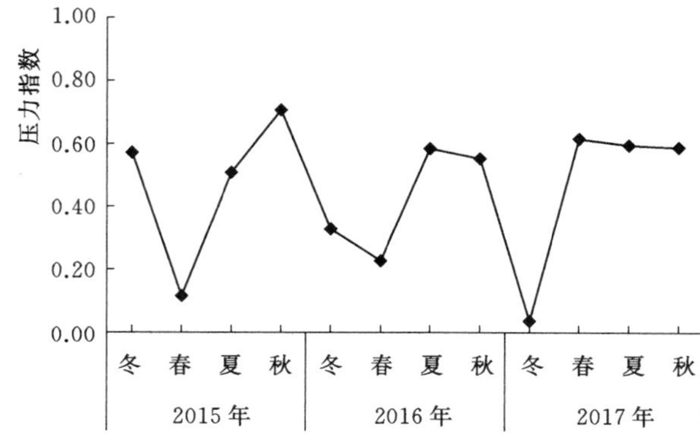

图 6-10　星海湖压力指数变化状况

从表 6-28 和图 6-10 可以看出，2015—2017 年星海湖压力指数的季节性变化规律不显著。2015 年与 2016 年由冬季至春季压力指数呈下降趋势，在春季取得最小；2017 年星海湖压力指数由冬季至春季呈上升趋势，并在春季达到最大值，值为 0.615，属于较高压区。2015 年夏、秋季压力指数呈上升趋势，由中压状态转变为较高压状态；2016 年与 2017 年夏、秋两季均为中压状态，且压力指数呈

减轻的趋势。年度变化上看，2015—2017 年压力指数依次为 0.48、0.42、0.46，整体呈中压状态。星海湖水环境所受压力较大，表明水质恶化严重。造成星海湖水环境压力指数较大的主要原因有自然因素和人为因素两方面。自然因素主要是指受蒸发量的影响，再加上缺乏对外扩散的途径，星海湖中的污染物浓度不断加大；人为因素是指星海湖周边水域的水产养殖投放大量的氮、磷肥料，加剧了星海湖水体富营养化程度。

(2) 支持力子系统评价。星海湖承载指数及评价情况见表 6-29 和图 6-11。

表 6-29　星海湖承载指数综合评价值

年份	季节	承载指数	排序	分级
2015	冬	0.035	4	弱承载
	春	0.091	3	弱承载
	夏	0.244	1	弱承载
	秋	0.209	2	弱承载
2016	冬	0.023	4	弱承载
	春	0.081	3	弱承载
	夏	0.250	1	弱承载
	秋	0.197	2	弱承载
2017	冬	0.017	4	弱承载
	春	0.076	3	弱承载
	夏	0.250	1	弱承载
	秋	0.182	2	弱承载

从图 6-11 中可以看出，2015—2017 年星海湖四季承载指数季节性变化规律显著，星海湖承载指数大致呈倒 V 形，夏季之前承载指数呈上升趋势，夏季之后开始下降，承载指数在夏季取得最大值，在冬季取得最小值。夏季阳光充足、植被生长情况良好，生态系统稳定程度较高，夏季承载指数最大表明星海湖在夏季受到外界的干扰时，生态系统抗干扰能力和自我恢复能力比较强。从年度变化上看，2015—2017 年星海湖承载指数依次为 0.145、0.138、0.131，呈逐年下降趋势，均处于弱承载状态。黄志国于 2018 年用 PSR 模型和 AHP 分析法对星海湖进行生态健康状况分析，表明星海湖处于不健康状态，与本书研究结果具有一致性。

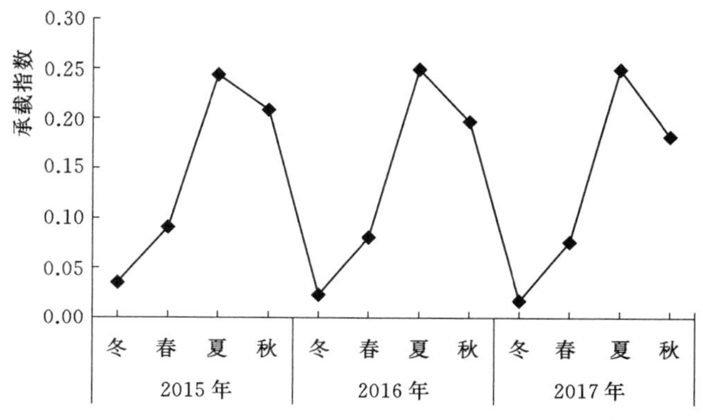

图 6-11　星海湖承载指数变化状况

(3) 水生态承载力的指数评价。水生态承载力指数是由压力指数和承载力指数共同作用的结果，从表 6-30 和图 6-12 可以看出，2015 年星海湖水生态承载力在秋季达到最大

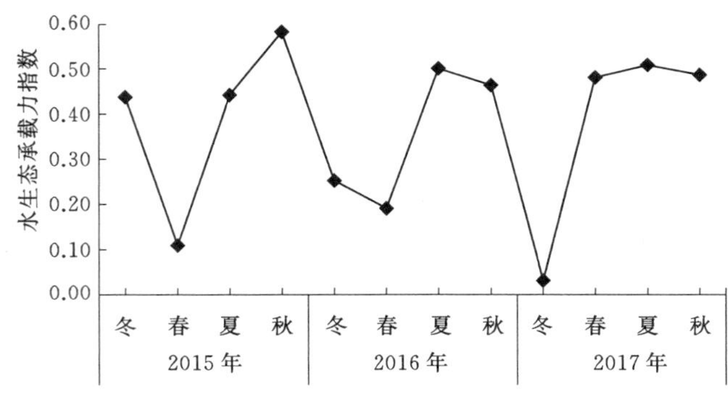

图6-12 星海湖水生态承载力指数变化状况

值，2016年和2017年星海湖水生态承载力在夏季达到最大值，且2015—2017年四季水生态承载力指数排序均存在差异。2015年星海湖水生态承载力指数由大到小为秋季、夏季、冬季、春季；2016年星海湖水生态承载力指数由大到小为夏季、秋季、冬季、春季；2017年星海湖水生态承载力指数由大到小为夏季、秋季、春季、冬季。2015年秋季星海湖水生态承载指数为三年数据的峰值，达到0.583，处于基本可承载状态。从年度变化上看，2015—2017年星海湖水生态承载力指数依次为0.39、0.35、0.38，介于0.21～0.4之间，处于弱可承载力状态。及时有效的清淤可以有效控制内源污染、增设星海湖缓冲带、引进适应星海湖气候和环境的植物群落可以净化、改善星海湖水质，提高其承载指数值进而加强星海湖水生态承载力。

表6-30 星海湖水生态承载力指数综合评价值

年份	季节	水生态承载力指数	排序	分级
2015	冬	0.437	3	基本可承载
	春	0.109	4	不可承载
	夏	0.442	2	基本可承载
	秋	0.583	1	基本可承载
2016	冬	0.252	3	弱可承载
	春	0.190	4	不可承载
	夏	0.500	1	基本可承载
	秋	0.463	2	基本可承载
2017	冬	0.031	4	不可承载
	春	0.480	3	基本可承载
	夏	0.508	1	基本可承载
	秋	0.486	2	基本可承载

6.9 小结

本章以湖泊水生态承载力为总目标，总目标下包括压力与支持力两个子系统，压力系统主要是指湖泊水体中常规监测指标的含量，支持力是指湖泊水生态系统中动植物的密度与多样性指数；据此构建评价指标体系，并利用层次分析法确定各指标的权重，计算沙湖、阅海湖、星海湖2015—2017年各季节的水生态承载力。

运用因子分析从水环境因子和水生生物多样性指数中筛选出溶解氧、高锰酸盐指数、化学需氧量、氨氮、总磷、叶绿素a、浮游植物密度、水生植物密度、水生植物多样性指数、浮游动物和底栖动物的密度及多样性指数这13个指标构成沙湖水生态承载力指标体系；筛选出高锰酸盐指数、化学需氧量、氨氮、总氮、浮游植物密度、水生植物密度、水生植物多样性指数、浮游动物密度、底栖动物的密度及多样性指数这10个指标构成阅海湖水生态承载力指标体系；筛选出高锰酸盐指数、氨氮、总氮、总磷、五日生化需氧量、浮游植物密度、水生植物的密度和多样性指数、浮游动物密度、底栖动物的密度及多样性指数这11个指标构成星海湖水生态承载力指标体系。

由层次分析法确定各指标的重要性排序可知，总磷是影响沙湖水生态承载力最重要的指标，总氮是影响阅海湖水生态承载力最重要的指标，五日生化需氧量是影响星海湖水生态承载力最重要的指标。总磷、总氮属于营养盐，其含量增多可能会造成湖泊藻类或水生植物的异常生长，导致湖泊富营养化程度加重。五日生化需氧量是有机物指标，其含量增多表明人类活动对湖泊的干预程度明显。

从沙湖、阅海湖、星海湖的压力子系统分析可知，三个湖泊压力指数的变化均存在差异。沙湖与阅海湖压力指数季节性变化规律明显，星海湖压力指数的季节性变化规律不显著。沙湖在夏季出现最大值、处于中压状态，在春季出现最小值、处于弱压状态。秋冬两季均属于低压状态。从年度变化上看，2015—2017年沙湖压力指数依次为0.32、0.30、0.27，呈逐年递减的趋势；阅海湖压力指数依次为0.38、0.41、0.40；星海湖压力指数依次为0.48、0.42、0.46，整体呈中压状态。这三个湖泊中，星海湖压力指数最大，阅海湖次之，沙湖最小，表明沙湖、阅海湖、星海湖处于低中压状态。

从沙湖、阅海湖、星海湖的承载子系统分析可知，三个湖泊承载指数季节性变化显著，在夏季时承载指数出现最大值，在冬季时承载指数为最小值。沙湖承载指数为0.003～0.063，处于弱承载状态；阅海湖夏季处于低承载状态，春、秋、冬三季处于弱承载状态；星海湖承载指数处于0.017～0.25，属于弱承载状态。可知当受到外界的干扰时，阅海湖生态系统抗干扰能力和自我恢复能力比较强。

从沙湖、阅海湖、星海湖的水生态承载力分析可知，沙湖与阅海湖水生态承载力指数呈不同规律，但季节性变化显著。2015—2017年沙湖四季水生态承载力季节变化趋势相同，均是由大到小为夏季、秋季、冬季、春季。沙湖水生态承载力指数2015—2017年依次为0.35、0.33、0.31，呈逐年下降趋势，沙湖水生态承载力整体呈弱可承载状况。阅海湖水生态承载力在夏季达到最大值，在冬季达到最小值，阅海湖2015—2017年水生态承载力的季节变化趋势相同，由大到小为夏季、春季、秋季、冬季。从年度变化上看，2015—2017年阅海湖水生态承载力指数依次为0.32、0.34、0.33，阅海湖水生态承载力整体呈弱可承载状况。星海湖水生态承载力指数季节变化不显著，2015—2017年水生态承载力指数依次为0.39、0.35、0.38，介于0.21～0.4之间，处于弱可承载力状态。沙湖、阅海湖、星海湖整体上均属于弱可承载力状态，湖泊监管部门应依据湖泊在各年份、各季节水生态承载力指数的差异制定相应的条例，改善湖泊水质、提升湖泊生态系统的自我修复能力。

第7章 水生生态系统健康评价

生态系统是维持人类环境的最基本单元，生态系统具有两个基本的功能：一是生态系统服务功能；二是价值功能。人类生存和发展就建立在这两个功能正常发挥的基础之上。生态系统健康是保证生态系统功能正常发挥的前提。结构和功能的完整性、稳定性、可持续性是生态系统健康的特征。生态系统健康指的是生态系统具有结构的完整性和功能的稳定性，具备自我维持和自我修复的能力。国际生态系统健康学会将生态系统健康做了如下定义："研究生态系统管理的预防性、诊断性和预兆性特征，以及生态系统健康与人类健康之间关系的一门综合的学科。"健康的生态系统是人类生存和发展的必要条件，也直接影响到人类的生存和发展。目前生态系统健康的研究已从对其概念、内容的界定与研究进入了生态系统健康评价指标体系的研究层面上，并且将人类活动的影响也纳入生态系统健康评价指标体系中进行研究。

水生生态系统是指由水生植物、水生动物、底栖生物等生物与水体等非生物环境组成的一类生态系统，健康的水生生态系统对于保护水环境和维持水环境的各项正常功能起着重要作用。水生生态系统对于人类发展的重要性是不言而喻的。它不仅可提供食物、工农业及生活用水，而且还有商业、交通、休闲娱乐等诸多服务功能。作为一种重要的生态系统类型，水生生态系统还是生物圈物质循环的主要通道之一，很多营养盐及污染物在其中进行迁移和降解。在水资源短缺和水环境日益恶化的形势下，了解水生生态系统现状，准确诊断和评价水生生态系统的健康状况，对于水环境问题及其形成机理、水生生态系统修复、水体污染防控等，均具有重要的理论和实践意义。近年来，在我国湖泊富营养化越来越严重的情况下，水生生态健康状况的评估显得尤为重要。对湖泊进行水环境综合评价和水生生态系统健康研究及评价，可以准确地反映出湖泊水体的受污染程度和水生生态系统健康状况的变化趋势，进而分析得出水体污染的主要污染因子及其变化趋势和影响湖泊水生生态系统的不利因素，从而调整威胁到湖泊水生生态系统健康的人类活动。因此，湖泊的水环境质量综合评价和水生生态系统健康评价，对于湖泊的水环境综合治理和水生生态系统的保护有着重要意义。

7.1 生态系统健康理论

科学技术的进步加快了自然生态系统被改造为城镇和农田的速度，原有的生态系统结构与功能被破坏甚至消失，地球环境的生命支持系统功能递减。随着人口的持续增长，人们对自然资源的需求也在不断增加，环境污染、植被破坏、土地退化、水资源短缺、气候变化、生物多样性丧失等增加了对自然生态系统的胁迫。人类面临着如何合理恢复、保护和开发自然资源的问题，面临着维持和增强各类生态系统的结构和功能、增大生态系统的

负荷能力、保证生态系统服务功能的正常发挥的问题。20 世纪 80 年代，对生态系统健康的研究应运而生。生态系统健康从理论与实践两方面研究了生态系统结构与功能的现状、演变规律、恢复对策等，为解决人类生态环境问题、生态系统管理和实现可持续发展提供了理论与方法。

7.1.1 生态系统健康概念的由来及发展

健康一词来源于医学，最初它主要用于人体，后来逐渐用于动植物，随后又有了公众健康的概念。随着环境污染的不断加剧，全球环境问题逐渐突出并已严重威胁到人体健康后，这一概念又应用到了环境学和医学的交叉领域，出现了环境健康学和环境医学。我国自新中国成立以来一直研究的地方病等均是这方面典型的研究实例。

从 20 世纪 60 年代环境问题的爆发，到 80 年代可持续发展问题的提出，人们逐渐认识到了生态环境对人类的重要性，可持续发展要从概念走向实践，最首要的问题就是如何对资源和环境进行有效管理。尽管对其管理的方法涉及了经济、生态、工程技术等众多的领域，人们付出了很大的努力，但生态系统状况从区域到全球仍在不断恶化。现实的状况促使人们开始对其管理方法进行反思，经济的管理方法忽视了自然系统的功能，生态的方法对人类社会和经济活动考虑不足，而工程技术方法在解决出现的问题时常常会产生新的问题。强大的技术手段能够解决问题的理念遭到质疑。人们逐渐认识到，只有多种方法和学科的融合，唤起全人类对生态系统问题的关注，将其提高到人类健康的高度，才有可能解决复杂的资源和环境问题，生态系统健康理论由此产生。因此，生态系统健康是在 20 世纪 80 年代末在可持续发展思想的推动下，在传统的自然科学、社会科学和健康科学相互交叉和综合的基础上发展起来的一门新学科。

生态系统健康引入了用于研究有机体所用的"健康"概念，包含了一种隐喻，一方面是为了借助医学的诊断方法研究生态系统；另一方面是为了使人类能够像关注人类健康一样关注生态系统健康。1941 年，美国著名生态学家、土地伦理学家 Aldo Leopold 首先定义了土地健康（land health），并使用了"土地疾病"（landsickness）这一术语来描绘土地功能紊乱（dysfunction），但未引起足够的重视。20 世纪六七十年代以后，随着全球生态环境的日益恶化，受到破坏的生态系统越来越多，人类社会面临生存与发展的强大挑战，在这一时期生态学得到了迅速的发展。在 Odum 倡导下，兴起了生态系统生态学，这一学说继承了 Clements 的演替观，把生态系统看作一个有机物（生物），具有自我调节和反馈的功能，在一定胁迫下可自主恢复，从而忽视了生态系统在外界胁迫下产生的种种不健康症状。与此同时，Woodwell 和 Barrett 极力提倡胁迫生态学（stress ecology）。进入 80 年代，人们越来越关心胁迫生态系统的管理问题，Rapport 等（1985）系统研究了胁迫下生态系统的行为，并在随后提出不能把生态系统作为一个生物对待，它在逆境下的反应不具自主性。以 Costanza 和 Rapport 为代表的生态学家极力主张现在世界上的生态系统在胁迫下发生了问题，已不能像过去一样为人类服务，并对人类产生了潜在威胁。

1988 年，Schaeffer 等首次探讨了有关生态系统健康度量的问题，但没有明确定义生态系统健康。1989 年，Rapport 论述了生态系统健康的内涵。上述两篇文献成为生态系统健康研究的先导。1990 年 10 月，来自学术界、政府、商业和私人组织的代表，就生态系统健康的定义在美国召开了专题研讨会。1991年2月在美国科学促进联合会年会上，国际环境伦理学会召开了“从科学、经济学和伦理学定义生态系统健康”讨论会。此后，有关学者从不同角度对“生态系统健康”概念及其内涵进行了深入的探讨。1992年，美国国会通过了“森林生态系统健康和恢复法”，对美国东、西部的森林、湿地等进行了评价，并于1993年后出版了一系列的评估报告。1994年，国际生态系统健康学会（International Society for Ecosystem Health，ISEH）成立并召开了“第一届国际生态系统健康与医学研讨会”，会议集中讨论评价生态系统健康，检验人与生态系统相互作用，提出基于生态系统健康的政策等三个方面，并希望组织区域、国家和全球水平的管理、评价和恢复生态系统健康的研究。1995年，《Ecosystem Health》和《Journal for ecosystem health and medicine》两本杂志创刊，大力推动了生态系统健康学的发展。1996年，ISEH召开了“第二届国际生态系统健康学研讨会”，这次大会更明确了要解决复杂的全球性的生态环境问题需要综合自然科学和社会科学。作为一门新出现的综合性交叉学科，生态系统健康学在处理21世纪复杂环境问题的挑战中是最有希望的。1999年8月，“国际生态系统健康大会——生态系统健康的管理”在美国加州召开，这次大会的三个主题是“生态系统健康评价的科学与技术”、“影响生态系统健康的政治、文化和经济问题”以及“案例研究与生态系统管理对策”。从而有效地推动了对生态系统健康理论与评价的研究，同时提出了21世纪生态系统健康研究的核心内容。

总之，从20世纪90年代以来，生态系统健康作为全球管理的新目标，作为分析生态系统的新方法开始广泛受到关注。目前，国际上生态系统健康研究已成为景观设计、区域管理的重要领域，正在日益成为研究的热点，它在自然科学、社会科学和健康科学之间架起了一座桥梁，为可持续发展和环境问题的解决带来了新的希望。

7.1.2　生态系统健康概念的内涵和特点

7.1.2.1　生态系统健康概念的内涵

生态系统健康的概念极为丰富，它既可理解为生态系统的一种状态，也可理解为一门科学。由于各学者在研究中出发点的差异，对生态系统健康概念的理解也就不同。从生态系统自身考虑，生态系统健康学是一门研究人类活动、社会组织、自然系统及人类健康的整合性科学，而生态系统健康是指生态系统没有病痛反应、稳定且可持续发展，即生态系统随着时间的进程有活力并且能维持其组织及自主性，在外部胁迫下容易恢复。生态系统健康包括涉及短期到长期的时间尺度及从地方到区域的空间尺度下的社会、生态、健康、政治、经济、法律功能，以及从地方、区域到全球胁迫下的生态环境问题。对其进行研究的目的是保护和增强区域环境容量的恢复力，维持生产力并保护自然界为人类服务的功能。人类可通过全面研究生态系统在胁迫下的特征，根据生态条件进行系统诊断，找出生态系统退化或不健康的预警指标，进而防止其退化和生病。但越来越多的学者认为，理解生态系统的全面性和整体性应把人类作为生态系统的组成部分而不是同其相分离，不考虑社会、经济与文化的生态系统健康讨论是不科学的，生态系统健康问题是人类活动导致的，也不可能存在于人类的价值判断之外。生态系统健康应包含两方面内涵：满足人类社会合理需求的能力和生态系统本身自我维持与更新的能力。

7.1.2.2 生态系统健康概念的特点

在方法论上，生态系统健康研究强调跨学科的交叉和融合，由生态系统健康领域引发的问题必须综合社会科学、自然科学和健康科学才能解决。可持续生态系统和景观能够提供可持续的生态系统服务，以确保人类社会达到其发展目标和愿望。关键的实践问题是提供可持续生态系统和景观的标准，这就需要将驱动生态系统和景观动态的生物、物理过程的知识与决定社会价值和愿望的社会动态综合起来。

（1）生态系统受到人类的干扰，同时也受到自然的干扰，如何区分是人类对生态系统产生的影响（这些影响能引起生态系统激烈的变化），还是由自然干扰产生的影响？

（2）生态系统发生多大程度的改变而不影响其生态系统服务功能（或潜在影响生态系统的服务）？

（3）景观结构对某些疾病（特别是那些通过动物传播的疾病）传播的可能影响是什么？什么样的生态系统、景观结构和人类居住格局能减轻这些疾病传播？

（4）防治生态系统发生病态的对策是什么？若生态系统发生了病态，其解决的对策是什么？

（5）综合的、系统的解决生态系统不健康的对策怎样确定？

以上这些问题的最终解决要求生态系统健康研究必须利用生态学、经济学、流行病学、大气化学、土壤科学、土壤化学等众多学科的相关知识来寻找解决生态系统功能紊乱的综合方法；同时，在生态系统健康诊断和评价中，直接的测量、网络分析和模型模拟也是必需的。

因此，生态系统健康概念的突出特点就是多学科的交叉，提出这一概念的理论基础是生物学理论、系统科学理论、社会经济学理论、人类科学理论、健康学理论等。概念的核心是评价生态系统健康程度和维持生态系统健康的措施。它从理论与实践两方面研究生态系统结构和功能的现状、演变规律、恢复对策等，为解决人类生态环境问题、生态系统管理和实现可持续发展提供理论与方法。

7.1.3 生态系统健康评价指标

相对于传统的环境评价方法仅仅着眼于物理化学参数或生物检测技术的局限性，生态系统的健康评价是一门交叉学科的实践，不仅采用系统综合水平、群落水平、种群及个体水平等多尺度的生态指标来体现生态系统的复杂性，还兼收了物理、化学方面的指标，以及社会经济、人类健康指标，反映生态系统为人类社会提供生态系统服务的质量与可持续性。

7.1.3.1 生态指标

1. 生态系统水平综合指标

Rapport 等提出以“生态系统危险症状”（ecosystem distress symptom，EDS）作为生态系统非健康状态的指标，包括系统营养库（system nutrient pool）、初级生产力（primary productivity）、生物体型分布（size distribution）、物种多样性（species diversity）等方面的下降，因而出现了系统退化（system retrogression），具体表现为生物贫乏、生

产力受损、生物组成趋向于机会种、恢复力下降、疾病流行增加、经济机会减少、对人类和动物健康产生威胁等。

Costanza 从系统可持续能力的角度，提出了描述系统状态的三个指标：活力、组织和恢复力及其综合评价。其具体评价途径是：活力可由生态系统的生产力、新陈代谢等直接测量出来；组织由多样性指数、网络分析获得的相互作用信息等参数表示；而恢复力则由模拟模型计算。这是目前被普遍接受的生态系统健康指标，同时也较为全面，并与生态系统健康的概念和原则较为相符。

当今生态系统退化的主要原因被认为是人类的干扰活动，很多学者认为生态系统健康就是生态完整性。Karr 应用生物完整性指数，通过对鱼类类群的组成与分布、种多度以及敏感种、耐受种、固有种和外来种等方面变化的分析，来评价水体生态系统的健康状态。

Jorgensen 等提出使用活化能（exergy）、结构活化能（structural energy）和生态缓冲量（ecological buffer capacity）来评价生态系统健康。活化能是与环境达成平衡状态时，生态系统所能做的功，由生态系统进行有序化过程的能力来体现。结构活化能是生态系统中的某一种有机体成分相对于整个系统所具有的活化能。生态缓冲量是生态系统的强制函数与状态变量（活化能与结构活化能）之比。体现生态系统的组织水平的活化能、结构活化能与生态缓冲量将随着生态系统的发展与稳定而升高，故它们能从能量角度将 Costanza 的三个评价指标结合在一起，从整体上对系统状态进行衡量。徐福留等以这些指标为基础对中国巢湖的富营养化状态及治理后的成效进行了评价，取得了良好效果。

2. 群落水平指标

当生态系统因受到干扰和外来压力发生改变乃至退化时，通常会在群落结构上有所表现。在近十年有关生态系统健康评价的文献中，最常使用的群落结构指标有分类群组成（composition of taxonomic groups/assemblage）、物种多样性和生物量等。由于近年来多样性问题在生态学界和社会公众中引起广泛关注，物种多样性已成为环境评价中被广泛使用的一个参数：由物种丰富度和物种均匀度构成。在众多的政府机构、国际组织等支持的生态评估监测项目中，都将其列为关键性指标。但是，物种多样性指数测量和计算方法的有效性及其与环境压力的相关性尚有争议。一些研究者还在努力寻求更适于生态系统健康评价的物种多样性计算方法。对群落中某些分类群的组成进行分析和比较，在健康评价实践中，尤其在水体生态系统方面，已成为卓有成效的指标与方法。研究较多的分类群包括鸟类、鱼类、浮游植物、浮游动物和底栖动物等，目前，鱼类和底栖无脊椎动物作为水体生态指标尤为广泛采用。鱼类分类群是主要指标，其变化的分析是诸多湖泊、河流和沿海等水体生态系统健康评价的主要方法。水体中的无脊椎动物也是被广泛使用的监测对象，其中，底栖生物由于其定居性和在营养结构中的重要地位，成为地区性的指标，如在澳大利亚的河流评价计划（AusRivAS）中使用了大型无脊椎动物作为其重要评价指标。相对于鱼类和大型无脊椎动物这些长生活史的指示生态群，一些繁殖迅速、易于散布的分类群，如浮游生物，也能提供快速的早期反映，同时，其流动性也带来了大区域评价功能。此外，生物体型分布、群体结构、营养结构（食物网）、关键种和网络分析等也是近

来使用较多的指标和方法。

3. 种群及个体水平指标

依据个体或种群进行检测的基础在于选择那些对于环境变化具有指示作用的种，即指示种，从公众较熟悉的、对化学因素变化较敏感的动植物以及对其他压力的作用和生态过程的变化表现较明显的种进行筛选。Cairns 等总结了依赖这些指示种个体及其种群的评价指标，如细胞或亚细胞水平的生化效应、个体的生长率、致癌作用、畸变和先天性缺陷、个体的不同组织对化学物质的机体耐受量、对疾病的敏感度、行为效应、藻类细胞的形态变化、雌性化，以及种群出生率和死亡率、种群年龄结构、种群体型结构、繁殖对数目、种群的地理分布、丰富度、产量和生物量等。Cairns 等认为，个体和种群水平的指标具有早期预警作用。Bouiton 在研究中也发现，当这些指示种发生变化时，整个系统的功能和整体性质有可能还未显示出来。

7.1.3.2 物化指标

物化指标是对生态系统的非生物环境进行检测的指标。非生物环境的因素可能是导致或影响生态过程变化的原因，如土壤肥力、水体富营养化程度、环境中重金属含量、土壤中腐殖质的厚度和河岸的坡度等；同时，非生物环境的变化也是生态系统行为的反映，如水体中的溶解氧含量、土壤肥力等。

7.1.3.3 社会经济与人类健康指标

生态系统健康评价的社会经济指标集中反映了生态系统要满足人类生存与社会经济可持续发展对环境质量的要求，它必须能够保持人类的健康；保证对资源的合理利用；提供适宜的生存环境质量。Cairns 把生态系统健康评价指标体系分为物化指标、生态学和社会经济指标三大类。其中社会经济指标包括人类健康水平、区域经济的发展水平、技术发展水平、公众环境质量和生活质量的观念、政府决策等。Corvalan 等根据环境健康问题，建立驱动力-压力-状态-暴露-影响-响应（DPSEEA）的概念模型，据此来选取评价指标。李日邦等按照人-地关系的主线，选取了两项综合指标评价区域环境-健康，其中人寿状况、疾病状况和文化教育归纳为健康（人）指标，表征人的身体素质和文化素质；自然环境、环境污染、经济水平和卫生资源归并为环境（地）指标，表征人的生存空间质量。这些指标包括源于经济学的指标，如收入和工作稳定性等。同时还选取了造成环境压力的社会指标，如人口增长、资源消费和技术发展等，这些指标反映人类对环境的影响强度增加。人口增长、资源过度消费和技术发展导致人类对环境的影响强度不断增加，是人类对环境造成压力的主要因素。因此，人均能量消费与消费单位物质造成的环境影响，可分别作为能源消费和科学技术因素对环境的压力指标，它们可与人口增长速度来共同评价环境压力。

7.1.4 水生生态系统健康评价方法

评价生态系统健康需要基于功能过程来确定指标，特别是评价其干扰后的恢复能力，包括其完整性（integrity）、适应性（adaptability）和效率（efficiency）。Schaeffer 等首次探讨了生态系统健康的度量问题。

生态系统健康评价除了需要对其小尺度生态过程进行研究监测外，从景观和区域尺度进行环境质量监测也是必不可少的步骤。将遥感（RS）、地理信息系统（GIS）和景观生态学（landscape ecology）原理及宏观技术手段与地面调查研究紧密配合，通过景观结构（landscape structure）变化了解其功能过程。例如，景观敏感性与土地利用变化关系密切，因此可以通过土地利用变化评估环境质量变化。其具体方法主要有以下几种。

7.1.4.1　指示物种评价法

指示物种评价法主要是针对自然生态系统进行健康评价。指示物种评价法包括单物种生态系统健康评价和多物种生态系统健康评价。

（1）单物种生态系统健康评价主要是选择对生态系统健康最为敏感的指示物种。这一物种是特定生态系统所具有并对环境因子特别敏感，当生态系统的某一项或几项环境因子发生微小变化时，都会对这一物种的生长特征（生物量、活性、形态等）产生影响。同时，这一物种的多少也可以指示这一特定生态系统受胁迫的程度，也能反映生态系统对这一胁迫影响的反馈程度及特定生态系统的恢复程度。对森林生态系统的评价、对极端环境下自然生态系统的评价、对严重污染的湖泊、河流等水生态系统的评价等，均可采用这种方法。

（2）多物种生态系统健康评价主要是指在某一生态系统内，选定指示生态系统结构和功能不同特征的指示植物，建立多物种健康评价体系。这一体系内不同的指示物种指示了生态系统不同特征（结构、功能等）的健康程度，反映了生态系统不同特征的负荷能力和恢复能力。这是评价自然生态系统的较好的方法，如对森林生态系统、草地生态系统、湿地生态系统、荒漠生态系统、水生态系统等健康评价，均可采用。

指示物种评价法成本低、方法简单、结论明确，得到了广泛应用，但物种指示法存在以下问题：

1）指示物种的筛选标准不明确，容易采用到不合适的类群。

2）一些监测参数选择不恰当，未能与生态系统的区域特征结合。

3）物种指示法虽然直接明了，但是就水生生态系统总体特征而言，其表达能力有限，往往会造成信息缺失、评估结果偏颇等问题。而生物毒理学在实验室模拟条件下的研究很少能准确反映指示生物的自然生存状态，并且缺乏对生物生存现实状况的全面反映，因此该方法比较适合一些自然生态系统的健康评估。

需要指出的是监测和评估水体完整性的最直接和有效的方法是对水生态系统的生物状态（biological condition）进行监测。与化学或物理监测相比，生物群落是对水体中各种化学、物理、生物因子的综合和直接的反映，更能体现水体环境条件的优劣。生物完整性指数（index of biology integrity，IBI）就是用多个生物参数综合反映水体的生物学状况，从而评估河流乃至整个流域的健康。每个生物参数都对一类或几类干扰反应敏感，但各参数对水体受干扰的敏感程度及范围不同，单独一个生物参数并不能准确、完全地反映水体健康状况和受干扰的强度。因此，在进行湖泊生态健康评估时，指标物种和指标的选择应该谨慎，要综合考虑到它们的敏感性和可靠性，明确它们对生态系统健康指示作用的强弱。

7.1.4.2 指标评价法

通过实验室模拟的物种指示法和其他方法在尝试评估环境对水生生态系统健康的压力时，存在一定的问题和局限性，因此，客观上要求提供一个可以从生态学角度具有累积性和内部联动效应、可以较好反映环境压力的综合指标体系方法。指标体系法是目前比较常用的生态系统健康评估方法。评估指标要根据生态系统健康的概念和内涵，选取可定量的、可操作的、可广泛推广的指标，切实反映出被评估对象的生态环境特点。生态系统健康指标评价可以针对自然生态系统，也可以针对自然-社会-经济复合生态系统。这一评价方法可分为单一指标评价和指标体系评价。

(1) 单一指标评价，就是选定最能显示生态系统（单一生态系统或复合生态系统）健康特征（活力、组织结构、恢复力、扩散力等）的指标，这一指标可以是自然指标，也可以是社会指标或经济指标，还可以是综合单一指标，如 GDP 就是评价区域生态系统综合能力（复合生态系统自然能力、社会经济能力、可持续发展能力等）的指标。单一指标评价目前很少用，但有时也用于粗略评价区域生态系统或某一特定生态系统的健康程度，评价区域生态系统或某一特定生态系统受胁迫的程度等。

(2) 指标体系生态系统健康评价是目前国内外最常用的方法。这一指标体系可以是纯自然的指标构成的指标体系，也可以是自然、社会、经济等多项指标构成的复合指标体系。采用这一方法评价生态系统健康，在全面了解某一生态系统或区域生态系统的结构及功能的各个方面的健康程度方面具有优势，如评价流域生态系统健康、区域生态系统健康、全球生态系统健康等均可采用这一方法。

健康的生态系统的核心是生态系统健康的结构和健康的功能。要了解生态系统的结构和功能，就必须了解生态系统的形成、演变、过程、特征及其发展规律，必须了解生态系统与环境因子的作用机制。

健康的生态系统是稳定的和可持续的，在时间和空间上能够维持它的组织结构和系统内部的调节。健康的生态系统具有很强的对胁迫因子的负荷能力和恢复能力，因此对生态系统健康评价最重要的指标应是生态系统的完整性、适应性及效率。

在湖泊生态系统健康研究方面，已提出了许多评价指标，如毛生产力指标（GEP）、生态系统压力指标、生物完整性指数、热力学指标，包含湖泊生态结构、功能和系统方面的综合生态指标体系，以及包含生物、生态、社会经济和人口健康等方面的综合指标体系等。在评价方法方面，应用较多的有两类：健康指数法和模糊综合评价。Jorgensonl 于 1995 年提出了一套初步评价程序；徐福留等于 2001 年提出了实测计算和生态模型两种评价方法；刘永利用综合健康指数反映了湖泊生态系统健康状况随时间的演替趋势；赵臻彦等提出的生态系统健康指数法可用于同一湖泊不同时空以及不同湖泊之间的健康状态的定量评价与比较；胡志新等提出了湖泊系统能量健康指数并进行健康状况分级；张凤玲等、张祖陆等建立了模糊综合评判模型，较好体现了健康概念的模糊性。

总之，评价生态系统健康首先要选用能够表征生态系统主要特征的参数；其次要对这些特征参数进行归类区分，分析各个特征参数的生态健康意义；再次是对这些特征因子进行度量，确定每个特征因子在生态系统健康中的权重及每类特征因子在生态系统健康中的比重；最后确定生态系统健康的评价方法，建立生态系统健康的评价体系。针对不同区域范围的生态系统、不同类型的生态系统，其特征因子、特征因子的权重、各类特征因子的比重及评价指标体系是不一样的，它随生态系统的组织结构、演变规律、服务目标、经营目的的不同而不同。

评价生态系统健康需要基于生态系统结构的维持能力、生态系统功能过程及生态系统胁迫下的恢复能力等因素来确定指标。但总的来看，可以归纳为5大类：①生态系统活力（vigor of ecosystem），表示生态系统的功能，可以根据生态系统的新陈代谢或初级生产力、服务质量和服务能力（直接服务能力和潜在服务能力）来评价；②生态系统的组织结构（organization of ecosystem），可根据生态系统组分间相互作用的多样性及数量、生态系统结构层次多样性、生态系统内部的生物多样性等来评价；③生态系统的负荷能力（capacity of ecosystem），可根据生态系统对外来干扰的承受能力来评价；④生态系统的恢复力（resilience of ecosystem），即当生态系统受到胁迫后，胁迫因子作用过程中或停止胁迫因子作用后，生态系统的自身恢复能力或自救能力；⑤生态系统的扩散力（irradiation of ecosystem），主要指生态系统对周边环境的影响，它包括生态系统组织结构的扩散和服务功能的扩散。

7.2　水生生态系统健康研究现状

水生生态系统的健康评价已经引起越来越多国内外学者的重视。国际自然与自然资源保护联盟（IUCN）指出，可持续的健康的河流是能够保证鱼类、水生生物生长所需流量的河流。美国环保署于1999年推出新版的基本水生生物数据的快速生物监测协议，提供了用藻类、大型无脊椎动物、鱼类等生物指标来监测及评价水质的方法和指标，并实时监测诊断全国河流的水质变化。澳大利亚政府于1992年开展国家河流健康计划，监测和评价澳大利亚河流的生态状况。南非于1994年开展河流健康计划，对河流状况进行监测和综合评价。我国在水生生态系统健康评价指标体系、评价方法学等方面开展了不少工作。董哲仁建议每条河流都应建立生物监测系统和网络，并提出了生物栖息地质量评价、水文评价和生物群落评价等水生态健康评价的内容。赵彦伟等提出水量、水质、水生生物、物理结构与河岸带五大要素水生态健康评价指标体系，以及“很健康、健康、亚健康、不健康、病态”五级评价标准。龙笛等构建了水生生态系统健康评价指标体系，并采用层次分析法对滦河流域进行了综合评价。

赵臻彦等应用生态系统健康指数法对湖泊的水生态健康进行了定量评价。卢媛媛等应用指标体系法，采用系统外压力指标和系统内响应指标对湖泊的水生态健康进行了评价。张凤玲等对水生态健康概念和内涵进行探讨，选取评价模型和确定评价体系，得到了湖泊的水生态健康评价结果。胡志新等以太湖长期监测资料为基础，计算了系统能、结构能、生态缓冲容量和营养状态指数，得到了太湖的水生态健康评价结果。刘永等将水生态健康评价建立在生态系统健康、完整和物质循环的基础上，得到了评价结果。许文杰等应用压力-状态-响应框架建立了指标体系，运用信息熵确定权重，得到了城市湖泊的水生态健康评价结果。

水生生态系统是一个复杂的大系统，单一方法很难对水生生态系统的健康状况做出准

确诊断和评价。美国 1972 年颁布的“清洁水法令”认为，维持河流水生生态系统结构和功能的物理、化学、生物的完整性状态是河流健康评价的重要原则。目前在水生生态系统健康评价中广泛应用的方法是指标体系法。指标体系法综合了多项指标，反映外界压力与水生生态系统内部变化间的对应关系，同时也反映水生生态系统的活力及恢复力。合理的指标体系既要反映水生生态系统的总体健康水平，又要反映水生生态系统健康的变化趋势。Karr 于 1981 年提出基于河流鱼类物种丰富度、鱼类数量、指示种类别等 12 项指标的生物完整性指数。Petersen 于 1992 年提出河岸带完整性、河床条件、鱼类、水生植物等 16 个指标，并将河流的健康状况划分为 5 个等级进行评价。Ladson 于 1999 年提出包括水文学、河岸区状况、物理构造特征、水质及状况、水生生物 5 个方面共计 22 项指标构成溪流状况指数。指标体系法虽然能很好地反映水生生态系统的健康状况，但是如何选取合理的指标构建评价指标体系，目前尚未形成公认的理论体系与方法，目前我国国内关于水生生态系统健康综合评价的方法主要有加权综合法、模糊层次综合评价法、模糊概率评价法等。

大量的研究成果为实施水生生态健康评价提供了参考依据，但也存在一些问题有待进一步解决，主要有以下几点：

（1）评价指标的选取没有一个统一的标准，在进行湖泊生态系统健康评价时，评价指标的选取人为主观因素很大，这样得出的评价结果都是相对的评价结果，很难移植到别的研究项目中去，不同湖泊得出的生态健康状况没有可比性。

（2）湖泊生态系统健康级别的划分缺乏权威参照，在对湖泊生态健康评价进行研究时，不同的学者提出的评价指标体系往往是不同的，对健康等级的划分也是不同的，这直接导致湖泊生态系统健康评价的等级只是相对的等级。

（3）评价指标的选取缺乏科学性，考虑到湖泊生态系统健康评价的复杂性，研究者往往选取一些易于测量的指标实施湖泊生态系统健康评价，这样的评价结果缺乏科学性。

7.3　水生生态系统健康评价指标体系构建

7.3.1　水生生态系统健康评价指标的筛选

7.3.1.1　候选指标

根据水环境因子分析的结果，确定影响水质的主要水环境因子及其影响次序，选择总磷（TP）、氨氮（NH_3-N）、总氮（TN）、高锰酸盐指数（COD_{Mn}）、五日生化需氧量（BOD_5）、叶绿素 a（Chl. a）等理化指标作为水生生态系统健康综合评价指标体系的候选指标。生物学指标，选取能够反映水生生态系统结构和生物多样性特征的浮游植物生物量、浮游植物多样性指数、浮游动物多样性指数、底栖动物多样性指数、水生植物多样性指数，同时选取能够反映水体富营养化特征的指标综合营养状态指数（$TLI_{(\Sigma)}$）。以上指标共同构成水生生态系统健康评价指标体系的候选指标。

7.3.1.2　指标的筛选

将水环境因子各项指标值进行主成分分析，利用方差最大正交旋转法对因子载荷矩阵进行旋转，按照85%的累积方差贡献率提取出主成分，然后选择旋转后载荷值大于0.6的指标作为评判水生生态系统健康属性的指标。

7.3.1.3 评价指标体系权重的确定

上述选定的指标构成评判健康属性的指标体系，并再进行主成分分析，得出主成分特征值、方差贡献率和旋转后因子载荷值，按照85%的累积方差贡献率，提取出主成分，根据主成分相应的特征值、方差贡献率可计算出指标权重：

$$W_i = \sum_{j=1}^{k} |a_{ij}| \cdot E_j$$

式中：a_{ij}为因子i在第j个主成分中的因子得分系数（特征值），即第i个因子对第j个主成分的贡献；E_j为该主成分对应方差的贡献率；W_i为第i个评价因子的权重值。

对W_i进行归一化处理，可得各评价因子的权重。

7.3.1.4 评价标准体系的确定

参照《地表水环境质量标准》（GB 3838—2002）和文献确定水生生态系统健康评价标准体系，分为很健康、健康、亚健康、不健康和病态5个评价等级（表7-1）。

表7-1 水生生态系统健康等级

等级	很健康	健　康	亚健康	不健康	病　态
含义	水生生态系统结构和功能完整、均衡，物质、能量流动顺畅，活力、恢复力非常强，健康状况很好	水生生态系统保持一种动态平衡，活力强，结构合理、协调，恢复力较强，健康状况较好	水生生态系统结构改变，功能下降，生态质量下降，活力、恢复力一般，健康状况一般	水生生态系统进一步恶化，活力较弱，结构不协调，恢复力较差，健康状况较差	水生生态系统恶化严重，活力非常弱，结构完全不合理，恢复力非常差，健康状况很差

水体理化指标分级标准以《地表水环境质量标准》（GB 3838—2002）为依据，很健康、健康、亚健康、不健康和病态5个等级分别对应于Ⅰ类、Ⅱ类、Ⅲ类、Ⅳ类、Ⅴ类水标准。

根据《湖泊（水库）富营养化评价方法及分级技术规定》的相关规定，综合营养状态指数=50时为中营养，以此为亚健康等级；≤30时为贫营养，以此为很健康等级；≥70时为重度富营养，以此为病态等级；30～50为健康等级；60～70为不健康等级。

浮游植物、浮游动物、底栖动物、水生植物Shannon-Wiener多样性指数（H'）反映了群落物种的多样性，$H'=0\sim1$为富营养，$H'=1\sim3$为中营养，$H'>3$为贫营养。据此，$H'=2\sim3$作为亚健康等级，$H'\geqslant4$作为很健康等级，$H'\leqslant1$作为病态等级，$H'=3\sim4$为健康等级，$H'=1\sim2$为不健康等级。

按国内有关评价湖泊富营养化评价标准，浮游植物生物量<3mg/L为贫营养型，以此为很健康和健康等级；浮游植物生物量=3～5mg/L为中营养型，以此为亚健康等级；浮游植物生物量=5～10mg/L为富营养型，以此为不健康等级；浮游植物生物量>10mg/L为极富营养型，以此为病态等级。

水生生态系统健康评价标准体系见表7-2。

表 7-2 水生生态系统健康评价标准体系

指标	健康等级				
	很健康	健康	亚健康	不健康	病态
Chl. a/(μg/L)	≤1.0	(1.0, 2.0]	(2.0, 4.0]	(4.0, 10.0]	(10.0, 26.0]
COD_{Mn}/(mg/L)	≤2	(2, 4]	(4, 6]	(6, 10]	(10, 15]
BOD_5/(mg/L)	≤3.0	≤3.0	(3.0, 4.0]	(4.0, 6.0]	(6.0, 10.0]
NH_3-N/(mg/L)	≤0.15	(0.15, 0.50]	(0.50, 1.0]	(1.0, 1.5]	(1.5, 2.0]
TN/(mg/L)	≤0.2	(0.2, 0.5]	(0.5, 1.0]	(1.0, 1.5]	(1.5, 2.0]
TP/(mg/L)	≤0.02	(0.02, 0.10]	(0.10, 0.20]	(0.20, 0.30]	(0.30, 0.40]
$TLI_{(\Sigma)}$	≤30	(30, 50]	(50, 60]	(60, 70]	>70
浮游植物生物量	≤3.0	<3.0	[3.0, 5.0)	[5.0, 10.0]	>10.0
浮游植物 H'	≥4.0	[3.0, 4.0)	[2.0, 3.0)	(1.0, 2.0)	≤1.0
浮游动物 H'	≥3.0	[2.0, 3.0)	[1.0, 2.0)	(0.5, 1.0)	≤0.5
底栖动物 H'	≥3.0	[2.0, 3.0)	[1.0, 2.0)	(0.5, 1.0)	≤0.5
水生植物 H'	≥3.0	[2.0, 3.0)	[1.0, 2.0)	(0.5, 1.0)	≤0.5

7.3.2 水生生态系统健康等级评价过程

运用灰关联法对水生生态系统健康等级进行评价。以健康标准分级为比较数列，各指标实测值为参考数列，计算实测值与各健康级别的关联度，由关联度的大小判断各时间段水体的健康等级。具体评价步骤如下：

(1) 将评价时间段及评价标准的各个指标值进行归一化处理。

(2) 计算归一化后指标值与5个评价等级相应评价标准的绝对差值 [$\Delta_{ik}(j)$]。

(3) 求出所有指标与5个评价等级的最小绝对差值 [$\Delta_{\min}$] 和最大绝对差值 [$\Delta_{\max}$]。

(4) 取分辨系数 $\rho=0.5$，计算各时间段每个指标值与相应评价标准的关联系数 [$\varepsilon_{ik}(j)$]：

$$\varepsilon_{ik}(j)=\frac{\Delta_{\min}+\rho\Delta_{\max}}{\Delta_{ik}(j)+\rho\Delta_{\max}}$$

(5) 根据每个指标的权重值计算各时间段与5个评价等级的灰色关联度值 (γ_{ij})。

$$\gamma_{ij}=W_i\varepsilon_{ik}(j)$$

(6) 依据最大隶属度原则，评判各时间段的健康等级。

7.4 沙湖水生生态系统健康评价

7.4.1 沙湖水生生态系统健康评价指标的选定

将沙湖各水质指标值进行主成分分析，利用方差最大正交旋转法对因子载荷矩阵进行旋转，按照85%的累积方差贡献率提取出主成分，然后选择旋转后载荷值大于0.6的指标作为沙湖水生生态系统健康评价的指标。

7.4.1.1　2015 年

沙湖 2015 年候选指标特征值及主成分贡献率与累积贡献率见表 7－3，旋转后因子载荷值见表 7－4，确定 TN、NH_3-N、TP、BOD_5、Chl. a、$TLI_{(\Sigma)}$、浮游植物生物量（D）、浮游动物 H'、底栖动物 H'、水生植物 H'等 10 个因子作为沙湖 2015 年水生生态系统健康评价的指标。

表 7－3　　沙湖 2015 年候选指标特征值及主成分贡献率与累积贡献率

指　标	F1	F2	F3
SD	－0.3246	0.0951	－0.1409
Chl. a	0.3388	0.1233	－0.0204
COD_{Mn}	0.2666	－0.1277	－0.3300
BOD_5	0.2730	－0.2025	0.3478
NH_3-N	0.2734	0.3105	0.0564
TN	0.2838	0.2932	－0.3089
TP	－0.0451	0.4042	0.7223
$TLI_{(\Sigma)}$	0.3234	0.1972	0.1325
浮游植物生物量	0.2808	－0.1808	0.0522
浮游植物 H'	－0.3144	－0.1687	0.0418
浮游动物 H'	－0.0047	0.6103	－0.3035
底栖动物 H'	0.2924	－0.265	－0.0703
水生植物 H'	0.3303	－0.1729	0.1024
特征值	8.2853	2.2547	0.9077
贡献率/%	63.733	17.3437	6.9823
累积贡献率/%	63.733	81.0767	88.059

表 7－4　　沙湖 2015 年旋转后因子载荷值

指　标	F1	F2	F3
SD	－0.8772	－0.3666	0.0856
Chl. a	0.7108	0.6900	－0.0632
COD_{Mn}	0.5917	0.3891	－0.4723
BOD_5	0.9001	0.0948	0.0259
NH_3-N	0.4632	0.7735	0.1638
TN	0.3671	0.8888	－0.1527
TP	－0.1074	0.1536	0.9076
$TLI_{(\Sigma)}$	0.6820	0.7000	0.1227
浮游植物生物量	0.7976	0.2275	－0.2036
浮游植物 H'	－0.6162	－0.7096	0.0374
浮游动物 H'	－0.5164	0.7851	0.2016
底栖动物 H'	0.8354	0.1902	－0.3707
水生植物 H'	0.9274	0.2998	－0.1767

7.4.1.2 2016 年

沙湖 2016 年候选指标特征值及主成分贡献率与累积贡献率见表 7-5，旋转后因子载荷值见表 7-6，确定 COD_{Mn}、BOD_5、TN、NH_3-N、TP、Chl. a、$TLI_{(\Sigma)}$、浮游植物生物量（D）、浮游动物 H'、底栖动物 H'、水生植物 H'等 11 个因子作为沙湖 2016 年水生生态系统健康评价的指标。

表 7-5　沙湖 2016 年候选指标特征值及主成分贡献率与累积贡献率

指　标	F1	F2	F3
SD	-0.3001	0.1011	0.3408
Chl. a	0.3324	0.0589	-0.0012
COD_{Mn}	0.2831	-0.1549	-0.1896
BOD_5	0.2315	-0.3222	0.4661
NH_3-N	0.2893	0.3215	0.1016
TN	0.2141	0.0763	0.7172
TP	0.2639	0.3462	-0.2498
$TLI_{(\Sigma)}$	0.3327	0.1304	0.0290
浮游植物生物量	0.2784	-0.1306	-0.1679
浮游植物 H'	-0.3108	-0.1951	-0.0051
浮游动物 H'	0.0146	0.6499	0.0332
底栖动物 H'	0.2779	-0.3149	-0.1157
水生植物 H'	0.3230	-0.1892	-0.0042
特征值	8.5817	2.2591	1.0579
贡献率/%	66.0133	17.378	8.1381
累积贡献率/%	66.0133	83.3913	91.5293

表 7-6　沙湖 2016 年旋转后因子载荷值

指　标	F1	F2	F3
SD	-0.9223	-0.2521	-0.0685
Chl. a	0.7516	0.4880	0.3911
COD_{Mn}	0.8478	0.1484	0.1985
BOD_5	0.5368	-0.1845	0.7760
NH_3-N	0.4451	0.7862	0.3826
TN	0.1432	0.3209	0.9095
TP	0.5256	0.811	0.0213
$TLI_{(\Sigma)}$	0.6957	0.5837	0.4054
浮游植物生物量	0.8124	0.1743	0.2081
浮游植物 H'	-0.6153	-0.6467	-0.3441
浮游动物 H'	-0.3736	0.9008	-0.0787
底栖动物 H'	0.8996	-0.0807	0.2919
水生植物 H'	0.8808	0.1388	0.4254

7.4.1.3 2017年

沙湖2017年候选指标特征值及主成分贡献率与累积贡献率见表7-7，旋转后因子载荷值见表7-8，确定COD_{Mn}、TN、NH_3-N、TP、Chl. a、$TLI_{(\Sigma)}$、浮游植物生物量（D）、浮游动物H'、底栖动物H'、水生植物H'等10个因子作为沙湖2017年水生生态系统健康评价的指标。

表7-7 沙湖2017年候选指标特征值及主成分贡献率与累积贡献率

指 标	F1	F2	F3
SD	−0.1092	0.4402	0.3594
Chl. a	0.3743	0.1626	−0.1275
COD_{Mn}	0.1845	−0.2259	−0.1636
BOD_5	0.3130	0.0585	0.432
NH_3-N	−0.1307	0.3416	−0.3134
TN	0.043	0.1594	0.6599
TP	0.2662	0.3668	−0.2101
$TLI_{(\Sigma)}$	0.3545	0.2557	0.0202
浮游植物生物量	0.3100	−0.1715	−0.0203
浮游植物H'	−0.3919	−0.0505	0.071
浮游动物H'	0.1962	0.4093	−0.2239
底栖动物H'	0.2874	−0.3617	0.0505
水生植物H'	0.3601	−0.2303	0.0690
特征值	6.0747	3.1406	1.9049
贡献率/%	46.7282	24.1585	14.6534
累积贡献率/%	46.7282	70.8867	85.5401

表7-8 沙湖2017年旋转后因子载荷值

指 标	F1	F2	F3
Chl. a	0.8627	0.4639	0.0775
COD_{Mn}	0.0951	0.5943	−0.1890
BOD_5	0.4098	0.4835	0.7511
NH_3-N	0.3300	−0.6595	−0.3386
TN	−0.0007	−0.1233	0.9649
TP	0.9678	0.019	−0.0048
$TLI_{(\Sigma)}$	0.8862	0.3064	0.3116
浮游植物生物量	0.3025	0.7773	0.0341
浮游植物H'	−0.7322	−0.6335	−0.1167
浮游动物H'	0.9099	−0.1537	−0.0494
底栖动物H'	0.0093	0.9572	0.0685
水生植物H'	0.2823	0.9205	0.1848

7.4.2 沙湖水生生态系统健康评价指标体系的构成及权重

将筛选出的水生生态系统健康评价因子再进行主成分分析，根据分析结果，计算各评价指标的权重，对指标权重求和，单项指标权重除以权重和即可得到各指标归一化权重。

7.4.2.1 2015 年

沙湖 2015 年水生生态系统健康评价指标特征值及主成分贡献率与各评价指标的权重和归一化权重见表 7-9。

表 7-9 沙湖 2015 年评价指标的权重和归一化权重

指标	评价指标主成分特征值			各主成分方差贡献率			权重	归一化权重
	F1	F2	F3	F1	F2	F3		
Chl. a	0.3968	0.1190	−0.0387	60.2517	21.4693	8.3717	0.2679	0.1065
BOD_5	0.3254	−0.2249	0.2625	60.2517	21.4693	8.3717	0.2663	0.1059
NH_3-N	0.3266	0.3058	−0.0227	60.2517	21.4693	8.3717	0.2643	0.1051
TN	0.3312	0.3064	−0.2834	60.2517	21.4693	8.3717	0.2891	0.115
TP	−0.0441	0.4204	0.8277	60.2517	21.4693	8.3717	0.1861	0.074
$TLI_{(\Sigma)}$	0.3804	0.2007	0.15	60.2517	21.4693	8.3717	0.2848	0.1133
浮游植物生物量	0.3298	−0.1986	−0.0123	60.2517	21.4693	8.3717	0.2424	0.0964
浮游动物 H'	−0.0029	0.6166	−0.3614	60.2517	21.4693	8.3717	0.1644	0.0654
底栖动物 H'	0.3405	−0.2772	−0.0563	60.2517	21.4693	8.3717	0.2694	0.1071
水生植物 H'	0.3859	−0.1853	0.0851	60.2517	21.4693	8.3717	0.2794	0.1111

7.4.2.2 2016 年

沙湖 2016 年水生生态系统健康评价指标特征值及主成分贡献率与各评价指标的权重和归一化权重见表 7-10。

表 7-10 沙湖 2016 年评价指标的权重和归一化权重

指标	评价指标主成分特征值			各主成分方差贡献率			权重	归一化权重
	F1	F2	F3	F1	F2	F3		
Chl. a	0.3652	0.0783	−0.0405	63.8083	19.5695	8.4812	0.2518	0.0915
COD_{Mn}	0.3170	−0.1321	−0.2805	63.8083	19.5695	8.4812	0.2519	0.0916
BOD_5	0.2694	−0.3261	0.4483	63.8083	19.5695	8.4812	0.2737	0.0995
NH_3-N	0.3171	0.3449	0.0881	63.8083	19.5695	8.4812	0.2773	0.1008
TN	0.2486	0.0719	0.7332	63.8083	19.5695	8.4812	0.2349	0.0854
TP	0.2834	0.3780	−0.2887	63.8083	19.5695	8.4812	0.2793	0.1015
$TLI_{(\Sigma)}$	0.3660	0.1530	−0.0059	63.8083	19.5695	8.4812	0.264	0.096
浮游植物生物量	0.3033	−0.1207	−0.2179	63.8083	19.5695	8.4812	0.2356	0.0857
浮游动物 H'	0.0070	0.6659	0.0715	63.8083	19.5695	8.4812	0.1408	0.0512
底栖动物 H'	0.3117	−0.2993	−0.1848	63.8083	19.5695	8.4812	0.2731	0.0993
水生植物 H'	0.3573	−0.1790	−0.0561	63.8083	19.5695	8.4812	0.2678	0.0974

7.4.2.3 2017年

沙湖2017年水生生态系统健康评价指标特征值及主成分贡献率与各评价指标的权重和归一化权重见表7-11。

表7-11 沙湖2017年评价指标的权重和归一化权重

指标	评价指标主成分特征值			各主成分方差贡献率			权重	归一化权重
	F1	F2	F3	F1	F2	F3		
Chl. a	0.4278	−0.153	−0.1338	54.0773	23.4229	15.9457	0.2885	0.1143
BOD_5	0.3653	0.1428	0.4377	54.0773	23.4229	15.9457	0.3008	0.1192
TN	0.0864	0.0455	0.8117	54.0773	23.4229	15.9457	0.1868	0.074
TP	0.3349	−0.4139	−0.0779	54.0773	23.4229	15.9457	0.2905	0.1151
$TLI_{(\Sigma)}$	0.4225	−0.21	0.1121	54.0773	23.4229	15.9457	0.2955	0.1171
浮游植物生物量	0.327	0.3157	−0.2341	54.0773	23.4229	15.9457	0.2881	0.1142
浮游动物 H'	0.2603	−0.5181	−0.1296	54.0773	23.4229	15.9457	0.2828	0.1121
底栖动物 H'	0.2724	0.4833	−0.1805	54.0773	23.4229	15.9457	0.2893	0.1146
水生植物 H'	0.3694	0.3701	−0.0936	54.0773	23.4229	15.9457	0.3014	0.1194

7.4.3 沙湖水生生态系统健康等级评价结果

以沙湖2015年春季数据为例，计算各评价指标与评价标准等级的关联度，差值数计算结果见表7-12，关联系数及关联度见表7-13和表7-14。

表7-12 沙湖2015年春季指标与评价标准的差值数 $\Delta_{ik}(j)$

指标	差数值						
	很健康	健康	亚健康	不健康	病态	max	min
Chl. a/(μg/L)	4.750	3.750	1.750	4.250	14.250	14.250	1.750
BOD_5/(mg/L)	0.460	0.460	0.540	2.540	6.540	6.540	0.460
NH_3-N/(mg/L)	0.128	0.222	0.722	1.222	1.722	1.722	0.128
TN/(mg/L)	0.730	0.430	0.070	0.570	1.070	1.070	0.070
TP/(mg/L)	0.062	0.018	0.118	0.218	0.318	0.318	0.018
$TLI_{(\Sigma)}$	23.280	3.280	6.720	16.720	46.720	46.720	3.280
浮游植物生物量	3.930	3.930	1.930	3.070	13.070	13.070	1.930
浮游动物 H'	1.304	1.304	0.304	0.696	1.696	1.696	0.304
底栖动物 H'	0.888	0.888	0.112	1.112	2.112	2.112	0.112
水生植物 H'	0.683	0.683	0.317	1.317	2.317	2.317	0.317

表7-13 沙湖2015年春季指标与评价标准的关联系数 $\varepsilon_{ik}(j)$

指标	关联系数				
	很健康	健康	亚健康	不健康	病态
Chl. a/(μg/L)	0.7474	0.8161	1.0000	0.7802	0.4152
BOD_5/(mg/L)	1.0000	1.0000	0.9790	0.6420	0.3802
NH_3-N/(mg/L)	1.0000	0.9132	0.6248	0.4748	0.3829

续表

指　标	关　联　系　数				
	很健康	健康	亚健康	不健康	病态
TN/(mg/L)	0.4783	0.6269	1.0000	0.5475	0.3769
TP/(mg/L)	0.8009	1.0000	0.6390	0.4695	0.3711
$TLI_{(\Sigma)}$	0.5712	1.0000	0.8856	0.6647	0.3801
浮游植物生物量	0.8089	0.8089	1.0000	0.8813	0.4318
浮游动物 H'	0.5353	0.5353	1.0000	0.7461	0.4528
底栖动物 H'	0.6008	0.6008	1.0000	0.5387	0.3687
水生植物 H'	0.8012	0.8012	1.0000	0.5960	0.4245

表 7-14　　沙湖 2015 年春季指标与评价标准的关联度

指标类型	权重	很健康	健康	亚健康	不健康	病态
Chl. a/(μg/L)	0.1065	0.0796	0.0869	0.1065	0.0831	0.0442
BOD_5/(mg/L)	0.1059	0.1059	0.1059	0.1037	0.0680	0.0403
NH_3-N/(mg/L)	0.1051	0.1051	0.0960	0.0657	0.0499	0.0402
TN/(mg/L)	0.1150	0.0550	0.0721	0.1150	0.06230	0.0433
TP/(mg/L)	0.0740	0.0593	0.0740	0.0473	0.0347	0.0275
$TLI_{(\Sigma)}$	0.1133	0.0647	0.1133	0.1003	0.0753	0.0431
浮游植物生物量	0.0964	0.0780	0.0780	0.0964	0.0850	0.0416
浮游动物 H'	0.0654	0.0350	0.0350	0.0654	0.0488	0.0296
底栖动物 H'	0.1071	0.0643	0.0643	0.1071	0.0577	0.0395
水生植物 H'	0.1111	0.0890	0.0890	0.1111	0.0662	0.0472
关联度	0.9998	0.7359	0.8145	0.9185	0.6317	0.39645

分析计算结果，沙湖 2015 年春季水生生态系统健康状况与亚健康等级的关联度最高为 0.9185，可判断沙湖 2015 年春季水生生态系统健康状况为亚健康等级。

分别计算沙湖 2015—2017 年各季节及年平均指标与评价标准等级的关联度（表7-15）。

表 7-15　　沙湖 2015—2017 年评价指标与健康等级关联度计算结果

年份	季节	很健康	健康	亚健康	不健康	病态	结果
2015	冬季	0.7022	0.7868	0.8914	0.6935	0.42169	健康
	春季	0.7359	0.8145	0.9185	0.6317	0.3965	亚健康
	夏季	0.7040	0.7875	0.7960	0.7217	0.5813	亚健康
	秋季	0.6089	0.6996	0.7906	0.6648	0.4655	亚健康
	平均	0.6596	0.7432	0.8712	0.6975	0.4828	亚健康

续表

年份	季节	很健康	健康	亚健康	不健康	病态	结果
2016	冬季	0.7020	0.8154	0.8581	0.7037	0.4277	亚健康
	春季	0.7143	0.7728	0.9034	0.6760	0.4088	亚健康
	夏季	0.6110	0.7038	0.8167	0.7305	0.5486	亚健康
	秋季	0.5618	0.6525	0.7076	0.5954	0.4166	亚健康
	平均	0.6098	0.7104	0.8174	0.7068	0.4704	亚健康
2017	冬季	0.6843	0.7524	0.8319	0.7304	0.5003	亚健康
	春季	0.6850	0.7215	0.8747	0.6899	0.4074	亚健康
	夏季	0.6032	0.6807	0.8667	0.6276	0.5129	亚健康
	秋季	0.5560	0.5955	0.7906	0.6968	0.5153	亚健康
	平均	0.5687	0.6219	0.8166	0.6792	0.4650	亚健康

沙湖各污染物除 BOD_5 外其他污染物在夏季普遍较高，冬季各污染物普遍较低。随着当地工农业经济的发展，由于补水、农田灌溉退水等使得大量营养盐进入沙湖，浮游植物大量增殖，致使沙湖的水质发生了剧烈的变化，加大了水体的受污染程度。由于黄河补水总氮和总磷含量本底较高，加之补水不均衡，春、秋两季节补水较大，夏、冬两季补水较少，导致总氮和总磷浓度偏差较小。藻类等在夏季大量繁殖，在生命周期内死亡后以有机物等形式进入水体，同时释放生长前期所摄入的磷元素，加之夏季为旅游业的旺季，人体流动和大量游船的使用也加大了水体的受污染程度。$TLI_{(\Sigma)}$ 是表征水体的富营养化程度，2015—2017 年沙湖夏季和秋季的 $TLI_{(\Sigma)}$ 指标均高于春季和夏季，也表明沙湖水体已受到中度污染，处于中富营养状态，健康状况下降。

沙湖 2015—2017 水生生态系统的健康状况总体评价为亚健康状态，2015—2017 年春、夏、秋三季的水生生态健康状况均为亚健康状态，2015 年冬季的水生生态系统健康状况为健康，2016—2017 年全年水生生态系统健康状况为亚健康。内源污染释放、旅游开发及其城镇生活排污可能是造成沙湖水体污染的主要原因。营养盐指标和有机物指标在湖泊水生生态系统健康评价体系中有重要的作用，因此，需从上述指标入手治理沙湖污染，以恢复其健康状态。

7.5　阅海湖水生生态系统健康评价

7.5.1　阅海湖水生生态系统健康评价指标的选定

将阅海湖各水质指标值进行主成分分析，利用方差最大正交旋转法对因子载荷矩阵进行旋转，按照 85%的累积方差贡献率提取出主成分，然后选择旋转后载荷值大于 0.6 的指标作为阅海湖水生生态系统健康评价的指标。

7.5.1.1　2015 年

阅海湖 2015 年候选指标特征值及主成分贡献率与累积贡献率见表 7-16，旋转后因

子载荷值见表 7-17，确定 COD_{Mn}、TN、NH_3-N、TP、Chl. a、$TLI_{(\Sigma)}$、浮游植物生物量（D）、底栖动物 H'、水生植物 H'等 9 个因子作为阅海湖 2015 年水生生态系统健康评价的指标。

表 7-16　　阅海湖 2015 年候选指标特征值及主成分贡献率与累积贡献率

指　标	F1	F2	指　标	F1	F2
SD	−0.3044	−0.1235	浮游植物生物量	0.3109	−0.0242
Chl. a	0.3116	0.1043	浮游植物 H'	−0.2824	0.1368
COD_{Mn}	0.2879	−0.2748	浮游动物 H'	−0.0766	0.7261
BOD_5	0.2114	−0.0768	底栖动物 H'	0.2789	−0.2294
NH_3-N	0.2474	0.3707	水生植物 H'	0.3164	−0.0994
TN	0.2959	0.1841	特征值	9.6867	1.5544
TP	0.2688	0.3322	贡献率/%	74.5129	11.9567
$TLI_{(\Sigma)}$	0.3187	−0.041	累积贡献率/%	74.5129	86.4696

表 7-17　　阅海湖 2015 年旋转后因子载荷值

指　标	F1	F2	指　标	F1	F2
SD	−0.9283	−0.2434	$TLI_{(\Sigma)}$	0.8859	0.4488
Chl. a	0.9391	0.2743	浮游植物生物量	0.8724	0.42
COD_{Mn}	0.6801	0.6764	浮游植物 H'	−0.7342	−0.5123
BOD_5	0.5626	0.3544	浮游动物 H'	0.1493	−0.9242
NH_3-N	0.8913	−0.1102	底栖动物 H'	0.6774	0.6134
TN	0.9349	0.1636	水生植物 H'	0.8499	0.5125
TP	0.9327	−0.0394			

7.5.1.2　2016 年

阅海湖 2016 年候选指标特征值及主成分贡献率与累积贡献率见表 7-18，旋转后因子载荷值见表 7-19，确定 COD_{Mn}、TN、NH_3-N、TP、Chl. a、$TLI_{(\Sigma)}$、浮游植物生物量（D）、底栖动物 H'、水生植物 H'等 9 个因子作为阅海湖 2016 年水生生态系统健康评价的指标。

表 7-18　　阅海湖 2016 年候选指标特征值及主成分贡献率与累积贡献率

指　标	F1	F2	指　标	F1	F2
SD	−0.2180	−0.4144	浮游植物生物量	0.3142	0.0203
Chl. a	0.3163	0.1051	浮游植物 H'	−0.2823	0.2347
COD_{Mn}	0.2737	−0.2591	浮游动物 H'	−0.0777	0.6604
BOD_5	0.2110	−0.0806	底栖动物 H'	0.2773	−0.2596
NH_3-N	0.3140	0.1207	水生植物 H'	0.3158	−0.0925
TN	0.3166	0.0470	特征值	9.6383	1.6657
TP	0.2663	0.3945	贡献率/%	74.1408	12.8129
$TLI_{(\Sigma)}$	0.3196	0.0593	累积贡献率/%	74.1408	86.9537

表 7-19 阅海湖 2016 年旋转后因子载荷值

指标	F1	F2	指标	F1	F2
SD	−0.8626	0.0120	$TLI_{(\Sigma)}$	0.8336	0.5435
Chl. a	0.8616	0.4905	浮游植物生物量	0.7897	0.5732
COD_{Mn}	0.4704	0.7828	浮游植物 H'	−0.5107	−0.7739
BOD_5	0.4563	0.4816	浮游动物 H'	0.3276	−0.8231
NH_3-N	0.868	0.4701	底栖动物 H'	0.4787	0.7900
TN	0.8165	0.5505	水生植物 H'	0.7050	0.6918
TP	0.9658	0.0996			

7.5.1.3 2017 年

阅海湖 2017 年候选指标特征值及主成分贡献率与累积贡献率见表 7-20，旋转后因子载荷值见表 7-21，确定 COD_{Mn}、BOD_5、TN、NH_3-N、TP、Chl. a、$TLI_{(\Sigma)}$、浮游植物生物量（D）、浮游动物 H'、底栖动物 H'、水生植物 H'等 11 个因子作为阅海湖 2017 年水生生态系统健康评价的指标。

表 7-20 阅海湖 2017 年候选指标特征值及主成分贡献率与累积贡献率

指标	F1	F2	F3
SD	−0.2714	−0.0440	0.4027
Chl. a	0.2490	−0.1221	0.5755
COD_{Mn}	0.2978	−0.0529	−0.2413
BOD_5	0.2470	−0.3374	0.4258
NH_3-N	0.2846	0.3300	0.0366
TN	0.3105	0.1706	−0.0019
TP	0.2708	0.3818	0.0790
$TLI_{(\Sigma)}$	0.3171	0.0626	0.0754
浮游植物生物量	0.3006	0.1191	−0.2533
浮游植物 H'	−0.2903	0.2570	−0.2085
浮游动物 H'	−0.0886	0.6859	0.3289
底栖动物 H'	0.2826	−0.1668	−0.1722
水生植物 H'	0.3179	−0.0183	−0.0912
特征值	9.7436	1.5331	1.0711
贡献率/%	74.9508	11.7935	8.2396
累积贡献率/%	74.9508	86.7442	94.9838

表 7-21 阅海湖 2017 年旋转后因子载荷值

指标	F1	F2	F3
SD	−0.8959	−0.1236	0.2764
Chl. a	0.3298	0.9338	0.0321
COD_{Mn}	0.8478	0.3364	−0.3144

续表

指　　标	F1	F2	F3
BOD_5	0.2912	0.8971	−0.2716
NH_3-N	0.8683	0.3825	0.2393
TN	0.8781	0.4598	0.0369
TP	0.8380	0.3721	0.3223
$TLI_{(\Sigma)}$	0.8111	0.5762	−0.0448
浮游植物生物量	0.9399	0.2627	−0.1365
浮游植物 H'	−0.5355	−0.765	0.3112
浮游动物 H'	−0.0557	−0.1633	0.9402
底栖动物 H'	0.7254	0.4113	−0.3962
水生植物 H'	0.8493	0.4769	−0.2135

7.5.2 阅海湖水生生态系统健康评价指标体系的构成及权重

将筛选出的水生生态系统健康评价因子再进行主成分分析，根据分析结果，计算各评价指标的权重，对指标权重求和，单项指标权重除以权重和即可得到各指标归一化权重。

7.5.2.1 2015 年

阅海湖 2015 年水生生态系统健康评价指标特征值及主成分贡献率与各评价指标的权重和归一化权重见表 7-22。

表 7-22　阅海湖 2015 年评价指标的权重和归一化权重

指　标	评价指标主成分特征值		各主成分方差贡献率		权重	归一化权重
	F1	F2	F1	F2		
Chl. a	0.3543	0.0896	84.6210	8.6764	0.3076	0.1263
COD_{Mn}	0.3255	−0.4445	84.6210	8.6764	0.3140	0.1289
NH_3-N	0.2888	0.573	84.6210	8.6764	0.2941	0.1208
TN	0.3382	0.1777	84.6210	8.6764	0.3016	0.1238
TP	0.3040	0.4700	84.6210	8.6764	0.2980	0.1224
$TLI_{(\Sigma)}$	0.3589	−0.1072	84.6210	8.6764	0.3130	0.1285
浮游植物生物量	0.353	−0.0735	84.6210	8.6764	0.3051	0.1253
底栖动物 H'	0.3154	−0.4063	84.6210	8.6764	0.3021	0.1241
水生植物 H'	0.3541	−0.1780	84.6210	8.6764	0.3151	0.1294

7.5.2.2 2016 年

阅海湖 2016 年水生生态系统健康评价指标特征值及主成分贡献率与各评价指标的权重和归一化权重见表 7-23。

7.5.2.3 2017 年

阅海湖 2017 年水生生态系统健康评价指标特征值及主成分贡献率与各评价指标的权

重和归一化权重见表7-24。

表7-23　　阅海湖2016年评价指标的权重和归一化权重

指　标	评价指标主成分特征值	各主成分方差贡献率	权重	归一化权重
	F1	F1		
Chl. a	0.3468	88.5185	0.307	0.1158
COD_{Mn}	0.3057	88.5185	0.2706	0.1021
NH_3-N	0.3449	88.5185	0.3053	0.1152
TN	0.3468	88.5185	0.307	0.1158
TP	0.2972	88.5185	0.2631	0.0993
$TLI_{(\Sigma)}$	0.3521	88.5185	0.3117	0.1176
浮游植物生物量	0.3473	88.5185	0.3074	0.116
底栖动物 H'	0.3049	88.5185	0.2699	0.1018
水生植物 H'	0.348	88.5185	0.308	0.1162

表7-24　　阅海湖2017年评价指标的权重和归一化权重

指　标	评价指标主成分特征值		各主成分方差贡献率		权重	归一化权重
	F1	F2	F1	F2		
Chl. a	0.2728	−0.0816	74.7762	13.0442	0.2146	0.0785
COD_{Mn}	0.3210	−0.1171	74.7762	13.0442	0.2553	0.0933
BOD_5	0.2659	−0.3204	74.7762	13.0442	0.2406	0.0880
NH_3-N	0.3158	0.3148	74.7762	13.0442	0.2772	0.1014
TN	0.3403	0.1436	74.7762	13.0442	0.2732	0.0999
TP	0.3021	0.3759	74.7762	13.0442	0.2749	0.1005
$TLI_{(\Sigma)}$	0.346	0.0401	74.7762	13.0442	0.264	0.0965
浮游植物生物量	0.3272	0.0628	74.7762	13.0442	0.2529	0.0925
浮游动物 H'	−0.0848	0.7474	74.7762	13.0442	0.1609	0.0588
底栖动物 H'	0.3036	−0.2189	74.7762	13.0442	0.2556	0.0934
水生植物 H'	0.3447	−0.0619	74.7762	13.0442	0.2658	0.0972

7.5.3　阅海湖水生生态系统健康等级评价结果

分别计算阅海湖2015—2017年各季节及年平均值与评价标准等级的关联度（表7-25）。

阅海湖2015—2017年的夏季和秋季的TP、Chl. a、COD_{Mn}、NH_3-N、TN高于春季和冬季。这说明夏季和秋季水体污染比较严重，原因主要是水里含有大量有机物和营养盐，蓝藻大量繁殖，抑制其他浮游植物生长，导致其多样性下降，对阅海湖水生生态系统造成严重影响。因此，2015—2017年夏季和秋季水生生态系统健康状况比春季和冬季健康状况要差。$TLI_{(\Sigma)}$体现了水体的富营养化程度在2015—2017年的夏季和秋季明显高于春季和冬季，这表明阅海湖处于中度污染且处于中富营养状态，健康状况正在逐渐下降。此外，对阅海湖的过度开发和利用降低了土壤吸收营养物质能力，农田施肥的损失及药物残留对水体造成危害，这也是造成阅海湖处于亚健康的原因。

表 7-25 阅海湖 2015—2017 年各季节指标与健康等级关联度计算结果

年份	季节	很健康	健康	亚健康	不健康	病态	结果
2015	冬季	0.9348	0.9665	0.9183	0.6433	0.4350	健康
	春季	0.8234	0.8925	0.9748	0.6283	0.4151	亚健康
	夏季	0.7113	0.8061	0.8503	0.8455	0.5123	亚健康
	秋季	0.7644	0.8614	0.9576	0.7804	0.4559	亚健康
	平均	0.7855	0.8786	0.9943	0.7146	0.4396	亚健康
2016	冬季	0.8244	0.8654	0.8018	0.5876	0.3907	健康
	春季	0.7267	0.7731	0.8281	0.5602	0.3636	亚健康
	夏季	0.5763	0.6805	0.8027	0.7793	0.4917	亚健康
	秋季	0.6118	0.7181	0.8213	0.7279	0.4033	亚健康
	平均	0.6725	0.7840	0.8820	0.6688	0.4015	亚健康
2017	冬季	0.8556	0.8723	0.7857	0.6210	0.4066	健康
	春季	0.7628	0.8011	0.8197	0.5788	0.3759	亚健康
	夏季	0.6217	0.7162	0.8199	0.7510	0.5222	亚健康
	秋季	0.6111	0.7197	0.8230	0.6628	0.4478	亚健康
	平均	0.6650	0.7754	0.8374	0.6372	0.3901	亚健康

阅海湖水源主要为农田退水，氮营养盐严重超标，阅海湖污染严重，生态系统结构不稳定；水流流速较低，水自净能力减弱，人类生产活动频繁，湖泊内部结构变化较大。这主要体现在浮游动植物生物量、底栖动物生物量及水生生物多样性等指标上，在一定程度上反映了阅海湖的健康状况。阅海湖在 2015—2017 年春、冬两季湖泊生态系统生物群落结构均衡，生物多样性较高，水生植物覆盖率大；夏、秋两季水生植物覆盖率很低或水生植物消失，水生生物多样性低。水质、水生生物的单项生态指标以及富营养化指数、生物多样性指数都显示其生态系统健康受损，造成阅海湖 2015—2017 年总体健康状况为亚健康。评价结果也较全面地反映了阅海湖生态系统的特征。鉴于此，应加强对阅海湖渔业的管理，合理规划养殖区，根据养殖总量来确定规模，禁止对阅海湖进行施肥和投饲养殖，优化养殖结构；同时严格调控化肥使用，避免盲目使用化肥；最后应做好污水处理，防止湖内流进氮营养盐。

根据对阅海湖的评价结果，在 2015—2017 年，其水生生态系统的健康状况总体评价均为亚健康状态，湖体水质受到一定程度的污染，受季节变化影响显著，夏、秋两季的污染程度比春、冬两季的程度要严重，且处于中度富营养状态。氮营养盐超标是造成阅海湖污染严重的主要因素，需及时采取措施处理。

7.6 星海湖水生生态系统健康评价

7.6.1 星海湖水生生态系统健康评价指标的选定

将星海湖各水质指标值进行主成分分析，利用方差最大正交旋转法对因子载荷矩阵进行旋转，按照 85%的累积方差贡献率提取出主成分，然后选择旋转后载荷值大于 0.6 的指标作为阅海湖水生生态系统健康评价的指标。

7.6.1.1　2015 年

星海湖 2015 年候选指标特征值及主成分贡献率与累积贡献率见表 7－26，旋转后因子载荷值见表 7－27，确定 COD_{Mn}、BOD_5、TN、NH_3-N、TP、Chl. a、$TLI_{(\Sigma)}$、浮游植物生物量（D）、底栖动物 H'、水生植物 H'等 10 个因子作为星海湖 2015 年水生生态系统健康评价的指标。

表 7－26　星海湖 2015 年候选指标特征值及主成分贡献率与累积贡献率

指　标	F1	F2	F3
SD	－0.1766	0.3469	－0.3369
Chl. a	0.1879	0.4547	0.2962
COD_{Mn}	0.3278	0.2375	－0.0412
BOD_5	0.3185	0.2391	0.0887
NH_3-N	0.1644	－0.519	0.1029
TN	0.3281	0.2031	0.1394
TP	0.2575	－0.3794	0.1404
$TLI_{(\Sigma)}$	0.3350	0.0885	0.2311
浮游植物生物量	0.3352	0.0801	－0.2044
浮游植物 H'	－0.3355	0.0058	0.0904
浮游动物 H'	－0.0836	－0.0737	0.7063
底栖动物 H'	0.2830	－0.1655	－0.3244
水生植物 H'	0.3152	－0.2399	－0.179
特征值	7.8183	2.6537	1.5595
贡献率/%	60.1406	20.413	11.9965
累积贡献率/%	60.1406	80.5536	92.5501

表 7－27　星海湖 2015 年旋转后因子载荷值

指　标	F1	F2	F3
SD	－0.1791	－0.818	0.1977
Chl. a	0.9242	－0.2561	－0.2044
COD_{Mn}	0.9250	0.1397	0.3424
BOD_5	0.9477	0.1618	0.1812
NH_3-N	－0.0801	0.9645	0.0789
TN	0.9522	0.2387	0.1338
TP	0.2643	0.9213	0.1126
$TLI_{(\Sigma)}$	0.8918	0.4292	0.0423
浮游植物生物量	0.7450	0.3151	0.5536

续表

指　　标	F1	F2	F3
浮游植物 H'	−0.7037	−0.464	−0.4272
浮游动物 H'	−0.0248	0.1831	−0.9017
底栖动物 H'	0.3670	0.5358	0.6642
水生植物 H'	0.4164	0.7243	0.5308

7.6.1.2　2016 年

星海湖 2016 年候选指标特征值及主成分贡献率与累积贡献率见表 7-28，旋转后因子载荷值见表 7-29，确定 COD_{Mn}、BOD_5、TN、NH_3-N、TP、Chl. a、$TLI_{(\Sigma)}$、浮游植物生物量（D）、底栖动物 H'、水生植物 H'等 10 个因子作为星海湖 2016 年水生生态系统健康评价的指标。

表 7-28　　星海湖 2016 年候选指标特征值及主成分贡献率与累积贡献率

指　　标	F1	F2	指　　标	F1	F2
SD	−0.1097	0.6248	浮游植物生物量	0.3117	−0.0484
Chl. a	0.3025	−0.0360	浮游植物 H'	−0.3013	0.1738
COD_{Mn}	0.2902	0.2342	浮游动物 H'	−0.2523	−0.0512
BOD_5	0.2077	−0.4934	底栖动物 H'	0.2781	0.1003
NH_3-N	0.2182	0.5011	水生植物 H'	0.3180	0.0578
TN	0.3205	0.0586	特征值	9.6303	2.0466
TP	0.2979	0.0502	贡献率/%	74.0789	15.7434
$TLI_{(\Sigma)}$	0.3161	−0.0661	累积贡献率/%	74.0789	89.8223

表 7-29　　星海湖 2016 年旋转后因子载荷值

指　　标	F1	F2	指　　标	F1	F2
SD	−0.0309	−0.956	$TLI_{(\Sigma)}$	0.8968	0.4088
Chl. a	0.8709	0.3544	浮游植物生物量	0.8921	0.3804
COD_{Mn}	0.9606	−0.0236	浮游植物 H'	−0.8031	−0.5395
BOD_5	0.3797	0.8773	浮游动物 H'	−0.7641	−0.1856
NH_3-N	0.8737	−0.4574	底栖动物 H'	0.8627	0.1452
TN	0.9676	0.2445	水生植物 H'	0.9598	0.2431
TP	0.8976	0.2331			

7.6.1.3　2017 年

星海湖 2017 年候选指标特征值及主成分贡献率与累积贡献率见表 7-30，旋转后因子载荷值见表 7-31，确定 COD_{Mn}、BOD_5、TN、NH_3-N、TP、Chl. a、$TLI_{(\Sigma)}$、浮游植物生物量（D）、底栖动物 H'、水生植物 H'等 10 个因子作为星海湖 2017 年水生生态系统健康评价的指标。

表 7-30　星海湖 2017 年候选指标特征值及主成分贡献率与累积贡献率

指　标	F1	F2	指　标	F1	F2
SD	−0.1702	0.3986	浮游植物生物量	0.3095	−0.0018
Chl. a	0.2813	0.3015	浮游植物 H'	−0.2820	0.3223
COD_{Mn}	0.2921	0.2526	浮游动物 H'	−0.2564	−0.1206
BOD_5	0.2002	−0.5872	底栖动物 H'	0.2638	−0.1841
NH_3-N	0.2719	0.3767	水生植物 H'	0.3086	−0.1044
TN	0.3050	0.1849	特征值	9.9592	1.6322
TP	0.3086	−0.0161	贡献率/%	76.6095	12.5557
$TLI_{(\Sigma)}$	0.3137	0.0452	累积贡献率/%	76.6095	89.1652

表 7-31　星海湖 2017 年旋转后因子载荷值

指　标	F1	F2	指　标	F1	F2
SD	−0.1551	−0.7236	$TLI_{(\Sigma)}$	0.8493	0.5120
Chl. a	0.9500	0.1840	浮游植物生物量	0.8044	0.5539
COD_{Mn}	0.9429	0.2549	浮游植物 H'	−0.5015	−0.8427
BOD_5	0.0970	0.9760	浮游动物 H'	−0.7545	−0.3302
NH_3-N	0.9800	0.0881	底栖动物 H'	0.5537	0.6645
TN	0.9276	0.3492	水生植物 H'	0.7281	0.6606
TP	0.7918	0.5674			

7.6.2　星海湖水生生态系统健康评价指标体系的构成及权重

将筛选出的水生生态系统健康评价因子再进行主成分分析，根据分析结果，计算各评价指标的权重，对指标权重求和，单项指标权重除以权重和即可得到各指标归一化权重。

7.6.2.1　2015 年

星海湖 2015 年水生生态系统健康评价指标特征值及主成分贡献率与各评价指标的权重和归一化权重见表 7-32。

表 7-32　星海湖 2015 年评价指标的权重和归一化权重

指　标	评价指标主成分特征值		各主成分方差贡献率		权重	归一化权重
	F1	F2	F1	F2		
Chl. a	0.2234	−0.4922	66.7866	23.9908	0.2673	0.0983
COD_{Mn}	0.3626	−0.2009	66.7866	23.9908	0.2904	0.1067
BOD_5	0.3510	−0.2284	66.7866	23.9908	0.2892	0.1063
NH_3-N	0.1605	0.5406	66.7866	23.9908	0.2369	0.0871
TN	0.363	−0.1982	66.7866	23.9908	0.2900	0.1066
TP	0.2669	0.4043	66.7866	23.9908	0.2752	0.1012

续表

指　标	评价指标主成分特征值		各主成分方差贡献率		权重	归一化权重
	F1	F2	F1	F2		
$TLI_{(\Sigma)}$	0.3681	−0.0912	66.7866	23.9908	0.2677	0.0984
浮游植物生物量	0.3629	−0.0156	66.7866	23.9908	0.2461	0.0905
底栖动物 H'	0.3029	0.2619	66.7866	23.9908	0.2651	0.0975
水生植物 H'	0.3282	0.3052	66.7866	23.9908	0.2924	0.1075

7.6.2.2　2016 年

星海湖 2016 年水生生态系统健康评价指标特征值及主成分贡献率与各评价指标的权重和归一化权重见表 7-33。

表 7-33　　星海湖 2016 年评价指标的权重和归一化权重

指　标	评价指标主成分特征值		各主成分方差贡献率		权重	归一化权重
	F1	F2	F1	F2		
Chl. a	0.3343	0.0416	81.0461	12.0939	0.276	0.0991
COD_{Mn}	0.3292	−0.2834	81.0461	12.0939	0.3011	0.1081
BOD_5	0.2056	0.7202	81.0461	12.0939	0.2537	0.0911
NH_3-N	0.2561	−0.5922	81.0461	12.0939	0.2792	0.1003
TN	0.3498	−0.0073	81.0461	12.0939	0.2844	0.1021
TP	0.3326	−0.073	81.0461	12.0939	0.2784	0.1
$TLI_{(\Sigma)}$	0.3437	0.1169	81.0461	12.0939	0.2927	0.1051
浮游植物生物量	0.3356	0.1694	81.0461	12.0939	0.2925	0.105
底栖动物 H'	0.299	0.0177	81.0461	12.0939	0.2445	0.0878
水生植物 H'	0.3448	0.0218	81.0461	12.0939	0.2821	0.1013

7.6.2.3　2017 年

星海湖 2017 年水生生态系统健康评价指标特征值及主成分贡献率与各评价指标的权重和归一化权重见表 7-34。

表 7-34　　星海湖 2017 年评价指标的权重和归一化权重

指　标	评价指标主成分特征值		各主成分方差贡献率		权重	归一化权重
	F1	F2	F1	F2		
Chl. a	0.3165	−0.335	82.9292	12.7383	0.3051	0.1044
COD_{Mn}	0.3274	−0.2115	82.9292	12.7383	0.2985	0.1021
BOD_5	0.2016	0.6909	82.9292	12.7383	0.2552	0.0873
NH_3-N	0.3096	−0.3897	82.9292	12.7383	0.3064	0.1048
TN	0.3396	−0.1712	82.9292	12.7383	0.3034	0.1038
TP	0.3381	0.1107	82.9292	12.7383	0.2945	0.1007

续表

指　标	评价指标主成分特征值		各主成分方差贡献率		权重	归一化权重
	F1	F2	F1	F2		
$TLI_{(\Sigma)}$	0.3444	−0.0244	82.9292	12.7383	0.2887	0.0987
浮游植物生物量	0.3385	0.0462	82.9292	12.7383	0.2866	0.098
底栖动物 *H*	0.2849	0.3578	82.9292	12.7383	0.2818	0.0964
水生植物 *H*	0.3349	0.2036	82.9292	12.7383	0.3037	0.1039

7.6.3　星海湖水生生态系统健康等级评价结果

分别计算星海湖 2015—2017 年各季节及年平均值与评价标准等级的关联度（表 7-35）。

表 7-35　　星海湖 2015—2017 年各季节指标与健康等级关联度计算结果

年份	季节	很健康	健康	亚健康	不健康	病态	结果
2015	冬季	0.6451	0.7762	0.8570	0.6491	0.4597	健康
	春季	0.6644	0.8022	0.9008	0.6102	0.3844	亚健康
	夏季	0.6183	0.6973	0.8940	0.7988	0.4794	亚健康
	秋季	0.5935	0.6851	0.8012	0.7331	0.5586	亚健康
	平均	0.6300	0.7406	0.8921	0.7317	0.4939	亚健康
2016	冬季	0.7536	0.8675	0.8507	0.6208	0.4014	健康
	春季	0.6424	0.7860	0.8582	0.6081	0.3859	亚健康
	夏季	0.5991	0.6607	0.7497	0.7783	0.6441	不健康
	秋季	0.6154	0.6787	0.8138	0.7133	0.5300	亚健康
	平均	0.5934	0.6844	0.8615	0.6873	0.5142	亚健康
2017	冬季	0.7115	0.7938	0.8470	0.6692	0.4710	健康
	春季	0.6358	0.6984	0.8918	0.6403	0.4056	亚健康
	夏季	0.5700	0.6175	0.7551	0.8423	0.6237	不健康
	秋季	0.5993	0.6416	0.8340	0.7419	0.4810	亚健康
	平均	0.5988	0.6866	0.8793	0.7174	0.4735	亚健康

星海湖补水主要源于黄河灌渠生态补水和农灌退水，补水季节主要是在春季、夏季和秋季，星海湖春、夏、秋三季的 COD_{Mn}、BOD_5、NH_3-N、TN、Chl. a 均高于冬季，在夏季时指标达到最大，原因是夏季星海湖补水量最大，大量有机物和营养盐进入水体，蓝藻大量繁殖，形成优势种，抑制了其他种类浮游植物的生长，浮游植物植物多样性下降，导致星海湖水生生态系统结构受到严重影响。冬季属于枯水期，外源水几乎不会补充入星海湖中，所以其指标值达到最小。$TLI_{(\Sigma)}$ 是表征水体的富营养化程度，2015 年星海湖 $TLI_{(\Sigma)}$ 指标在秋季达到最大值，2016—2017 年 $TLI_{(\Sigma)}$ 均在夏季达到最大值，且 2016—2017 年 $TLI_{(\Sigma)}$ 指标在夏季的最大值高于 2015 年秋季，也说明星海湖夏季水体污染严重。

夏季雨水冲刷、生活污水等排放到湖中，增大了湖水中 NH_3-N、TN、TP 的含量，致使星海湖夏季水生生态系统逐渐遭到破坏，最终呈不健康状态。

星海湖 2015—2017 年三年水生生态系统的健康状况总体评价为亚健康状态，春季和冬季的水生生态健康状况均为亚健康，冬季水生生态健康状况均为健康，2015 年夏季的水生生态系统健康状况为亚健康，2016—2017 年夏季水生生态系统健康评价状况为不健康。氮磷营养盐超标是造成星海湖水体污染的主要原因，因此应该加强对星海湖的水质监测，降低星海湖外源性的氮磷营养盐含量，将其控制在一个标准范围内，重建和恢复水生生态系统，保证其结构的完整性和功能的稳定性。

7.7 小结

沙湖、阅海湖、星海湖夏季水体污染程度较高，原因是此时间段补水量大，大量有机物和营养盐进入水体，蓝藻大量繁殖，形成优势种，抑制了其他种类浮游植物的生长，浮游植物多样性下降，导致湖泊水生生态系统结构受到严重影响，功能退化，因此健康状况夏季最差。此外，这三个湖泊水生植物群落结构不均衡，多样性较低，其自然演替速度不能适应目前外源污染物的压力胁迫，对氮营养盐的降解能力不足，也是导致三个湖泊水生生态系统处于亚健康状态的重要原因。

氮磷营养盐超标，是三个湖泊水质污染的主要原因，整个水生生态系统结构不稳定，其功能受外界胁迫因子的影响较大，造成湖泊水生生态系统的总体健康状况为亚健康，综合评价的结果也较为全面地反映了三个湖泊水生生态系统的水环境特征。根据水生生态系统健康评价结果，三个湖泊水体污染防治主要应以降低外源性氮、磷含量为主，重建和恢复水生生态系统，保证其结构的完整性和功能的稳定性。

水生生态系统包含多个理化和生物因子，如何从众多的因子中选取适当的因子作为评价水生生态系统健康的指标，是水生生态系统健康评价的基础和关键。所选指标应能较客观真实地反映水生生态系统的健康状况，其指标含义应明确，具有可测性，以此构建的评价指标体系应具有较强的代表性和应用性，可以涵盖水环境质量、生物生态特征及栖息地环境质量各个方面。

水生生态系统健康的评价指标一般可以分为理化指标和生物指标两大类。理化指标一般体现为对河流水生生物群落的直接及间接影响。水生生物群落可通过自身结构和功能的调整来适应外界环境条件的改变，并对外界压力做出反应，因此生物指标在水生生态系统健康评价过程中应是重点考虑的对象。

本书在湖泊水环境因子分析和水生生物多样性研究结果的基础上，选取水生生态系统健康评价候选指标，通过主成分分析法筛选出 COD_{Mn}、BOD_5、TN、NH_3-N、TP、Chl. a、综合营养状态指数、浮游植物生物量、浮游植物 H'、浮游动物 H'、底栖动物 H'和水生植物 H'等指标构成湖泊水生生态系统健康评价的指标体系，运用主成分法确定了指标权重，有效地降低了指标筛选和指标赋权过程中主观因素的影响，使评价结果较为客观合理。构建的评价指标体系涵盖了水体营养盐和有机物等各主要水环境因子以及浮游植物、浮游动物、底栖动物、水生植物等生物指标，充分反映湖泊的水环境质量和水生生态系统结构的多样性。可揭示湖泊水生生态系统的现状和演替方向，能够反映外界胁迫因子的构成和强度，由此得到的健康程度可作为表征湖泊水生生态系统结构完整性和功能稳定性的指标之一，评价结果与湖泊水环境特征、水生生物及其多样性的实际情况相吻合。

本章筛选出来的评价指标主要由三部分构成：第一部分包含的因子为浮游植物 H'、浮游植物生物量、浮游动物 H'、底栖动物 H'、水生植物 H'，是水生生态系统结构多样性和完整性的综合反映，也是水生生态系统健康评价指标中最重要的部分。第二部分包含的因子为 TN、NH_3-N、TP，主要描述水体氮、磷营养盐的构成和含量。第三部分包含的因子为 COD_{Mn}、BOD_5、Chl. a，主要描述水体有机物的含量。以上指标涵盖了水体营养盐和有机物等各主要水环境因子，能够充分反映湖泊的水环境质量；生物指标包括浮游植物生物量、浮游植物 H'、浮游动物 H'、底栖动物 H'、水生植物 H'，是水生生态系统结构多样性的综合反映。在研究过程中，由于缺乏微生物的研究成果，故未能将微生物的指标纳入评价指标体系。今后还需加强对水生植物群落特征、着生藻类群落特征及其多样性指数、生物完整性指数、栖息地综合质量评价指标等内容的调查与分析，加强长时间序列不同时期水生生态系统的观测，以期进一步完善水生生态系统健康评价的理论和方法。

第8章　银川平原湖泊水生态环境保护与综合利用

8.1　湖泊生态渔业

8.1.1　我国湖泊渔业发展现状

8.1.1.1　湖泊渔业的发展

湖泊是宝贵的国土资源，蕴含着丰富的水生生物资源，具有蓄洪、灌溉、渔业、运输、供水、旅游等多项功能，合理开发利用这部分资源对国民经济发展具有重要意义。我国湖泊众多，总面积约740万hm^2，占全国内陆水域面积的42%，可养殖水面达186.7万hm^2。湖泊渔业是我国湖泊的重要功能之一，对满足人民群众对动物蛋白的需要，解决粮食安全问题，增加就业，促进湖区经济发展起到了重要作用。

我国湖泊渔业经历了从捕捞型到增养殖结合型及综合养殖型的发展过程，20世纪50年代以前主要以天然捕捞为主，目前一些大中型湖泊仍采用这种渔业模式。50年代开始，逐渐形成了在中小型湖泊内投放食物链较短、生长速度较快和个体较大的鲢、鳙、草鱼等为主的传统放养模式，充分利用水体天然生物生产力，曾对提高湖泊鱼产量起了重要作用。

8.1.1.2　湖泊渔业存在的问题及今后的发展方向

湖泊渔业一直以追求最大产量为目标，在养殖方式上则是借用池塘养鱼的技术，如投饵、施肥、除野等，虽然产量大幅度提高，但同时为破坏生态资源和水体环境付出了巨大代价，也不利于湖泊渔业的可持续发展。这种传统的养殖方式对湖泊资源的破坏和环境带来的负面影响主要表现在湖泊的逆向演替、富营养化、生物多样性下降和鱼类资源小型化。

放养鱼类对湖泊其他鱼类的群落结构、饵料资源构成威胁，也对水体的环境带来影响。为了开发利用水草资源，20世纪50年代提出了“草鱼开荒”的口号，即通过向湖泊中大量投放草鱼来消除水草，再实现肥水养鱼的目的。不少湖泊因此出现水草资源衰竭，由“草型湖泊”退化为“藻型湖泊”，这被称为湖泊的逆向演替。如武汉东湖20世纪50—60年代水草茂盛，70年代放养草鱼后沉水植物资源锐减，现在主要湖区几乎没有沉水植物。水生植物能够净化水质，也是其他生物栖息的基质，提高了湖泊生态系统的环境异质性，丰富了生物多样性。过量放养草鱼导致水草消亡，使水体自净能力减弱，环境异质性和生物多样性下降，环境质量降低，使水体不再适合鳜鱼、河蟹、青虾等名优水产动物的生存，只能放养鲢、鳙等肥水鱼类，湖泊渔业利用效益受损。

湖泊富营养化是指由于外源营养物质的过量输入，超过湖泊水体的自净能力，导致浮游藻类大量繁殖，溶氧量下降，水质恶化。在高度富营养化的水体中，经常出现浮游藻类的爆发性增长，如夏季蓝藻“水华”。蓝藻水华的大量发生是水体富营养化的重要表征之一。同时，形成蓝藻水华的淡水藻类产生的次生代谢产物——微囊藻毒素能够积累在鱼体、底栖动物等生物体内，能损害肝脏，影响蛋白磷酸酶的活力，并且具有促癌效应，直接威胁人类的健康和生存。富营养化的湖泊生态系统结构和功能衰退，水域环境质量下降。不合理的水产养殖是造成湖泊富营养化的重要原因之一，如过量放养草鱼，中小型湖泊渔业增产措施主要采用投饵和施肥等方式，“三网”养殖规模过大，超过湖泊环境容量等。此外，生活污水和工农业废水排入湖泊加速了湖泊的富营养化，如长江中下游地区乡镇企业发达，人口密度较大，大量的生活污水和工农业废水排入湖泊，加之污水处理手段的滞后和缺乏，使得湖泊的富营养化问题日趋严重，对湖泊生态系统产生了极大的影响。湖泊水体富营养化使水体的初级生产力上升，往往导致鱼产量增加，主要表现在鱼产量与浮游植物生物量、水体理化指标（如总磷）存在密切相关。因此，通过测定水体的初级生产力可以估算该水体的鱼产力。投放滤食性鱼类（如鲢、鳙）在湖泊富营养化过程中能够有效控制藻类的增殖，同时，鱼产品的收获可以从湖泊生态系统中输出氮磷。

湖泊环境的改变，由草型湖泊退化为藻型湖泊后，生物多样性下降。鱼类资源小型化包括两个层次的含义，一是指鱼类种类组成小型化，即渔获物中以小型鱼类为主，中大型鱼类在渔业中的比重下降，甚至从渔获物中消失；二是指鱼类种群结构小型化，即渔获物以低龄个体为主。鱼类资源小型化是人类活动造成的直接后果，在开发利用的湖泊中已成为普遍现象。捕捞将直接减少鱼类种群的丰度，而过度捕捞则导致鱼类种群的衰退甚至资源枯竭。过度捕捞对寿命长、繁殖力低的鱼类的影响尤其严重。过度捕捞致使许多经济鱼类，包括大型肉食性鱼类种群数量锐减，减轻了对小型鱼类的摄食压力，小型鱼类数量的增加反过来又抑制了大型经济鱼类种群数量的增长。

总之，现阶段湖泊渔业存在的主要问题是如何处理好渔业生产与水质保护之间的矛盾。我国淡水资源并不丰裕，人均拥有量仅为世界人均量的 1/4，居第 88 位。针对现阶段湖泊渔业存在的问题，未来湖泊渔业的发展应以“保护水质、兼顾渔业、适度开发、持续利用”为基本原则，那些以牺牲生态环境为代价的渔业技术模式需要严格加以限制，使渔业生产与环境保护兼顾，渔业增产与优质、高效兼顾，实现渔业与环境协调发展。

8.1.2　人工放养不同食性鱼类对湖泊生态系统的影响

8.1.2.1　放养浮游生物食性鱼类的下行效应

有关浮游生物食性鱼类对水体的下行效应在国外很早就受到了重视。放养或引入浮游动物食性鱼类，会大大降低浮游动物的数量，特别是那些大型植食性浮游动物如溞属枝角类的数量，从而减轻了其对浮游植物的牧食压力，使浮游植物数量增加，甚至可能引发藻类水华。因此，湖泊中的浮游生物食性鱼类在国外通常是被控制的对象，而不是放养的对象，即通过在水体中放养食鱼性鱼类来控制浮游生物食性鱼类，从而使浮游动物数量增加，达到控制藻类过度繁殖、改善水质的目的，这种技术通常被称为生物操纵。目前，生物操纵已成为世界上许多国家改善湖泊和水库水质的常用技术之一。

我国对浮游生物食性鱼类的研究主要集中于鲢、鳙两种鱼类。鲢、鳙是我国特产，

也是被世界各国广泛引种的两种重要滤食性鱼类，在我国湖泊水库渔业中具有重要地位。在正常情况下，鲢主要滤食浮游植物、小型浮游动物和大型浮游动物的幼体，而鳙则主要滤食浮游动物及部分大型浮游植物（或群体）。但除了鳙外，在水体中放养鲢，也能降低水体中的浮游动物密度，这是因为鲢能大量滤食浮游动物幼体的缘故。放养鲢、鳙能降低水体中大型浮游植物的数量，但对小型浮游植物和对浮游植物总生物量及水体中叶绿素 a 的影响则有不同的报道。很多研究认为，放养鲢能使小型浮游植物或浮游植物总生物量（叶绿素 a）上升，但也有一些研究认为虽然小型浮游植物的比例上升，但其生物量没有上升，且浮游植物总生物量下降。很多来自实验室的研究认为，鲢、鳙的放养加快了水体中 N、P 等营养物的周转速率，从而导致水体中叶绿素 a 增加，并加速了水体的富营养化进程。然而，湖泊（水库）围隔或全湖试验研究表明，它们能够遏制水华发生，提高水体透明度，还能降低水体的 N、P 含量。鲢、鳙放养对水体产生的不同效应，可能与鲢、鳙放养的密度有关。低密度的鲢能减少藻类生物量，高密度的鲢反而使藻类增加，而且鲢的放养不足以控制蓝藻。虽然有学者认为，遏制水华所需的鲢、鳙密度太高，不具现实意义，可能导致系统崩溃。但东湖的研究和实践都表明，超富营养的武汉东湖，控制藻类水华的鲢、鳙最低生物量应在 46～50g/m^3，且这样的生物量具有现实意义。

8.1.2.2 放养草食性鱼类的下行效应

放养草食性鱼类，对水体中的水生植物结构产生巨大影响。如武汉东湖，由于大量放养草鱼，导致优势种黄丝草彻底消失，其他水生植物群落退化甚至消失。不仅是东湖，我国长江中下游的中小型湖泊和国外的一些湖泊，也曾因为引入草鱼而导致水生植被的破坏。内蒙古岱海的水生植被也因放养草鱼而被彻底破坏。在湖中放养草鱼后，由于水生植物大量减少，降低了对水体中 N、P 等营养元素的吸收，既促进了藻类的大量繁殖，也加速了水体的富营养化进程。放养草鱼后，水草的减少或消失也间接影响到以水草为栖息地、摄食场所或食物来源以及作为产卵基质的各种底栖生物、周丛生物、鱼类等。

8.1.2.3 放养底栖生物食性鱼类的下行效应

大量研究结果表明，底栖生物食性鱼类能够同时调节底栖生物和浮游生物两个群落。放养鲤鱼使底栖无脊椎动物丰度大幅度降低，而藻类和初级生产力则有较大提高。底栖生物食性鱼类不但对底栖生物有直接影响，而且随着底栖动物的觅食搅动，还能促进底泥营养物质的释放，使藻类数量增加，间接促进了水体的富营养化进程。在影响或调节水体的营养物水平和降低浮游植物生物量的作用方面，底栖生物食性鱼类如拟鲤等甚至起着比浮游生物食性鱼类更重要的作用，即降低底栖生物食性鱼类的生物量对水体浮游植物的影响，甚至比增加湖泊中的浮游生物食性鱼类的效果更好。由于减少或清除底栖生物食性鱼类，能够降低藻类生物量，故也使水体的透明度得到提高。因此，清除底栖生物食性鱼类有时也作为浅水湖泊生态修复或生物操纵的一种重要手段。

8.1.2.4 放养或清除凶猛性鱼类的下行效应

我国湖泊通常都以四大家鱼为主要放养对象，而凶猛鱼类不但不会成为放养的对象，相反，它们常常是湖泊渔业中的控制或清除对象。清除这些凶猛鱼类，提高了放养鱼类的成活率，但也必然会使湖泊中的小型鱼类得到一定的发展，并对整个食物网结构产生一系列的下行效应。国外在利用生物操纵进行湖泊生态修复时，使用最多的手段之一便是放养凶猛性鱼类，达到控制浮游生物食性鱼类的数量，从而使浮游动物数量增加，以使藻类生物量下降。以增加凶猛鱼类放养为手段的生物操纵可能给管理者带来三方面潜在的益处：有利于休闲渔业、可能改善水质及增加公众对环境问题的意识。然而，放养凶猛鱼类并不总能达到有效控制浮游植物的目的，这是因为，水体中的食物网结构有时是非常复杂的，很多鱼类又多是广食性的，而影响浮游动物数量的因素也很多样，即使是凶猛鱼类，其幼鱼也以浮游动物为食，还有其他很多大型肉食浮游动物也会取代食浮游生物鱼类而成为浮游动物的主要捕食者等。

8.1.3　生态渔业及其特征

8.1.3.1　生态渔业的概念和内涵

生态渔业是在可持续发展理论的指引下，根据生态学和经济学的原理并运用系统工程方法，在总结传统养殖生产实践的基础上，建立起来的一种多层次、多结构、多功能的综合养殖技术的生产模式，是以水生生物和渔业水域环境之间的物质和能量转化为基本特征，通过渔业生态系统内的生产者、消费者和分解者之间的分层多级能量转化和物质循环作用，使特定的水生生物和特定的渔业水域环境相适应，以获得稳产、高产的一种新型渔业生产方式。从渔业经济学的角度出发，生态渔业是以可持续发展理论、渔业生态学和生态经济学原理为指导，坚持经济效益、社会效益和生态效益相协调的原则，以生态经济为主导，以生态环境为条件，着力于改变渔业经济增长方式，实现渔业经济增长由量的扩张向质的提高转变，有计划、有目的、有步骤、有组织地实施可持续发展战略的一个产业。生态渔业的主要特征包括以下 3 个方面：

（1）生态渔业作为渔业持续发展的一种战略思想，它强调维持渔业较高渔业生产力的前提必须是对生态环境的保护。

（2）生态渔业作为一套经济而高效的渔业实用技术，它适应我国国情，可因地制宜地促进渔业综合发展，实现经济、社会和生态效益的协调发展。

（3）生态渔业是一种从渔业生产的各个环节出发，协调渔业全局发展的生态工程。

8.1.3.2　发展湖泊生态渔业的必要性

改革开放以来，我国农业和农村经济发生了巨大的变化，渔业的发展取得了举世瞩目的成就。由于我国湖泊渔业的发展是建立在资源过度利用和粗放经营的基础之上，虽然发展速度长期保持高速增长，但已对资源造成了严重破坏，水域环境日益恶化，并因此导致了渔产品质量下降，严重影响了人民生活和我国的出口创汇，影响了我国渔业可持续发展的后劲，因而发展湖泊生态渔业已迫在眉睫。

湖泊是大自然赐给人类的财富，如果我们能完好地保护它，合理地利用它，科学地改造它，不仅会给当代人带来直接利益，还会造福子孙后代。开发湖泊是一项综合性的大工程，一定要有一整套完整的方案，在指导思想上应该以生态、经济、社会三大效益为前提，立足当前，面向长远。

发展湖泊生态渔业不仅可以提高人民生活水平，保护我国渔业种质资源，提高农（渔）民收入，解决我国人口与资源的矛盾，而且能扩大我国的出口创汇。我国人与自然资源矛盾比较突出，是一个人口众多的农业大国，为了确保农（渔）民收入水平的提高，实现渔业经济可持续发展，保证水产品的安全供应，生态渔业应当成为可持续发展的主要模式。

8.1.3.3 发展湖泊生态渔业的可行性

我国是发展生态渔业最早的国家之一，已经积累了发展生态渔业方面的经验。随着世界各国环境意识的加强，各个国家都在努力探索渔业的可持续发展模式。不少国家和地区看到了中国发展生态渔业所取得的成绩，与中国政府、专家学者之间的交流也十分频繁，国际舆论导向对我国发展生态渔业是十分有利的。从国内政策看，无论中央还是地方，都十分重视自然资源环境问题。这为能够兼顾人与自然环境、经济与生态及社会效益之间关系的生态渔业生产模式提供很好的政策环境。渔业现代化技术的引进和推广应用，可以加速对传统生态渔业的改造过程。从长远看，绿色食品将成为人类最主要的食品，人们对绿色食品的需求为生态渔业提供了广阔的市场。

水体鱼产力是渔业科学和水域生态学的核心问题之一。近年来，随着对生态系统能量流动和物质循环过程的深入揭示，鱼产力研究在理论上和实践上都有较大的发展，成为合理利用水体生物资源的重要依据。水体鱼产力可分为潜在鱼产力和实际鱼产力。此研究在对银川平原湖泊水体进行系统的生态学研究的基础上，估算潜在鱼产力和实际鱼产力，为湖泊渔业生产、水体管理提供依据。本研究采用水生生物现存量法估算银川平原湖泊水体的潜在鱼产力。

8.1.4 水体鱼产力估测方法

8.1.4.1 湖泊重要放养对象的鱼产力估测技术

1. 滤食性鱼类鱼产力估测

用浮游植物生产量估算鲢、鳙鱼产力，采用两种方法。

（1）应用回归法估算。选用回归方程进行计算，回归方程为

$$F_{yg}=197\times1.27^{P_{Ga}} \tag{8-1}$$

式中：F_{yg}为鲢、鳙毛鱼产力，kg/hm^2；P_{Ga}为水体浮游藻类水柱氧气（O_2）日产量，g/(m^2·d)。

（2）应用能量估算法。应用能量转换法估算鲢、鳙鱼产力大致分两个步骤。

1）第一步，计算浮游植物对鲢、鳙的供饵能力（F_{sc}）：

$$F_{sc}=\text{湖区浮游植物年产量(吨氧)}\times\frac{P_{Na}}{P_{Ga}}\times a\times\text{氧的热当量} \tag{8-2}$$

式中：$\frac{P_{Na}}{P_{Ga}}$为浮游植物单位面积净产量（P_{Na}）与毛产量（P_{Ga}）之比，据相关计算，$\frac{P_{Na}}{P_{Ga}}$约为0.8；a 为鱼类对浮游植物的利用率，该利用率与放养密度、管理水平有直接关系，放养密度大的水体其最大利用率约为0.5；1g 氧的热当量为14.686kJ。将上述参数代入式（8-2）中，得

$$F_{sc}=\text{湖区浮游植物年生产量(吨氧)}\times 0.8\times 0.5\times 14.686$$
$$=5.874\times\text{湖区浮游植物年生产量(吨氧)}$$

2）第二步，估算鲢、鳙鱼产力（F_{Hy}，F_{AR}）：

$$\left.\begin{aligned}F_{Hy}&=F_{sc}\cdot E_{Hy}\cdot\frac{Hy}{C}\\F_{AR}&=F_{sc}\cdot E_{AR}\cdot\frac{AR}{C}\end{aligned}\right\}\tag{8-3}$$

式中：Hy 和 AR 分别为鲢、鳙相对比例，建议 $Hy=0.7$，$AR=0.3$；C 为鲜鱼肉的热当量，据测定，1g 鲢或鳙鲜肉所含热当量约为 5.021kJ；E_{Hy} 和 E_{AR} 分别为鲢和鳙对浮游植物的转化效率。

$$\left.\begin{aligned}E_{Hy}&=\text{鲢全年增肉量}\times\frac{\text{鱼肉热当量}}{\text{鲢全年摄食量}}\times\text{鲜藻热当量}\\E_{AR}&=\text{鳙全年增肉量}\times\frac{\text{鱼肉热当量}}{\text{鳙全年摄食量}}\times\text{鲜藻热当量}\end{aligned}\right\}\tag{8-4}$$

以典型湖泊鲢和鳙生长参数为依据，求出 $E_{Hy}=0.032$，$E_{AR}=0.072$。将以上常数值代入式（8-4），可进一步简化为

$$\left.\begin{aligned}E_{Hy}&=0.0262\times\text{湖区浮游植物生产量(吨)}\\E_{AR}&=0.0253\times\text{湖区浮游植物生产量(吨)}\end{aligned}\right\}\tag{8-5}$$

然后以浮游植物水柱 O_2 日产量［$g/(m^2\cdot d)$］，求出其水柱 O_2 年产量 P_{Ga}［$g/(m^2\cdot a)$］，乘以各湖面积，即可求出各湖（或湖区）浮游植物年产量（吨氧）。将各湖浮游植物年产量代入简化式（8-5），分别求出全湖鲢和鳙的鱼产量，两者之和为全湖鲢、鳙鱼产力。

用两种方法估算的鲢、鳙鱼产力存在着一定的差距，可结合使用。

合理放养除考虑放养规格、放养密度之外，还应考虑鲢和鳙放养对环境质量的影响和经济效益。一般来说，放养规格越大，存活率越高，生长较快，成本也较高。通常大规格鱼种数量有限，难以满足大湖放养需要，故只能从实际出发确定适当的规格，然后再根据各水体具体情况与多年经验及市场需求来确定鲢、鳙捕水规格及回捕率，即可计算鲢、鳙放养量。

鲢、鳙放养量的计算公式为

$$\text{鲢、鳙合理放养量(尾/hm}^2\text{)}=\frac{\text{鱼产潜力}}{\text{起捕规格}}\times\frac{1}{\text{回捕率}}\tag{8-6}$$

水体中饵料生物密度与鱼产力在一定条件下呈正相关，即无论何种水域，只要在理化因子相同的条件下，鱼产力的高低取决于饵料生物量的多寡。目前鲢、鳙等滤食性鱼类的鱼产力估算方法，王骥和梁彦龄提出用浮游植物水柱日产量结合回归方程估算，刘建康提出了传统的利用浮游生物现存量法。可根据不同基础理化和生物参数选择使用。浮游生物现存量法估算鱼产力的公式为

$$F=\frac{m\cdot\frac{P}{B}\cdot a}{E}\tag{8-7}$$

式中：F 为鲢、鳙的鱼产力，kg/hm^2；m 为浮游生物平均生物量，kg/hm^2；a 为饵料利用率；E 为饵料系数。

其他鱼类的鱼产力也可参照浮游生物现存量法估算鱼产力。

浮游植物提供的鱼产力，$\frac{P}{B}$系数取110，饵料系数取40，利用率取20%。

浮游动物提供的鱼产力，$\frac{P}{B}$系数取30，饵料系数10，利用率50%。

腐屑、细菌提供的鱼产力取浮游生物提供鱼产力的一半。

在估算大型草型湖泊鲢、鳙鱼产力时，草型湖泊鲢、鳙对浮游生物的利用率不能与浮游生物数量较大的藻型湖泊相提并论，鲢、鳙对浮游生物的利用率在不同湖泊中应不相同。建议把草型湖泊鲢、鳙对浮游生物的利用率暂定为15%，然后再依照鲢、鳙生长情况逐年调整，限制草食性鱼类的放养数量是为了保护水草，以确保草型湖泊生态系统的稳定及天然资源的持续利用；限制滤食性鱼类的放养则是为了确保鲢生长速度，提高经济效益。这种"双限制"措施有利于草型湖泊的渔业持续稳步发展。

2. 底食性鱼类鱼产力估测

底栖动物一般是指生活史的全部或大部分时间生活于水体底部的无脊椎动物群，通常包括寡毛类、软体动物和昆虫幼虫。它们是鱼类的优质天然饵料，具有较高的营养价值和能量含量。

底食性鱼类鱼产力的估算需要底栖动物生产量和饵料系数等参数。过去在这方面所做的工作不多，估算主要依据国外的相关资料。为使估算更准确从而持续利用底栖动物资源，近年来开展了一系列的工作。

运用种群动力学方法，测算了多种动物的周年生产量及 P/B 系数，P/B 系数对于多化的种类为4.0～11.4，一化的为1.8～7.8，多年生的为0.5～5.4，范围为0.50～11.4。可以看出，多化动物的 P/B 系数高，一化的则低。就各个类群而言，寡毛类为3.6～11.4，软体动物（不包括大型蚌类）为0.5～5.4，昆虫为1.8～6.6。

考虑到动物在觅食时并不分幼龄稚虫（幼虫）还是老熟稚虫，若对幼龄稚虫捕食率较高则势必压低其正常周年生产量。因此，实际应用时常将 P/B 系数降低使用，则不同类群的鱼产力估算公式分别如下：

$$\left.\begin{array}{l}\text{寡毛类}:F_{\mathrm{O}}=0.7B_{\mathrm{O}}\\ \text{昆虫}:F_{\mathrm{I}}=0.4B_{\mathrm{I}}\\ \text{软体动物}:F_{\mathrm{M}}=0.02B_{\mathrm{M}}\\ \text{总计}:F_{\mathrm{TOTAL}}=0.7B_{\mathrm{O}}+0.4B_{\mathrm{I}}+0.02B_{\mathrm{M}}\end{array}\right\}\qquad(8-8)$$

此外，还可将底栖动物作为整体进行粗略估算。取 P/B 系数和转换效率的平均值，底栖动物（不包括大型蚌类）的鱼产力计算 P/B 系数取3，饵料系数取4，利用率取30%。

3. 草食性鱼类的鱼产力估测

自从国内开展湖泊鱼类放养以来，草鱼一直是主要的放养对象之一。草鱼的过度放养，常导致水产资源锐减甚至消失。而水草的消失又导致藻类生物量增加，草型湖泊转变为藻型湖泊，水质下降。因此，草鱼的合理放养问题一直是近年来我国湖泊渔业的重要问题。

采用陈洪达等提出的估算湖泊草食性鱼类鱼产力及合理放养量的方法。草鱼的鱼产力（F）为

$$F=\frac{B\cdot P}{K\cdot 100} \tag{8-9}$$

式中：F 为草鱼鱼产力，kg/hm^2；B 为沉水植物产量，kg/hm^2；P 为沉水植物利用率，在保持一定生物量水平下的最大利用率一般取60%；K 为饵料系数，一般取120。

8.1.4.2　鱼类区系组成及其渔业利用

1. 鱼类调查

结合渔业捕捞生产采集鱼类标本，根据刺网、地笼、网筋、钩、卡、电捕等多种渔具以及“赶、拦、刺、张”联合渔法的渔获物，调查鱼类种类。此外，还利用自制的多网目复合刺网进行采捕。对未知种类的鱼，选取新鲜、体型完整、鳞片、鳍条无缺的鱼作为标本进行固定。固定前详细观察记录鱼体各部位的色彩。固定时先将鱼体用清水洗干净，然后放在平盘内，先加10%甲醛溶液浸泡固定，在鱼体未僵硬前，摆正鱼体各部鳍条的形状，对个体大的鱼，在浸泡时用注射器向鱼体腔内注入适量的上述固定液，待鱼体定型变硬后，另置换5%甲醛溶液浸泡保存，对易掉鳞的鱼或小鱼，用纱布包裹起来放入固定液中浸泡保存，以防鳞片脱落。根据对鱼体各部位的测量、观察数据等查找检索表，将鱼类标本鉴定到种，编制鱼类名录表。

2. 鱼产量及其组成分析

根据2015—2017年沙湖、阅海湖、星海湖鱼产量和鱼种放养记录，分析湖泊的放养情况和主要渔获物组成。

8.2　银川平原典型湖泊鱼产力评估与分析

8.2.1　沙湖鱼产力评估与分析

8.2.1.1　鱼产力计算与分析

（1）浮游植物提供的鱼产力。沙湖浮游植物年平均生物量为8.80mg/L，湖沼平均水深2.2m，则浮游植物单位存量为193.58kg/hm^2，P/B 系数以110计算，饵料系数取40，可利用率取20%，则浮游植物的鱼产力估算为106.47kg/hm^2。

（2）浮游动物鱼产力估算。沙湖浮游动物年平均生物量为2.88mg/L，湖沼平均水深2.2m，则浮游动物单位存量为77.51kg/hm^2，P/B 系数以30计算，饵料系数取10，可利用率取50%，浮游动物的鱼产力估算为116.26kg/hm^2。

（3）外源性食物的鱼产力估算。如果考虑到有机碎屑和细菌等外源性食物的饵料作用，则实际生产力还要增加，一般认为它们可提供滤食性鱼产量的50%，则沙湖腐屑等外源性食物可提供鲢、鳙鱼产力为111.36kg/hm^2。

综合以上三方面的结果，估算沙湖每年浮游生物及外源性食物可提供的理论鲢、鳙鱼产力为334.09kg/hm^2，即在保持目前水域理化、生物状态和不进行人工投饵的前提下，

每年鲢、鳙鱼理论最高生产量为 334.09kg/hm^2。沙湖可养鱼面积为 1800hm^2，则每年鲢、鳙理论生产量的最大值为 601.36t。

（4）底栖动物提供的鱼产力。沙湖底栖及甲壳动物年平均生物量取点估算为 22.45g/m^2，P/B 系数取 3，饵料系数取 4，利用率取 30%，全湖可养殖面积 1800hm^2，可产鱼杂食性鱼类（鲤、鲫等）90.92t。

（5）水生植物提供的鱼产力。沙湖水生植物资源的生物量为 851.2g/m^2，其中 90% 以上是草鱼难以摄食的挺水植物，据此计算草鱼合理存量只有 425.6g/hm^2。

8.2.1.2 鱼类放养品种及合理放养量分析

根据沙湖饵料基础与水域特性、鱼类特性、水质、生物操纵技术要求，确定主体鱼为鳙、鲢，由于是大水面粗放增养殖，放养密度相对比较低，因此鲢、鳙比例 1∶0.8～1∶1。根据沙湖水体功能及水生态系统特点，草食性鱼类不放养。根据水体饵料特点，不配养刮食性鱼类，配养鱼类选择杂食性的鲤、鲫。主体鱼为滤食性的鳙、鲢，按放养个体数计，放养比例确定为 60%；配养鱼为杂食性的鲤、鲫，按放养个体数计，放养比例确定为 40%。

（1）鲢、鳙合理放养量。沙湖浮游植物单位存量为 193.58kg/hm^2，浮游植物的鱼产力估算为 106.47kg/hm^2，外源性食物的鱼产力估算为 53.24kg/hm^2；浮游动物单位存量为 77.51kg/hm^2，浮游动物鱼产力估算为 116.26kg/hm^2，外源性食物的鱼产力估算为 58.13kg/hm^2；合计沙湖鲢鱼产力为 159.71kg/hm^2，鳙鱼产力为 174.39kg/hm^2。

根据公式计算，沙湖鲢放养量为 532 尾/hm^2，规格以 500g/尾计，则放养量为 266kg/hm^2；鳙放养量为 435 尾/hm^2，规格以 500g/尾计，则放养量为 217.5kg/hm^2。

（2）杂食性鱼类合理放养量。沙湖底栖及甲壳动物年平均生物量估算为 22.45g/m^2，鱼产力估算为 50.51kg/hm^2，则杂食性鱼类合理放养量为 252 尾/hm^2，规格以 200g/尾计，则放养量为 50.4kg/hm^2。

所以，沙湖养殖鱼每年合理总放养量为 1221 尾/hm^2，533.9kg/hm^2。

8.2.2 阅海湖鱼产力评估与分析

8.2.2.1 鱼产力计算与分析

（1）浮游植物提供的鱼产力。阅海湖浮游植物年平均生物量为 7.46mg/L，湖沼平均水深 2.1m，则浮游植物单位存量为 156.66kg/hm^2，P/B 系数以 110 计算，饵料系数取 40，可利用率取 20%，则浮游植物的鱼产力估算为 86.16kg/hm^2。

（2）浮游动物鱼产力估算。阅海湖浮游动物年平均生物量为 2.88mg/L，湖沼平均水深 2.1m，则浮游动物单位存量为 60.48kg/hm^2，P/B 系数以 30 计算，饵料系数取 10，可利用率取 50%，浮游动物鱼产力估算为 90.72kg/hm^2。

（3）外源性食物的鱼产力估算。如果考虑到有机碎屑和细菌等外源性食物的饵料作用，则实际生产力还要增加，一般认为它们可提供滤食性鱼产量的 50%，则阅海湖腐屑等外源性食物可提供鲢、鳙鱼产力为 88.44kg/hm^2。

综合以上三方面的结果，估算阅海湖每年浮游生物及外源性食物可提供的理论鲢、鳙鱼产力为 265.32kg/hm^2，即在保持目前水域理化、生物状态和不进行人工投饵的前提下，每年鲢、鳙鱼理论最高生产量为 265.32kg/hm^2。阅海湖可养鱼面积为 1200hm^2，则每年鲢、鳙理论生产量的最大值为 318.39t。

（4）底栖动物提供的鱼产力。阅海湖底栖及甲壳动物年平均生物量取点估算为 16.88g/m^2，P/B 系数取 3，饵料系数取 4，可利用率取 30%，全湖可养殖面积 1200hm^2，可产鱼杂食性鱼类（鲤、鲫等）45.58t。

（5）水生植物提供的鱼产力。经调查，阅海湖水生植物资源的生物量为 655g/m^2，其中 90%以上是草鱼难以摄食的挺水植物，据此计算草鱼合理存量只有 327.5g/hm^2。由于草鱼的过度放养，阅海湖水深超过 80cm 的湖区，水下沉水植物基本绝迹，呈水域荒漠状。因此，目前阅海湖水生态恢复的首要任务是清除草鱼和禁止投放河蟹，尽快恢复水下植物生境，待水下植被保有量达到一定程度后，通过生物调查和科学计算，按比例放养和捕捞草鱼等草食性鱼类，恢复阅海湖在保持水生态平衡基础上的草食性鱼类生产力。

8.2.2.2　鱼类放养品种及合理放养量分析

（1）鲢、鳙合理放养量。阅海湖浮游植物单位存量为 156.66kg/hm^2，浮游植物的鱼产力估算为 86.16kg/hm^2，外源性食物的鱼产力估算为 43.08kg/hm^2；浮游动物单位存量为 60.48kg/hm^2，浮游动物鱼产力估算为 90.72kg/hm^2，外源性食物的鱼产力估算为 45.36kg/hm^2。合计阅海湖鲢鱼产力为 129.24kg/hm^2，鳙鱼产力为 136.08kg/hm^2。

根据公式计算，阅海湖鲢放养量为 430 尾/hm^2，规格以 500g/尾计，则放养量为 215kg/hm^2；鳙放养量为 340 尾/hm^2，规格以 500g/尾计，则放养量为 170kg/hm^2。

（2）杂食性鱼类合理放养量。阅海湖底栖及甲壳动物年平均生物量估算为 16.88 g/m^2，鱼产力估算为 37.98kg/hm^2，则杂食性鱼类合理放养量为 189 尾/hm^2，规格以 200g/尾计，则放养量为 37.8kg/hm^2。

（3）草食性鱼类合理放养量。阅海湖水生植物资源的生物量为 655g/m^2，草鱼合理存量为 327.5g/hm^2，合理放养量为 1 尾/hm^2，规格以 800g/尾计，则放养量为 0.8kg/hm^2。

所以，阅海湖养殖鱼每年合理总放养量为 962 尾/hm^2，423.6kg/hm^2。

8.2.3　星海湖鱼产力评估与分析

8.2.3.1　鱼产力计算与分析

（1）浮游植物提供的鱼产力。星海湖浮游植物年平均生物量为 6.34mg/L，湖沼平均水深 1.7m，则浮游植物单位存量为 108.41kg/hm^2，P/B 系数以 110 计算，饵料系数取 40，可利用率取 20%，则浮游植物的鱼产力估算为 59.63kg/hm^2。

（2）浮游动物鱼产力估算。星海湖浮游动物年平均生物量为 2.73mg/L，湖沼平均水深 1.7m，则浮游动物单位存量为 46.68kg/hm^2，取 P/B 系数以 30 计算，饵料系数取 10，可利用率取 50%，浮游动物鱼产力估算为 70.02kg/hm^2。

（3）外源性食物的鱼产力估算。如果考虑到有机碎屑和细菌等外源性食物的饵料作用，则实际生产力还要增加，一般认为它们可提供滤食性鱼产量的 50%，则星海湖腐屑等外源性食物可提供鲢、鳙鱼产力为 64.83kg/hm^2。

综合以上3方面的结果，估算星海湖每年浮游生物及外源性食物可提供的理论鲢、鳙鱼产力为194.48kg/hm^2，即在保持目前水域理化、生物状态和不进行人工投饵的前提下，每年鲢、鳙鱼理论最高生产量为194.48kg/hm^2。星海湖可养鱼面积为2400hm^2，则每年鲢、鳙理论生产量的最大值为466.75t。

（4）底栖动物提供的鱼产力。星海湖底栖及甲壳动物年平均生物量取点估算为14.35g/m^2，P/B系数取3，饵料系数取4，利用率取30%，全湖可养殖面积2400hm^2，可产鱼杂食性鱼类（鲤鲫等）77.49t。

（5）水生植物提供的鱼产力。经调查，星海湖水生植物资源的生物量为655g/m^2，其中90%以上是草鱼难以摄食的挺水植物，据此计算草鱼合理存量只有291.5g/hm^2。目前星海湖水生态恢复的首要任务是尽快恢复水下植物生境，待水下植被保有量达到一定程度后，通过生物调查和科学计算，按比例放养和捕捞草鱼等草食性鱼类，恢复星海湖在保持水生态平衡基础上的草食性鱼类生产力。

8.2.3.2 鱼类放养品种及合理放养量分析

（1）鲢、鳙合理放养量。星海湖浮游植物单位存量为108.41kg/hm^2，浮游植物的鱼产力估算为59.63kg/hm^2，外源性食物的鱼产力估算为29.82kg/hm^2；浮游动物单位存量为46.68kg/hm^2，浮游动物鱼产力估算为70.02kg/hm^2，外源性食物的鱼产力估算为35.01kg/hm^2。合计星海湖鲢鱼产力为89.45kg/hm^2，鳙鱼产力为105.03kg/hm^2。

根据公式计算，星海湖鲢放养量为298尾/hm^2，规格以500g/尾计，则放养量为149kg/hm^2；鳙放养量为262尾/hm^2，规格以500g/尾计，则放养量为131kg/hm^2。

（2）杂食性鱼类合理放养量。星海湖底栖及甲壳动物年平均生物量估算为14.35g/m^2，鱼产力估算为32.29kg/hm^2，则杂食性鱼类合理放养量为161尾/hm^2，规格以200g/尾计，则放养量为32.2kg/hm^2。

（3）草食性鱼类合理放养量。星海湖水生植物资源的生物量为583g/m^2，草鱼合理存量为291.5g/hm^2，合理放养量为1尾/hm^2，规格以800g/尾计，则放养量为0.8kg/hm^2。

所以，星海湖养殖鱼每年合理总放养量为722尾/hm^2，313kg/hm^2。

8.3 银川平原典型湖泊生态渔业模式构建与效果评价

8.3.1 湖泊鱼类增养殖技术

8.3.1.1 增养殖鱼类选择及其搭配技术

（1）根据水体饵料基础进行增养殖鱼类选择技术。宁夏主要湖泊水域水深较浅，浮游生物的数量相对较多，构成了天然饵料的主要成分，主要增养殖鱼类一般应是以浮游生物和有机腐屑为食的种类。

（2）根据生态位进行增养殖鱼类选择技术。为了增大水域生态系统生物群落结构的多样性，以提高生态系统的稳定性和生产能力，既要也有可能让多种生活习性的鱼类占领不同的生态位。

（3）根据饵料生物与水层空间进行增养殖鱼类选择技术。在确定增养殖主体鱼后，必须搭配混养其他经济鱼类，合理利用水域的饵料生物和不同水层空间（既为各种不同习性的鱼类所充分利用，又不加剧种间竞争），以获得尽可能高的鱼产量。

8.3.1.2 增养殖主体鱼选择及搭配技术

（1）根据饵料基础与水域特性选择主体鱼。宁夏适于鱼类增养殖的大型水域，浮游生物资源丰富，生产量大而且敞水区比重大，沿岸浅水区小。鲢、鳙为敞水性鱼类，喜栖息于水的中上层，以浮游生物为食，又可利用腐屑和细菌，其生物学特点与水域鱼产性能相适应；鲢、鳙是世界上淡水鱼类中利用浮游生物效率最高、生长速度快的大型鱼类；鲢、鳙有在水上层集群习性，容易集中捕捞，起捕率高；鲢、鳙人工繁殖及苗种培育技术成熟，放养大规格鱼种有保障。中国大水域绝大多数以鳙、鲢为主要增养殖对象，无论在放养量中还是渔获物中，鳙、鲢都占绝对优势。

（2）根据鱼类生物学特性选择主体鱼。就鲢、鳙两种鱼而言，一般经验是水质肥度一般，鱼种放养密度较小的大水体鳙生长优于鲢；水质肥沃、鱼种放养密度较大的较小水体，鲢的生长优于鳙。从种的特性分析，鳙喜栖息于水的中上层，较鲢栖息水层深，更适应大面积深水水域；鳙的生长强度较鲢高，在天然水体中一般都较鲢生长快；鳙性成熟较鲢迟一些，性成熟前的快速生长期比鲢长；鳙性情温和，不像鲢易受惊跳跃，比鲢容易起捕。从取食器官构造分析，鳙头大，口腔大，鳃耙间隙大；鲢头部相对较小，口腔也较鳙小，鳃耙间隙小。总的来看，鳙的滤水率较鲢大，而对小颗粒饵料（主要是浮游植物）的滤出效率，鲢比鳙高。

（3）根据水质、放养密度确定主体鱼搭配技术。从水域饵料特点分析，由于枝角类、桡足类多栖息于较深水层中，一般水深面积大的水域总体说浮游生物密度较小，但大型浮游动物数量相对较大，且有相当数量的粒径大的腐屑、细菌絮凝物。而一些面积较小、水较浅的肥水水域，小型浮游生物（浮游植物、原生动物）数量大，而且小个体居多。较大水域与较小水域中饵料生物组成，分布密度上的差异和这两种鱼在滤食能力上的不同，造成一般较大水域中鳙生长较好，而在较小水域中鲢生长较好。

8.3.1.3 增养殖配养鱼选择及配养技术

除鲢、鳙外，还有不少生长较快、个体较大、容易捕捞的不同食性、不同栖息水层的非捕食性经济鱼类，可作为增养殖对象，一般为配养种类，在少数条件下特殊的水域也可成为主体鱼。

（1）草食性鱼的选择及配养技术。主要有草鱼和鳊、鲂，这些生活在水的中下层食草鱼类可以利用水域的大型水生植物资源。大多数肥水水域中水草很少，只有一些消落区淹没的陆草，草食性鱼也不宜多放，一般小于总投放量的5%。由于水草的增殖力有限，草鱼摄食水草的能力很强，需谨慎控制放养数量。草鱼生长速度较快，但较难捕，在捕捞条件较好的水域可以搭配草鱼为主；鳊、鲂肉质鲜美，经济价值高，食性较广，除水草外，还可利用植物碎屑、底栖动物，生长也很好，而且性情温和，起捕率高，在水草资源少、捕捞条件较差的水域宜搭配鳊、鲂。

（2）杂食性鱼的选择及配养技术。主要有鲤、鲫。这两种鱼以底栖动物为主的杂食性

鱼类，对环境条件的适应性强，经济价值高，但比较难捕。水域中鲤、鲫放养量的多少依自然繁殖条件、饵料资源和捕捞条件而定。水域中有一定的自然繁殖条件，底栖动物资源不丰富，可不放养鲤、鲫，只采取必要的增殖措施。水域捕捞条件较好，但由于缺少水草，或水位变动剧烈，影响鲤、鲫的自然繁殖，需放养一定数量，主要应考虑对水位下降更为敏感的鲤。

8.3.1.4 放养比例确定技术

各种经济鱼类的放养保持恰当的比例，科学地调节和控制鱼类的种类和数量，是决定鱼产量高低的重要技术措施。

(1) 主体鱼放养比例确定。主要放养鲢、鳙的水域，由于条件不同，鲢、鳙之间的适宜放养比例差别较大。

较大型的、水质肥度一般的水域，适于多增养殖鳙。在鱼类增养殖密度较低的情况下，浮游动物能维持较大的种群，鳙在这种水体中能发挥擅长摄食低浓度饵料的特点，提供较高的增养殖效益。

一些较小型的水质肥沃水域适宜多养鲢。鱼类放养密度较大，浮游动物繁殖力较低，经不起鱼类的高强度摄食，而浮游植物受鱼类摄食影响较小，常能保持与水质肥度相适应的数量。鲢在这类水域中可发挥滤食效率较高的特点。

由于鲢、鳙在食性和其他生活习性上有差异，无论哪一类水域，都适于两种鱼类的混养。为避免发生种间冲突，两种鱼的放养搭配要主次分明，根据一般经验，大部分水域鲢、鳙的比例是2∶8～3∶7。当然，也有水域鲢多于鳙。首先要根据水域自然条件，确定一个初步比例，在生产中再依据鱼类生长情况和产量进行调整。

(2) 配养鱼放养比例确定。绝大多数以浮游生物和腐屑为主要饵料资源的水域，以鳙、鲢为主，约占80%～90%，搭配其他经济鱼类10%～20%。水生维管束植物繁茂的浅水水域，可以提高草食性鱼类的比例，但要控制放养量，以避免对水草利用过度。

同一水体的饵料资源也常因各种因子的影响而变动，所以必须根据具体水域饵料资源的实际情况随时进行调整。

8.3.1.5 鱼种放养规格选择和质量控制技术

(1) 大规格鱼的确定技术。

1) 根据大规格鱼种的优越性确定。鱼种规格小，游泳能力和耐力差，抗风浪和水流能力差，在风浪侵袭下因受伤和体质消耗过大而死亡。食鱼性鱼类一般是吞食小于自己口裂的鱼类，小规格鱼种游泳速度也慢，被捕食的概率高。鲌类全长与肠道内鳙鱼种全长的回归关系为

$$Y=0.20X-0.94 \tag{8-10}$$

式中：Y 为鳙鱼种全长，cm；X 为鲌类全长，cm。

可根据回归关系确定最小规格。

另外，根据水域拦鱼设施确定。考虑拦鱼设施的过水能力，保证水域正常运行和拦鱼设施安全，一般只能拦阻较大规格的鱼，而小规格鱼种则易从拦网中逃逸。根据不同湖泊

多年平均回捕率，放养规格 13.3cm 鱼种的回捕率是 10cm 以下的 3 倍以上。

2）根据大规格鱼种的生长速度确定。幼鱼早期绝对生长速度相对较慢，大型水域一般饵料条件相对较差，小规格鱼种的摄食能力和竞争能力低，生长比大规格鱼种更慢，而早期生长慢会造成在个体竞争中的劣势，影响到商品鱼规格处长了增养殖周期，放养大规格鱼种可获得较大规格的商品鱼或缩短养殖周期。

规格（X，单位：寸）与生长速度（Y，单位：寸）的回归方程为

$$\left.\begin{aligned} \text{鲢}: Y &= 0.39X + 0.04 \\ \text{鳙}: Y &= 0.54X - 0.08 \end{aligned}\right\} \tag{8-11}$$

可确定增养殖鱼种每增加 3.3cm，当年生长增长 0.2kg 以上。

（2）主体鱼鱼种适宜放养规格确定技术。放养大规格鱼种，要因地制宜，根据当地不同规格鱼种成本、生长和成活率以及商品鱼规格差价进行核算，选择适宜的规格。综合考虑，一般以一夏龄 13cm 鱼种为好。

8.3.1.6　鱼种质量控制

（1）鱼种的遗传性状。长江水系鲢、鳙的生长速度优于珠江水系的鲢、鳙，天然繁殖的鲢、鳙的生长速度优于人工繁殖。可以选择来源于良种场的优质鱼种。

（2）鱼种的健壮程度。包括肥满度高低、有无病伤和生活力强弱等方面，是鱼种质量的又一重要标准。

（3）鱼种在生态上的健全性。在人工条件下培育出的鱼种，在行为上往往不同于天然生长的鱼种，会出现一些所谓家养化、驯顺化的性状。这样的鱼种进入大水域后，可能因长期不适应天然环境下的饵料条件、敌害条件和水文条件而较大量地死亡。以小水体高密度培育出来的鱼种投放于大型水域，在生态上、甚至在生理上都有可能是不健全的。因此，湖湾等水域培育的鱼种可能比池塘小水体要好一些。

8.3.1.7　鱼种合理放养密度确定技术

（1）水域估测鱼产力。采用鱼产力估测方法，估计水域的鱼产量。

（2）鱼种的养殖成活率（回捕率）。可用多年的回捕率来表示，水域条件不同，各类鱼的回捕率差别较大。

（3）养殖期间的计划平均增重。根据增养殖经验，对于合理密度下应达到的养成规格，已有大体的了解。养成规格应视商品鱼规格差价和鱼种成本而定。

8.3.1.8　单位水域放养量计算方法

计算公式为

$$X = r \cdot \frac{P}{W_2 - W_1} \cdot k \tag{8-12}$$

式中：X 为某种鱼的放养密度，尾/hm^2；P 为该水域的估计鱼产量，kg/hm^2；r 为按计划该种鱼在总鱼产量中应占百分数；W_1 为该种鱼放养鱼种规格，kg/尾；W_2 为该种鱼计划养成规格，kg/尾；k 为该种鱼达到计划养成规格的回捕率，%。

8.3.1.9 总放养量计算方法

某湖泊水域每年增养殖放养鱼种总量（尾）是放养密度与该水域增养殖面积的乘积。

8.3.1.10 放养密度调整技术

水域的鱼产力常有较大的年际波动，因此估测所得结果很难与水域实际情况完全吻合，这就要求在以后的年份中根据实际状况适当地调整。如养成规格大于正常生长值，说明放养密度偏低，反之则说明放养密度偏高。

8.3.1.11 养殖周期制定技术

（1）养殖鱼类生长特性。鱼类在各个发育阶段的生长速度不一致，生长具有阶段性。鱼类在快速生长期饵料利用效率高，鱼产量相应也较高。

（2）水域中生态环境的分化程度。水域生态环境分化程度较高，适于长周期多龄鱼的增养殖，可充分发挥水域不同生态环境和饵料资源的作用。如水域环境单一，则年龄过多会抑制低龄鱼生长，养殖周期不宜过长。

（3）经营管理条件。根据鱼种、水域饵料生物、鱼类组成结构、捕捞能力等条件综合考虑。

（4）2 年以上养殖周期。放养 1 龄鱼种，在大水域中养 2～3 年，捕 3～4 龄鱼；适用于水体较大，水质肥度一般，食鱼性鱼类较多，增养殖鱼种成本费用较高的水域。

（5）2 年周期。放养 1 龄鱼种，在大水域中养 1 年，捕 2 龄鱼；适合规模较小，水质较肥，食鱼性鱼类较少，大规格鱼种供应有保证，设施完善，商品鱼规格差价不大的中小型水域和小型湖泊。

（6）分级养殖。是 2 龄鱼与高龄鱼分养，养殖周期较长，整个养殖过程由不同的水域分级饲养，共同完成。

8.3.2 生态渔业模式构建及效果评价

8.3.2.1 沙湖生态渔业模式构建及效果评价

1. 沙湖生态渔业模式构建

沙湖每年浮游生物及外源性食物可提供的理论鲢、鳙鱼产力为 334.09kg/hm^2，沙湖可养鱼面积为 1800hm^2，则每年鲢、鳙理论生产量的最大值为 601.36t；底栖动物提供的鱼产力可产杂食性鱼类（鲤、鲫等）90.92t，水生植物提供的鱼产力草鱼合理存量为 425.6g/hm^2。

根据沙湖饵料基础与水域特性、鱼类特性、水质、生物操纵技术要求，确定主体鱼为鳙、鲢。由于是大水面粗放增养殖，放养密度相对比较低，因此鲢、鳙比例 1∶0.8～1∶1。根据沙湖水体功能及水生态系统特点，草食性鱼类不放养。根据水体饵料特点，不配养刮食性鱼类，配养鱼类选择杂食性的鲤、鲫。沙湖主体鱼为滤食性的鳙、鲢，按放养个体数计，放养比例确定为 60%；配养鱼为杂食性的鲤、鲫，按放养个体数计，放养比例确定为 40%。

沙湖 2015—2016 年鱼类放养模式见表 8-1。

沙湖2015—2016年渔获物投入与收获见表8-2。

表8-1　　沙湖2015—2016年鱼类放养种类、数量及质量

品种	2015年			2016年		
	规格/g	数量/万尾	质量/t	规格/g	数量/万尾	质量/t
鲤鱼	665	6.15	40.90	425	3.58	15.22
				170	2.48	4.22
鲫鱼				145	2.76	4.00
鲢	585	2.40	14.04	380	1.02	3.88
				530	0.30	1.59
鳙	1100	2.05	22.55	435	2.60	11.31
				275	1.46	4.02
合计		10.60	77.49		14.20	44.24

表8-2　　沙湖2015—2016年渔获物投入与收获　　单位：t

品种	2015年			2016年		
	投入	收获	净产	投入	收获	净产
鲤鱼	40.90	55.6	14.70	19.44	35.60	16.16
鲫鱼		2.56	2.56	4.00	0.80	−3.20
鲢	14.04	57.8	43.76	5.47	38.40	32.93
鳙	22.55	65.8	43.25	15.33	25.60	10.27
草鱼		0.42	0.42		0.12	0.12
河蟹		2.26	2.26		1.04	1.04
草虾		4.80	4.80		2.26	2.26
鲶		0.74	0.74			0
蒙古鲌		1.44	1.44			0
其他		2	2		2.00	2.00
合计	77.49	193.42	115.93	44.24	105.82	61.58

2. 沙湖生态渔业模式效果评价

（1）鲢、鳙渔获量和总渔获量的变化。2014—2016年，沙湖鱼类年产量逐年下降，2014年最高，鲢、鳙产量也逐年下降，但鲢产量占总产量的百分比逐年增加，2016年达到最高50.04%，见图8-1和图8-2。

（2）鲢、鳙产量与水质理化指标的变化。沙湖水质变化与鲢、鳙产量之间的关系见表8-3。沙湖COD_{Mn}、COD_{Cr}、NH_3-N、TN含量2015年、2016年相关不大，但均低于2014年；TP含量呈现逐年下降的趋势，与鲢产量呈现负相关关系。

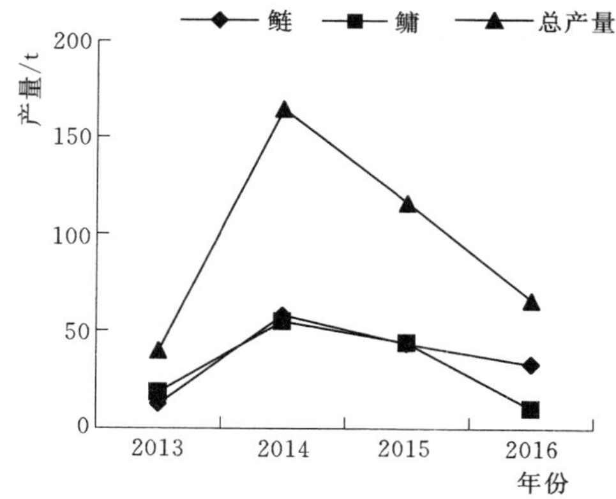

图 8-1 沙湖鱼类年产量变化图

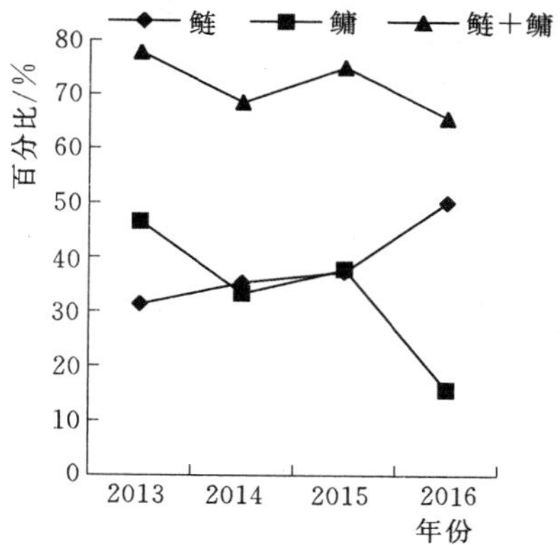

图 8-2 沙湖鱼类年产量组成变化图

表 8-3　　沙湖鲢、鳙产量与水质理化指标

品种	2013 年	2014 年	2015 年	2016 年
鲢/t	12.40	57.98	43.25	32.93
鳙/t	18.40	54.68	43.76	10.27
总产量/t	39.60	164.4	115.93	65.81
鲢/%	31.31	35.27	37.31	50.04
鳙/%	46.46	33.26	37.75	15.61
鲢+鳙/%	77.78	68.53	75.05	65.64
COD_{Mn}/(mg/L)		9.76	8.9	8.97
COD_{Cr}/(mg/L)		29.37	25.12	25.8
NH_3-N/(mg/L)		0.578	0.378	0.374
TN/(mg/L)		1.515	1.093	1.111
TP/(mg/L)		0.126	0.123	0.108

8.3.2.2 阅海湖生态渔业模式构建及效果评价

1. 阅海湖生态渔业模式构建

阅海湖每年浮游生物及外源性食物可提供的理论鲢、鳙鱼产力为 265.32kg/hm^2，即在保持目前水域理化、生物状态和不进行人工投饵的前提下，每年鲢、鳙理论最高生产量为 265.32kg/hm^2。阅海湖可养鱼面积为 1200hm^2，则每年鲢、鳙理论生产量的最大值为 318.39t。阅海湖底栖动物提供的鱼产力可产杂食性鱼类（鲤、鲫等）45.58t，水生植物提供的鱼产力草鱼合理存量为 327.5g/hm^2。

放养规格为：鲢 500g/尾，鳙 500g/尾，鲤 200g/尾，鲫 50g/尾，草鱼 800g/尾，鲂 250g/尾；起捕规格为：鲢 1500g/尾，鳙 2000g/尾，鲤 1000g/尾，鲫 300g/尾，草鱼 2000g/尾，鲂 400g/尾；回捕率以 20%计算。

阅海湖可养鱼面积为 1200hm^2，2015—2016 年放养模式设计见表 8-4。

表8-4　　　　阅海湖2015—2016年鱼类放养模式

品种	2015年			2016年		
	规格/g	数量/万尾	质量/t	规格/g	数量/万尾	质量/t
鲤鱼	200	8	16.00	200	10	20.00
鲫鱼	50	20	10.00	50	20	10.00
鲢	500	8	40.00	500	10	50.00
鳙	500	13	65.00	500	10	50.00
草鱼	800	0.6	4.80	800	1.1	8.80
黄河鲶	400	2	8.00	400	2	8.00
团头鲂	250	2	5.00	200	2	4.00
青虾						
甲鱼	200	2	4.00	220	2	4.40
乌鳢	250	2	5.00	250	1	2.50
叉尾鮰	300	2.2	6.60	400	1	4.00
鳜						1.50
河蟹					60	
其他						
合计		69.80	164.40		129.10	163.20

阅海湖2015—2016年渔获物投入与收获见表8-5。

表8-5　　　　阅海湖2015—2016年渔获物投入与收获

品种	2015年			2016年		
	投入/t	收获/t	净产/t	投入/t	收获/t	净产/t
鲤鱼	16.00	115.20	99.20	20.00	129.80	109.80
鲫鱼	10.00	17.20	7.20	10.00	22.60	12.60
鲢	40.00	137.06	81.06	50.00	151.60	101.60
鳙	65.00	115.60	66.60	50.00	112.94	62.94
草鱼	4.80	9.06	4.26	8.80	13.10	4.30
黄河鲶	8.00	13.36	5.36	8.00	16.72	8.72
团头鲂	5.00	10.98	5.98	4.00	7.64	3.64
青虾		2.66	2.66		5.42	5.42
甲鱼	4.00	9.50	5.50	4.40	8.54	4.14
乌鳢	5.00	16.32	11.32	2.50	9.84	7.34
叉尾鮰	6.60	11.86	5.26	4.00	18.22	14.22
鳜		6.00	6.00	1.50	4.04	2.54
河蟹					3.90	3.90
其他					6.00	6.00
合计	164.40	464.80	300.40	163.20	510.36	347.16

2. 阅海湖生态渔业模式效果评价

（1）鲢、鳙渔获量和总渔获量的变化。2013—2016年，阅海湖鱼类年产量逐年增加，在2016年达到最大值；鲢、鳙产量逐年增加，2016年最高，达到347.16t，见图8-3。鲢产量逐年增加，2016年达到最高101.60t，占总产量的百分比也达到最高29.27%；鳙产量自2014年开始逐年下降，占总产量的百分比也逐年下降。

（2）鲢、鳙产量与水质理化指标的变化。阅海湖水质变化与鲢、鳙产量之间的关系见表8-6。阅海湖COD_{Mn}、COD_{Cr}、NH_3-N、TN、TP含量呈现逐年下降的趋势，与鲢产量呈现负相关关系，与鳙产量呈现正相关关系，见图8-4。

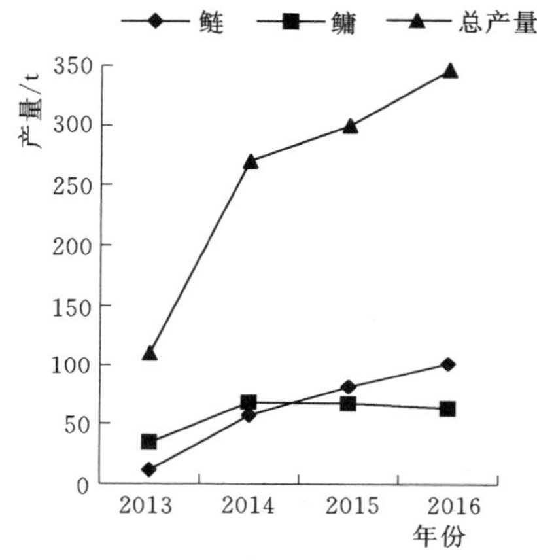

图8-3 阅海湖鱼类年产量变化图

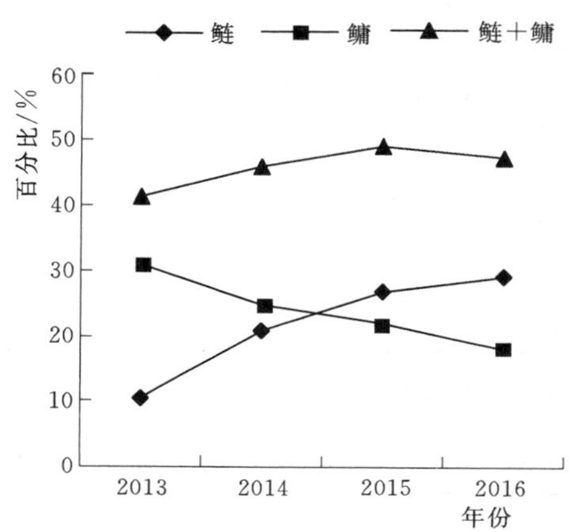

图8-4 阅海湖鱼类年产量组成变化图

表8-6 阅海湖鲢、鳙产量与水质理化指标

品种	2013年	2014年	2015年	2016年
鲢/t	11.40	56.80	81.06	101.60
鳙/t	34.20	67.50	66.60	62.94
总产量/t	110.40	270.48	300.40	347.16
鲢/%	10.33	21.00	26.98	29.27
鳙/%	30.98	24.96	22.17	18.13
鲢+鳙/%	41.30	45.96	49.15	47.40
COD_{Mn}/(mg/L)		7.22	7.11	6.08
COD_{Cr}/(mg/L)		21.56	20.16	19.22
NH_3-N/(mg/L)		0.401	0.272	0.183
TN/(mg/L)		0.945	0.841	0.876
TP/(mg/L)		0.086	0.089	0.077

8.3.2.3 星海湖生态渔业模式构建及效果评价

1. 星海湖生态渔业模式构建

星海湖每年浮游生物及外源性食物可提供的理论鲢、鳙鱼产力为194.48kg/hm^2，星

海湖可养鱼面积为 $2400hm^2$，则每年鲢、鳙理论生产量的最大值为 466.75t。底栖动物提供的鱼产力可产杂食性鱼类（鲤、鲫等）77.49t，水生植物提供的鱼产力草鱼合理存量为 $291.5g/hm^2$。

星海湖 2015—2016 年鱼类放养模式见表 8-7。

表 8-7　星海湖 2015—2016 年鱼类放养模式

品种	2015 年			2016 年		
	规格/g	数量/万尾	质量/t	规格/g	数量/万尾	质量/t
鲤鱼	12	13.26	25～150	5	6.40	12
鲫鱼						
鳙	12	60.00	500	14	700.00	12
鲢	6	300.00	500	6	300.00	6
鳜			30	0.8	0.24	
翘嘴鲌			25	1	0.25	
小口鲶	3	3.75	125	3	3.75	3
合计	33	107.01		29.8	110.64	33

星海湖 2015—2016 年渔获物投入与收获见表 8-8。

表 8-8　星海湖 2015—2016 年渔获物投入与收获

品种	2015 年			2016 年		
	投入/t	收获/t	净产/t	投入/t	收获/t	净产/t
鲤鱼	13.26	85.20	71.94	6.40	97.20	90.80
鲫鱼	0.00	21.60	21.60		13.60	13.60
鳙	60.00	339.20	277.20	7.00	342.00	272.00
鲢	30.00	119.00	89.00	30.00	147.00	117.00
草鱼		2.20	2.20		0.30	0.30
河蟹		0.56	0.56		2.72	2.72
鳜		2.78	2.78	0.24	1.10	0.86
翘嘴鲌		1.40	1.40	0.25	3.94	3.69
小口鲶	3.75	4.84	1.09	3.75	4.32	0.57
合计	107.01	576.78	469.77	110.64	612.18	501.54

2. 星海湖生态渔业模式效果评价

（1）鲢、鳙渔获量和总渔获量的变化。2013—2016 年，星海湖鱼类年产量逐年增加，在 2016 年达到最大值，其中鲢、鳙产量逐年增加，2016 年最高，达到 501.54t，见图 8-5；鲢产量逐年增加，2016 年达到最高 117.00t，占总产量的百分比也达到最高 23.33%，鳙产量自 2014 年开始逐年下降，占总产量的百分比也逐年下降，见图 8-6。

（2）鲢、鳙产量与水质理化指标的变化。星海湖水质变化与鲢、鳙产量之间的关系见表 8-9。星海湖 COD_{Mn}、COD_{Cr}、NH_3-N、TN、TP 含量呈现逐年下降的趋势，与鲢产

量呈现负相关关系，与鳙产量呈现正相关关系。

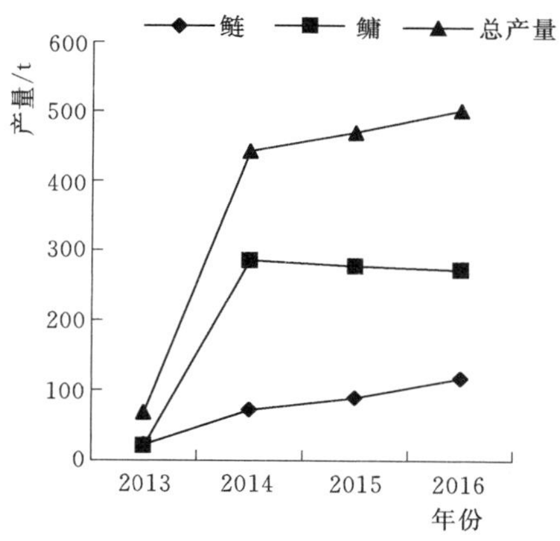

图 8-5　星海湖鱼类年产量变化图

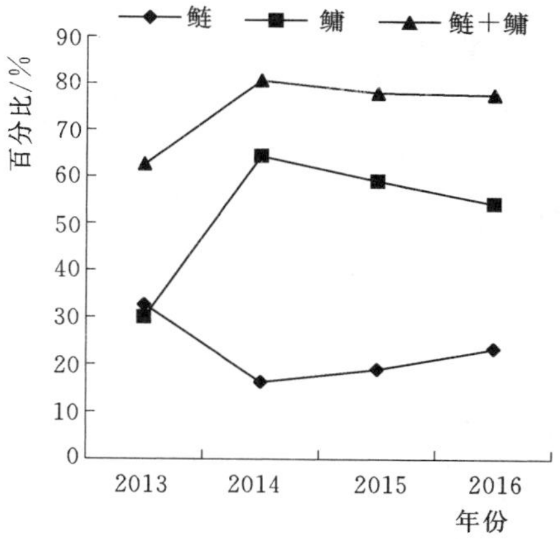

图 8-6　星海湖鱼类年产量组成变化图

表 8-9　　星海湖鲢鳙产量与水质理化指标

品种	2013 年	2014 年	2015 年	2016 年
鲢/t	22.20	72.00	89.00	117.00
鳙/t	20.40	285.00	277.20	272.00
总产量/t	68.06	442.78	469.77	501.54
鲢/%	32.62	16.26	18.95	23.33
鳙/%	29.97	64.37	59.01	54.23
鲢+鳙/%	62.59	80.63	77.95	77.56
COD_{Mn}/(mg/L)		5.85	5.57	5.31
COD_{Cr}/(mg/L)		18.59	17.16	16.19
NH_3-N/(mg/L)		0.57	0.244	0.136
TN/(mg/L)		1.873	0.664	0.658
TP/(mg/L)		0.086	0.089	0.077

8.4　银川平原湖泊生态渔业发展对策

8.4.1　总体目标

针对银川平原湖泊水资源和水环境特点，以水质保护和生态安全保障为首要任务，利用科技、资源优势，按照生态学原理开发和综合利用银川平原湖泊渔业资源，通过生态渔业关键技术研发、现有技术配套和集成创新，寻找和探索适于银川平原湖泊的生态渔业管理措施和技术手段，合理利用水体饵料生物资源，促进水体物质循环和能量转化，减少过度开发和资源衰退的风险，实现重要经济鱼类生产的可持续性，防止湖区生物多样性损失，保持高就业水平，提高渔业收入，打造银川平原湖泊有机鱼新品牌，向国内外消费者提供优质鱼产品，促进银川平原湖泊环境保护、渔业增效、移民增收。

8.4.2　基本原则

（1）坚持渔业发展以保护水质和生态安全为前提。银川平原湖泊生态渔业的发展方式与规模，必须以水质保护和生态安全保障为前提，严格控制外来物种的引种移植。通过放流增殖滤食性鱼类（鲢、鳙）和碎屑食性鱼类，直接利用浮游生物和有机碎屑；发展以食鱼性鱼类（如鳜、翘嘴鲌等）增殖为途径的水质养护型渔业，发挥食鱼性鱼类在食物网调控、低值饵料资源转化等方面的作用；根据生态容量控制放养种类的种群密度，避免对水生生态系统的不良影响。

（2）坚持“在保护中开发、在开发中保护”同步。水生生物资源是可再生资源，合理利用可促进其再生，但如果利用强度超过其再生能力，资源就会枯竭，甚至造成物种灭绝。因此，必须坚持渔业开发与动态监控同步，渔业发展与生态保护同步，在保护中开发、在开发中保护，使银川平原湖泊渔业资源得到可持续利用。

（3）寻求高技术含量、产业化经营、名优化发展的渔业模式。我国淡水渔业发展至今，积累了丰富的实践经验，生产经营水平也迅速提高，水产品市场竞争日趋激烈，消费者对水产品质量和安全方面的要求越来越高。银川平原湖泊生态渔业必须面向全国乃至国际，探索高技术含量、产业化经营、名优化发展模式，创立绿色环保品牌。

8.4.3　银川平原湖泊生态渔业关键技术分析

8.4.3.1　湖泊渔业增殖关键技术

依据水生生物群落结构优化和湖泊生态系统设计理念，在银川平原湖泊水环境动态、饵料生物组成与生产力、鱼类时空分布格局及影响因素、主要经济鱼类生活史特征、摄食习性和种群动态等综合调查的基础上，遴选适宜的增殖种类，重点研究放养苗种来源与质量保障技术、鱼类资源定量评估技术、不同生态类群鱼类的组合放养技术、放养效果评价技术等。

鱼类时空分布的资源量评估关键技术利用现代水声学技术，结合传统鱼类采样和渔获物调查方法，研究银川平原湖泊天然鱼类的季节和空间分布特征，分析湖区鱼类群落多样性的时空格局与水环境变化和饵料生物资源的关系，阐明特定鱼类种群的生境需求。

鱼类组合增殖与效果评估关键技术根据水体初级生产力、饵料生物、种间关系、鱼类群落结构和生态位状况及捕捞作业类型与强度，确定湖区的适宜放养种类、放流规格、放流时间和地点。通过研究银川平原湖泊食物网结构与营养动力学特征，系统评估增殖的生态容量和鱼产力；通过研究放养前后渔业资源结构和水环境的变化特征，建立增殖效果评价与生态风险评估技术体系。

8.4.3.2　湖泊渔业调控与控藻关键技术

针对银川平原湖泊水环境和渔业资源特点，以高效利用资源、转化水体内源性和外源性营养物质为目的，发展适用于银川平原湖泊水环境安全评估技术、渔业调控与资源利用技术、渔业生物操纵关键技术，促进银川平原湖泊良好的物质循环和能量流动，提高水体

自我调节、自我恢复和自我净化的能力。

（1）水环境背景与生态安全评估关键技术。开展银川平原湖泊水环境背景调查，从水质、水体营养状况、入库污染负荷、水域物质循环和能量流动特性等方面评估水体生态系统的健康状况，将所取得的数据用于评估该水域的生态安全。

（2）渔业调控与资源利用关键技术。通过开展不同时空尺度的渔业资源利用试验（如中宇宙、围隔、围拦试验等），确定食物网结构优化方案，发展适用于银川平原湖泊渔业调控与资源利用关键技术，将水体中的物质和能量有效转化为可供人类利用的高品质的蛋白质食物。

（3）渔业生物控藻关键技术。依据生态位互补原理、生物操纵理论和生态系统自组织修复原则，以藻类"水华"控制和水体氮磷负荷消减为目的，放养滤食性鱼类以利用和控制浮游藻类，放养碎屑食性鱼类以利用水体有机碎屑，放养鱼食性鱼类以捕食经济价值低的浮游动物食性的小型鱼类从而间接控制藻类。通过这些不同生态类群鱼类的增养殖技术研究，建立基于富营养化控制的渔业管理技术体系。

8.4.3.3　湖泊测水配方生态调水技术

宁夏地处内陆北温带，四季分明，湖泊湿地水域生态环境受气候影响变化剧烈，每年夏、秋季节生物多样性最为丰茂，冬、春季节则一片萧条；同时由于宁夏湖泊湿地水域面积普遍较小，水域深度较浅，常年需要人工补水；再加上湖泊周边各种面源营养盐不定期的输入，造成了湖泊水域生态特别是浮游生物的巨大变动。借鉴农业测土配方施肥技术，通过对实施项目的各湖泊进行连续的水质理化因子和浮游生物监测、计算，开展测水配方生态调水技术：适时、适量使用光合细菌、芽孢杆菌、含多种有益藻类芽孢的生物鱼肥，阶段性补充比例失调的氮、磷、钾等营养元素，通过人工干预促进水域生态多样化，并最大化、长时间维持较高的生态渔业生产力。

8.4.3.4　湖泊水域最大渔业生产力的调控技术

为了便于管理、操作和降低成本需要，传统的湖泊渔业多实行每年一次投放、一次捕捞的渔业生产模式。这种模式必然存在对湖泊水域天然生产力利用不平衡的弊端：春季放养鱼类个体较小，对水体生产力利用不足；夏、秋季随鱼体的生长，单位负载量增加又会造成天然生产力不足的现象，从而制约了湖泊生态渔业的产能，普遍效益不高。

对原有湖泊湿地存量鱼类资源进行调查、捕捞、估算，通过连续水质理化和生物监测，制定最优生态渔业模式，年初一次性将生态增殖各品种、各规格和数量的鱼类等投放足量，配合测水配方生态调水技术的应用，最大化增殖鱼类。引进南方大型湖泊渔业常用的鱼魂阵及赶、拦张网连续捕鱼法，按品种和上市规格常年连续捕捞，捕大留小，始终保持项目实施的湖泊湿地最大生态渔业生产力。

银川平原湖泊渔业结构调整与生态系统功能的协调是解决湖区经济发展与环境保护矛盾的关键。银川平原湖泊发展生态渔业，应以保护湖泊生物多样性、生态安全和养护水质为前提，严格控制外来物种的引种移植，以土著鱼类自然繁殖保护和捕捞管理为主，动态调控人工放流的鱼类种类和数量为辅。当前迫切需要在对银川平原湖泊水体生态系统调查和资源动态评估的基础上，阐释水域生态系统演替规律和食物网特征，在促进高效物质循环和能量流动的原则下，采用组合渔业调控技术，人工补充或增强食物链的相关环节，改善水体的生态系统结构，增强其生态与环境服务功能，提高水体的自我调节、自我恢复和自我净化的能力，并最大限度地利用水体的初级生产力获得渔产品，建立以鱼类群落结构调控与优化配置为主要操控手段的湖泊生态系统调控技术体系，有序利用银川平原湖泊水体和渔业资源，实现环境保护和渔民增收的双赢，同时提出银川平原湖泊生态渔业长效管理的规程和生态渔业发展的总体规划。

水域生态系统物质流动和生物间相互作用的上行与下行效应，是银川平原湖泊鱼类增殖和渔业生物操作技术研究的重要理论基础，根据生态学理论建立的生态管理技术是解决合理利用银川平原湖泊渔业资源、促进营养物质上岸、防止银川平原湖泊“水华”发生、保障银川平原湖泊水质安全和生态系统健康等问题的重要途径。今后银川平原湖泊生态渔业研究需要进一步加强与相关学科的结合，加强对已有研究的数据共享、集成总结与整合分析，突出湖泊生态系统层面的关联分析和动态预测，重视在标准化方法（如水声学手段）指导下的湖区渔业资源与环境长期跟踪监测，解析银川平原湖泊营养状态变化和渔业生物群落时空分布的动态关系，以及银川平原湖泊生态系统稳态演替规律、生态渔业调控的驱动和协调作用，形成有效的理论和方法来指导银川平原湖泊生态渔业的关键技术发展，满足银川平原湖泊水环境保护与生态建设中的需求。

8.5　湖泊水生态环境保护技术

8.5.1　水生生态系统维护技术

8.5.1.1　水利联合调度的活水维护

立足于水资源总量以及水权分配生态水比例的基础上，测算和实际补水相结合，确定湖泊水资源需求量。

根据湖泊水的来源及方式，建设必要的水利调控设施，以维系湖泊生态系统所需的水质、水量。进水、排水系统是水质、水量调控的组成部分，应统筹考虑。为应对湖泊特殊状态下的应急处理，水位调控设施必须完善、可靠。

采取多水源方式进行水利联合调度进行活水维护：一是自然补水，主要是农业灌溉的沟道排水向湖泊补水；二是利用现有的农灌渠道向湖泊进行生态水补给；三是合理利用7、8、9 月的集中降水对湖泊进行补水。

8.5.1.2　人工辅助手段维持水生生态系统的正常运行

利用人工辅助手段来维持水生生态系统的平衡通常有两种方法：一种方法是利用仪器设备来控制水生生态系统的某个环节，如通过向水中曝气复氧增加水中的含氧量，通过搅动以加快水体的流动和循环；另一种方法主要就是通过一些人为措施来“合理干扰”水生生态系统的运行。

（1）人工曝气复氧。溶解氧在湖水自净过程中起着非常重要的作用，水体的自净能力直接与复氧能力有关。湖水中的溶解氧主要来源于大气复氧和水生植物的光合作用，其中大气复氧是湖泊或者河流水体溶解氧的主要来源之一。大气复氧是指空气中的氧气溶于水

中的气-液相传质、扩散过程。水体的溶解氧主要消耗在有机物的好氧生化降解、氨氮的硝化、底泥的耗氧、还原性物质的氧化、水生生物和植物生长等化学、生化及生物合成等过程中。如果这些耗氧过程的总耗氧量大于复氧量，水体的溶解氧就会逐渐下降，乃至消耗殆尽。当水中的溶解氧耗尽之后水体处于无氧状态，有机物的分解就会从好氧分解转为厌氧分解，水生生态系统即遭到严重破坏。

曝气复氧对消除水体黑臭的良好效果已被实验室所证实。因此，向处于缺氧状态的水体进行曝气复氧可以补充水体中过量消耗的溶解氧，增强水体的自净能力，改善水质。

由于水生生态系统非常复杂，在正常考虑充氧时间的基础上，还要考虑一些特殊情况的充氧，以保证水体的水质和水生生态系统的健康运行。

(2) 活水维护。由于湖泊所在区域的年蒸发量达到 1200mm 以上，而降雨量只有 200mm，而且集中在夏季，况且人工湖水体必然向地下渗漏，这些因素都会导致湖水量越来越少。如果不引入清洁水体来补充蒸发和下渗的水量，那么湖泊水生生态系统势必会受到破坏，不能健康地运行，更不用说维持水体的水质。根据经验，对于一个封闭的湖泊水体来说，每天都应该有一定体积的水进入，以维持由于湖面蒸发和湖底渗漏而损失的水，况且还需一部分水来维持水体的循环。考虑到不同季节水体的蒸发量和降雨量不同，所以平均每天输入的水量也有所不同，雨季一般少一些，而旱季则多一些。

8.5.1.3 水生植物的管理

湖泊水体水生植物管理方案应根据湖泊水生植物现有生物量、沉水植物的生物量以及水生植物种类等具体情况分别对待，采取不同的管理方案，建立适宜于不同水域类型湖泊的优化管理模式。

1. 水生植物过量生长的湖泊水域

相关研究表明，当水深在 1m 左右时，湖泊大型水生植物最佳保有生物量为 $3kg/m^2$；当水深大于 1m 时，湖泊大型水生植物最佳保有生物量应保持在 $2kg/m^2$。当湖泊富营养化达到一定程度时，有可能出现水生植物的过量生长。大型水生植物过量生长，如果不加以控制，会导致湖底淤积抬升，加速湖泊沼泽化，故应采取有效措施，减少过多的生物量。

(1) 水生植物生物量输出。水生植物生物量输出的主要手段是收割，工具主要有推刀、镰刀、竹竿及相关机械。

(2) 生物操纵。基于下行效应原理，即食物链顶层生物对食物链底层生物量的限制及影响，McQueen 等认为下行效应食物链越短，效果就越显著。对于湖内水草疯长而人为收割利用数量有限的湖泊，可在湖内放养草食性鱼类摄食水草。按照洱海养鱼的经验，水草的饵料系数为 100∶1，按照所放养湖泊水草生物量的 50%计算放养草食性鱼类的数量。

(3) 发展饲料产业。湖泊沿岸多建有鱼塘，使用的饵料为人工配合饲料，既浪费资源，又增加生产成本。在富营养草型湖泊水生植物管理中，可鼓励引导投资，发展湖泊水草饲料产业，将湖内过量水草收割起来，加工后投塘养鱼。这样，不仅可以从水体移出部分水草、转移部分营养盐、防止水草死亡沉落湖底带来二次污染，而且能带来经济效益。

2. 水生植物适量生长的湖泊水域

水生植物生物量维持在最佳保有生物量的湖泊水域，对此类湖泊水域应重点保护和维持现有水生植物生物量，并尽可能保持物种多样化。

（1）湖内水产品种增养殖管理。

1）严格控制草食性鱼类。草食性鱼类对水草的摄食具有选择性，因此会破坏湖泊水生植物群落多样性，影响水体正常功能。因此，草食性鱼类数量必须严格控制在一定范围，对汛期该类鱼种的逃逸也应有预防措施。

2）控制养鱼的数量及面积。具体来说，应在整个湖泊生态系统营养平衡的基础上，通过实验研究确定其允许的最大增养殖规模，以防止全湖或局部性环境和水生植物退化。

3）改变传统养殖模式。在有条件的时期，应在水域鱼产力调查研究的基础上，进行优质的肉食性鱼类增殖放养，发展河蟹增殖放流。

4）提倡轮渔、轮休的生态养殖模式。湖泊生态系统应该保持如下良性循环：利用水生植物养鱼，养鱼又不过分消耗水生植物，水生植物、鱼和水中营养物质之间形成合理比例。轮渔、轮休可以使水生植物得到休养生息和自然恢复的机会。采用轮渔、轮休的生态模式，既发展了经济，又实现了自然资源的永续利用。

（2）水生植物保护与生态管理。针对湖内渔业与水生植物保护之间的矛盾，应划出专门的水生植物自然资源保护区。保护区呈多块镶嵌式，可设置成保护区在外、增养殖区在内的格局，保护区内严格禁止养殖。这种方法对保护湖泊中濒临消亡的水草有较好效果。也可选择适宜的湖区，对难以实施禁渔区和禁捕期的湖区进行补救，一方面保护水生植物资源，另一方面也可维持渔业资源的可持续发展。在水生植物的生长期，通过相应的补种或收割措施，使湖泊内的水生植物量保持在合适的生物量范围之内，以保持水生植物群落结构的稳定和协调。

3. 水生植物退化消亡的湖泊水域（藻型湖泊水域）

藻型湖泊是富营养化湖泊的代表型，主要表现为一些敏感的水生植物群落灭绝或濒于灭绝，水生植物群落面积急剧减缩，并向浅水区迁移，水生植物群落面积向小型化发展，自养型浮游植物异常增殖。对于此类湖泊水域，应采取各种有效的水生植物恢复技术，尽快恢复水生植物，特别是沉水植物。

（1）改善水体局部理化环境。

1）围隔技术。围隔具有生态保护膜、过滤、导流、生物工程框架和限定湖水滞留时间等作用，同时围隔内部湖水的动力扰动减小，水体浊度低，有利于水生植物的恢复。

2）微生物技术。微生物（主要为细菌）在水体自净能力中具有重要作用。细菌在湖泊生物元素碳、氮、磷、硫和铁等的生物地球化学循环和湖内溶解氧的变动中起着极其重要的作用。投放高效微生物菌剂，有助于降低悬浮物质、总氮和水体有机质含量，改善水质。

3）生物浮床技术。在飘浮于水面的人工浮体结构上栽植水生植物，主要目的是营造生物生活空间、净化水质、改善景观、消波与保护湖岸等。生物浮床不仅能美化湖岸，而且能净化水质，为水生植物的自然恢复创造条件。

4）生物隔离带技术。种植速生型的漂浮植物消浪，以利于沉水植物的恢复。

5）“网箱养草”生物技术。即悬浮养殖沉水植物，为水体增氧、吸收氮磷、增加水体

透明度的技术。

(2) 基底改造。基底管理主要是削平人类活动形成的不利于水生植物生长的湖底陡坎，营造适宜水生植物生长的静水环境；拆除硬质护坡，尽可能营造大面积浅水区，使原来陡峭易蚀的湖岸区平缓化、稳定化，适合水生植物的生存和定居。

(3) 水生植物恢复。

1) 水生植物扩增和重建。水生植物扩增与重建包括先锋物种繁育、湖内种植（直接播种法、营养体移植法和草皮移植法等）、水生植物生长维护、群落结构优化与生物多样性恢复。大体分为4个阶段：第一阶段，选择引种耐污性强的植物作为先锋物种（如菹草等），同时降低草食性鱼类放养强度；第二阶段，种植其他沉水植物种类以优化群落结构，并适量放养蟹类以提高经济效益；第三阶段，引种挺水植物及浮水植物种类（莲、芡实和菱等），进一步丰富植物多样性，同时引入其他名特优水产品种以提高经济效益；第四阶段，注意适度养殖、合理利用，进行生物多样性的定时监测。

2) 水生生态系统稳定性调控。稳定性是指系统受到外部扰动后保持和恢复其初始状态的能力。生态系统稳定化的过程，实际也是水生生物多样性恢复的过程。

(4) 水生植物恢复管理的补充措施。

1) 水位调控措施。由于水生植物的生长对光照和水体透明度的要求较高，特别是在水生植物的萌发期。湖泊水体各段建有溢流堰与闸门，使调控水位成为可能。可考虑在水生植物萌发期，通过调控水位，提高透明度和水下光照强度，促使沉水植物萌发和生长。

2) 驱赶不利于植物生长恢复的鱼类。草食性鱼类对水生植物具有很强的破坏作用，尤其在水生植物的萌发期，会对水生植物的恢复造成灾难性的破坏。杂食性鱼类（如鲤）上下游动，将着生在湖底的水生植物嫩芽破坏殆尽。所以，在水生植物恢复的同时，驱赶和捕获一定量的相关鱼类十分必要。

8.5.1.4 增养殖鱼类管理技术

(1) 鱼种放养时间和方法。

根据前面水生动物选择的标准和权重，选择鲢、草鱼、鲤、鲫作为水生生态系统的水生动物。在投放这些水生动物时一定要注意以下几点：

1) 投放的鱼种不宜过小，因为过小的鱼种生存能力不是很强。投放的鱼种也不宜过大，因为大鱼种的活动范围很大，会对刚刚建立的水生生态系统造成破坏，尤其会对水生植物的正常生长造成影响。

2) 投放鱼种的时间最好是在水生植物生长两个月后，这时水生生态系统的平衡已经建立起来。

3) 投放鱼种应该分批分量进行，不宜一次投完。中间的时间间隔最好是半个月。这种投放方式有利于水生动物生长情况的多样化。

(2) 杂野鱼的控制管理技术。适量投放食鱼性鱼类，如鲇、红鳍鲌，摄食水域中大量的无经济价值的小杂鱼，但应正确估测小杂鱼的生产量，确定食鱼性鱼类的合理放养量。

(3) 安全管理和越冬管理技术。安全管理的主要工作是防逃、防盗。水域的进出口都要建设拦鱼设施，定期检查维修，行洪及大风前后要及时检查、加固；建立必要的治安机构，维护好渔业秩序，禁止违法捕鱼。越冬管理主要针对水质富营养化的浅水湖泊。这类水域冰封期长，冰层较厚，而且一般腐泥层相对较厚，冬季水中溶氧往往降得很低，二氧化碳积累过多，加重了缺氧对鱼类的危害，严重时可导致鱼类大量死亡。这类水域在越冬前应尽量保持较高水位，亦可采取措施进行生物增氧；越冬期及时清除冰上积雪，以改善水中的溶解气体状况，确保鱼类安全越冬。

（4）捕捞管理。对捕捞总的要求是将达到捕捞规格的鱼及时捕起，使增养殖水域不论在生态上还是在经济上都取得明显效益。为此，应采用适宜的渔具渔法，以集中捕捞为主，集中捕捞与分散捕捞相结合。

8.5.1.5　水环境管理

（1）水面保洁。景观水体水面上经常会有人随意丢弃垃圾，当水体内放养观赏鱼类时，更会有人向水体中投喂各种饵料。此外，植物的枯枝落叶也会飘落到水面上，这样，这些垃圾和各种枯枝落叶和水面降尘黏附在一起，形成一层灰褐色污染层，漂浮在水面上，极大地影响了水体的可瞻性。水面保洁可以有效避免垃圾和枯枝落叶等在水全中腐败，污染水质。对于一般水体，可以让维护人员用专门的工具将湖面漂浮物收集移走。另外，用告示牌进行提醒也是一种减少水面污染的好办法。

（2）水质监测。水生生态系统建立三个月后，必须每隔一段时间对水质进行监测。对于水体水质，其监测的内容主要包括测量水中总氮、总磷、氨氮的浓度，看这些指标是否超过目标指标。通常每隔一个月进行一次采样，对全湖进行系统采样，即采样点均匀分布于整个湖泊。采样后的水可送至当地的环保部门进行监测。

8.5.2　湖泊鱼类生物操纵调控与藻相改善技术

8.5.2.1　藻类暴发的危害

近年来，全球湖泊富营养化较严重，我国许多湖泊水域都存在不同程度的富营养化趋势，可引起水体藻类的频繁暴发。藻类暴发主要危害可归纳为：①藻类大量聚集于水表面，降低水下光照，影响水中植物光合作用，致使鱼类等窒息死亡，并导致水体黑臭，影响水资源的合理利用；②向水体释放有毒物质，藻类分解释放藻毒素等有毒物质，可造成水体生物大量死亡，并且有些蓝绿藻分泌的藻毒素会损害人类神经系统；③富营养化水中含有高浓度硝酸盐和亚硝酸盐。

水体中藻类的大量繁殖不但加速了营养物质在水中的循环，同时加剧了水体富营养化的进程。同时，水体中的污染物质在细菌和藻类的作用下，不断进行着从无机形式到有机形式、再从有机形式向其他形式的循环，每完成一次循环都把外源营养物质以有机物的形式固定下来，使水体中的营养物质不断增加。

8.5.2.2　藻类控制技术

1. 营养盐水平控制

总氮与总磷的浓度比为12：1～13：1时，最适于藻类增殖。控制水体营养盐水平的主要目的是降低水体中氮、磷营养物质的浓度，从根本上控制藻类暴发性生长。需集中处

理好径流区生活污水、农业生产废水、工业废水、大气降水、暴雨径流带来的营养盐负荷，从源头上控制营养盐物质的输入。

2. 物理控藻技术

（1）吸附絮凝法。目前用得最多的是黏土。黏土除藻的核心就是利用絮凝的原理将浮于水面的水华凝聚，使藻与黏土共同沉入水底，从而达到清除水华的目的。所用黏土可以是黏土矿物，也可以是当地的土壤和沉积物。筛选黏土有两个指标：一是除藻率（除藻平衡后藻的去除量），二是除藻速率（除藻动力学参数，去除50%和80%藻所用时间）。在明确机理的基础上，确定改性剂、配比和安全性。改性剂必须满足安全环保、价格低廉、适于淡水等多项要求。目前已确认的天然改性剂为壳聚糖。实验证明，壳聚糖可以大大加强架桥网捕作用，使黏土的物理特性和化学成分不再成为絮凝过程中的主要因素，从而使各种原先不具有除藻能力的当地黏土或沉积物变成高效除藻剂，不仅特别适合于淡水藻华的清除，而且投入量也大大减少。

（2）机械除藻技术。采用的工艺是利用水面吸藻器吸藻。经真空过滤浓缩器或絮凝气浮浓缩，藻浆真空脱水或者直接运送至工厂加工，达到资源化利用的目的。该项技术在治理滇池蓝藻水华的过程中曾实施过，在太湖梅梁湾水源地水质改善项目中也得到了应用。据报道，该技术用于太湖后，两年通过机械和人工的方法共清除了“强化净化区”水华蓝藻干物质216.6t。根据所收获的水华蓝藻干物质成分分析结果，机械除藻共从实验区清除了氮1.71t，磷1.06t。

（3）其他物理控藻技术。

1）过滤法：主要是通过物理手段，以丙纶丝为滤料，利用筛分截留与吸附絮凝作为过滤器，滤除水中的藻类。该方法可有效去除甲藻，同时对COD、TN、TP及叶绿素a也有一定的去除效果。

2）遮光法：主要通过在水面覆盖部分遮光板，抑制藻类的光合作用，可控制水体中藻类的大量繁殖。

3）沉淀法：主要是在水体中投入高分子混凝剂或吸附剂，利用混凝或吸附作用使藻类沉淀，从而达到去除的目的。

4）超声波法：利用超声波与水作用产生空化现象，损伤藻细胞内的生物分子，从而导致藻类的死亡。实际操作过程中，选择超声波的强度至关重要，近年来研究表明，超声波与臭氧结合起来，对抑制藻类的生长有较好效果。

5）紫外线法：利用紫外线的辐射作用，破坏藻类的DNA结构，从而杀死藻类。

3. 化学控藻技术

目前，用得最多的化学除藻剂主要有硫酸铜、氯和二氧化氯、高锰酸钾和复合药剂。硫酸铜中的Cu^{2+}能使藻类蛋白质变性，使其失去活性，从而抑制藻类新陈代谢。二氧化氯是一种广谱杀菌消毒剂和水质净化剂，具有高度的氧化能力，可使微生物蛋白质中的氨基酸氧化分解，从而使微生物死亡。二氧化氯可杀灭细菌、病毒、芽孢、原生动物和藻类。臭氧是一种高效杀菌剂，对任何病菌都有强烈的杀菌能力，而且作用迅速可靠；臭氧的氧化产物往往是无毒或生物可降解的物质。臭氧氧化后不生成污泥，大大减少有机物沉积；设备占地面积小，易于控制并实现自动化。但是，臭氧发生器的电耗较大，处理成本较高；处理后的水没有持续灭菌的功能，易遭受二次污染。

化学控藻技术，主要是利用化学药剂来抑制水中藻类的繁殖，一般都具有立竿见影的效果，但不可避免地会破坏生态平衡并造成一定的环境污染，且化学控藻长期使用一种药剂，会造成水体溶解氧下降，增加内部的氮循环，特别是重金属离子 Cu^{2+} 在底泥中积累，增加了藻类对重金属离子 Cu^{2+} 的抗性。化学除藻虽然具有除藻速度快、效果明显的优点，但容易造成二次污染，具有较大的生态风险。因此，化学控藻是一种不科学的除藻方法，一般不推荐使用。

4. 生物控藻技术

（1）微生物控藻技术。微生物控藻技术主要是利用微生物溶解藻类，主要包括溶藻病毒、溶藻真菌、溶藻细菌和微生物控藻剂。溶藻病毒大量存在于水体中，通过特异性溶解宿来维持种群关系的平衡。溶藻细菌中的黏细菌能够溶解鱼腥藻、束丝藻、微囊藻和颤藻。真菌主要通过释放抗生素和寄生溶菌来控藻，一般浓度为 0.02μg/mL 的青霉素就可以抑制微囊藻的生长。微生物控藻剂作为广谱微生物，投入水中之后与好氧、厌氧、兼氧等微生物作用，可以快速清除藻类，同时抑制藻类的再形成，使水体透明度逐渐提高。

肥海菌是一种复合活菌肥，主要菌群为光合细菌、芽孢杆菌，并配以海洋微藻所需的微量元素。肥海菌投放到水中后，休眠菌能很快复苏和崩解，并以成数倍速度繁殖扩增，很快形成优势种群，迅速分解水体中的有机污染物，消除水体中的氨态氮、亚硝态氮、硫化氢等有毒物质，并将其转化为海洋微藻类的营养源，促进硅藻、绿藻、金藻类等饵料生物的繁殖和生长，抑制有害藻类的繁殖，起到增氧、净化水质和产生免疫活性物质的作用，并间接地控制致病菌，如光合细菌（PSB）、硝化细菌、芽孢杆菌、复合微生物制剂、益生素、EM 菌、肥海菌等均得到广泛的应用。

（2）鱼类除藻技术。生物操纵理论认为，随着取食浮游生物鱼类的生长，其食饵浮游动物数量下降，故浮游植物在捕食压力降低的情况下密度上升，造成水质的恶化。应降低浮游动物食性鱼类（鳙）数量，使浮游动物数量上升，达到控制浮游藻类的生长。鱼类削减量对于湖泊的生态恢复是十分必要的，但需要保证削减作用的长期性，必须确定足够的鱼类削减量。有资料表明，鱼类的削减目标一般控制在 $5kg/hm^2$ 为宜。近年来，由于微藻利用及收获技术的研究得到了关注，微藻过滤技术也随之得到发展，如序批式微藻过滤技术、微藻稀释培养技术、微藻固定化技术等。牧食生物混合培养技术和贝类或虾类组成的复合养殖系统等为微藻的收获利用提供了技术保证。

（3）植物化感控藻技术。植物化感控藻技术是利用植物对藻类的化感抑制作用来控制水体中藻类生长的新技术，即一种植物通过向环境中释放化学物质影响藻类生长。化感物质对藻类的生长抑制机理主要影响藻类的光合作用，破坏细胞膜，影响酶的活性，以及破坏细胞的亚显微结构。芦苇、菖蒲、穗状狐尾藻、水盾藻、金鱼藻、大茨藻、轮藻等具有很强的化感抑藻作用。

生物控藻主要是利用生态平衡等原理对藻类的生长和繁殖进行抑制，从而达到控制藻类大量繁殖的目的。该方法具有低投资、低能耗、处理过程与自然生态系统相融性更好等优点，可有效控制藻类的生长，不会产生副作用，成本低，安全，高效，是一种最佳环境保护的控藻方法，但由于运行周期长，见效慢，实施也有一定难度，技术本身还有待完善成熟。

渔业生物控藻关键技术依据生态位互补原理、生物操纵理论和生态系统自组织修复原则，以藻类“水华”控制和水体氮磷负荷削减为目的，放养滤食性鱼类利用和控制浮游藻类，放养碎屑食性鱼类以利用水体有机碎屑，放养鱼食性鱼类捕食经济价值低的浮游动物食性小型鱼类而间接控制藻类。通过这些不同生态类群鱼类的增养殖技术研究，建立基于富营养化控制的渔业管理技术体系。

8.5.3 湖泊水体水质改善技术

8.5.3.1 物理方法

1. 水体交换

要改善水环境，水体自身的生态修复非常重要。较好的水体交换能够降低水体在湖泊中的停留时间，提高水周转速率，从而加速输出水体中的营养物质。因此，通过水利调度，将受污染的水体（或污染较重的水体）与未受污染的水体（或污染较轻的水体）混合，以降低湖泊水体营养物质的浓度，并使湖泊内的水得到循环。利用这种方法的前提是有足够的清洁水源、较完善的补水渠道和水位控制设施。

2. 底泥清淤

由于长时间的沉积，湖泊底部会堆积大量的营养物质，大部分磷集中于底泥中，受污染底泥对营养物质的富集作用更为明显。在一定环境条件下，底泥中的营养物质和污染物会重新释放进入水体，成为湖泊水体富营养化的主要营养源。因此，清除含有大量营养物质的底泥可减少污染物的迅速或缓慢释放。清淤疏浚的目的在于清除高营养盐含量的表层沉积物质。清淤疏浚清除了底泥而保留了泥炭层，这为湖泊内大型水生植物恢复提供了基本条件。底泥清淤的方法有机械疏挖和水力疏挖。机械疏挖适用于湖泊水深较浅、固体物质较多的湖泊。水力疏挖通常使用装有搅吸式或离心泵的船只在湖中操作抽出底泥，再经过管道输送到岸上堆积场所。

3. 曝气增氧

人工增氧能加快水体中溶解氧与污染物质之间发生氧化还原反应的速度，防止产生缺氧状态下磷的加速释放；同时能提高水体中好氧微生物的活性，促进有机污染物的降解速度。一般方法有机械搅拌和表面曝气。机械搅拌即使用气泵提升湖泊底层水充氧后再循环到湖底。表面曝气是一种常用方法，即用气泵将空气注入水体以对湖泊增氧充氧。

采用这种方法须注意：①需要设备投入和选择适宜设备；②污泥中的营养物可能返到顶层水，使湖泊水体变浑浊；③可能对湖泊景观带来一定影响。湖泊适宜采用的范围主要有水循环较差的进水沟道，环湖运河及湖泊中芦苇内的水道等，一般在面积较小的水域以及夏季高温时多用，可起到一定作用。

4. 植物收割

湖泊中水生植物的根、茎吸收和利用氮、磷等物质，收割水生植物，可减少腐烂的有机物，提高水体的溶解氧含量。植物收割一般均采用人工收割的方法。还有一种应急性质的水生植物收割，即在湖泊漂浮植物等水生植物大范围蔓延并造成污染时，可采用人工打捞的方法去除。

每年冬季要将湖泊中已经枯萎的芦苇及其他高秆植物进行收割，但收割仅针对植物茎秆，根却被保留了。应该研究对某些污染较重的区域，选择性去除大型植物的根与茎，以及采取轮割以保护鸟类栖息地的方式。至于湖泊水草打捞，由于湖泊局部水域面积一般不大，采取这种方法操作简便，能够收到一定的效果。

8.5.3.2 化学方法

1. 杀菌灭藻剂

向湖泊水体中投放杀菌灭藻剂，如二氧化氯、生物酶等。二氧化氯是一种强氧化剂，它可氧化低价硫、氨、酚等物质，去除异味。二氧化氯通过强大的杀菌作用，控制细菌繁殖体、芽孢、真菌等微生物的生长，有效减少代谢产物。湖泊及水道投药采用运输船（小舟）、贮药罐、导药软管等。操作时将贮液罐固定在小船上，然后加入适量药剂，通过导药软管将药均匀地分散在待处理水域中。为提高水体净化的效果，结合种植水生植物，通过植物的吸收吸附作用，降解、转化水体中的有机污染物。湖泊水道水体的净化技术方案仍在试验研究中，专家提出在水中投入药剂可能对水质有残留污染，应选择一段水道进行试验，并做好投药量等技术工作。

2. 加入混凝剂

向湖泊中加入混凝剂，以减少污泥中磷盐的溢出，使有机磷沉淀为无机磷酸盐化合物。一般混凝剂有：铁盐，在水中反应形成无机化合物来吸收水体中的磷；钙盐（如碳酸钙、氢氧化钙），在高 pH 条件下吸收磷；铝盐（如明矾、硫酸铝），在水中形成无机盐，从而去除磷。使用混凝剂必须根据湖泊水体的 pH 计算和确定适宜的混凝剂投放量，并注意投放混凝剂对水生生物的影响。在湖泊发生较重富营养化污染的时段或水域，包括出现藻类水华、有害藻类等，该方法可作为应急处理。

8.5.3.3 生态方法

1. 人工湿地

人工湿地在富营养化湖泊的修复方面具有一定的优势，被国内外广泛应用。它具有出水水质好，抗冲击力强，增加绿地面积，改善和美化生态环境，操作简单，使用年限长，运行维护简单，系统组合具有多样性、针对性等优点。从自然调节作用看，人工湿地还具有强大的生态修复功能，不仅在提供水资源、调节气候、涵养水源方面起着重要作用，还在降解污染物、保护生物多样性和为人类提供生产、生活资源等方面发挥了重要作用。从美化环境方面看，人工湿地与当地自然环境相互协调，构成新的景观。但是，人工湿地占地面积大，建设费用高，运行成本高，直接导致经济效益低，因此在选择人工湿地时要尽量选取适宜的区域，并适于与生物操纵或者生物浮床等经济效益高的生态治污技术组合使用。

人工湿地应用时，应注意以下问题：①水生植物的搭配比例不合理，有些区域出现空白区域，导致系统供养不足，硝化和反硝化作用不充分，氮的去除效率不高；②填料选择和搭配不合理，氨氮的去除效率不理想；③难以实现连续达标运行，冬季及低温期水生生物种类及数量减少后的处理效果不理想；④湿地资源是否得到有效的开发与利用，开发湿地是否充分考虑本地情况；⑤人工湿地产生淤积、饱和现象，调查发现，运行十年以上的

人工湿地基本都面临此问题；⑥人工湿地中栽培的植物受病虫害及自身生长周期影响，人工湿地处理效率会明显偏低；⑦管理过程中责任落实不到位，会出现管理断层的现象，如很多工程跟项目走，项目验收后无人继续管理。

2. 生物操纵技术

生物操纵技术安全、无二次污染，可改善水生态环境，重建生态平衡，形成水体自然循环。生物操纵技术不占用土地，操作相对简便可行，运行维护费用低，所需的鱼类、软体动物、水生高等植物等可以在本地采购到，总经济成本相对较低。从经济效益来看，它的氮、磷去除效率高，经济效益高。但是不能因为生物操纵技术经济效益高而滥用，大量研究表明，不同湖泊采用生物操纵，其结果存在很大的差异。各营养级上的生物种群的组成和丰度不同，营养级间的作用存在削弱现象，浮游植物可朝大型不可食的蓝藻发展，而且在水体浊度大、溶氧低的条件下，动物难以生存。由于各个湖泊的营养状况不同，在一个湖泊成功的生物操纵方法，不一定适用于另一个湖泊。

3. 水生植物修复技术

水生植物修复技术具有操作简单、无二次污染、保护表土、减少侵蚀和减少水土流失等作用，能有效地去除有机物、氮磷等多种元素，可吸收、富集水中的营养物质及其他元素，可增加水体中的氧气含量，或有抑制有害藻类繁殖的能力，遏制底泥营养盐向水中的再释放，利于水体的生物平衡等。该技术不占用土地，投资、维护成本低，而且氮磷去除效率高，经济效益较高。由于植物修复技术是一个崭新的研究领域，还存在许多问题有待进一步发展与完善，如处理时间长、受气候影响严重等。可以在氮磷去除效率方面进行深入研究，建立更多的应用植物修复技术的示范性区域，取得经验后加以推广。

水生植物种类多，主要有挺水植物、浮叶植物和沉水植物。适宜的水生植物必须适合本地的生态环境，能够适应本地的水-土壤-气候的变换，能够耐污染并长期浸水，容易栽种，生长迅速，在不同的生长环境中易于形成稳定的群落，对于污染具有移除性。

沉水植物可以对湖泊中的氮、磷等富营养化物质有较高的去除率。沉水植物的恢复可分为自然恢复和人工恢复。自然恢复是沉水植物恢复的通常方法。在浅水湖泊的透光性良好、条件合适的情况下，沉水植物可自然恢复；但在某些特殊的情况下，沉水植物自然恢复比较缓慢，就需要采取人工方法进行恢复。采用人工方法进行沉水植物修复，应选择适合的植物种群。

在适宜的湖泊水域中恢复沉水植物，有助于加强水体对营养物的吸收，降低水体中营养盐的含量。沉水植物的恢复还有助于提高水体中溶解氧含量，提高水体透明度，改善湖底部水环境质量。鉴于沉水植物净化水体水质的作用，以及防止湖泊从草型湖泊向藻型湖泊的转变，应该加强对恢复沉水植物的示范试验研究。

4. 生物浮床

生物浮床技术是在漂浮于水面的人工浮体结构上栽种水生植物，以创造生物生活空间、净化水体水质、改善景观，以及为鸟类和鱼类提供栖息地等。生物浮床净化水质的机理为，水生植物的浮床生长过程中吸收水体中氮、磷，其植物根系和浮床基质吸附水体中悬浮物，其微生物进一步分解有机污染物、营养物，使水质得到改善。生物浮床占据了水体水面，有遮蔽作用，可以抑制浮游生物的生长，阻止藻类的增殖。生物浮床可用于具有大水位波动及陡岸深水环境的水域，具有猛浪、高浊度和高营养度的水域，具有景观功能需求的水域。

生物浮床具有可移动式运行、无动力、无维护、使用寿命长、效果稳定、无环境风险和二次污染，可以直接从水体中去除污染物，适应较宽的水深范围等优点。生物浮床处理被污染水体的特点是将陆生植物引入水体种植。陆生植物水上种植后，能形成较大生物量，特别是发达的根系可吸附大量藻类等浮游生物，根系分泌出能降解有机污染物的物质，加速污染物分解。该技术可创造一定的经济效益，美化污染水体的水面景观（如种植水生蔬菜等），若采用不同花期的花卉组合，则兼有美化景观功能。生物浮床充分利用水面而无须占用土地，造价和运行维护费用低廉，成本低，氮磷去除率高，经济效益好。影响其经济效益的主要因素是氮磷去除量，因而可以从治污原理考虑提高其经济效益。该技术有着广阔的应用前景。

生物浮床应用时，应注意以下问题：①浮床的植物选型不够合理并且群落的配置有失妥当，如浮床植物种群单一，无法应对气候变化等；②浮床载体选择的合理性，当前浮床载体通常为有机高分子材料或竹子等，在耐腐蚀、牢固性及抗风浪方面有所欠缺，有机高分子材料还存在二次污染的风险；③浮床设计的合理性，要切实考虑本地情况；④浮床植物的病虫害防治等。

8.6　银川平原湖泊水生态环境保护对策与建议

银川平原湖泊湿地具有环境调节功能和环境效益，在调节气候、控制土壤侵蚀、调蓄洪水、降解污染物、美化环境等方面发挥着重要作用。由于缺乏统一规划和管理，引发了一系列生态问题，水质污染严重，水体富营养化加剧。目前银川平原湖泊湿地生态系统的脆弱状况和生态环境继续恶化的趋势，给湖区经济和社会带来极大的危害，严重影响可持续发展。为了遏制生态环境继续恶化，必须尽早尽快行动，保护国家有限的湿地资源，使湿地资源得到永续利用。银川平原湖泊水生态环境保护必须坚持“防污为主，治理为辅”的基本原则。在湖区内积极加强水质管理，做好水质污染预防工作。注重湖泊功能的保护和开发，根据每一个湖泊的特点及污染状况制定出不同的治理保护计划和措施，尽可能降低社会经济发展带来的负效应。要达到彻底改善水质污染的目标，必须针对湖泊的污染机制和污染源头实施综合治理计划。

8.6.1　污染源控制

湖泊富营养化发生的主要原因是外界环境输入湖泊的营养物质过量，营养物质在湖泊中累积。因此，最根本的控制措施是减少湖泊营养负荷的输入量，即通过控制湖泊的外源负荷和内源负荷的量来实现。

8.6.1.1　外源性营养物质的控制

大量调查研究表明，外界营养性物质的输入是绝大多数湖泊富营养化的根本原因。从长远来看，要想从根本上控制湖泊水体的富营养化，首先应着重减少或者截断外部营养物质的输入。要控制水体富营养化，必须对限制富营养化的极限物质如氮和磷进行控制。控

制外源性营养物质的措施主要有以下两大类。

（1）制定营养物质排放标准和水质标准。根据湖泊的水体功能，制定出相应的氮、磷浓度的允许排放标准，努力削减氮、磷负荷。

（2）根据湖泊水环境容量实施总量控制。一个湖泊的营养盐环境容量必须通过相应的数学模型或采用经验模型来进行计算，据此制定相应的营养性物质排放量的逐年削减和分配排放的总量控制方法。实际工作中，在进行总量控制时，要进行总体系统分析，综合运用各种分配原则，并运用行政协调的方法，既达到总体合理，又使每个污染源尽量公平承担责任。

8.6.1.2 内源性营养物质的控制

输入湖泊水体中的营养物质在时间及空间上的分布非常复杂。氮、磷元素在水体中可能被水生生物吸收利用，或者溶解于水中，或者经过复杂的物理、化学反应及生物作用沉降，并在底泥中不断累积，在一定的条件下再从底泥中释放到水体。减少内源性营养物质，主要应防止营养盐类的恢复。根据实际情况采取不同的方法，控制湖内底泥污染、旅游污染和养殖污染等，是控制内源性营养物质的主要任务，可采用的主要方式有：

（1）人工曝气。在已经富营养化的湖泊中，底泥中的磷易于在厌氧条件下从底泥中释放出来。如果采用曝气船定期为湖底补充氧，使水与底泥界面之间不出现厌氧层，经常保持有氧状态，将有利于抑制底泥中磷的释放，对水质的改善有利。

（2）疏浚底泥。湖泊沉积了大量的富含氮磷的污染物底泥，在一定的条件下，氮、磷会释放出来，即使修建了截污工程，仍然会发生富营养化，因而仍需要定期进行疏浚底泥。底泥疏浚一般在枯水季节进行，为防止底泥堆积在湖边发生二次污染，可以将挖掘出湖的底泥运至农田、林地作为肥料，既可改良土壤，增加农林产品的产量，又能降低湖水中营养物质的浓度，增加湖泊的蓄水量，改善湖泊的水质和生态环境，提高湖泊的可利用效能，延缓湖泊的衰老。

（3）引水换水。可以考虑引含氮、磷浓度低的水入湖，这可以与城市污水的资源化利用结合进行。这种方法对降低湖水营养物质浓度、控制水体富营养化有一定作用，但是不能从根本上解决问题。目前银川平原湖泊水源补给主要来源于黄河，尽管经沉沙之后再注入湖泊，但常常沉沙不彻底，造成湖泊淤积严重。此问题的解决办法，一方面要在引水时将黄河水彻底沉沙之后再补给湖水，另一方面要适时进行湖底清淤。

8.6.2 水生态系统恢复与保护

水生生态系统的显著特征是，水作为生物的栖息环境，具有与其他生态系统不同的特性。水既是生物生存的环境也是其养料的主要来源之一，水中营养成分含量的多少决定了水生生物的生长状况，因此，控制水中营养成分含量是维持水生生态系统平衡的关键。银川平原湖泊水生植物群落结构不均衡，其自然演替速度不能适应目前外源氮营养盐的增加，对水体氮的降解能力不足。因此，恢复生物多样性和优化水生植物群落结构，应是湖泊水环境治理的重要环节，主要考虑高等水生植物和水生动物的投放、养护和管理。水生植物配置数量的主要限制因素是氮、磷营养元素，根据水体中含有的营养元素总量，结合水体形态、水底地形、水的透明度和光照条件等配置恰当数量和空间位置的各类水生植物。水生动物的投放按生态系统的能级原理，根据已经计算得出的水生植物生物量计算出理论上合适的水生动物量。配置、维持一个良好的水生生态系统，建立水生植物、鱼类、水环境三者之间和谐的水生生态系统，对银川平原湖泊的水环境保护至关重要。

8.6.2.1　水生植物配置

水生植物是水生生态系统不可或缺的一部分，有着重要的生态功能，如阻滞水流、促进沉降、提供栖息环境、固持底泥、平抑风浪等作用，最受关注的是对污染物的吸收以及对藻类生长的抑制作用。选择水生植物最基本的条件是水生植物是否可以适应应用区域的气候、土壤条件等，这将决定其是否可以生存；其次是水生植物的净水功能，这是整个生态功能的核心部分，也是能否实现水生生态系统稳定的关键。选取水生植物时，应从本地生存能力、生态位、净水能力、景观价值、经济效益 5 个方面综合考量，其中，本地生存能力是选择的首要标准；生态位主要体现各种植物的适应能力；净水能力主要考虑对氮、磷营养元素的净化能力；景观价值包括叶、芽、花、果、姿、影等方面；经济效益考虑其引种难易，是否易发病虫害及是否易管理。

银川平原湖泊目前的水生植物种群结构不合理，生物多样性低，对水体氮的降解能力不足，因此，目前需要构建和配置合理的水生生物群落并形成一定的规模，需要采取的措施应为引种、保护、增殖挺水植物、浮水植物和沉水植物。在引种初期，首先要引入先锋种，因为其生存能力强，可以很快适应环境，为其他物种的引进提供条件，改善生境。挺水植物的先锋种考虑选芦苇，浮水植物的先锋种考虑睡莲，沉水植物考虑金鱼藻。先锋种引入后，待生境有所改善即可引种其他植物。根据以上植物的应用价值及银川当地自然条件，挺水植物群落为芦苇、水葱、香蒲和荷花组成的以芦苇为建群种的植物群落，其生物多样性高，净水能力强且能构成协调的水景。浮水植物群落应为荇菜和睡莲组成的以睡莲为建群种的植物群落，其净水能力强且景观价值很高。沉水植物应为伊乐藻、菹草和金鱼藻组成的以伊乐藻为建群种的植物群落，具有较强的净水能力，在冬季依旧能较好地净化水质，且冬季景观价值高。

8.6.2.2　水生动物配置

水生动物包括鱼类、贝类、各种浮游动物等。水生动物是水生生态系统的消费者，其数量是影响整个水生生态系统平衡的关键：数量过多将导致生态系统中的生产者大大减少，食物链出现断裂；数量过少，生产者就会大量泛滥，生态系统也不会稳定。水生动物的种类数量一定要经过科学的计算，并结合实践经验确定。首先必须考虑到它们能否适应当地的环境，其次要考虑与水生植物的配比。

放养的水生动物种类不仅要具有基本的生态功能，与水生植物能形成合理的生态循环，还要具有一定的景观功能和生态防治功能。水生动物的选择应从本地生存能力、生态位、景观效果、经济效益 4 个方面综合考量，其中，本地生存能力是决定鱼类价值的首要条件；生态位强调其适应能力；景观效果涉及鱼类的色、形、态及与水生植物是否协调；经济效益指鱼类的放养难易程度及生长过程中的管理、与水生植物的配比及对蚊虫的控制作用。

8.6.2.3 水生生态系统维护

生态系统作为生物群落与理化环境的统一体，具有自我维持和自我调节的能力。在一定时间内，生态系统中各生物成分之间、群落与环境之间以及结构与功能之间的相互关系可以达到相对稳定和协调，并且在一定强度的外来干扰下能通过自我调节恢复到稳定状态，即生态平衡状态。生态平衡不是静止不变的，而是随着群落发育过程的推移，将不断以新的平衡代替旧的平衡，生态系统内部群落的发育以及各种组分和结构的变化都有可能导致生态系统失去平衡，在这种情况下，根据生态系统自身的特点以及可能造成生态系统失衡的原因，人为地对生态系统实施科学的"干扰"，从而可以最大限度地稳定生态系统的平衡并充分发挥生态系统的功能。

银川平原湖泊水生生物结构不均衡，生物多样性低，水生生态系统自身的调节能力非常有限，外部的压力过大或者水生生态系统内部成分和结构发生变化都有可能造成生态系统推动平衡，甚至造成整个水生生态系统崩溃。当水生生态系统平衡紊乱时，可以通过人工辅助手段来维持系统的平衡，维持系统正常的物质循环和能量流动，重新达到生态系统的平衡。人工辅助手段维持水生生态系统的平衡通常有两种方法：一种方法是利用仪器设备来控制水生生态系统的某个环节，如向水中曝气复氧，增加水中的含氧量，或搅动加快水体的流动和循环；另一种方法就是通过一些人为的措施来合理"干扰"水生生态系统的运行。

湖泊水体水生植物管理方案应根据湖泊水生植物现有生物量、沉水植物的生物量以及水生植物种类等具体情况分别对待，采取不同的管理方案，建立适宜于不同水域类型湖泊的优化管理模式。针对湖内渔业与水生植物保护的矛盾，应划出专门的水生植物自然资源保护区，保护区呈多块镶嵌式，可设置成保护区在外、增养殖区在内的格局，保护区内严格禁止养殖。这种方法对湖泊中濒临消亡的水草有较好的保护效果。也可选择适当湖区予以保护，以便对难以实施禁渔区和禁捕期的湖区进行补救，一方面保护水生植物资源，另一方面也可维持渔业资源的可持续发展。在水生植物的生长期内，通过相应的补种或收割措施，使水生植物量保持在合适的生物量范围之内，并保持水生植物群落结构的稳定和协调。在水生植物的萌发期，通过调控水位，提高透明度和水下光照强度，促使沉水植物萌发和生长。水生植物生长期间要综合防控病虫害的发生，及时处理。对水生植物要定期收割，防止其死亡后沉积水底，造成二次污染。收割的面积不宜过大，应至少维持系统构建时的面积和数量。

对于各种鱼类，要定期进行捕捞，一般是每年捕捞一次，控制好鱼的数量，以利于水生植物的生长和恢复。

8.6.3 管理对策

湖泊水生态环境的管理是一项系统工程，是建立在法律、政府、财政、技术等各方面组成的社会范围之内的，技术是基础，经济是支撑，而法律是实现湖泊水生态环境保护的根本保障。因此，要实现湖泊环境质量的改善，必须加强法制建设，完善湖泊保护的法律法规，建立和健全湖泊水环境管理机构，对湖泊利用和保护中有关的技术、规划、法律问题进行统一的领导和管理，坚持可持续发展战略，实现湖泊水生态环境的良好发展。

8.7　小结

水生生态系统中鱼类种群生物量的变动可引起系统的营养结构和水质发生显著的变化，即所谓的“下行效应”。近年来，生物操纵法在治理湖泊富营养化中应用较多，取得了一些成效。生物操纵理论分为经典生物操纵理论和非经典生物操纵理论。经典生物操纵理论认为，可通过调控生物链，增加肉食性鱼类与减少滤食性鱼类来调节浮游动物的结构和种群数量，促进滤食性效率高的植食性大型浮游动物快速发展，进而降低藻类生物量，提高水体透明度，改善水质。非经典生物操纵理论认为，通过控制凶猛鱼类的方法及放养食浮游生物的滤食性鱼类来直接控制藻类。非经典生物操纵的利用滤食性鱼类是生物操纵技术的关键之一。

在银川平原三个典型湖泊鱼类结构调整过程中，随着鲢放养数量的增加，鲢对浮游植物的摄食强度加大，浮游植物生物量减少，从而实现水体氮磷的输出。浮游动物是生物操纵的关键因子之一，而大型浮游动物则是最重要的、最可能控制浮游植物数量的因素。滤食性鱼类可以调控浮游动物，减少鱼类捕食压力有利于大型植食性浮游动物种群的发展，而其密度的增加反过来又能很好地控制浮游植物的过量生长。随着鳙放养量的降低，鳙对浮游动物的摄食强度下降，水体中浮游动物的数量增加，许多浮游动物是以浮游植物为食物，因此，在一定程度上控制了浮游植物生物量。三个典型湖泊水体的 COD_{Mn}、COD_{Cr}、NH_3-N、TN、TP 与鲢、鳙产量之间呈显著相关关系，其中，增加鲢放养量、减少鳙放养量可以有效改善湖泊水质，通过对鲢、鳙的有效捕捞，实现水体中 TP、TN 的有效输出。

湖泊水生态系统与水环境的保护与管理工作是我国湿地建设的一项重要工程，国内的有关研究力度还远远不够，也没有形成统一的标准，而湿地的利用与开发已经在全国迅速进行。因此，为了在开发湿地资源的同时更好地保护与管理日益珍贵的湿地，有关湿地保护与管理方面的研究工作急需进一步加强。由于我国的湿地生态系统保护与管理研究还处于成长阶段，很多理论还不完善，尤其是关于如何在使相关保护与管理部门获得经济效益的同时又促进当地社会的发展方面，相应理论研究工作也应进一步完善。如何在建设的同时带动内部及周边区域的发展，是一个需要保护部门、当地政府、当地村民及有关研究规划人员共同努力、协调合作才能处理好的关键问题。

加强银川平原湖泊水生态系统与水环境保护与管理研究工作是一件艰巨而长远的工程，对实现人与自然的和谐共处，促进社会经济的可持续发展有着深远而重要的影响。我们应在人与自然协调相处的基础上，在现有的湿地保护与管理的环境下，由“资源保护”向“资源保护与效益开发相结合”转变，由“分层管理”到“注重分层管理、加强整体治理”的转变，注意两者兼顾，标本兼顾，开创生态系统改善与效益“双赢”的崭新局面，进一步寻找改善和恢复湿地生态系统的手段和方法，使湿地生态系统由衰退的趋势转向良性循环。同时，不断提高人们对湿地的了解和保护意识，通过“与湖共建”和“与湖共利”，实现人与湖泊的和谐共存。

参 考 文 献

［1］李兴. 内蒙古乌梁素海水质动态数值模拟研究［D］. 呼和浩特：内蒙古农业大学，2009.

［2］潘晓东. 桃山水库水质数值模拟研究［D］. 长春：吉林大学，2008.

［3］秦伯强. 富营养化湖泊开敞水域水质净化的生态工程试验研究［J］. 环境科学学报，2007（1）：1-4.

［4］邱小琮，赵红雪，孙晓雪. 宁夏沙湖浮游植物与水环境因子关系的研究［J］. 环境科学，2012，33（7）：2265-2271.

［5］解艳，薛科社. 水环境数学模拟的应用现状及存在问题［J］. 地下水，2010，32（6）：79-80.

［6］ERNST M，OWENS J. Development and application of a WASP model on a large Texas reservoir to assess eutrophication control［J］. Lake & Reservoir Management，2009，25（2）：136-148.

［7］ZOU R，CARTER S，SHOEMAKER L，et al. Integrated hydrodynamic and water quality modeling system to support nutrient total maximum daily load development for Wissahickon Creek，Pennsylvania［J］. Journal of Environmental Engineering，2006，132（4）：555-566.

［8］罗定贵，王学军，孙莉宁. 水质模型研究进展与流域管理模型 WARMF 评述［J］. 水科学进展，2005，16（2）：289-294.

［9］向娜. 基于神经网络和人工蜂群算法的水质评价和预测研究［D］. 广州：华南理工大学，2012.

［10］KIM L H，CHOI E，STENSTROM M K. Sediment characteristics，phosphorus types and phosphorus release rates between river and lake sediments［J］. Chemosphere，2003，50（1）：53-61.

［11］徐祖信，廖振良. 水质数学模型研究的发展阶段与空间层次［J］. 上海环境科学，2003，（2）：79-85.

［12］KOURGIALAS N N，KARATZAS G P. A hydro-economic modelling framework for flood damage estimation and the role of riparian vegetation［J］. Hydrological Processes，2013，27（4）：515-531.

［13］陈媛媛. 昌黎七里海潟湖生态环境治理水动力学数值模拟研究［D］. 天津：天津大学，2013.

［14］王庆改，戴文楠，赵晓宏，等. 基于 Mike21FM 的来宾电厂扩建工程温排水数值模拟研究［J］. 环境科学研究，2009，22（3）：332-336.

［15］Kanda E K，Kosgei J R，Kipkorir E C. Simulation of organic carbon loading using MIKE11 model：A case of River Nzoia，Kenya［J］. Water Practice & Technology，2015，10（2）：298-304.

［16］槐文信，赵明登，童汉毅. 河道及近海水流的数值模拟［M］. 北京：科学出版社，2005.

［17］赵棣华，李褆来，陆家驹. 长江江苏段二维水流-水质模拟［J］. 水利学报，2003，34（6）：72-77.

［18］万金保，李媛媛. 湖泊水质模型研究进展［J］. 长江流域资源与环境，2007，16（6）：805-809.

［19］许婷. 丹麦 MIKE21 模型概述及应用实例［J］. 水利科技与经济，2010，16（8）：867-869.

［20］麻蓉，白涛，黄强，等. MIKE21 模型及其在城市内涝模拟中的应用［J］. 自然灾害学报，2017，26（4）：172-179.

［21］常狄，陈雪. 基于 MIKE21 二维数值模拟的不同桥墩概化方式下河道壅水计算结果对比分析［J］. 水利科技与经济，2017，23（2）：29-32.

［22］周红玉，刘操. 基于 MIKE21 的密云水库二维水质模拟［J］. 北京水务，2017（5）：15-18.

［23］马宁. 某水库水动力水质模型研究［D］. 邯郸：河北工程大学，2017.

［24］汪常青，李燕. 水质模型在武汉水环境管理中的应用［J］. 中国给水排水，2011，27（12）：9-13.

［25］周刚，雷坤，富国，等. 河流水环境容量计算方法研究［J］. 水利学报，2014，45（2）：

227－234.

[26] 汪超. 农业和旅游活动对沙湖水环境质量影响评价 [D]. 银川：宁夏大学，2016.

[27] 曹园园. 基于水环境和景观格局的宁夏沙湖生态安全研究 [D]. 银川：宁夏大学，2016.

[28] 伍冠星，李斌，白维东，等. 星海湖水环境因子时空异质性及水环境质量综合评价 [J]. 节水灌溉，2017 (3)：48－52.

[29] 刘小楠，崔巍. 主成分分析法在汾河水质评价中的应用 [J]. 中国给水排水，2009，25 (18)：104－108.

[30] 莫崇勋，黎曦，樊新艺. 灰关联分析方法在河道水质评价中的应用研究 [J]. 东北水利水电，2007，25 (1)：1－3.

[31] 梁小俊，张庆庆，许月萍，等. 层次分析法-灰关联分析法在京杭运河杭州段水质综合评价中的应用 [J]. 武汉大学学报 (工学版)，2011，44 (3)：312－316，325.

[32] 陆卫军，张涛. 几种河流水质评价方法的比较分析 [J]. 环境科学与管理，2009，34 (6)：174－176.

[33] 李兴，李畅游，李卫平，等. 内蒙古乌梁素海不同形态氮的时空分布 [J]. 湖泊科学，2009，21 (6)：885－890.

[34] 曲克明，陈碧鹃，袁有宪，等. 氮磷营养盐影响海水浮游硅藻种群组成的初步研究 [J]. 应用生态学报，2000，11 (3)：445－448.

[35] 王汉奎，董俊德，张偲，等. 三亚湾氮磷比值分布及其对浮游植物生长的限制 [J]. 热带海洋学报，2002，21 (1)：33－39.

[36] 金相灿. 中国湖泊环境 [M]. 北京：海洋出版社，1995.

[37] 金相灿，屠清瑛. 湖泊富营养化调查规范 [M]. 北京：中国环境科学出版社，1990.

[38] 孙儒泳，李庆芳，牛翠娟，等. 基础生态学 [M]. 北京：高等教育出版社，2002.

[39] 王英杰. 中国的生物多样性及其发展 [J]. 科学对社会的影响，1995 (4)：1－4.

[40] 沈韫芬，章宗涉，龚循矩，等. 微型生物监测新技术 [M]. 北京：中国建筑工业出版社，1990.

[41] 林碧琴，谢淑琦. 水生藻类与水体污染监测 [M]. 沈阳：辽宁大学出版社，1988.

[42] 黄祥飞，陈伟民，蔡启铭. 湖泊生态调查观测与分析 [M]. 北京：中国标准出版社，1999.

[43] 梁象秋，方纪祖，杨和荃. 水生生物学：形态和分类 [M]. 北京：中国农业出版社，1996.

[44] 周凤霞，陈剑虹. 淡水微型生物图谱 [M]. 北京：北学工业出版社，2005.

[45] 大连水产学院. 淡水生物学 [M]. 北京：农业出版社，1982.

[46] 胡鸿钧，魏印心. 中国淡水藻类——系统、分类及生态 [M]. 北京：科学出版社，2006.

[47] 张婷，李林，宋立荣. 熊河水库浮游植物群落结构的周年变化 [J]. 生态学报，2009，29 (6)：2971－2979.

[48] 刘东艳，孙军，钱树本. 胶州湾浮游植物研究Ⅱ. 环境因子对浮游植物群落结构变化的影响 [J]. 青岛海洋大学学报，2003，32 (3)：415－421.

[49] 翁笑艳. 山仔水库叶绿素 a 与环境因子的相关分析及富营养化评价 [J]. 干旱环境监测，2006，20 (2)：73－78.

[50] 吕唤春，王飞儿，陈英旭，等. 岛湖水体叶绿素 a 与相关环境因子的多元分析 [J]. 应用生态学报，2003，14 (8)：1347－1350.

[51] 董飞，刘晓波，彭文启，等. 地表水水环境容量计算方法回顾与展望 [J]. 水科学进展，2014，25 (3)：451－463.

[52] 刘丹，王烜，曾维华，等. 基于 ARMA 模型的水环境承载力超载预警研究 [J]. 水资源保护，2019，35 (1)：52－55，69.

[53] 许彦. 基于水功能区的流域水环境容量计算研究 [J]. 环境与发展，2019，31 (1)：187，189.

[54] 屈豪，包景岭，张维. 水环境承载力研究分析与展望 [J]. 河北地质大学学报，2017，40 (5)：25－30.

[55] 江明，曾维，佘健，等. 白潭湖水质及其水环境容量分析 [J]. 工业安全与环保，2016，42 (4)：81-84.

[56] 张昌顺，谢高地，鲁春霞. 中国水环境容量紧缺度与区域功能的相互作用 [J]. 资源科学，2009，31 (4)：559-565.

[57] ZACHARIAS I，DIMITRIOU E，KOUSSOURIS T. Integrated water management scenarios for wetland protection：application in Trichonis Lake [J]. Environmental Modelling & Software，2005，20 (2)：177-185.

[58] ZENG W H，WU B，CHAI Y. Dynamic simulation of urban water metabolism under water environmental carrying capacity restrictions [J]. Frontiers of Environmental Science & Engineering，2016，10 (1)：114-128.

[59] ZHOU X Y，LEI K，MENG W. Space-time approach to water environment carrying capacity calculation [J]. Journal of Cleaner Production，2017，149：302-312.

[60] 闫莉，郝岩彬，徐晓琳，等. 水环境承载能力相关概念分析 [J]. 人民黄河，2009，31 (11)：52-53.

[61] 王寿兵，马小雪，张韦倩，等. 上海淀山湖水环境容量评估 [J]. 中国环境科学，2013，33 (6)：1137-1140.

[62] 樊华，陈然，刘志刚. 柘林水库水环境容量及水污染控制措施研究 [J]. 人民长江，2009，40 (24)：39-40.

[63] 欧阳球林，高桂青. 瑶湖水环境容量的研究 [J]. 南昌工程学院学报，2008，27 (1)：64-66.

[64] 郑志伟，胡莲，邹曦，等. 汉丰湖富营养化综合评价与水环境容量分析 [J]. 水生态学杂志，2014 (5)：22-27.

[65] 王子轩，逄勇，罗缙，等. 淀山湖流域平原河网水环境容量及控制断面水质达标方案研究 [J]. 水资源与水工程学报，2015，26 (6)：61-65.

[66] 范丽丽，沙海飞，逄勇. 太湖湖体水环境容量计算 [J]. 湖泊科学，2012，24 (5)：693-697.

[67] 张萌，祝国荣，周慜，等. 仙女湖富营养化特征与水环境容量核算 [J]. 长江流域资源与环境，2015，24 (8)：1395-1404.

[68] 胡胜华，王硕，史诗乐，等. 武汉北太子湖水环境容量研究 [J]. 绿色科技，2018 (20)：76-79+83.

[69] 张玉平，张丹，孙振中. 上海市淀山湖水域春夏季水质特征及环境容量分析 [J]. 水资源与水工程学报，2017，28 (6)：90-96.

[70] 姜加虎，窦鸿身，黄群. 湖泊资源特征及与其功能的关系分析 [J]. 自然资源学报，2004，19 (3)：386-391.

[71] 晓辉，黄强，惠泱河，等. 陕西关中地区水环境承载能力研究 [J]. 环境科学学报，2001，21 (3)：312-320.

[72] 卞戈亚，周明耀，朱春龙. 生态需水量计算方法研究现状及展望 [J]. 水资源保护，2003，19 (6)：46-49.

[73] PETTS G E. Water Allocation To Protect River Ecosystems [J]. River Research & Applications，2015，12 (4-5)：353-365.

[74] 宋进喜，李怀恩. 渭河生态环境需水量研究 [M]. 北京：中国水利水电出版社，2004.

[75] 王西琴，刘昌明，杨志峰. 生态及环境需水量研究进展与前瞻 [J]. 水科学进展，2002，13 (4)：507-514.

[76] 杨志峰. 生态环境需水量理论、方法与实践 [M]. 北京：科学出版社，2003.

[77] 刘燕华. 柴达木盆地水资源合理利用与生态环境保护 [M]. 北京：科学出版社，2002.

[78] 王效科，赵同谦，欧阳志云，等. 乌梁素海保护的生态需水量评估 [J]. 生态学报，2004，24 (10)：2124-2129.

[79] 汤洁，佘孝云，林年丰，等. 生态环境需水的理论和方法研究进展 [J]. 地理科学，2005，25 (3)：3367-3373.

[80] 何萍，束龙仓，邓铭江，等. 西北干旱区内陆河生态环境需水量研究 [J]. 水电能源科学，2012，30 (10)：23-25，60.

[81] 邱小琮，赵红雪，尹娟. 爱伊河生态环境需水量研究 [J]. 节水灌溉，2015 (8)：63-66.

[82] 孙栋元，杨俊，胡想全，等. 疏勒河中游绿洲生态环境需水研究—Ⅱ. 生态环境需水量与水资源管理对策 [J]. 干旱地区农业研究，2016，34 (6)：280-284.

[83] 谷晓林. 松花江流域重点支流——伊通河生态环境需水及生态补水研究 [D]. 长春：吉林大学，2011.

[84] 冯宝平，张展羽，陈守伦. 生态环境需水量计算方法研究现状 [J]. 水利水电科技进展，2004，24 (6)：59-62，73.

[85] 王珊琳，丛沛桐，王瑞兰，等. 生态环境需水量研究进展与理论探析 [J]. 生态学杂志，2004，23 (6)：111-115.

[86] 刘增进，张敏，潘乐. 生态环境需水量计算方法的探讨 [J]. 安徽农业科学，2008，36 (32)：13921-13922.

[87] 姜德娟，王会肖. 生态环境需水量研究进展 [J]. 应用生态学报，2004，15 (7)：1271-1275.

[88] 齐拓野，米文宝，邱开阳，等. 干旱区湿地生态需水量研究——以银川市阅海湿地为例 [J]. 干旱区资源与环境，2012，26 (3)：76-82.

[89] 龙邹霞. 基于生态系统健康的湖泊生态需水研究 [D]. 厦门：国家海洋局第三海洋研究所，2007.

[90] 刘昌明. 西北地区生态环境建设区域配置与生态环境需水量研究 [M]. 北京：科学出版社，2004.

[91] 崔保山，杨志峰. 湿地生态环境需水量研究 [J]. 环境科学学报，2002，22 (2)：219-224.

[92] 刘静玲，杨志峰. 湖泊生态环境需水量计算方法研究 [J]. 自然资源学报，2002，17 (5)：604-609.

[93] 黄小敏. 鄱阳湖湿地生态需水研究 [D]. 南昌：南昌大学，2011.

[94] 陈晓燕，何秉宇，刘江，等. 融冻期艾里克湖有机污染物降解系数测算与分析 [J]. 新疆大学学报（自然科学版），2018，35 (1)：80-85.

[95] 冯帅，李叙勇，邓建才. 太湖流域上游河网污染物降解系数研究 [J]. 环境科学学报，2016，36 (9)：3127-3136.

[96] 王俊，孙秀玲，曹升乐，等. 东平湖老湖区生态环境需水量研究 [J]. 人民黄河，2014，36 (11)：77-80.

[97] 赵晓瑜，杨培岭，任树梅，等. 内蒙古河套灌区湖泊湿地生态环境需水量研究 [J]. 灌溉排水学报，2014，33 (2)：126-129.

[98] 宋美华，王延梅，曹升乐. 浆水泉水库生态引水量计算 [J]. 水电能源科学，2015，33 (8)：16-19.

[99] 海燕. 西安市浐河下游湖泊湿地水文与水质特性的初步研究 [D]. 西安：西安理工大学，2009.

[100] 杨桂山，马荣华，张路，等. 中国湖泊现状及面临的重大问题与保护策略 [J]. 湖泊科学，2010，22 (6)：799-810.

[101] 高凯. 吉林省西部生态环境需水研究 [D]. 长春：吉林大学，2008.

[102] 李金燕. 基于生态优先的宁夏中南部干旱区域水资源合理配置研究 [D]. 银川：宁夏大学，2014.

[103] 冉新军，沈利，李新虎. 博斯腾湖沼泽芦苇需水规律研究 [J]. 水资源与水工程学报，2010，21 (3)：66-69.

[104] 苏雨洁. 芦苇生理需水量的测定 [J]. 内蒙古农业科技，2011 (6)：37-40.

[105] 沈雪. 沈阳经济区典型小流域水生态承载力及驱动力分析 [D]. 沈阳：辽宁大学，2014.

[106] 赵东升，郭彩赟，郑度，等. 生态承载力研究进展 [J]. 生态学报，2019，39 (2)：399-410.

[107] 陈珂，张健，李娇，等. 宁夏平罗沙湖水体富营养化变化特征分析及防治对策 [J]. 宁夏农林科技，2016，57 (11)：56-58，2，63.

[108] 璩向宁，曹园园，刘文辉，等. 宁夏沙湖主湖区水环境变化特征 [J]. 湿地科学，2017，15 (2)：200-206.

[109] 王玉敏，周孝德，冯成洪，等. 湖泊水环境承载力研究 [J]. 水土保持学报，2004 (1)：179-184.

[110] HARRIS J M，KENNEDY S. Carrying capacity in agriculture：global and regional issues [J]. Ecological Economics，2004，29 (3)：443-461.

[111] 何晓静. 湖州市水资源承载力评价方法研究 [D]. 扬州：扬州大学，2017.

[112] 左其亭. 水资源承载力研究方法总结与再思考 [J]. 水利水电科技进展，2017，37 (3)：1-6，54.

[113] 余金龙. 基于 BP 神经网络的水环境承载力研究 [D]. 银川：宁夏大学，2018.

[114] 郑志宏，余艳旭. 水环境承载力评价研究述评 [J]. 水利科技与经济，2016 (2)：64-67.

[115] 李靖，周孝德，程文. 太子河流域不同生态分区的水生态承载力年内变化研究 [J]. 中国水利水电科学研究院学报，2011，9 (1)：74-80.

[116] 彭文启. 流域水生态承载力理论与优化调控模型方法 [J]. 中国工程科学，2013，15 (3)：33-43.

[117] 李林子，傅泽强，沈鹏，等. 基于复合生态系统原理的流域水生态承载力内涵解析 [J]. 生态经济，2016，32 (2)：147-151.

[118] 柴淼瑞. 基于 SD 模型的流域水生态承载力研究 [D]. 西安：西安建筑科技大学，2014.

[119] 刘子刚，郑瑜. 基于生态足迹法的区域水生态承载力研究——以浙江省湖州市为例 [J]. 资源科学，2011，33 (6)：1083-1088.

[120] 李丹，黄川友，殷彤，等. 基于改进生态足迹法的雅砻河源区生态承载力评价及保护措施 [J]. 水电能源科学，2018，36 (3)：38-41.

[121] 林永钦. 基于多目标群决策的湖泊综合承载能力研究 [D]. 南昌：南昌大学，2007.

[122] 马涵玉，黄川友，殷彤，等. 系统动力学模型在成都市水生态承载力评估方面的应用 [J]. 南水北调与水利科技，2017，15 (4)：101-110.

[123] 甘富万，金彩平，倪倩，等. 基于多层次模糊综合评判法的南宁市水资源承载能力现状评价 [J]. 水利水电技术，2018，49 (9)：56-63.

[124] 孙瑞山，吴丛，唐品. 关于评估指标体系中权重计算方法的探讨 [J]. 统计与决策，2014 (22)：14-16.

[125] 张星标，邓群钊. 江西省水生态承载力分析 [J]. 南昌大学学报 (理科版)，2011，35 (6)：607-612.

[126] 黄起凤. 鄱阳湖区生态承载力综合评价 [D]. 南昌：江西师范大学，2008.

[127] 高伟，翟学顺，刘永. 流域水生态承载力演变与驱动力评估——以滇池流域为例 [J]. 环境污染与防治，2018，40 (7)：830-835.

[128] 姚海雷. 流域水生态承载力研究及应用实例 [D]. 西安：西安建筑科技大学，2015.

[129] 孙佳乐，王颖，辛晋峰. 汉江流域 (陕西段) 水生态承载力评估 [J]. 水资源与水工程学报，2018，29 (3)：80-86.

[130] VUGTEVEEN P，LEUVEN R，HUIJBREGTS M，et al. Redefinition and elaboration of river ecosystem health：Perspective for river management [J]. Hydrobiologia，2006，565 (1)：289-308.

[131] 胡志新，胡维平，陈永根，等. 太湖不同湖区生态系统健康评价方法研究 [J]. 农村生态环境，

2005（4）：28-32.

[132] 张光生，谢锋，梁小虎．水生生态系统健康的评价指标和评价方法［J］．中国农学通报，2010，26（24）：334-337.

[133] 彭涛，陈晓宏．海河流域典型河口生态系统健康评价［J］．武汉大学学报（工学版），2009，42（5）：631-634，639.

[134] 张远，徐成斌，马溪平，等．辽河流域河流底栖动物完整性评价指标与标准［J］．环境科学学报，2007（6）：919-927.

[135] 崔保山，杨志峰．湿地生态系统健康研究进展［J］．生态学杂志，2001（3）：31-36.

[136] 杨文慧，严忠民，吴建华．河流健康评价的研究进展［J］．河海大学学报（自然科学版），2005（6）：5-9.

[137] 祁帆，李晴新，朱琳．海洋生态系统健康评价研究进展［J］．海洋通报，2007（3）：97-104.

[138] 马克明，孔红梅，关文彬，等．生态系统健康评价：方法与方向［J］．生态学报，2001（12）：2106-2116.

[139] 张燕萍，陈文静，王海华，等．太泊湖水质生物学评价及鲢鳙鱼产力评估［J］．水生态学杂志，2015，36（1）：94-100.

[140] 胡玉婷，江河，卢文轩，等．安徽太平湖浮游生物调查与鲢鳙鱼产力评估［J］．安徽农业大学学报，2017，44（2）：234-241.

[141] 张燕萍，陶志英，余智杰，等．军山湖浮游生物初步调查及鲢鳙鱼产力评估［J］．江西农业大学学报，2015，37（3）：536-543.

[142] 金显文，邓道贵，孟永乐．淮北南湖塌陷区水域生浮游生物组成与鱼产力的估算［J］．淮北师范大学学报（自然科学版），2013，34（4）：48-51.

[143] 房岩，孙刚，刘倩．长春南湖水体的鱼产力估算［J］．广东农业科学，2011，38（19）：112，127.

[144] 孙刚，盛连喜，李明全．长春南湖底栖动物群落特征及其与环境因子的关系［J］．应用生态学报，2001（2）：319-320.

[145] 房岩，徐淑敏，孙刚．长春南湖水生生态系统的初级生产Ⅱ——附生藻类与大型水生植物［J］．吉林农业大学学报，2004（1）：46-49.

[146] 邬红娟，任江红，卢媛媛．武汉市湖泊浮游植物群落排序及水质生态评价［J］．湖泊科学，2007（1）：87-91.

[147] 孙胜民，何彤慧，楼晓钦．银川湖泊湿地水生态恢复及综合管理［M］．北京：海洋出版社，2012.

[148] 《第一次全国水利普查成果丛书》编委会．河湖基本情况普查报告［M］．北京：中国水利水电出版社，2017.

[149] 宁夏回族自治区水利厅．宁夏回族自治区河湖管理“十三五”规划［A］.

[150] 宁夏回族自治区地质矿产局．宁夏回族自治区区域地质志［M］．北京：地质出版社，1990.

[151] 银川市人大常委会．银川市人民代表大会常务委员会关于加强鸣翠湖等31处湖泊湿地保护的决定［A］，2014.

[152] 宁夏回族自治区党委办公厅，宁夏回族自治区政府办公厅．宁夏回族自治区全面推行河长制工作方案［A］，2017.